普通高等教育“十四五”系列教材

水资源开发利用与保护

赵彦琦　杨英　主编

·北京·

内容提要

本书为普通高等教育“十四五”系列教材，全面介绍了水资源开发利用与保护的理论和方法，包括水资源开发利用的状况、地表水和地下水质与量的评价、水资源总量计算、地表水和地下水的开发利用途径及工程措施、非常规水资源和水电能资源开发利用、水资源保护。

本书可作为普通高等院校水利工程、水文与水资源工程及给水排水工程专业本科生的教材，也可作为环境科学与工程、地下水科学与工程等专业参考用书，亦可供相关专业工程技术、管理和科研人员参考使用。

图书在版编目（CIP）数据

水资源开发利用与保护 / 赵彦琦，杨英主编. -- 北京：中国水利水电出版社，2022.12
普通高等教育“十四五”系列教材
ISBN 978-7-5226-1367-3

Ⅰ. ①水… Ⅱ. ①赵… ②杨… Ⅲ. ①水利资源开发－高等学校－教材②水资源保护－高等学校－教材 Ⅳ. ①TV213

中国版本图书馆CIP数据核字(2022)第256515号

书　名	普通高等教育“十四五”系列教材 **水资源开发利用与保护** SHUIZIYUAN KAIFA LIYONG YU BAOHU
作　者	赵彦琦　杨英　主编
出版发行	中国水利水电出版社 （北京市海淀区玉渊潭南路1号D座　100038） 网址：www.waterpub.com.cn E-mail：sales@mwr.gov.cn 电话：（010）68545888（营销中心）
经　售	北京科水图书销售有限公司 电话：（010）68545874、63202643 全国各地新华书店和相关出版物销售网点
排　版	中国水利水电出版社微机排版中心
印　刷	清淞永业（天津）印刷有限公司
规　格	184mm×260mm　16开本　15.75印张　383千字
版　次	2022年12月第1版　2022年12月第1次印刷
印　数	0001—2000册
定　价	**48.00**元

前　言

地球作为目前已知唯一拥有生命物种的星球，水在其中起到了关键性的作用，可谓“生命之源”。作为生命体组成部分的水资源，是农业生产的基础，是工业发展的“血液”，是生态环境的“润滑剂”。伴随人类社会的发展，自然界中的水因其利与害的两面性，既作为一种特殊而不可替代的资源，为人类社会文明进步起到了促进作用；又作为地球环境中一种活跃的因素，给人类社会发展制造了诸多灾难与麻烦。人类在水资源的开发利用中，曾经一度认为水是上天赐予人类的“取之不尽，用之不竭”的自然资源，“掠夺式”不加保护的开发利用造成一系列环境问题和生态问题。在经受了大自然报复性的反馈后，人们逐渐意识到人类社会与自然环境和谐共处的意义，水资源的合理开发利用与保护也达成了共识。“水资源开发利用与保护”正是在这样的背景下，成为水利工程、水文与水资源工程、环境科学与工程、生态水文等专业领域开设的一门重要的专业主干课程。作为一门重要的专业技术方法课程，它的目的在于使学习者了解世界和我国在水资源开发利用过程中形成的历史和积累的经验，掌握为解决区域用水问题和水资源分配不均问题，以及水资源评价与计算和保护的理论和方法。

目前，适用于我国普通高等院校教学用的《水资源开发利用与保护》教材较少且已很久没有修订，难以满足当今高校教学的需要。基于此，编者根据自己多年教授“水资源开发利用”及“水资源评价”等课程的经验，结合查阅的大量文献，编写了本教材。全书共分九章，第一章介绍了水资源的基本概念和水资源开发利用状况；第二章论述了地表水资源量的评价；第三章论述了地下水资源量的评价；第四章论述了水资源总量计算及系统分析的方法；第五章论述了水资源质量评价；第六章介绍了地表水资源开发利用的途径、取水构筑物和跨流域调水；第七章介绍了地下水资源开发利用的途径、取水构筑物和水源地的选择及取水构筑物的布局等；第八章主要介绍了非常规水资源的利用及水电能资源的开发利用；第九章论述了水资源的保护。

本教材内容新颖翔实，既体现了作为一门技术方法基础课程所应有的基本理论方法，又体现了随时代变化科学技术更新的身影，可作为一本很好的水利类、地质类及环境类等专业本科生研修用的教材。此外，该教材各章前配有学习指引、其后有思考题，供学习者学以致用；同时，学习者如能根据各章节内容查阅包括音视频、论文及书籍等相关资料进行学习，效果将会更好。

本教材得到河南理工大学资源环境学院各位领导与老师的资助与指导，书稿编写过程还参考了大量以往的相关教材及院校与科研单位的文献与资料，教材的部分章节和所有图件的清绘等工作由河南理工大学资源环境学院研究生戴熔堃负责，在此对本教材提供帮助的各单位和人员表示最衷心的感谢。

由于编者水平有限，疏漏和不当之处在所难免，敬请读者批评指正。

编者

2023 年 4 月于焦作

目 录

第一章　水资源及其开发利用概述

本 章 学 习 指 引

在学习“水文学”“水文地质学”“土壤水动力学”“地下水动力学”“气象学与气候学”等课程的基础上，以水为纽带，围绕水循环过程，需从宏观角度了解水资源的一些常识及人类开发利用水资源的历程与出现的问题，并进行深入思考。

第一节　水 资 源 概 述

一、水的属性及自然界的水循环

水是由氢和氧组成的无机物，常温常压下为无色无味的透明液体，作为地球上最常见的物质之一，其自然属性中最重要的流动性是在几种力的平衡下发生的。因水分子间存在相互吸引力，阻碍液体内部相对流动，此特点即黏滞性，同时也称“内聚力”。当受到的外力大于水的内聚力时，受力水层的局部会产生高于其他水层的压力，为保持压力平衡，水会快速由高压区或高势能区流向低压区或低势能区，达到流体的动态平衡，这种压力转换过程称为流动。此外，水的压强是随着深度的增加而增大，上下水层间压力之差又会产生浮力。水的流动性造就它成为自然环境中最活跃的因子，广泛参与人类和自然系统的物质流（沿途所经物质的侵蚀和搬运）、能量流（势能和动能等的转换）和信息流（水中携带物质的特征与规律是对沿途环境的信息反馈），改变着自身和周围环境的形态，并起着气候“调节器”的作用。

自然界的水循环是指地球上各种形态（气态、液态、固态）的各种水体（大气水、地表水、地下水、土壤水和生物水等），在太阳辐射、地心引力等作用下，通过蒸发、水汽输送、凝结降水、入渗及径流等环节，不断地发生相态转变、能量交换的周而复始的运动过程。水循环广及整个水圈，并深入大气圈、岩石圈和生物圈，其物质和能量的传输、储存和转化过程存在于每一个循环环节。在水分的交替过程中，总是溶解并携带这些圈层的一些物质一起运动，保证水体的更新，为社会经济的发展提供水源；同时在全球起到热量传递等重要作用，蒸发环节伴随液态水转化为气态水的是热能的消耗，伴随凝结降水的是潜热的释放，所以蒸发和降水就是陆面与大气间热量相互传输的过程；而由降水转化为地面与地下径流的过程则是势能转化为动能的过程。自然界的水循环按其循环途径长短、循环速度快慢及涉及层圈的范围，可分为地质循环和水文循环两类。地质循环是地球浅层圈和深层圈间水的相互转化过程，上地幔软流圈对流运动时的水分循环，在成岩、变质和风化作用过程中水分子的分解与合成转换，以及分子态水进入矿物或从矿物中脱出形成再生水的转换。水文循环是发生于大气水、地表水和地下水间的水循环。水文循环的速度较快，途径较短，转换交替比较迅速，分为海洋与大陆间水分交换的大循环和海洋或大陆内部水分交换的小循环。

二、水资源的定义及分类

世界气象组织（WMO）和联合国教科文组织（UNESCO）的《国际水文学名词术语（第三版）》定义水资源为可被利用或有可能被利用的水资源，这个水资源应具有足够的数量和合适的质量，并满足某一地区在一段时间内的利用需求。也就是说，水资源是人类长期生存、生活和生产活动中所需要的各种水，既包括数量和质量，又包括使用价值和经济价值；它是一切生命活动的物质基础，是工农业生产和环境改善不可替代的特殊自然资源，是人类赖以生存和发展的宝贵的基础性自然资源和战略性经济资源。广义水资源是指地球上所有的天然水体，包括海洋、河流、湖泊、沼泽、冰川、土壤水、地下水及大气中的水分。但人类所能利用的水资源十分有限，且时空分布很不均匀，还极易被浪费、被污染，故狭义水资源是指在一定时期内，能被人类直接或间接开发利用的那部分动态淡水水体，这种开发利用不仅目前技术上可做到，而且经济上也是合理的，对生态环境造成的影响是可以接受的。

从水资源定义可看出，水资源具有双重属性：自然属性（流动性、可再生性、有限性、时空分布的不均匀性、多态性、不可替代性和环境资源属性等）和社会属性（社会共享性、利与害的并存性、多用途性和商品性等）。

广义上的水资源，主要类型可分为：

（1）大气水：地球被一层很厚的大气层所包围，大气圈中的水分即为大气水。对某一区域而言，空气中水分的数量在不断变化，但就全球而言，空气中的水分总量基本不变。

（2）地表水：降水经地表径流和汇集后形成的水体，包括江河、湖泊、冰川、水库水等。它以降水为主要补充来源，还与地下水相互补给，同时水量和水质受流经地区地质地貌、气候、人类活动等因素的影响。

（3）地下水：降水和地表水经土壤层渗透到地表以下而形成。

狭义上看，在水资源的供需分析中，按工程措施可分为天然水资源（如各种自然水体）和调节水资源（如水库和跨流域调水等人工措施形成的水体）；按用水部门的用水情况分为消耗性水资源（水的状态或水质发生了变化，不能再被人们所使用，如农田灌溉用水等）和非消耗性水资源（水的性质变化通常不会妨碍被重新利用，如旅游景观用水等）；按利用方式分为河道内用水（水力发电、渔业、航运、水上娱乐和水生态环境用水等）和河道外用水（工农业、城市生活、植被生态用水等）；按用途分为生活用水、农业用水、工业用水、生态用水。

三、水资源的特征

1. 循环性和可再生性

水资源与其他固体资源的本质区别在于其具有流动性，积极参与环境中一系列物理、化学和生物过程，在太阳能和重力势能的共同作用下，不断发生相态转换和空间位置的转移，是循环流动的动态资源，促使其具有了再生性和更新性。水循环系统是一个庞大的自然动态循环系统，水资源在开发利用后，能够得到大气降水的补给，处在不断地开采、补给和消耗、恢复的循环之中，可不断地供给人类利用和满足生态平衡的需要。

2. 储量的有限性

水资源虽可更新，但全球真正能够被人类利用的淡水储量有限，并非取之不尽、用之不竭。全球水资源中97.5%为咸水，淡水只占2.5%，而这2.5%中又有87%是人类难以利用的两极冰盖、冰川、冰雪，人类可以利用的淡水只占总水量的0.26%，但这些淡水大部分是地下水，人类实际可从江河湖泊取出的淡水只占总水量的0.014%。

3. 时空分布的不均一性

水资源在自然界中具有一定的时空分布规律，但其分布往往很不均匀。因海洋与陆地间距离造成的差异性的水气循环，每年约有2/3的径流以洪水形式流走，而在最需要的时间和地点却得不到降水。同时，季风气候区降水随季风而有显著的季节性变化的特点。

4. 利用的多样性与广泛性

水资源不仅广泛应用于工农业和生活，还用于发电、水运、水产、旅游和环境改造等。在各种不同的用途中，有的是消耗用水，有的则是非消耗性或消耗很少的用水，对水质的要求也各不相同，致使水资源得以一水多用，充分发挥其综合效益。

5. 利与害的双重性

水资源相比于矿产资源，最大的区别是它既可造福人类，又可危害人类生存的双重性。水资源质与量适宜且时空分布均匀，将为区域经济发展、自然环境的良性循环和人类社会进步做出巨大贡献；但水量过多或过少的季节和地区，常产生各种各样的自然灾害，同时水资源开发利用不当，又可制约国民经济发展，破坏人类的生存环境。

6. 必然性与偶然性、相似性与特殊性

水资源在某一时段内的状况有其客观原因，基本规律是在一定条件下的必然现象，而由于影响因素的复杂性，人们的认识又存在局限性，故常把能够作出解释或预测的部分（如河流每年的洪水期和枯水期、年际间的丰水年和枯水年、地下水位的规律性变化等，这种在时间上具有年、月甚至日的周期性变化的必然规律）称为必然性，而将那些还不能作出解释或难以预测的部分称为水文现象或水资源的偶然性反映，具有随机性特征。

水资源的相似性指气候及地理条件相似的流域，其水文与水资源现象也具有一定的相似性。特殊性指因不同的下垫面条件而产生不同的水文与水资源的变化规律，如在同一气候区的山区河流与平原河流的洪水变化特点不同，同为半干旱条件下河谷阶地和黄土塬区地下水赋存规律不同等。

四、水资源开发利用的分类和原则

水资源是人类生命、生活及生产过程不可或缺且无法替代的重要资源，同时又是地球各圈层尤其是生态环境中非常活跃的重要因素。因此，为保障经济社会可持续发展的同时，达到人与自然的和谐发展，必须谨慎地在区域承载力范围内，开展水资源的合理开发利用。

水资源开发利用是指根据兴利与除害的要求，采取工程措施及非工程措施，对水资源进行调节、控制、保护及管理，以满足国民经济各部门的用水要求。因水资源赋存场所的复杂性及其时空分布上的不均匀性，加之它与人口、耕地、生产力布局等往往不相匹配，大大增加了水资源开发利用的难度。因此，人们在开发利用过程中必须考虑水资源的自然特性和规律，结合各部门的用水要求，开展充分的科学论证和合理的工程设计，发挥最佳的综合利用效益。

1. 分类

人类对水资源的开发利用主要分为两大类：一是从水源取走所需水量，满足人们生活和工农业生产所需后，数量有所消耗，质量有所变化，在其他地点回归到水源，即耗损性用水，比如农业灌溉、工业用水和生活用水等，需要将水从河流、水库、湖泊中引至用水地点，消耗和污染大量的水；二是取用水能（如水力发电）、发展航运、水产养殖和水上乐园，维持生态平衡等，即非耗损性用水，此类水资源利用无须从水源引走水量，但需要河流、湖泊、河口等保持一定的水位、流量和水质，消耗的水量很少。此外，按照取用水资源的地点不同，水资源开发利用可分为当地水资源的开发利用和跨流（区）域调水；根据开发利用水资源的性质，可分为水资源量的开发利用和水能资源开发利用；或分为常规水资源的开发利用和非常规水资源的开发利用。

水资源的开发利用方式，因地貌、地质、水源条件等的不同而异。山丘区地面蓄水和自流引水的条件较好，一般修建水库、渠道，引用河川径流，有时也修建扬水站为局部高地抽水。平原区地下水储存条件较好，则以开凿水井开采地下水为主，也有修建平原水库和水闸拦蓄部分洪水。水网圩区水资源丰富，则多修建机电排灌站，雨季排水、旱季灌溉。对大、中河流，则常在峡谷地段修堤筑坝，调节径流集中落差，以防洪兴利。

2. 原则

不同的历史时期和不同的经济发展水平，对水资源开发利用的要求也不同，故水资源的开发利用，必须与经济社会发展相适应，同时要考虑自然环境的承载能力和生态环境的脆弱性与整体性。

《中华人民共和国水法释义》对水资源开发利用的基本原则做了规定：

（1）全面规划、统筹兼顾、标本兼治、综合利用、讲求效益的原则。这是规范和指导开发、利用、节约、保护水资源和防治水害等各项水事活动的基本原则，是一个有机的整体，全面规划是基础，统筹兼顾、标本兼治是手段，综合利用、讲求效益是目的。

（2）兴利与除害相结合，服从防洪总体安排的原则。这是根据水资源时空分布不均匀和利害双重性，针对我国洪涝灾害频繁且日益严峻的水情，对开发利用水资源提出的原则要求。

（3）开源与节流相结合、节流优先的原则。这是根据水资源的有限性和时空分布不均匀性，针对我国存在既严重缺水又普遍浪费水资源的实际情况所提出的原则要求。

（4）开发与保护相结合、污水处理再利用的原则。这是根据可持续发展的战略要求，为实现水资源可持续利用，针对我国仍存在水污染问题、水资源开发与保护脱节所提出的原则要求。水资源的开发利用是以供水安全体系建设为目标，通过建设水利设施增强水资源调蓄能力，对天然来水过程进行有效调控，适应用水部门的需求过程，提高供水能力和保证率。同时，要尊重自然客观规律，以严谨的科学开发态度，认真地进行区域水环境自然状况的详细调查，开展全面科学的论证，制定出符合自然发展规律的水资源开发利用规划，在保护水资源环境、维持生态平衡的前提下，有节制地加以开发利用。

（5）地表水与地下水统一调度开发的原则。这是根据水的循环规律，针对我国存在地表水与地下水分割开发和调度，部分地区地下水已严重超采的情况所提出的原则要求。

（6）生活、生产、生态用水相协调，优先满足生活用水的原则。这是根据水的多功能性和不可替代性，为维护人的基本生存权，并针对我国长期以来忽视生态用水需要，造成生活、生产、生态之间用水比例失调，引起生态环境恶化的情况所提出的原则要求。制定水资源开发规划时，一定要注意经济社会的发展须考虑水资源的条件及水资源利用的多重性，从生活饮用水、一般工业用水，到农田灌溉、水产养殖、旅游观光，都要进行科学的论证，对水资源实行综合开发，充分发挥其综合效益；在水资源不足的地区要对城市规模和建设耗水量大的工业、农业、服务业等项目加以适当的限制。

（7）兼顾上下游、左右岸和有关地区间利益，充分发挥水资源综合效益的原则。这是根据水的流动性和多功能性，为上下游、左右岸经济社会的共同协调发展，避免水资源配置和水工程建设不当而引发跨行政区域的水事纠纷，对开发利用水资源所提出的原则要求。水资源开发利用要全面规划、统筹兼顾，发挥水资源的多种功能，大力发展水电、水运等各项事业。同时在制定水资源开发规划时，既要注意到水资源开发规划与区域其他经济发展规划间的联系，充分考虑本地区水资源的容量，又要处理好本地区与邻区水资源开发规划的关系，一切从整体利益出发，从全局出发。

第二节　世界水资源及其开发利用概述

自古以来，人类对水资源的开发利用就从未间断过，长期的实践使得人类积累了丰富的知识，掌握了各种取水和用水的技术方法。过去相当长一段历史时期，社会生产力水平较低，人口少且居住分散，人们过着“逐水而居”的生活，人类的行踪和文明的兴衰都是沿着大河流域发生着相应的变迁，比如两河流域的美索不达米亚文明，尼罗河流域的古埃及文明、印度河流域的哈拉帕文明、爱琴海地区的青铜文明和黄河流域的中华文明。当时水资源的开发利用技术相对较为简单，开发规模不大，尽管那时各种水事活动基本处于无序状态，但一般仍不会对一个大型流域或地下水系统的水资源天然分布格局造成过大干扰，一旦水资源发生短缺，人们常通过被动顺应自然环境的方式（迁徙）予以解决。经历20世纪后半期的第三次工业革命后，世界发生了巨大变化，科学技术和社会生产力突飞猛进，使得人类拥有了大规模拦蓄、调控地表水，大力开采各种条件下地下水的技术和经济实力。同时，为解决人口的急剧增加和社会经济的快速发展所带来的需水压力，水资源开发利用力度不断增强，人类的行踪也由以前受水域限制向全球诸多领域进行扩展，对水循环过程和自然环境的影响也由局域到整个区域甚至全球的演化方向发展，水资源的开发利用达到了空前的发展程度。

总体而言，人类对水资源开发利用的认识经历了一个漫长的历史时期。在古代社会是努力适应水环境的变化，力图达到趋利避害、增利减害的目的；在近代社会为兴利除害，追求对水资源的多目标开发；在现代社会，对水资源的利用进入了密切协调社会与自然关系的阶段，更注重社会、经济效益和生态平衡，以期获得最大的综合效益。

一、全球水资源的开发利用状况

人类居住的这个蓝色星球虽然71%面积被水覆盖（水资源总量为13.86亿km^3），而能直接被人类生产和生活利用的，却少得可怜。扣除又咸又苦不能饮用与浇地，也难用于工业的海水与咸地下水、咸湖泊水，以及被冻结在南北极的冰盖、难以利用的高山冰川和永久积雪与冻土、深层地下水，且考虑现有经济和技术能力，理论可开发利用的淡水不到地球总水量的1%。实际上，人类可利用的淡水量远低于此理论值，主要是因为在总降水量中，有些是落在无人居住的地区（如南极洲），或降水集中于很短时间内，因缺乏有效的水利工程措施，很快就流入海洋之中。

随着人口的增加和经济的发展，世界用水量在逐年增加。目前全球人均供水量比1970年减少了1/3，这是因为在这期间地球上又增加了18亿人口，GDP增长了近25倍。近几十年来，全球需水量每年仍以4%～8%的速度持续递增。从现在到2050年，全球人口预计将增加30亿左右，需增加80%的水资源供应才能满足需求。此外，随着生活水平提高，居民日常生活方式和饮食习惯的变化也增加了水资源的需求。为解决水资源的供给问题，世界各缺水国家和地区长期以来做了大量的探索，一些发达或较发达的国家已取得了很多成功经验，主要有三个方面：一是通过区域调水解决地区间水资源分布的不均问题；二是通过科学管理维护水资源的供需平衡；三是采用各种节水技术。据不完全统计，目前世界已建、在建和拟建的大规模、长距离、跨流域调水工程已达160多项，分布在24个国家。

世界各国和国民经济各部门对水资源的使用情况各有不同，一般可分为农业用水、工业用水和生活用水三类。从全球水资源开发利用史来看，三大行业所占比例分别是：农业用水大约占2/3以上，工业用水占1/4，生活用水约占2/25。

1. 农业用水

农业用水大小主要取决于各地的气候条件、作物种类、灌溉方式和水利化程度等。目前，干旱半干旱区约占全球陆地表面积的40%，受人口增加、城市化等人类活动及气候变化的影响，干旱半干旱区将会继续在全球扩张。为提高农业产量，确保粮食安全，农业灌溉用水量一直有增无减。

相对而言，灌溉方式的改变一定程度上能降低农田灌溉用水量，为此众多发达国家大力推广高效节水灌溉技术。美国农业节水灌溉主要是针对输水、灌水和田间三个环节，60%以上的农业灌溉技术采用经过技术改良的沟灌、畦灌，田间大部分采用管道输水，通过激光平整、脉冲灌水、尾水回收利用等技术提高灌水均匀入渗度，进而提高灌水效率。美国还将计算机模拟、自动控制和先进制造等技术，结合施肥装置和过滤器等，开发高水力性能的微灌、滴灌系统，向作物精准供给水分和养分。在农艺技术上开发出抗旱节水制剂，广泛应用于经济作物上，取得了良好的节水增产效果。以色列是世界上节水灌溉最发达的国家，农业灌溉已由明渠输水变为管道输水，由自流灌溉变为压力灌溉，由粗放的传统灌溉方式变为现代化的自动控制灌溉方式，由根据灌溉制度灌溉变为按照作物需水要求适时、适量灌溉。除了非常重视国家引水工程建造外，农田灌溉主要采用滴灌和喷灌系统，目前以色列全国25万hm^2的灌溉面积已全部实现喷灌和滴灌。每个系统都装有电子传感器和测度水、肥需求的计算机，操作者在办公室遥控进行施肥和灌溉，使水、肥利用率达到80%～90%，农业用水减少30%以上，节省肥料30%～50%，使缺水的荒地、废地变成高产区。以色列还对不同作物、不同生长期和微咸水与淡水不同配比进行灌溉试验，开发高效又便宜的海水淡化技术。澳洲土地资源丰富但严重缺水，农业均沿着河流分布，为此大力推行节能省水的滴灌和微喷技术，农艺节水技术上应用免耕、休耕、作物倒茬轮作、秸秆覆盖等保护性耕作技术，在土壤水分监测、作物水分利用率评估等方面采用了3S和3M信息管理技术，以提高用水效率。

在水利化程度上，世界发达国家基本实现了渠道防渗化、输水管道化、大田作物喷灌化、经济作物滴灌化。以色列实现了全国输水管道联网，其输水效率居世界之首，高达90%以上。在管理水平上，美国已做到了将土壤墒情与灌区灌水、降雨等因素相结合，实现了取水、输水、配水、用水等过程的统一调度及优化配水的灌溉全过程自动化管理。目前，除了工程节水外，尚有农艺、地面覆盖保墒、化学与生物技术等节水新技术和措施在不断地涌现和应用。

2. 工业用水

工业用水是指工矿企业在生产过程中，用于产品制造，加工、冷却、空调、净化、洗涤等方面的水量及内部职工生活用水量，取水量约占全球总取用水量的1/4。工业用水的组成比较复杂，用水量的多少决定于各类工业的生产方式、用水管理、设备水平和自然条件等，同时也和各国的工业化水平有关。大多数国家工业化过程中用水量的增长都经历了三个阶段：工业化初期阶段，以能源、原材料为主的重工业高速发展，用水量处于快速增长阶段；工业化中后期阶段，各国意识到地球空间、环境容量的有限性及资源短缺的状况，转移发展加工型、高技术高附加值的工业，普及应用节水技术和工艺，有效控制工业用水增长，工业用水增长幅度下降；进入后工业化阶段，主导行业向第三产业转移，产业结构进行了重大调整，改进工业技术、建立健全法规体系、强化用水管理等，最终一些国家用水达到零增长甚至负增长。国外工业用水下降的情况大致分三类：一是产业结构演进和工艺技术进步迅速促进用水量下降，如美国和日本；二是在一定的技术发展水平下，通过严格的取排水法规迫使工业用水下降，如瑞典和荷兰等；三是在水资源极度匮乏胁迫下，通过水资源合理利用、提高用水管理水平和开发非常规水资源（废污水回用、海水淡化等），迫使用水量下降，如以色列。

3. 生活用水

生活用水是指家庭、机关、学校、部队、旅馆、餐厅和浴池等饮用、烹饪、洗涤、清洁卫生等及公共活动场所用水，约占全球用水量的8%。随着城镇化建设、人口的增加和生活水平的提高，生活用水量有所增加，同时又随着节水技术的应用和人们节水意识的提高，对生活用水需求的压力会起到一定的减缓作用。

二、全球水资源开发利用趋势及存在的问题

未来全球水资源供需情况主要取决于经济增长、人口压力、技术革新、社会状况、环境质量和管理制度这六个方面的因素。全球水资源开发利用的趋势主要呈现为以下几个方面：

（1）农业用水经30年的剧增后呈现出平稳发展状态，但农业用水量基数大，占总用水量的60%左右，其中不可复原水量还较高，占其总用水量的70%左右，故农业用水仍

是今后相当长一段时间内水资源开发利用的大户。但只要加强农业用水管理，提倡科学用水，随着各国经济的发展，不断采用先进的节水灌溉技术，世界农业用水量可基本稳定在现有水平上，不会再有大幅增加。只要农业用水量得以有效控制，那世界总用水量的增长势头就会得以有效抑制。

（2）全球工业用水发达国家稳中有降，发展中国家急剧增长；工业用水量所占比例虽小，但增长较快。发达国家资金雄厚、管理水平高、技术设备先进、工业结构不断优化，今后工业用水量基本不会有明显增加，有望出现稳中有降局面。但发展中国家，尤其是一些新兴的工业区，如东南亚、东北亚及南亚次大陆地区，在工业迅速发展的过程中，因资金不足、设备更新缓慢、生产工艺落后、水资源管理水平有限、工业结构不甚合理，在一定时期内，工业用水量将会有一定程度增长的势头。

（3）随着全球各国城镇化步伐的加快，城镇生活用水将会有增无减。城市生活用水量主要取决于人口数量、城市规模与功能、自然条件、城市设施和居民生活水平及生活习俗等。虽用水量占总用水量的比例小，但对水质标准和保证率要求高，随着全球城市人口不断增加、经济持续发展及居民生活水平的提高，势必造成城市生活用水量的迅速增加。因此，未来解决城乡居民生活供水问题将是一个艰巨的任务。

（4）过去人们在水资源开发利用过程中，只单一强调最大限度获取天然水资源，忽视其开发过程中可能引起的环境和生态灾难，承受了惨痛的代价。如今各国开始重视经济、环境与生态的良性协调发展，更注重水资源的合理分配与调度，大力开展农业、工业节水生产，优先发展污水回用，实现水资源的可持续利用。

宏观看，地球上水量极为丰富，但从水资源的储量与分布看，人们可得到的淡水只有地球上水的很小一部分，有限的水资源也很难再分配。从未来发展的趋势看，社会经济发展对水需求的不断增加和水资源的有限性，势必造成其开发利用过程中存在诸多问题：

（1）水资源时空分配不均，导致一些地区严重缺水，供需矛盾尖锐。随着社会需水量大幅度增加，水资源供需矛盾日益突出，水资源地域分布的不均匀性及时间分配上的不稳定性将成为世界许多国家水资源严重短缺的根本原因。

（2）人口增长及城市与工业的快速集中发展，对水资源的供应造成较大压力。世界人口在20世纪增加了2倍，用水量增加了5倍，不仅使人均占有水量减少，还带来与水相关的诸如粮食安全和经济发展等问题。联合国粮食及农业组织发布的《2020年粮食及农业状况》报告显示，当前全球32亿人口面临水资源短缺问题，约有12亿人生活在严重缺水和水资源短缺的地区。200多年来，世界人口趋向于集中在占全球较小部分的城镇中，城市和郊区往往又会大量建设各种工业区及娱乐休闲区，因此集中用水量就会很大，常会超过当地水资源的供应能力。

（3）用水浪费现象依然存在，水资源的利用效率仍然不高。人类将大约70%的淡水资源用于农业，传统农业灌溉模式采取大水漫灌的方式，水资源利用率很低，且渠道渗漏很大，不仅浪费水资源，而且会引起土壤的次生盐渍化和潜育化，降低土壤质量。如今全球工业一年的用水量占人类一年总用水量的23%左右，由于工业企业设施不全，水循环利用率低，造成巨大的水资源浪费。另外，一些产业本身就是高耗水型的，如洗车业。因管理不善，工程配套差和工艺技术落后，城市管网和卫生设施的漏水很普遍，成为城市生活用水中浪费最大的一项。人们日常生活中对水的浪费也是惊人的，节水意识淡薄是造成用水浪费的最根本原因。

（4）水体污染和水环境破坏严重，“水质型缺水”问题突出。随着人口增长、社会经济发展和城市化，排放到环境中的污水量日益增多，使得许多水体受到污染，致使其利用性下降或丧失，造成许多地方产生“水质型缺水”问题。据统计，全世界每年约有 420km^3 的污水排入江河湖海，污染了 5500km^3 的淡水，约占全球径流总量的 14%，估计今后 25～30 年内，全世界污水量将增加 14 倍。这种因水污染造成的“水质型缺水”更加剧了水资源短缺的矛盾和居民生活用水的紧张和不安全局势。

（5）洪涝灾害、气候变化等使全球水资源供应的稳定性变差。气候变化将导致降水更趋极端化，高纬度地区气候变得干热，沙漠化扩大，冰川雪线进一步退缩，暴雨洪水经常发生，这些气候异常变化造成全球水资源的分布失去了稳定性，使得地区水资源问题更加突出。

第三节　我国水资源现状及其开发利用概述

关于水资源的开发利用与水旱灾害的防治，我国有悠久的历史，从上古大洪水传说中的大禹治水，到公元前 1000 年左右的西周有蓄水、灌溉、排水和防洪的设施，再到公元前 221 年秦始皇统一中国后，对河流上的堤防工程做了统一安排。历代修建的著名水利工程有：四川灌县的都江堰灌区（公元前 250 年）；陕西关中的郑国渠（公元前 246 年）；新疆地区的坎儿井（距今约 2000 年）；广西兴安县灵渠航运工程（公元前 214 年）；始于春秋（公元前 770—公元前 476 年），经多次增修改建，到元代（1271—1368 年）全线贯通的京杭大运河等。

一、全国供用水现状

我国用水总量位居世界前列，《中国水资源公报 2020》数据显示，全国供水总量 5812.9 亿 m^3，占当年水资源总量的 18.4%。其中，地表水源占 82.4%（蓄水工程占 32.9%，引水工程占 31.3%，提水工程占 31.0%，水资源一级区间调水量占 4.8%）；地下水源占 15.4%（浅层地下水占 95.7%，深层承压水占 3.9%，微咸水占 0.4%）；其他水源占 2.2%（再生水、集雨工程利用量分别占 85.0%、6.2%）。在用水量中，生活用水占 14.9%，工业用水占 17.7%，农业用水占 62.1%，人工生态环境补水占 5.3%。全国人均综合用水量 412m^3，万元国内生产总值（当年价）用水量 57.2m^3。耕地实际灌溉亩均用水量 356m^3，农田灌溉水有效利用系数 0.565，万元工业增加值（当年价）用水量 32.9m^3，城镇人均生活用水量（含公共用水）207L/d，农村居民人均生活用水量 100L/d。全国耗水总量 3141.7 亿 m^3，耗水率 54.0%。其中，农业耗水量占 74.9%、耗水率 65.2%，工业耗水量占 7.6%、耗水率 23.1%，生活耗水量占耗水总量的 11.1%、耗水率 40.5%，人工生态环境补水耗水量占 6.4%、耗水率 65.2%。

二、我国水资源开发利用趋势及存在的问题

我国年总用水量从 1949 年的 1031 亿 m^3 增加到 2020 年的 5812.9 亿 m^3，水资源的需求量持续增长，总体上经历了三个增长阶段：1949—1980 年的快速增长阶段（主要由

于农业用水的大幅度增加)、1981—1995年前后的缓慢增长阶段(农业用水趋稳,工业和城镇用水量增加较快)和1996年至今的微增长阶段(节水使用水效率得以提高)(图1-1)。

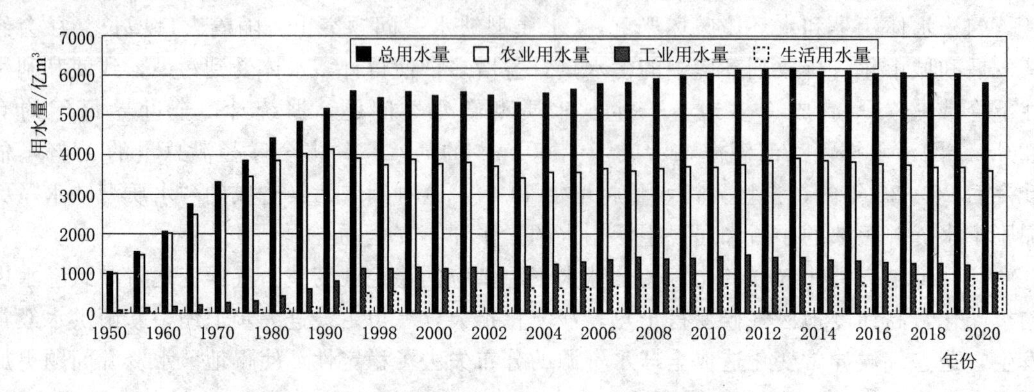

图1-1 我国1950—2020年用水量指标历年变化趋势

虽然我国用水量增长的总趋势趋缓,有望出现"零增长",用水结构也朝着合理化方向发展,但随着人口增长及经济社会发展,水资源开发利用过程中依然存在诸多问题。

(1)过度开发且效率不高,生态环境破坏严重。受海陆分布、水汽来源、地形地貌等因素及季风气候的影响,我国降水量在时空分布上极不均匀,致使我国许多地区用水已处于缺水或严重缺水的紧张状态,加之在人口密度、经济结构、作物组成、节水水平、水资源条件等方面存在区域差异,我国水资源开发利用率呈现出"北高南低"。国际上一般认为,对一条河流的开发利用不能超过其水资源量的40%,经调查,我国平均水资源开发利用率已达19%,接近世界平均水平的3倍,其中北方的黄河、淮河、海河均超过50%,南方地区为14%。预计到2050年前后,我国人均水资源量将接近世界公认的1700m^3/a阈值,进入用水紧张国家的行列。全国地表水资源利用率将为27%,地下水利用率将平均为64%。

我国农业用水大约占年用水总量的70%(图1-1),而其中大约90%是灌溉用水,且平均利用率仅有0.4左右,水分生产率还不到1kg/m^3,而一些发达国家的灌溉水利用率接近0.85,水分生产率也能达到2kg/m^3以上。我国传统的灌溉方式——漫灌和畦灌用水量在7500m^3/hm^2左右,而喷灌和滴管仅为3000m^3/hm^2,节水潜力巨大。

水资源的过度开发将导致生态环境的恶化,造成水生动植物数目的锐减、河流的断流(我国北方地区2000年共有60条河流断流,断流长度7996km,占河流总长度的35.7%)、地面沉降和海水入侵等。

(2)城市供水集中,供需矛盾尖锐。随着城市和工业的迅猛发展,大中城市供需矛盾日趋尖锐。全国666个城市中,缺水城市达333个,其中严重缺水108个(极严重缺水城市有天津、北京、太原、乌鲁木齐、沈阳、秦皇岛、西安、郑州等;严重缺水城市有重庆、济南、石家庄、上海、合肥、包头等),主要集中在北方,高峰季节只能满足需水量的65%~70%,全国城市日缺水量达1600余万m^3,每年因缺水造成的工业经济损失估计高达2300多亿元。

(3)地下水过量开采,环境地质问题仍较突出。我国地下水开采量20世纪70年代末为767亿m^3/a，2010年为1107.3亿m^3/a；地下水在全国供水中的比重1980年是14.0%，2010年是18.4%。地下水开采程度全国平均为36%，北方15省（自治区、直辖市）为60%，其中华北地区平均高达76%，东北地区为65%，西北地区为25%，有37个城市和地区处于超采状态。我国目前有近400个城市开采地下水作为城市供水水源，300多个存在不同程度的缺水，每年水资源缺口大约1000万m^3。以地下水作主要供水水源的城市超过60个，如石家庄、太原、呼和浩特、沈阳、济南、海口、西安、西宁、银川、乌鲁木齐、拉萨等。

（4）水资源污染和水环境恶化问题依然存在。近几年，我国污水年排放量持续增加，2015年污水排放量仅466.62亿m^3，2018年突破500亿m^3，2019年增至554.65亿m^3，同比增长6.4%。随着乡镇企业的急速发展以及农业施用化肥、农药的大量增加，除城市附近的点污染外，农业区面源污染日趋严重。在生态环境部公布的《2022中国生态环境状况公报》中，全国地表水监测的3629个国控断面中，Ⅰ～Ⅲ类水质断面（点位）占87.9%，劣Ⅴ类占0.7%，主要污染指标为化学需氧量、高锰酸盐指数和总磷。2022年，长江、黄河、珠江、松花江、淮河、海河、辽河七大流域和浙闽片河流、西北诸河、西南诸河主要江河监测的3115个国控断面中，Ⅰ～Ⅲ类水质断面比例为90.2%，劣Ⅴ类为0.4%，长江流域、珠江流域、浙闽片河流、西北诸河和西南诸河水质为优，黄河、淮河和辽河流域水质良好，松花江和海河流域为轻度污染。开展水质监测的210个重要湖泊（水库）中，Ⅰ～Ⅲ类水质湖泊（水库）占73.8%，劣Ⅴ类占4.8%，主要污染指标为总磷、化学需氧量和高锰酸盐指数。开展营养状态监测的204个重要湖泊（水库）中，贫营养状态湖泊（水库）占9.8%，中营养状态占60.3%，轻度富营养状态占24%，中度富营养状态占5.9%。

（5）水资源开发利用缺乏统筹规划和有效管理。缺水类型常分为资源性缺水、工程性缺水、水质性缺水和混合性缺水，缺水量并不完全决定于供水资源的丰歉程度，而是与需水量和供水能力密切相关。因此在发展经济和建设城市时，必须对可利用的水资源进行周密规划，并对水资源的管理、开发和利用进行相应的规划建设，尽可能地缓解水资源危机。目前，我国对地下水与地表水、上游和下游、城市工业用水与农业灌溉用水、城市和工业规划布局及水资源条件等尚缺乏合理的综合规划。地下水开发利用的监督管理工作薄弱，地下水和地质环境监测系统不健全。

综上所述，目前制约我国水资源开发利用的关键问题是水资源短缺、供需矛盾突出、水污染严重。其主要原因是管理不善，造成水质恶化速度加快。因此，水资源利用与保护的关键在于水资源数量与质量的正确评价、供需平衡的合理分析、水资源开发利用工程的合理布局、节水技术与措施的有效实施，实现防止、控制和治理水污染，缓解水资源短缺的压力，实现水资源的有效保护、持续利用和良性循环。

思　考　题

1. 简述水循环过程及其机理。
2. 简述水资源特征及其分类。

3. 简述水资源开发利用的分类与原则。

4. 人类在开发利用水资源过程中都出现了哪些问题？针对这些问题，未来开发利用过程应注意哪些方面？

5. 我国水资源分布有哪些特征？开发利用过程存在哪些问题？应采取怎样的措施予以解决？

第二章　地表水资源量评价

本章学习指引

在学习“水文学原理”“工程水文学”“水资源学”“水文地质学”等课程的基础上，本章将全面深入地学习水量平衡三要素的分析计算及地表水资源的评价方法等。

第一节　水量平衡三要素的分析计算

一、水量平衡及水资源分析计算资料整编

（一）水量平衡

地球上水的总量可看作一个不变的常量，在循环过程中，遵循宇宙间普遍存在的质量守恒定律。它是以封闭系统为前提，忽略了地球深部与浅部的水量交换关系，以及可能来自地球外部的水分补充，水仅在地球表层圈中进行周转循环，不断改变水的形态和分布状况，总水量不会增减。对地球上的任何圈层或地段来讲，却是一个开放系统，某一区域或系统不仅与其外界有着能量的交换，还存在物质（水量和溶质等）的交换。因外界作用的变化（如降水不均和气温升降引起蒸发强度的改变等），在任一时段内，该区域或系统获得的水量和失去的水量不可能总是相等的，系统中会有水量的积累或释放，故水量的收支状况必须用收入、支出与储存量三者的变化值来描述。根据质量守恒定律，对于地球上的任何一个地区（地段、流域、水体或圈层）在任意时段内，收入的水量和支出的水量之差等于该地区在该时段内的蓄水变化量，这就是水量平衡。在水文循环过程中，降水、蒸发和径流等要素间的这种数量关系称为水量均衡，它是确定各种水量要素及其关系、评价水资源量、制定水资源开发利用的方案与规划的基础。

1. 全球水量平衡

（1）陆地上的水量平衡。一年内陆地水量平衡方程为

$$E_L = P_L - R + \Delta S_L \tag{2-1}$$

式中：P_L 为陆地降水量；R 为径流量；E_L 为陆地蒸发量；ΔS_L 为一年内陆地蓄水的增减量，为正值时表明陆地蓄水量增加，为负值时表明陆地蓄水量减少。

长期而言，ΔS_L 有正有负，$\sum \Delta S_L = 0$，即多年平均情况时，陆地水量平衡方程为

$$\overline{E_L} = \overline{P_L} - \overline{R} \tag{2-2}$$

（2）海洋水量平衡。多年平均的海洋水量平衡方程为

$$\overline{E_S} = \overline{P_S} - \overline{R} \tag{2-3}$$

式（2-2）与式（2-3）相加得到全球水量平衡方程：

$$\overline{E_L}+\overline{E_S}=\overline{P_L}+\overline{P_S} \tag{2-4}$$

式中：$\overline{P_L}$、$\overline{P_S}$ 分别为陆地和海面多年平均降水量；$\overline{E_L}$、$\overline{E_S}$ 分别为陆地和海面多年平均蒸发量。

对全球来说，陆地流出的径流量等于海洋流入的径流量，故在整个全球系统内，$\overline{R}=0$。

从式（2-4）可看出，长期来说地球上的总降水量等于总蒸发量。

2. 流域水量平衡

（1）非闭合流域水量平衡。非闭合流域指的是地表分水线和地下分水线不重合的流域。造成非闭合流域的主要原因可能有：岩溶地区地面溶洞非常发育，地面、地下分水线常常不一致；比较小的流域，因河流下切过浅，出口断面流出的径流并不正好是流域地面集水区上降雨产生的径流；人为的跨流域调水等。非闭合流域水量平衡方程为

$$P+E_1+R_b+R_d+S_1=E_2+R_b'+R_d'+S_2 \tag{2-5}$$

式中：P 为研究时段内的区域降水量；E_1、E_2 分别为研究时段内水蒸气凝结量和蒸发量；R_b、R_d 分别为研究时段内地表与地下径流流入量；R_b'、R_d' 分别为研究时段内地表与地下径流流出量；S_1、S_2 分别为初始与末时蓄水量。

（2）闭合流域水量平衡。当流域的地面、地下分水线重合，河流下切比较深，流域面积上降水产生的地面、地下径流能全部经过出口断面排出，称为闭合流域。一般的大、中流域，地面、地下分水线重合造成地面、地下集水区的差异相对于全流域很小，且出口断面下切较深，常被当作闭合流域。

对于闭合流域，$R_b=0$，$R_d=0$，令 $R=R_b'+R_d'$，$E=E_2-E_1$，$\Delta S=S_2-S_1$，则有

$$R=P-E-\Delta S \tag{2-6}$$

多年长期来看，闭合流域水量平衡式为

$$\overline{P}=\overline{R}+\overline{E} \tag{2-7}$$

因受人为水循环影响，则

$$\overline{P}=\overline{R}+\overline{E}+\Delta S' \tag{2-8}$$

式中：$\Delta S'$为人为因素影响的径流变化量。

（二）水资源分析与计算资料的整编

水资源分析与计算的任务是研究某一区域降水、蒸发、径流等要素的时空变化规律及区域地表水、土壤水和地下水的相互转化关系，推求其地表水资源、地下水资源及总水资源数量，为区域水资源的开发利用规划提供科学依据。资料整编是开展这些工作的基础，主要包括基本资料的搜集、审查及资料的插补延长。

1. 基本资料的搜集

通过区域普查、典型调查、临时测试、分析估算等途径，在短期内收集与水资源评价有关的基础性资料。

（1）降水资料的收集应注意以下几点：

1）选用的观测站要求资料可靠、系列较长、面上分布较均匀。

2）收集的各观测站降水量资料要与径流量资料具有同步性，还要兼顾降水量与径流量资料的同步性。

3）认真校对选用的资料，对其来源、质量及相关情况应详细注明。

4）收集适当比例尺的地形图，作为工作底图，以进行站点分布图、各种等值线图等的绘制。

5）收集区域内的土壤、植被、地质、河流水系、气象、流域水利工程、区域社会经济、水资源开发利用状况等资料，以便进行后续资料的审查、插补延长和径流量的还原计算。

（2）径流资料的收集内容包括：

1）本区域内和邻近区域的水文气象资料，如降水、蒸发、径流、泥沙等。

2）本区域的自然地理特性资料，如区域面积、地形地貌、土壤、植被等。

3）区域内水利工程概况，如历年各级水库的有效库容及其灌溉面积，引、提水量及其灌溉面积，灌溉定额、渠系有效利用系数、田间回归系数等。

4）区域内水文地质特性资料，如岩性分布、地下水埋深、地下水开采情况等。

5）社会经济资料，如人口、耕地的数量及其分布、当地经济社会发展状况。

6）水质监测资料，如主要工矿企业的排污量、排放途径、影响范围、污染后果等。

2. 基本资料的审查

水资源分析计算成果的精度和合理性，取决于原始资料的可靠性、一致性和代表性。

（1）可靠性审查。降水资料主要通过与邻近站资料的对比，与其他水文气象要素的比较及地区分布规律、局部暴雨特殊性的分析来审查。径流资料除上述审查方法外，还可采用上下游或相邻流域径流过程对比、水量平衡分析、极值对比及降水径流关系等。水面蒸发资料可从气象因素、观测场周围环境等入手分析数据的合理性。泥沙资料审查上下游沙量平衡、年径流量和年输沙量关系。

（2）资料的一致性审查与径流还原计算。收集的序列资料应能反映区域内的天然情况，且具有同一基础。但人类活动（如水库拦蓄、城市化等）已改变了流域下垫面状况，使得许多河流的天然径流状况受到了破坏，水文站实测的资料已不能真实反映断面以上径流的天然规律，致使各年的资料没有可比性。径流还原计算正是为求得天然情况下的河川径流量，以保持资料的一致性。具体计算方法如下：

1）分项调查法：对流域中各项影响因素所造成的水量变化逐一调查。

$$W_{天然}=W_{实测}+W_{灌溉}+W_{工城}+W_{库蒸}+W_{库渗}+W_{库变}+W_{引}\pm W_{分} \tag{2-9}$$

式中：$W_{天然}$为还原到天然情况下的河川径流量；$W_{实测}$为水文站实测的河川径流量；$W_{灌溉}$为测站以上农业灌溉耗水量；$W_{工城}$为工业、城镇用水的耗水量；$W_{库蒸}$为水库的蒸发损失水量；$W_{库渗}$为水库的渗漏损失水量；$W_{库变}$为水库时段蓄水变量（蓄水为正、泄水为负）；$W_{引}$为跨流域调水量（引出为正、引入为负）；$W_{分}$为河道分洪水量（分出为正、分入为负）。

a. 灌溉耗水量（$W_{灌溉}$）。对有实灌面积、灌溉定额及田间回归系数等资料的区域，有

$$W_{灌溉}=(1-\beta)mF=(1-\beta)\eta m_{毛}F \tag{2-10}$$

式中：β为田间回归系数，指农田灌溉时，通过田间渗漏回归河道的水量占净灌溉水量的

比例，旱田取零，水田与土质、水文地质条件等有关（表 2-1）；m 为灌区综合净灌溉定额，m^3/亩；$m_毛$ 为灌区综合毛灌溉定额，m^3/亩，灌溉定额受灌区作物种类、气候、土壤、水文地质、灌溉制度等影响；η 为灌区渠系有效利用系数，与灌区渠道土壤性质、水文地质条件、渠道工程质量、灌溉管理水平有关；F 为实际灌溉面积，亩。

表 2-1　不同岩性、地下水埋深、灌水定额的灌溉回归系数 β 值

地下水埋深 /m	灌溉定额 /(m^3/亩)	岩性		
		亚黏土	亚砂土	粉细砂
＜4	40～70	0.10～0.17	0.10～0.20	
	70～100	0.10～0.20	0.15～0.25	0.20～0.35
	＞100	0.10～0.25	0.20～0.30	0.25～0.40
4～8	40～70	0.05～0.10	0.05～0.15	
	70～100	0.05～0.15	0.05～0.20	0.05～0.25
	＞100	0.10～0.20	0.10～0.25	0.10～0.30
＞8	40～70	0.05	0.05	0.05～0.10
	70～100	0.05～0.10	0.05～0.10	0.05～0.20
	＞100	0.05～0.15	0.10～0.20	0.05～0.20

当灌溉引水口位置在测站控制断面以上，灌溉面积在测站断面以下时，灌溉耗水量即为灌溉引水还原量，即

$$W_{灌溉}=W_{引}=m_{毛}F \tag{2-11}$$

对一些大、中型灌区，当渠首具有实测灌溉引水量资料时

$$W_{灌溉}=(1-\beta)W_{引} \tag{2-12}$$

b. 工业、城镇用水耗水量（$W_{工城}$）。

$$W_{工城}=(1-\alpha)W_{工城用} \tag{2-13}$$

式中：$W_{工城用}$ 为工业、城镇用水引用的地表水量，m^3；α 为回归系数，取值 0.8～0.9。

c. 水库蒸发损失水量（$W_{库蒸}$）。

$$W_{库蒸}=(E_{水}-E_{陆})F_{库} \tag{2-14}$$

式中：$E_{水}$ 为水库库区水面蒸发深度，mm（$E_{水}=KE_{测}$，其中 K 为蒸发皿折算系数，$E_{测}$ 为蒸发皿实测水面蒸发值，mm）；$E_{陆}$ 为库区陆面蒸发深度，mm（$E_{陆}=\overline{P}-\overline{R}$，其中 $\overline{P}$ 和 $\overline{R}$ 分别为多年平均的降水量和径流量，mm）；$F_{库}$ 为时段平均的水库水面面积，km^2。

d. 水库渗漏损失水量（$W_{库渗}$）。与库区水文地质条件、工程防漏质量有关，通常按水文地质条件类似的已建工程实测资料比拟推求或采用经验法估算。

2）双累积曲线法：逐项调查法的验证方法，是一种检验两个参数间关系一致性及其变化的常用方法，用于水文气象要素一致性的检验、缺值的插补或资料校正，以及水文气象要素的趋势性变化及其强度的分析。适用于流域内水资源开发利用之前有较多实测降水径流资料，且两者关系较密切。

第 1 步：根据流域内水资源开发利用之前的实测降水径流资料，建立年降水径流模

型。从我国不同的地形区来看，各自适用的模型有以下情形。

a. 东部湿润山区。

$$R=f(P) \tag{2-15}$$

式中：R 为年径流深，mm；P 为流域平均降水量，mm。

b. 中东部山区，黄渤海沿岸丘陵区。

$$R=K[P^{\frac{1}{3}}(P_{4m}+P_{e50})^{\frac{2}{3}}+P_{枯}^{\frac{3}{4}}]-C \tag{2-16}$$

式中：P_{4m} 为最大 4 个月降水量，mm；P_{e50} 为日降水量超过 50mm 部分的累积降水量，mm；$P_{枯}$为前期枯季（一般从上年 10 月到本年 5 月）降水量，mm；K 和 C 为回归系数和常数，根据实测降水、径流资料分析确定。

c. 西部和北部半干旱区。

$$R=K[P_{4m}^{\frac{2}{3}}(P_{30}+P_{e50})^{\frac{1}{3}}+0.1P_{上}]-C \tag{2-17}$$

式中：P_{30} 为最大 30 天降水量，mm；$P_{上}$为上一年的年降水量，mm。

第 2 步：根据实测年降水量资料，由年降水径流模型求得逐年（包括人类活动以后）的年径流量计算值 $R_{计算}$，并计算累积值$\sum R_{计算}$。

第 3 步：由逐年实测年径流深 $R_{实测}$，按时序计算其累积值$\sum R_{实测}$。

第 4 步：点绘年径流深的双累积曲线（图 2-1），在人类对该区域内水资源开发利用前或开发利用活动影响弱时，径流双累积曲线呈 45°线（图 2-1 中虚线），而在人类活动影响强，流域下垫面改变大时，实测年径流量小于计算值，双累积曲线就会偏离 45°线（图 2-1 中实线），其偏差为累积还原水量（即人类开发利用的水资源量）。

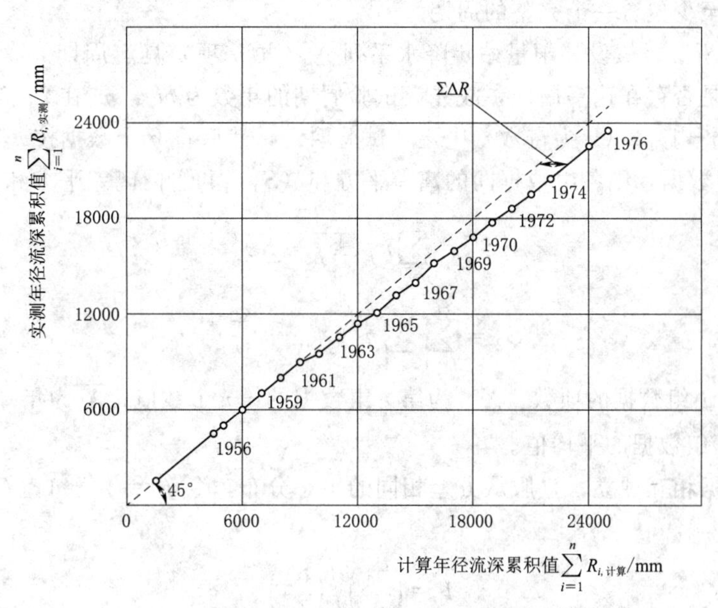

图 2-1　江西省抚河李家渡站径流量双累积曲线

3）蒸发差值法：也是对逐项调查法进行验证的一种方法。流域多年平均情况下，降水量不变，根据水量平衡原理，径流差值等于蒸发差值。

$$\overline{P}_{天然}=\overline{R}_{天然}+\overline{E}_{天然},\overline{P}_{现状}=\overline{R}_{现状}+\overline{E}_{现状} \tag{2-18}$$

式中：$\overline{P}_{天然}$和$\overline{P}_{现状}$为人类活动前、后流域多年平均年降水量，mm；$\overline{R}_{天然}$和$\overline{R}_{现状}$为人类活动前、后流域多年平均年径流量，mm；$\overline{E}_{天然}$和$\overline{E}_{现状}$为人类活动前、后流域多年平均年陆面蒸发量，mm。

通常情况认为降水量不受人类活动影响，即

$$\overline{R}_{天然}+\overline{E}_{天然}=\overline{R}_{现状}+\overline{E}_{现状} \tag{2-19}$$

$\overline{R}_{还原}=\overline{E}_{现状}-\overline{E}_{天然}$，忽略流域蓄水变量后即为

$$R_{还原i}=E_{现状i}-E_{天然i} \tag{2-20}$$

4）径流还原计算成果的合理性分析。主要是对实际灌溉面积、工农业用水定额、回归系数、耗水量过程等原始调查资料，采用地区、行业及单位指标对比等方法，检查其与实际情况的相符性与合理性。还有上述几种方法计算结果的相互比较，上下游、干支流的水量平衡分析，降水径流相关图分析检验等。

（3）基本资料的代表性审查。资料的代表性主要是样本对总体的代表性，即指标的统计特征对总体统计特征的代表程度。一般来说，资料年限较长，包括丰、平、枯各种年型的平均样本且含有长系列中的最大值和最小值，其代表性较高。代表性分析有两方面工作：多年长系列丰、枯周期性变化分析及短系列的稳定期和代表期分析。

1）长系列的周期性分析。影响水文要素的因素复杂，除各因素自身的周期性外，还存在随机性，故年降水或径流系列的周期长度不固定，振幅也有变动，所以这里所说的水文要素的周期只是概率统计意义上的周期。周期分析的基础是要有较长的实测资料系列，保证该系列中至少包含一个完整的周期。

a. 方差分析法。假设某雨量站年降水系列 X（共 n 项）具有周期 m，因直接从降水系列难以判断是否存在这一周期，故先设试验周期的年数为 m'，m'在 2、3、…、$n/2$（n 为偶数）或（$n-1$）/2（n 为奇数）中逐一试验取定，然后将 n 个数据按 m'年时间间隔分组，得到 m'组数据，则各组数据间的离差平方和（S_1）和组内离差平方和（S_2）分别为

$$S_1=\sum_{j=1}^{m'}n_j(\overline{X_j}-\overline{X})^2 \tag{2-21}$$

$$S_2=\sum_{j=1}^{m'}\sum_{i=1}^{n_j}n_j(X_{ij}-\overline{X_j})^2 \tag{2-22}$$

式中：n_j 为第 j 组数据的项数；X_{ij} 为第 j 组数据的第 i 个数值；$\overline{X}$ 为年降水系列的平均值；$\overline{X_j}$ 为第 j 组数据的平均值。

设各组数据相互独立，且服从方差相同的正态分布，令 $f_1=m'-1$，$f_2=n-m'$，则统计量

$$F=\left(\frac{S_1}{f_1}\right)\Big/\left(\frac{S_2}{f_2}\right) \tag{2-23}$$

服从 $F(f_1,f_2)$ 分布。

给定一个显著水平 α，可在 F 分布表上查得相应的临界值 $F_\alpha(f_1,f_2)$，令 $m=m'$，若 $F<F_\alpha(f_1,f_2)$，则认为不存在 m 年周期，否则认为存在 m 年周期。这就是用方差分

析与假设检验来判断水文系列是否存在 m 年周期的方法。但这种判别的结果为“是”与“否”，实际上降水系列周期具有模糊性，需用模糊假设检验来判别。利用模糊假设检验判别周期的基本出发点是给定一个显著水平区间 $[\alpha_1,\alpha_2]$，$\alpha_1<\alpha_2$，定义存在 m 年周期的隶属函数为

$$\mu(F)=\begin{cases}1, & F\geqslant F_{\alpha_1}(f_1,f_2)\\ \dfrac{F-F_{\alpha_2}(f_1,f_2)}{F_{\alpha_1}(f_1,f_2)-F_{\alpha_2}(f_1,f_2)}, & F_{\alpha_2}(f_1,f_2)<F<F_{\alpha_1}(f_1,f_2)\\ 0, & F\leqslant F_{\alpha_2}(f_1,f_2)\end{cases} \tag{2-24}$$

式中：$F_{\alpha_1}(f_1,f_2)$ 和 $F_{\alpha_2}(f_1,f_2)$ 分别为显著水平为 α_1 和 α_2 的临界值；$\mu(F)$ 为在给定的显著水平区间 $[\alpha_1,\alpha_2]$ 条件下，存在 m 年周期的隶属程度 $[0\leqslant\mu(F)\leqslant 1]$，$\mu(F)=1$ 时表示存在 m 年周期，$\mu(F)=0$ 时表示不存在 m 年周期。

显然，用式（2-23）求得统计量 F 后，根据式（2-24）认为：当 $F\geqslant F_{\alpha_1}(f_1,f_2)$ 时，存在 m 年周期；当 $F\leqslant F_{\alpha_2}(f_1,f_2)$ 时，不存在 m 年周期，这是两种特例。当 $F_{\alpha_2}(f_1,f_2)<F<F_{\alpha_1}(f_1,f_2)$ 时，不能直接判断有无明显周期，尚需求出隶属度 $\mu(F)$ 后，再结合水文要素模糊划分来判断。

b. 差积曲线法。又称距平累积法，是将每年的水文要素量与多年平均量的离差逐年一次累加，然后绘制差积值与时间的关系曲线进行周期分析的方法。基本计算公式为

$$S_i=S_{i-1}+(X_i-\overline{X}) \tag{2-25}$$

式中：$\overline{X}$ 为水文要素的系列均值；X_i 为第 i 年的某水文要素值，$i=1$，2，…，n；S_i 和 S_{i-1} 分别为第 i 和 $i-1$ 年的差积值。

水文要素值一般较大，习惯用模比系数 K_i 表示，即

$$S_i=S_{i-1}+(K_i-1) \tag{2-26}$$

其中

$$K_i=X_i/\overline{X}$$

差积曲线法的基本特点是曲线上一个完整的上升段表示一个丰水期，一个完整的下降段表示一个枯水期，“一上一下”或“一下一上”组成一个周期，即差积曲线上的半个周期是实际水文系列的一个周期。因水文要素实际变化的复杂性和不确定性，大周期内往往有小周期，通常关注的是大周期，故要按曲线的长历时大趋势来判定周期。当均值稳定时间较短时，差积曲线表现为一种多峰过程，说明年水文要素变化量的年际丰枯变化较频繁，但变幅不大；当均值稳定时间较长时，差积曲线表现为一种单一半峰或“馒头峰”，说明年水文要素变化量的年际丰枯变化持续时间较长，变幅较大。

差积曲线又分为顺时序和逆时序两种，水资源评价中进行周期分析的目的是选择评价所需的代表期即代表系列，采用逆时序差积曲线法较好。这样可以用最近资料的实测年份作为周期的相对起点，逆时序地取一个或两个周期数为代表期。

【例 2-1】 已知某水文站 1949—2000 年年降水资料（表 2-2），请绘制差积曲线。

解：(1) 计算系列的多年平均降水量 $\overline{X_i}=322.2\text{mm}$。

(2) 计算逐年降水量的模比系数 K_i（见表 2-2 中第三列）。

(3) 计算逐年降水量的模比系数离差值 K_i-1（见表 2-2 中第四列）。

(4) 计算逐年降水量的模比系数差积值$\sum(K_i-1)$(见表2-2中第五列)。

表2-2　某水文站年降水资料代表性分析计算

年份	降水量 X_i /mm	模比系数 K_i	K_i-1	$\sum(K_i-1)$	5年滑动平均降水量 /mm	$\overline{X_i}$ /mm	$\overline{K_i}=\overline{X_i}/\overline{X}$ /mm
2000	312.6	1.0	0.0	−0.03		312.6	0.97
1999	267.2	0.8	−0.2	−0.20		289.9	0.90
1998	197.1	0.6	−0.4	−0.59	232.5	259.0	0.80
1997	196.2	0.6	−0.4	−0.98	250.6	243.3	0.76
1996	189.2	0.6	−0.4	−1.39	306.5	232.5	0.72
1995	403.5	1.3	0.3	−1.14	330.8	261.0	0.81
1994	546.7	1.7	0.7	−0.44	363.9	301.8	0.94
1993	318.3	1.0	0.0	−0.46	381.8	303.9	0.94
1992	361.9	1.1	0.1	−0.33	353.4	310.3	0.96
1991	278.8	0.9	−0.1	−0.47	313.7	307.2	0.95
1990	261.2	0.8	−0.2	−0.66	297.0	303.0	0.94
1989	348.2	1.1	0.1	−0.58	274.5	306.7	0.95
1988	234.7	0.7	−0.3	−0.85	298.6	301.2	0.93
1987	249.5	0.8	−0.2	−1.07	292.9	297.5	0.92
1986	399.2	1.2	0.2	−0.83	290.3	304.3	0.94
1985	233.0	0.7	−0.3	−1.11	336.3	299.8	0.93
1984	335.0	1.0	0.0	−1.07	339.8	301.9	0.94
1983	464.8	1.4	0.4	−0.63	308.1	311.0	0.97
1982	267.0	0.8	−0.2	−0.8	356.4	308.6	0.96
1981	240.6	0.7	−0.3	−1.05	337.1	305.2	0.95
1980	474.8	1.5	0.5	−0.58	297.3	313.3	0.97
1979	238.5	0.7	−0.3	−0.84	323.0	309.9	0.96
1978	265.4	0.8	−0.2	−1.02	336.7	308.0	0.96
1977	395.8	1.2	0.2	−0.79	324.3	311.6	0.97
1976	309.2	1.0	0.0	−0.83	362.1	311.5	0.97
1975	412.6	1.3	0.3	−0.55	359.9	315.4	0.98
1974	427.5	1.3	0.3	−0.22	327.8	319.6	0.99
1973	254.2	0.8	−0.2	−0.43	326.8	317.2	0.98
1972	235.6	0.7	−0.3	−0.70	292.9	314.4	0.98
1971	304.0	0.9	−0.1	−0.76	269.2	314.1	0.97
1970	243.1	0.8	−0.2	−1.00	289.4	311.8	0.97
1969	309.2	1.0	0.0	−1.04	336.7	311.7	0.97

续表

年份	降水量 X_i /mm	模比系数 K_i	K_i-1	$\sum(K_i-1)$	5年滑动平均降水量 /mm	$\overline{X_i}$ /mm	$\overline{K_i}=\overline{X_i}/\overline{X}$ /mm
1968	355.2	1.1	0.1	−0.94	347.3	313.0	0.97
1967	471.9	1.5	0.5	−0.48	375.7	317.7	0.99
1966	357.1	1.1	0.1	−0.37	375.1	318.8	0.99
1965	385.0	1.2	0.2	−0.17	370.8	320.7	1.00
1964	306.4	1.0	0.0	−0.22	348.4	320.3	0.99
1963	333.8	1.0	0.0	−0.19	333.4	320.6	1.00
1962	359.8	1.1	0.1	−0.07	320.8	321.6	1.00
1961	281.9	0.9	−0.1	−0.19	349.0	320.6	1.00
1960	322.0	1.0	0.0	−0.20	354.0	320.7	1.00
1959	447.5	1.4	0.4	0.19	324.2	323.7	1.00
1958	358.7	1.1	0.1	0.31	323.4	324.5	1.01
1957	210.8	0.7	−0.3	−0.04	308.2	321.9	1.00
1956	277.9	0.9	−0.1	−0.18	266.3	320.9	1.00
1955	246.2	0.8	−0.2	−0.41	257.6	319.3	0.99
1954	237.9	0.7	−0.3	−0.67	284.7	317.6	0.99
1953	315.1	1.0	0.0	−0.70	300.6	317.5	0.99
1952	346.5	1.1	0.1	−0.62	340.1	318.1	0.99
1951	357.2	1.1	0.1	−0.51	365.6	318.9	0.99
1950	443.9	1.4	0.4	−0.13		321.4	1.00
1949	365.5	1.1	0.1	0.00		322.2	1.00

(5) 用表2-2中第五列数据点绘$\sum(K_i-1)$的逐年变化关系曲线，如图2-2所示。

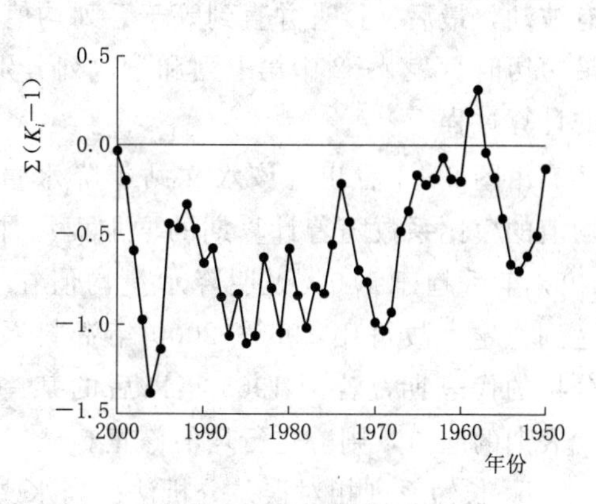

图2-2　某水文站年降水量差积曲线

1）滑动平均值过程线法。滑动平均值就是在一个系列中，先确定若干年为计算平均值的滑动计算时段，求得一个均值，将其作为中间年份的修匀值，然后向后滑动一年，形成新的计算时段，计算均值。重复上述步骤直至计算时段的最后一个数据为系列的最后一个数据。

一般设滑动计算时段的年数为 m（m 取奇数），则对于一个有 n 年数据（$i=1,2,\cdots,n$）的系列有

$$\overline{X}_{j,m}=\frac{1}{m}(X_j+X_{j+1}+\cdots+X_{j+m-1})=\frac{1}{m}\sum_{k=j}^{j+m-1}X_k \tag{2-27}$$

式中：X_k 为实测值；$\overline{X}_{j,m}$ 为第 j 个 m 年滑动平均值，$j=1,2,\cdots,n-(m-1)/2$。

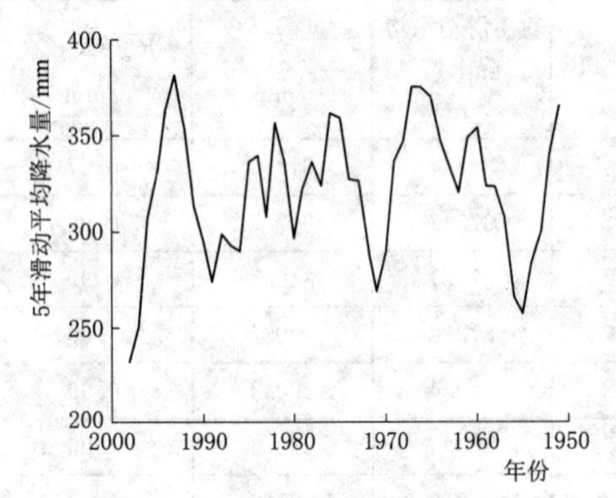

图 2-3　某水文站年降水量 5 年滑动平均值过程线

滑动平均值过程线法是把逐年变化过程用滑动平均的方法进行修匀，滤掉小波动，突显趋势变化，使周期性更突出，更清楚地反映丰枯段及其演变趋势。表 2-2 中第六列就是某水文站年降水量的 5 年滑动平均值，做出的滑动平均值过程线如图 2-3 所示。

2）短系列的稳定期和代表期分析。稳定期分析的目的是通过水文要素系列某种指标或参数达到稳定的历时来确定代表期。

a. 累积平均值过程线。一种用水文要素系列的累积平均值与时间的关系，以图示法分析水文要素系列稳定期的方法，公式为

$$\overline{X}_i=\frac{1}{i}(X_1+X_2+\cdots+X_i)=\frac{1}{i}\sum_{k=1}^{i}X_k \tag{2-28}$$

式中：X_k 为实测值；$\overline{X}_i$ 为 i 年累积平均值，$i=1,2,\cdots,n$。

习惯上多采用模比系数法，即

$$\overline{K}_i=\frac{1}{i}\sum_{j=1}^{i}K_j \tag{2-29}$$

据式（2-28）或式（2-29）计算出累积平均值或模比系数后，即可绘制相应的累积平均值过程线。和差积曲线法一样，从系列代表期选取方便考虑，一般用逆时序法。

累积平均值过程线法判断系列稳定期，主要是看累积平均值是否接近长系列均值，即模比系数是否接近 1.0。当 $i=n$ 时，累积平均值恒等于系列均值，模比系数恒等于 1。从 $i=1$ 到 $i=n$ 的累积平均过程中，当经历一个周期后，累积平均值接近系列均值，而后略有波动，最后又接近并直到等于系列均值。故从图 2-4 中曲线可看出系列达到稳定所需最短历时。表 2-2 中第七列和第八列分别是某水文站年降水量累积平均值和其模比系数的计算过程。

由图 2-4 看出，该水文站年降水量累积平均值的模比系数随着计算期的增加而增加，并于 1965 年后趋于 1.0，说明降水量均值在 1965 年达到稳定，故可用 1965—2000 年资料系列作为分析的代表期，若用 1965 年以后的某一年作为代表期的起点，则应进行均值修正。

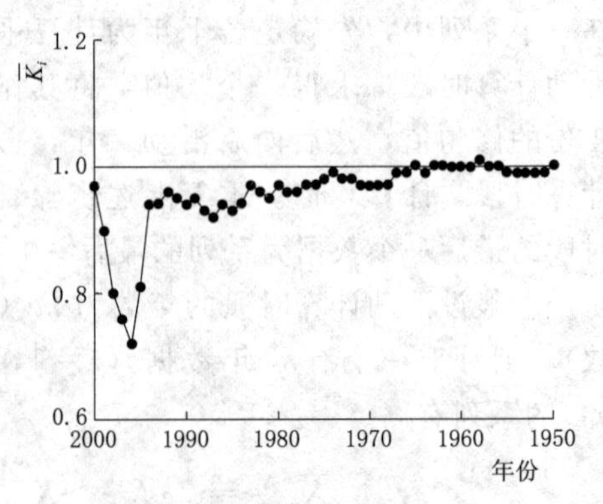

图 2-4　某水文站年降水量累积平均值模比系数过程线

b. 长短系列相对误差分析法。当水文系列周期不长而实测系列足够长时，累积平均值模比系数过程必然收敛于 1.0 这条水平线，但这并不能充分论证现有资料恰好已有一个周期的长度或为一个稳定期。即用上述分析方法虽有可能判别样

本系列是否恰好占有一个完整周期，但必须有相当长的实测系列，而大量的水文气象站常不具备这种条件，不得不借助邻近长系列测站分析成果来间接分析论证系列的稳定性。通常对长系列资料是通过对邻近测站长短系列统计参数相对误差的分析来了解稳定期（代表性）。这里的短系列是指对一个长系列样本按不同时段划分后形成的子序列，较长的系列中包含了较短的系列，即系列的起点相同而终点不同。

水文系列中，一般用均值$\left(\overline{X}=\frac{1}{n}\sum_{i=1}^{n}X_i\right)$、均方差$\left[\sigma=\sqrt{\frac{1}{n-1}\sum_{i=1}^{n}(X_i-\overline{X})^2}\right]$、变差系数$\left[C_V=\frac{\sigma}{\overline{X}}=\sqrt{\frac{1}{n-1}\sum_{i=1}^{n}\left(\frac{X_i}{\overline{X}}-1\right)^2}=\sqrt{\frac{1}{n-1}\sum_{i=1}^{n}(K_i-1)^2}\right]$、偏态系数$\left[C_S=\frac{\sum_{i=1}^{n}(X_i-\overline{X})^3}{(n-1)\sigma^3}=\frac{\sum_{i=1}^{n}(K_i-1)^3}{(n-1)C_V^3}\right]$四个指标表征代表性。降水或径流量的年际变化通常用变差系数值及实测最大与最小年均降水或径流量的比值表示；多年变化通过丰、平、枯年份的周期分析和连丰、连枯变化规律分析。一般来说，变差系数 C_V 越大，表明降水或河流年径流量的年际变幅越大；变差系数只能反映出年际水文量分布的相对离散程度，但不能反映它们在均值两边分布是否对称的情况，故还需采用偏态系数 C_S；$C_S=0$ 说明数据系列大于和小于均值的量机会相等，密度曲线对均值是对称的（图 2－5），此即对称（正态）分布；$C_S>0$ 是正偏；$C_S<0$ 属负偏。水文系列中，丰水年出现的机会往往比枯水年少，故一般属于正偏系列。

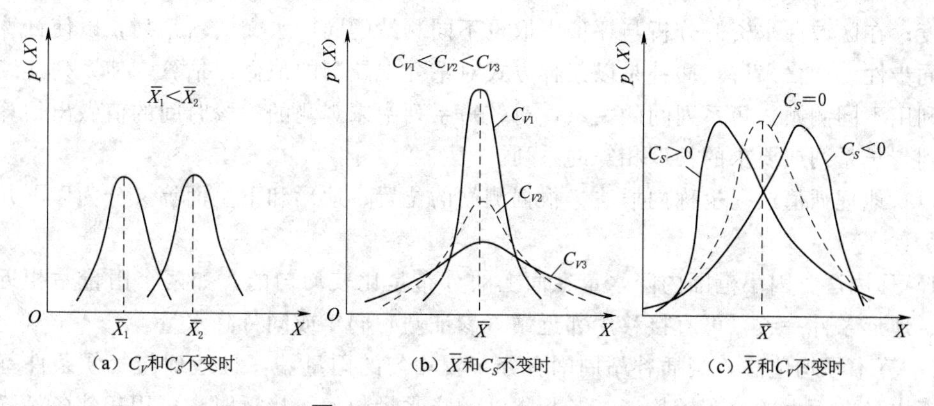

图 2－5　统计参数 $\overline{X}$、C_V、C_S 发生变化对概率密度函数曲线的影响

长短系列相对误差分析法进行系列稳定期或代表性分析的具体做法是：先计算长系列的统计参数 $\overline{X}$、C_V、C_S/C_V；然后将长系列分成几个短系列，分别计算各短系列的统计参数 $\overline{X}_1$、C_{V1}、C_{S1}/C_{V1}；$\overline{X}_2$、C_{V2}、C_{S2}/C_{V2}；…最后将各短系列的统计参数与长系列的进行比较，其中相对误差最小的一个短系列时期即可认为是一个稳定期或代表期。

c. 代表期的确定。代表期指样本系列的统计参数能较好地代表总体（长系列）的时期。可用较长实测水文系列的代表性雨量站或水文站的水文系列对评价区水文资料的代表性做出分析，并据此选择代表期。但水资源评价多是区域性的，评价区内各测站的水文观测记录长短不一，若依据有较长水文系列站点的分析结果确定的代表期较长，可能不得不对其他站点的资料进行大量插补延展，有可能使资料的可靠性降低。因此，确定代表期时，要对现有资料站点的实测资料系列长短进行综合考虑，确定出合理的代表期。一般应使主要依据站的资料不致有较多的插补延长。[例 2-1] 中水文站降水量长、短系列分析结果见表 2-3。

表 2-3　　某水文站降水量长系列和短系列分析结果

系列	长系列			短　系　列											
	N	$\overline{X}_N$	C_{VN}	$n=20$		$n=25$		$n=30$		$n=35$		$n=40$		$n=45$	
				$\overline{X}_n$	C_{Vn}	$\overline{X}_n$	C_{Vn}	$\overline{X}_n$	C_{Vn}	$\overline{X}_n$	C_{Vn}	$\overline{X}_n$	C_{Vn}	$\overline{X}_n$	C_{Vn}
统计参数	52	322.1	0.251	305.3	0.293	311.6	0.289	314.1	0.282	318.8	0.275	320.7	0.259	321.0	0.258
相对误差/%				−5.2	16.7	−3.3	15.1	−2.5	12.4	−1.0	9.6	−0.4	3.2	−0.3	2.9

从表 2-3 可看出：当 $n=35$ 时，均值的相对误差等于 -1.0%，C_V 的相对误差达 9.6%；当 $n=20$ 时，均值的相对误差等于 -5.2%，而 C_V 的相对误差高达 16.7%。可见均值随样本长度的变化相对较小，而 C_V 的变化则较大。实际上，多以均值达到稳定的时间作为样本起始点。因此，结合上述绘制的过程线，以 $n=35$ 为该站代表期较好，但从区域水资源评价考虑，则以 $n=30$ 或 25 为宜（避免其他站点系列过多地延长）。

3. 资料的插补延长

设法将实测系列中缺测年份的资料补上，或将系列的两端外延，称为系列的插补延长。对水文资料做插补延长的主要目的是：扩大样本容量，减小抽样误差，提高统计参数的精度；在区域性水资源分析与评价中取得不同测站的同期水文资料系列，以使计算成果具有同步性。严格来讲，插补是以某种方式对系列中缺测的值做出估算，使系列连续；延长是利用不同测站长短系列间的关系，对较短系列中未观测的一段时间的值做出估算，使其达到与长系列或要求的长度相等的系列。

(1) 地理插值法。也称内插法，根据测站的位置、地形和下垫面等又分为以下几种具体方法：

1) 移用法。因小范围内降水量在面上的分布是比较均匀的，如两个雨量站相近，且气候、地形条件一致，可直接移用邻近站（参证站）同年或同月降水量。

2) 算术平均值法。当插补站周围有分布较均匀的雨量站，且地理与气候条件基本一致，降水量在面上的分布较均匀，各相邻站的降水量数值较接近时，可用相邻各站降水量的平均值作为插补站的降水量。

3) 加权平均法。当研究区域内地形变化不大时，可按插补站所在区域的各雨量站（除插补站外）占研究区域面积的权重，计算出区域平均降水量，然后计入插补站，求出研究区域内各站（含插补站）占研究区域的面积权重，并用计算的区域平均降水量的插补站的面积权重推求插补站的降水量。

假设某研究区内共有 n 个雨量站，其中第 i 个站缺测，用加权平均法插补第 i 个站降水量。

a. 计算不包括第 i 个站的区域平均降水量，并将其区域分为 $n-1$ 块，面积分别为

a_1、a_2、…、a_{i-1}、a_{i+1}、…、a_n，且有 $A=a_1+a_2+\cdots+a_{i-1}+a_{i+1}+\cdots+a_n$（$A$ 为不含第 i 个站的评价区域或流域总面积，km^2）。则不含第 i 个站的区域加权平均降水量为

$$\overline{x}=\frac{a_1}{A}x_1+\frac{a_2}{A}x_2+\cdots+\frac{a_{i-1}}{A}x_{i-1}+\frac{a_{i+1}}{A}x_{i+1}+\cdots+\frac{a_n}{A}x_n=\frac{1}{A}\left(\sum_{j=1}^{i-1}x_ja_j+\sum_{j=i+1}^{n}x_ja_j\right)$$

式中：$\overline{x}$ 为评价区域（流域）的平均降水量，mm；x_j 为第 j 个站的实测降水量，mm；a_j/A 为面积权重。

b. 计算第 i 个站的降水量。将区域分成 n 块，面积分别为 a'_1、a'_2、…、a'_{i-1}、a'_i、a'_{i+1}、…、a'_n，且有

$$A=a'_1+a'_2+\cdots+a'_{i-1}+a'_i+a'_{i+1}+\cdots+a'_n \tag{2-30}$$

式中：A 为含第 i 个站的评价区域或流域总面积，km^2。则第 i 个站的区域加权平均降水量为

$$x_i=\frac{\overline{x}A-x_1a'_1-x_2a'_2-\cdots-x_{i-1}a'_{i-1}-x_{i+1}a'_{i+1}-\cdots-x_na'_n}{a'_i} \tag{2-31}$$

4）等值线法。降水量等值线法是利用研究区已有的雨量站资料绘制降水量等值线图，然后根据插补站在区域内的位置读取该站的降水量插补值。这种方法精度较高，但工作量较大，尤其是需插补延长的年限较长时，需逐年绘制等值线图。另外，因水资源评价多是要对区域性降水量进行分析，当有足够资料绘制出区域降水量等值线图后，对个别站点资料的插补延长已意义不大。

（2）相似法（水文比拟法）。当测站实测资料系列太短，用其他方法插补降水量难度大时，用相似法假设插补站与参证站降水量长短系列的均值有等比关系，即

$$\frac{\overline{x}_{NC}}{\overline{x}_{nC}}=\frac{\overline{x}_{NS}}{\overline{x}_{nS}} \tag{2-32}$$

式中：$\overline{x}_{NC}$、$\overline{x}_{nC}$ 分别为插补站降水量长短系列均值的估算值和实测值，mm；$\overline{x}_{NS}$、$\overline{x}_{nS}$ 分别为参证站相对于 $\overline{x}_{NC}$、$\overline{x}_{nC}$ 的降水量长短系列均值的实测值，mm。

于是

$$\overline{x}_{NC}=\frac{\overline{x}_{NS}}{\overline{x}_{nS}}\overline{x}_{nC} \tag{2-33}$$

该方法的优点是使用方便，计算工作量小，但不足处是不能插补出逐年降水量值，且使用它必须满足地理插值法中所要求条件，即从地理位置和气候条件分析两站降水特性的相似性。

（3）相关分析法。当研究区域内拟插补延长测站的降水量与区域内外系列较长的其他测站的降水量或其他水文、气象要素间有密切关系时，可建立插补站降水量与邻近站降水量或其他水文、气象要素间的相关关系，并用此关系来插补或延长降水系列。习惯上常将拟插补的降水量（年或月）称为研究变量，将用来建立相关关系借以插补研究变量的参变量称参证变量。

用相关分析法插补延长降水量资料的关键是要选择合适的参证变量，一般遵循以下原则：

1）参证变量与研究变量间必须有物理成因上的联系，这样建立的相关关系才有坚实的基础。一般相邻两雨量站处于同一气候条件下，其降水量间具有较好的相关性。相关关系的优劣还取决于它们所处的地理位置，两雨量站降水量间的相关系数常会随着两站距离

的增加而减小。

2）参证变量与研究变量应有一定数量的同步观测资料，以保证相关图有足够的点据，否则点据太少，只能得到一种局部的关系，不能反映两变量间统计规律的全部。

3）参证变量系列要足以用同期资料建立的关系插补出计算所需研究变量的缺测部分。

相关分析法的具体内容详见本书第三章。

二、降水量、蒸发量和径流量分析计算

地表水资源是指有经济价值又有长期补给保证的重力地表水，水量平衡三要素（降水量、蒸发量和河川径流量）在其量的分析与评价中是很重要的三个量。

（一）降水量

降水决定区域水资源的数量和时空分布，对水资源的利用和保护起着决定作用。根据水资源评价工作的要求，降水量的分析与计算，通常要确定区域年降水量的特征值（面平均降水量和降水量的统计参数），研究降水量的地区分布、年内分配和年际变化等规律，要从单站和区域（面上）两个方面进行分析，且区域分析更为重要。

1. 区域平均降水量的计算

（1）算术平均值法。设 P_1、P_2、…、P_n 为同一时期内各站实测降水量，n 为站数，则流域平均降水量为

$$\overline{P}=\frac{1}{n}(P_1+P_2+\cdots+P_n)=\frac{1}{n}\sum_{i=1}^{n}P_i \tag{2-34}$$

式中：$\overline{P}$ 为区域平均降水量，mm；P_i 为第 i 个观测站在某时期内实测的降水量，mm。

该方法的适用条件是计算区域内地形起伏不大且各雨量取样站点分布相对较为均匀。

（2）泰森多边形法。主要步骤是：先把流域内各降水量观测站（包括流域附近的站）绘在流域地形图上，如图 2-6 所示；再把各站点每三个用虚线连接起来，从而形成许多三角形；然后在每个三角形各边上做垂直平分线，所有的垂直平分线又构成一个多边形网，每个多边形内有一个降水量观测站；最后根据下述假设和计算公式即可求出流域平均降水量。

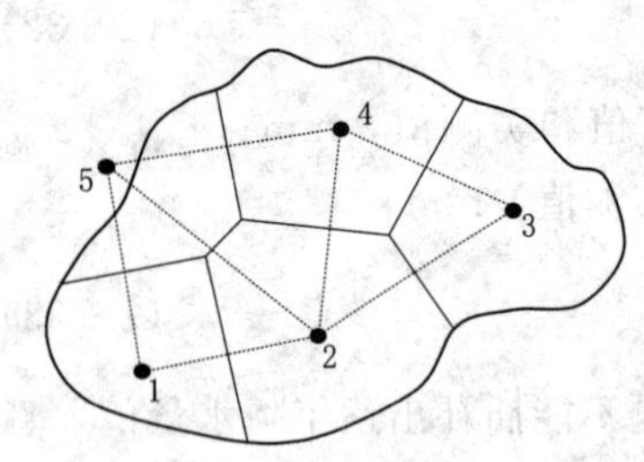

图 2-6　泰森多边形示意图

假设每个多边形上的面降水量等于其中降水量观测站的观测值，其值分别为 P_1、P_2、…、P_n，设 a_1、a_2、…、a_n 为流域内各降水量观测站所控制的多边形面积，则流域平均降水量为

$$\overline{P}=\frac{a_1P_1+a_2P_2+\cdots+a_nP_n}{\sum_{i=1}^{n}a_i}=\frac{\sum_{i=1}^{n}a_iP_i}{A} \tag{2-35}$$

该方法可用于计算区域内各雨量取样站点分布不均匀的区域。但它的缺点是各雨量站所控制的面积在不同的降水过程都视为固定不变，与降水的实际情况不符。

（3）等雨量线法。当流域（或区域）内可选择的降水量观测站较多，且降水量空间分布不均匀或地形起伏对降水量影响显著时，可先将各站实测降水量注记在流域地形图上，

再绘制年降水等值线图，如图 2-7 所示。然后，用求积仪量算每相邻两条等值线之间的面积 a_i，用它乘以该面积两侧等降水量线的水量平均值，得到该面积上的降水总量；最后把各个面积上的降水总量相加，用总面积 A 去除，即得到流域平均降水量，其计算公式为

$$\overline{P}=\frac{\sum_{i=1}^{n}\frac{P_i+P_{i+1}}{2}a_i}{\sum_{i=1}^{n}a_i}=\frac{\sum_{i=1}^{n}\frac{P_i+P_{i+1}}{2}a_i}{A} \tag{2-36}$$

式中：A 为流域面积，km^2；a_i 为两条等降水量线所包围的流域面积，km^2；P_i、P_{i+1} 分别为 a_i 面积两侧的等降水量线所代表的降水量值，mm。

该方法适用条件是面积较大、地形变化显著且有足够数量雨量站的区域（考虑了降水在空间上的分布情况，计算精度相对高，有利于分析流域产汇流过程）。但缺点是对雨量站数量和代表性要求较高，实际应用受到限制。

（4）客观运行法（图 2-8）。这是美国气象局系统采用的一种区域平均降水量的计算方法，它是将区域（流域）按正交网格均分，得到很多格点（交点），用邻近各雨量站的雨量资料确定各格点上的降水量，取各格点降水量的算术平均值，即为流域平均降水量。每个格点的降水量是以格点周围各雨量站到该点距离平方的倒数作为权重，用各站的权重系数乘以各站同期降水量，之后求取总和；区域（流域）平均降水量即是格点降水量之和。

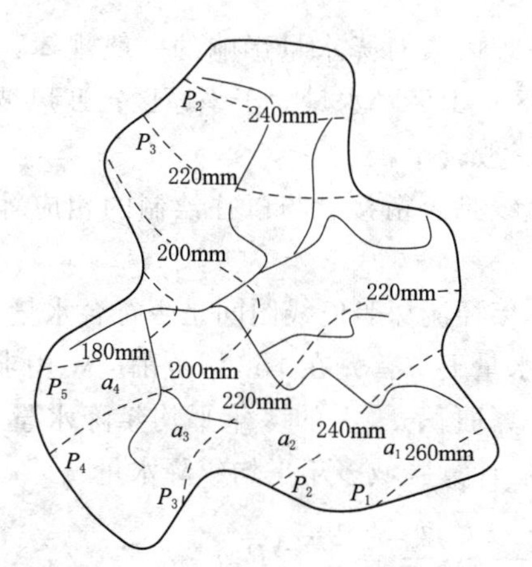

图 2-7 年降水等值线示意图

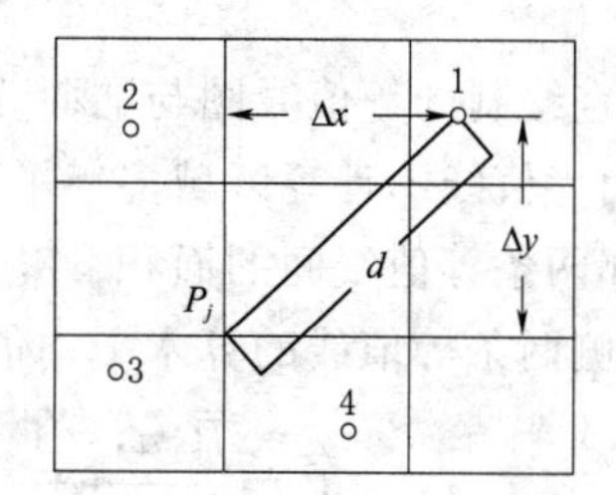

图 2-8 客观运行法示意图

$$W=\frac{1}{d^2}=\frac{1}{\Delta x^2+\Delta y^2} \tag{2-37}$$

$$P_j=\frac{\sum_{i=1}^{n_j}P_iW_i}{\sum_{i=1}^{n_j}W_i}=\sum_{i=1}^{n_j}\omega_iP_i \tag{2-38}$$

$$\overline{P}=\frac{1}{N}\sum_{j=1}^{N}P_j \tag{2-39}$$

式中：P_j 为第 j 个格点的格点降水量；n_j 为参加第 j 个格点降水量计算的雨量站站数；P_i 为参加第 j 个格点计算的各雨量站实测降水量；W_i 为各雨量站对于第 j 个格点的权重；$\omega_i = W_i / \sum_{i=1}^{n_j} W_i$ 为参加第 j 个格点计算的各雨量站权重系数。

2. 区域多年平均年降水量的计算

区域多年平均年降水量是评价该区域水资源可利用量的重要依据，一般采用上述计算区域平均降水量的等值线图法。其计算步骤如下：

（1）采用算术平均法计算区域内单站多年降水量平均值。

$$\overline{P}_k = \frac{1}{n}\sum_{i=1}^{n} P_i \tag{2-40}$$

式中：$\overline{P}_k$ 为某站多年平均年降水量，mm；P_i 为该站各年年降水量，mm；n 为某站实测资料年数。

（2）绘制多年平均年降水量等值线图。勾绘时应注意以下几点：

1）根据选用站点的资料精度情况，将其划分为主要点据、一般点据和参考点据。

2）绘图前要了解当地水汽来源、降水成因、降水分布趋势及其量级变化等。

3）注意地形对等值线图的影响。

4）与年径流量、陆地蒸发量等值线图进行比照，力求三要素间协调平衡。

等值线图合理性分析包括：

1）检查绘制的等值线图是否符合自然地理因素对降水量影响的一般规律：靠近水汽来源的地区年降水量大于远离水汽来源的地区；山区降水量大于平原区；迎风坡降水量大于背风坡；高山背后的平原、谷地的降水量一般较小。

2）检查绘制的等值线与邻近地区的等值线是否衔接、与以往绘制的相应等值线有无大的差异。

3）检查绘制的等值线图与陆面蒸发量、年径流深等值线图间是否符合水量平衡原则。

（3）用等值线图计算区域多年平均年降水量 $\overline{P}$。首先在本区域范围内，用求积仪分别量算每相邻两条等值线间的面积 a_i，然后计算面积 a_i 上的多年平均年降水量 $\overline{P}_i$（可取面积 a_i 两侧两条等值线的算术平均值），最后计算区域多年平均年降水量，即

$$\overline{P} = \frac{\overline{P}_1 a_1 + \overline{P}_2 a_2 + \cdots + \overline{P}_n a_n}{\sum_{i=1}^{n} a_i} = \frac{1}{A}\sum_{i=1}^{n} \overline{P}_i a_i \tag{2-41}$$

3. 降水量的时程变化分析及其统计参数确定

降水量在时间上的分布主要表现在年内分配和年际变化两个方面，前者的表征方法主要有多年平均连续最大 4 个月降水量占全年降水量百分率及其出现的月份分区图，代表站不同保证率年降水量月分配过程（典型年法，见表 2-4）；后者的表征方法主要有反映多年降水离散度的各代表站年降水量变差系数 C_V（其值越大表示降水量的年际变化越大），可用 C_V 等值线图、C_S/C_V 比值统计表和分区图、年降水量丰枯分级统计表、特征值统计表等来表示（表 2-5），以及年降水量的极值比 $K_m = P_{\max}/P_{\min}$（K_m 值越大表示年际变化越大）。

表 2-4　　某雨量站不同频率典型年降水量月分配

典型年	出现年份	降水量/mm													连续最大4个月降水量		
		1月	2月	3月	4月	5月	6月	7月	8月	9月	10月	11月	12月	全年	月份	降水量/mm	占全年比例/%
偏丰年	1988	0.2	15.6	41.4	19.0	78.8	115.4	159.3	158.9	32.6	73.0	3.3	0.9	698.4	5—8	512.4	73.4
平水年	1989	9.4	9.2	22.2	65.4	45.2	56.0	134.5	109.8	88.2	33.0	16.8	7.0	596.7	6—9	388.5	65.1
偏枯年	1994	6.3	7.0	13.7	41.5	20.3	123.8	69.2	45.9	101.5	61.7	17.6	14.7	523.2	6—9	340.4	65.1
枯水年	1982	2.3	4.1	24.0	59.3	43.5	18.5	44.0	100.2	99.8	19.8	13.2	0.6	429.3	7—10	263.8	61.4
多年平均		3.6	5.6	18.4	41.5	60.6	77.6	116	115.8	92.3	49.6	13.9	3.1	598.0	6—9	401.7	67.2

表 2-5　　某地区各分区年降水量分析成果表

乡镇名	统计参数			不同保证率年降水量/mm			
	$\overline{P}$	C_V	C_S/C_V	20%	50%	75%	95%
峰峰	556.2	0.34	2.5	703.7	529.7	418.2	298.1
义井	519.3	0.4	2.5	677.2	486.1	367.7	245.1
临水	540.8	0.32	2.5	675.8	518.3	414.5	302.0
界城	606	0.35	2.5	769.8	576.3	451.2	316.5
大峪	557.7	0.35	2.5	708.5	530.4	415.2	291.3
大社	522.9	0.35	2.5	664.3	497.3	389.3	273.1
彭城	530	0.35	2.5	673.3	504.0	394.6	276.8
新坡	548.5	0.35	2.5	696.8	521.6	408.4	286.5
和村	539	0.35	2.5	684.7	512.6	401.3	281.5
全区	549.4	0.35	2.5	697.9	522.5	409.0	286.9

统计参数多年平均降水量$\overline{P}$、变差系数C_V和偏态系数C_S的确定方法主要用适线法，《全国水资源综合规划技术细则》规定：多年平均降水量一律采用算术平均值，适线时不做调整；C_V值先用矩法计算，再用适线法调整确定；C_S/C_V在大部分地区都比较稳定，我国一般采用2.0。

当统计参数确定后，用下式即可计算出不同频率的年降水量

$$x_P=(1+\phi_P C_V)\overline{x}=K_P\overline{x} \tag{2-42}$$

式中：x_P为相应于频率P的年降水量，mm；ϕ_P、K_P为相应于频率P的离均系数和模比系数，与适线时采用的频率曲线线型和统计参数有关（我国目前普遍采用P-Ⅲ型频率曲线，其离均系数和模比系数已有相应表格，可查《工程水文学》《水文统计学》等教材）。

（二）蒸发量

水分通过蒸发从地表或水面由液态变为气态，向大气输送，成为特定地区水量支出的主要项目之一，分析计算主要包括水面蒸发和陆面蒸发两个方面。

1. 蒸发的表示方法和度量单位

(1) 蒸发量（E）。即实际蒸发量，指天然情况下，一定时段内水分经蒸发而散布于

大气中的水量。

（2）蒸发力（E_0）。在下垫面足够湿润条件下，保持水分充分供应时的蒸发量，故也称最大可能蒸发量。它表征一个地区水分消耗的潜力，可根据蒸发器观测的水面蒸发量间接估算，即

$$E_0=\alpha E \tag{2-43}$$

式中：α 为经验系数；E 为某种蒸发器测得的水面蒸发量，mm。

从上述定义可看出：一个地区的蒸发量主要受该地区蒸发能力和供水条件两方面因素制约。

2. 蒸发量的分析与计算

（1）水面蒸发。水面蒸发是反映当地大气蒸发能力的一个指标，主要影响因素分两类：气象因素（气温、气压、湿度、日照、风速、降水等）和自然地理因素（水质、水深、水面和地形等）。分析计算工作包括：研究水面蒸发器折算系数和绘制年平均水面蒸发量等值线图。它对研究陆地蒸发能力、陆地蒸发量时空分布规律、水量平衡要素分析及水资源总量的计算都具有重要作用。

1）水面蒸发器折算系数。天然大水面蒸发量与某种型号水面蒸发器同期蒸发量的比值即折算系数。蒸发器的类型可分为埋入式、地面式、漂浮式和大型蒸发池等几类，其中E-601型蒸发器是我国最常用的蒸发器，其次还有ϕ80套盆式及ϕ20蒸发器。因水面蒸发量大小除受温度、湿度和风速等气象因素影响外，还受蒸发器形式、尺寸、结构和制作材料及周围地形等因素影响，故须选用资料质量较好，至少有3～5年不同型号与E-601型蒸发器同期对比观测资料的站点，对水面蒸发观测资料进行认真审查和考证，充分考虑观测资料的代表性和一致性。

水面蒸发器折算系数的时空变化，一般取决于天然大水体和蒸发器蒸发量的影响因素间的地区差异。分析结果表明：年内变化一般呈秋高春低型，南方有的地区呈冬高春低型；受辐射影响，随白昼、夜间、晴雨等不同情况折算系数也不同，其差别会随蒸发器水面面积的增大而减小；空间上我国水面蒸发器折算系数存在从东南沿海向内陆逐渐递减的趋势。

2）多年平均年水面蒸发量等值线图的绘制。尽量选用实测年限长、精度较高、面上分布均匀、蒸发器型号为E-601或ϕ80的站点为分析代表站；因水面蒸发量的时空变化相对较小，一般具有10年以上资料即可满足分析多年平均年水面蒸发量的需求；根据本地区或邻近地区水面蒸发器折算系数的分析研究结果，需将所选分析代表站型号不一的年水面蒸发量均折算成同一型号（一般统一为E-601）。对多年平均年水面蒸发量等值线图要做合理性分析，一般情况下，气温随着高程的增加而降低，风速和日照则随高程的增加而增大，综合影响的结果是水面蒸发量随高程增加而减小；平原地区蒸发量一般要大于山区，水土流失严重、植被稀疏的干旱高温地区蒸发量要大于植被良好、湿度较大的地区。

（2）陆面蒸发。陆面蒸发指特定区域天然情况下的实际总蒸散发量，又称流域蒸发，等于地表水体蒸发、土壤蒸发和植物散发量之和。在制约其值大小的两要素中，陆面蒸发能力可近似由实测水面蒸发量综合反映，而陆面供水条件则与降水量大小及其分配是否均

匀有关。陆面蒸发的主要影响因素也分两类：下垫面条件（水面、裸露面、植被面、冰川雪面等）和气候条件（在降水量年内分配较均匀的湿润和十分湿润地区，主要受气温、太阳总辐射量、干燥度的影响，即陆面蒸发量与陆面蒸发能力相差不大；在比较干旱的地区，主要受降水即供水条件的制约）。

1）陆面蒸发量的估算。陆面蒸发量因下垫面情况复杂而无法实测，常用间接估算求取。

a. 流域水量平衡方程式间接估算法。在闭合流域内，根据水量平衡原理，陆面蒸发量由陆地多年平均年降水量（$\overline{P}$）和多年平均年径流量（$\overline{R}$）的差值间接求得，即

$$\overline{E}=\overline{P}-\overline{R} \tag{2-44}$$

b. 基于水热平衡方程式间接估算法。因太阳辐射是蒸发作用的热力条件，而降水是其水分条件，故可通过对实测气象要素的分析，建立地区经验公式计算陆面蒸发量。

对于气候并不十分湿润的地区，有

$$\frac{E}{P}=\Phi\left(\frac{\theta}{LP}\right) \tag{2-45}$$

对于南方湿润地区，有

$$E=(\alpha T+\beta)Q/L \tag{2-46}$$

式中：E 为陆面蒸发量，mm/d；θ 为太阳辐射平衡值；T 为 2m 高百叶箱内口平均气温，℃；Q 为太阳总辐射，J/(cm^2 · d)；L 为蒸发潜热（取值 2470J/g）；α、β 分别为系数和常数，如四川凯江跨流域，$\alpha=0.19$、$\beta=0.8$。

因流域下垫面情况复杂，影响因素众多，经验公式参数的率定难度大，此法估算的陆面蒸发量仅可作为参考。

2）多年平均年陆面蒸发量等值线图的绘制。在水资源分析计算中，一般要求研究陆面蒸发量的地区分布规律，应编制与年降水、年径流同步系列的多年平均年陆面蒸发量等值线图。

a. 资料选取。一是在一个区域内选择足够数量的代表性流域，分别用其多年平均年降水量减去多年平均年径流量求得各流域形心处的单站多年平均年陆面蒸发量，并点绘在工作底图的流域形心处。因它是以实测年降水、年径流资料为依据，成果精度较为可靠，故可作为勾绘等值线图的主要依据。二是将一定区域的多年平均年降水量和年径流量等值线图相重叠，其交叉点上降水量和径流量的差值即为该点的多年平均年陆面蒸发量。这种数值是经过年降水、年径流等值线均化的结果，精度相对较差，可作为绘制等值线图的辅助点据。三是平原水网区水文站稀少，实测径流资料短缺，难以用水量平衡原理估算当地的陆面蒸发量，当水网区供水条件充分时，陆面蒸发量接近蒸发能力（近似于 E－601 测得的水面蒸发量），这可作为勾绘等值线图的一个控制条件；如平原水网区供水条件不充分，可应用基于水热平衡原理的经验公式，由气象要素的实测值计算陆面蒸发量，补充部分点据，作为勾绘等值线图的参考。

b. 分析多年平均年陆面蒸发量地区分布规律。在供水条件良好的南方湿润地区，蒸发能力是影响陆面蒸发量的主导因素，其多年平均年陆面蒸发量等值线与多年平均年水面蒸发量等值线有相似的分布趋势；在供水条件差的北方干旱区，供水条件为影响陆面蒸发

量的主导因素，多年平均年陆面蒸发量的地区分布与多年平均年降水量的地区分布相似。

c. 勾绘等值线图，以代表性流域水量平衡求得的点据为控制，以交叉点基于水热平衡原理经验公式得出的点据为参考，参照多年平均的年水面蒸发量、年降水量及年径流量的等值线图，考虑影响陆面蒸发量的主要自然地理因素（如地形、土壤、植被等），明确整体走势，勾绘多年平均年陆面蒸发量等值线图，并在与降水和径流等值线图协调的原则下，反复修改完善。

（三）河川径流量

流域上的降水，经由地面和地下途径汇入河网，形成流域出口断面的水流，称径流。通常把这种地表水体动态量（即河川径流量）作为地表水资源评价的主要对象，区域河川径流量包括地表水和河川基流量，它是研究区域水资源时空变化规律和水资源量评价的基础依据。

1. 河水流量的分析与计算

（1）河水流量过程线的分割。流量过程线是指河流断面上的流量随时间的变化曲线，河川基流量（又称地下径流量）是指河川径流量中由地下水渗透补给河水的部分，是一般山丘区和岩溶山区地下水的主要排泄量。

1）水平直线分割河川基流量。如图 2-9 所示，找出洪水起涨点 A，引水平线和退水曲线交于 B 点，AB 以上是地面径流量，以下是河川基流量。当河流兼有深层地下水和潜水的补给时，因雨后潜水补给总是有所增加，用直线分割出的地下水补给量比实际情况要少，而地面径流历时又比实际情况偏长，此法不适用。

2）斜线分割河川基流量。找出洪水起涨点 A 后，根据流域面积确定洪峰后 N 值（表 2-6），因降水对潜水的补给，B 点应高于 A 点，退水曲线上坡度陡的是地面退水，缓的是地下退水，故其拐点即为 B 点（图 2-10）。

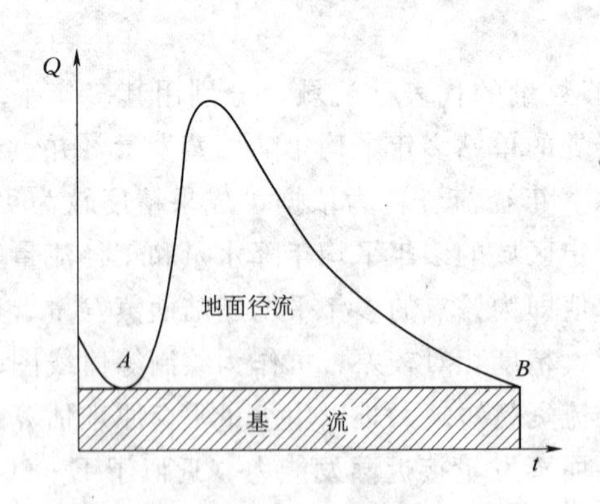

图 2-9　流量过程线水平分割法示意图

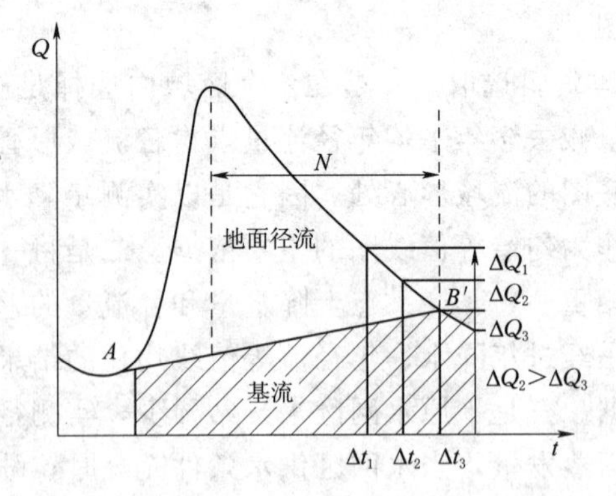

图 2-10　流量过程线斜线分割法示意图

表 2-6　　河流洪峰后 *N* 的经验值确定

流域面积/km^2	N 值/d	流域面积/km^2	N 值/d	流域面积/km^2	N 值/d
＜1000	2	5000～10000	4	＞25000	6
1000～5000	3	10000～25000	5		

上述两分割法忽视了流域的水文地质条件和地下水与河水间不同的水力联系，分隔出来的地下水补给量随意性比较大。但这两种方法简便易行，有一定的精度。

3）退水曲线法分割河川基流量。根据标准退水曲线从洪水流量过程线两端向内展延地下退水曲线。由起涨点 A 向后水平延到点 C，AC 段为前次洪水退水过程的延续，并从点 B 向前延续至点 D，然后用直线连接点 C、D。$ACDB$ 以下即为地下水补给的基流量（图 2－11）。该方法只适用于地下水与河水无直接水力联系的情况。因退水曲线是从实际资料中分析出来，在一定程度上反映了地下水补给河流的基本规律，但理论尚不完善，且在推求和展延退水曲线过程中存在人为性因素。

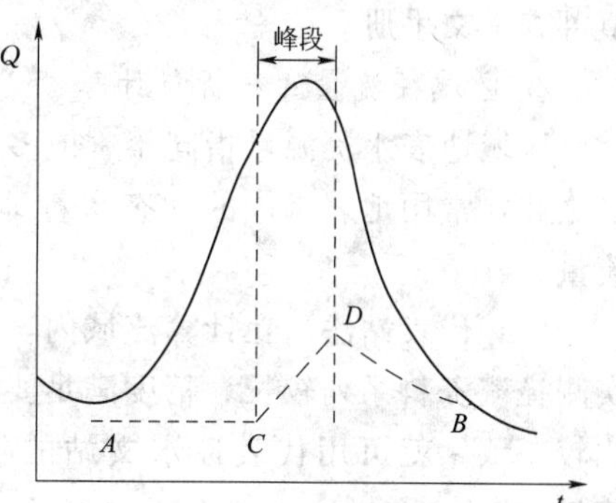

图 2－11　退水曲线法分割流量过程线示意图

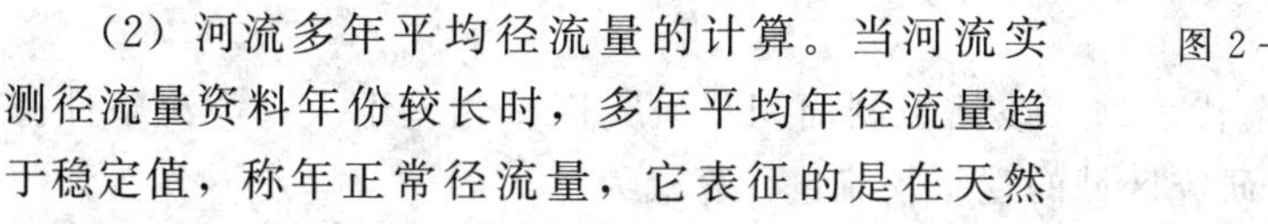

（2）河流多年平均径流量的计算。当河流实测径流量资料年份较长时，多年平均年径流量趋于稳定值，称年正常径流量，它表征的是在天然条件下，河流上某断面能泄出的平均流量，为河流水资源可利用的稳定水量。

1）有长期实测年径流量资料（实测年数 20 年以上，包括丰、平、枯年份的观测资料）的情况，采用算术平均值法计算，即

$$Q_{平均}=\frac{1}{n}\sum_{i=1}^{n}Q_i$$

2）有短期实测年径流量资料（实测年数少于 20 年）的情况，先对实测径流系列进行相关延长，再用算术平均值法计算。延长的方法主要有：

a. 在流域上下游、干支流或自然地理条件相似的邻近流域上，选择具有长系列实测年径流量的测站作为参证站，用两者的相关图解法或相关方程插补研究站的短期径流量资料系列。

b. 在研究站的上下游或邻近区找不到有长系列径流量资料的参证站，而研究站邻近有较长年降水资料的测站，则可选择降水量作为参照变量与研究站短期实测径流量建立相关关系，而后用参证站年降水量插补延长研究站年径流量系列。

3）缺乏实测年径流量资料的情况，可用间接手段估算。

a. 等值线法。以编制的多年平均径流深度和各种频率的年径流深度等值线图作为依据，用直线内插法确定流域面积形心处的多年平均年径流深值，再乘以设计断面控制的流域面积。

b. 水文比拟法。根据河流水文现象的区域性特征，选择一个气候、下垫面条件与研究流域相似的参证流域，推求研究区域年径流情况，即

$$d_{年研}=\frac{d_{年参}\,P_{年研}}{P_{年参}}$$

式中：$d_{年研}$为研究流域的年径流深度，mm；$d_{年参}$为参证流域的年径流深度，mm；$P_{年研}$为研究流域的年降水量，mm；$P_{年参}$为参证流域的年降水量，mm。

c. 经验公式法。

$$Q_0 = KF^m$$

式中：Q_0 为多年平均年径流量，m^3；F 为流域面积，km^2；K 和 m 为地区性参数，取值可查水文手册。

2. 区域径流量的分析与计算

区域地表水资源量指同年（或多年平均）输入本区域的入境水量、山区和平原自产水量之和，常用地表水体的动态水量即河川径流量表示，常计算年径流量或多年平均年径流量。

(1) 代表站法。在计算流域内，如能选择一个或几个基本可控制本流域大部分面积、实测径流资料系列较长、精度满足要求的代表性水文站，且流域内上、下游自然地理条件比较一致，就可用代表性水文站的年径流量按面积比的方法，推算流域多年平均年径流量。

1) 单一代表站。

a. 代表流域内能选择一个代表站，该站控制面积与研究区域相差不大，产流条件基本相同［图 2-12 (a)］时，研究区域的逐年径流量计算式为

$$W_{研} = \frac{F_{研}}{F_{代}} W_{代}$$

式中：$W_{研}$、$W_{代}$ 分别为研究区域、代表站的年径流量，亿 m^3；$F_{研}$、$F_{代}$ 分别为研究区域、代表站流域的面积，km^2。

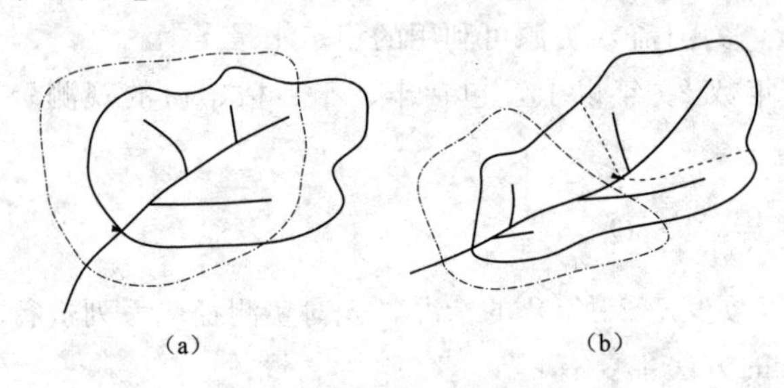

图 2-12　单一代表站法计算区域径流量示意图
实线—代表流域界；虚线—研究区域界；
实三角—水文站点所在处

b. 研究区域内不能选择一个控制面积与研究区域面积相差不大的代表站，且上下游产汇流条件差异较大［图 2-12 (b)］时，应采用与研究区域相似的部分代表流域推求研究区域的逐年径流量，其计算式为

$$W_{研} = \frac{F_{研}}{F_{区间}} (W_{代下} - W_{代上})$$

式中：$W_{研}$、$W_{代上}$、$W_{代下}$ 分别为研究区域、代表流域上游、代表流域下游断面的径流量，亿 m^3；$F_{研}$、$F_{区间}$ 分别为研究区域、代表流域上下游断面间的面积，km^2。

2) 多个代表站。若研究区内气候和下垫面条件差别较大，区域内可选择两个或两个以上代表站，就可将研究区按气候、地形、地貌等条件划分为两个或两个以上分区，一个分区对应一个代表站，先计算各分区逐年径流量，再相加即可得全区逐年径流量（图 2-13）。

$$W_{研} = \frac{F_{研1}}{F_{代1}} W_{代1} + \frac{F_{研2}}{F_{代2}} W_{代2} + \cdots + \frac{F_{研n}}{F_{代n}} W_{代n}$$

当代表站的代表性不理想时，如自然地理条件相差较大，就不能简单用面积比法计算全区逐年及多年平均年径流量，应选择一些影响产水量的指标，对其进行修正。可以用研

究区与代表站的多年平均降水量比值作权重进行修正：

$$W_{研}=\frac{F_{研}\overline{P}_{研}}{F_{代}\overline{P}_{代}}W_{代}$$

或用研究区与代表站的多年平均年径流深比值作权重进行修正：

$$W_{研}=\frac{F_{研}\overline{R}_{研}}{F_{代}\overline{R}_{代}}W_{代}$$

（2）等值线法。在区域面积不大且缺乏实测径流资料的情况下，可借用包括研究区在内的全区多年平均年径流深等值线图，查算出流域内的平均年径流深，乘以流域面积，来计算流域多年平均年径流量。先量算相邻两条径流深等值线间计算区内的面积 F_i；再取两条线的平均值 R_i 作为对应 F_i 的径流深；最后计算整个面积为 F 的研究区径流深（图 2-14），即

$$\overline{R}=\frac{1}{F}\sum_{i=1}^{n}\overline{R}_iF_i$$

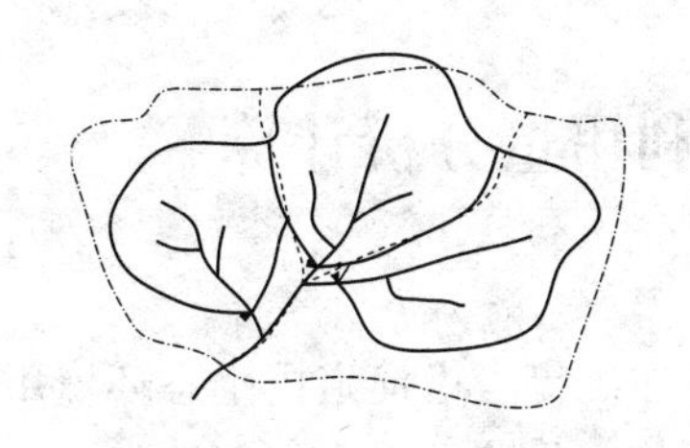

图 2-13 多个代表站控制流域与研究区域示意图
（实线—代表流域界；虚线—研究区域界；
实三角—水文站点所在处）

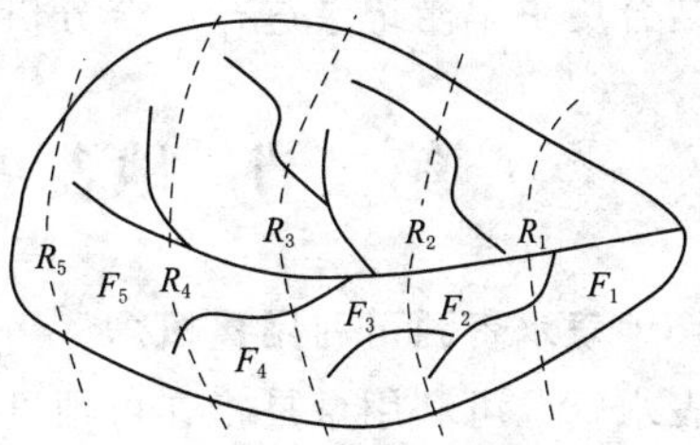

图 2-14 多年平均年径流深等值线图

（3）年降水-径流关系法。当研究区域内具有长期年降水资料，但缺乏实测年径流资料时，如研究区气候、下垫面情况与代表流域相似，就可选择代表流域内具有足够年份的实测降水、径流资料的代表站，建立年降水-径流函数关系，将研究区内的年降水资料代入其函数关系中，来推算研究区的年径流量。

（4）水文比拟法。在无实测径流资料的地区，代表流域与研究区域在气候一致区内，两者面积相差不大（10%～15%），影响产汇流的下垫面条件相似，且代表流域具有长期实测降水径流资料。此时，即可将代表流域的径流资料移植到研究区域上，用面积比或降水量比值对其进行修正。

3. 河川径流量的年内分配和多年变化

受气候和下垫面因素综合影响，河川径流的年内分配及多年变化很不相同，对水资源开发工程规模的选定、工农业及城市生活用水等都会带来很大影响。

（1）多年平均年径流量的年内分配。常用表示方式有：

1）多年平均的月径流过程。以月径流量多年平均值与年径流量多年平均值比值的柱状图或过程线表示。

2）多年平均连续最大 4 个月径流百分率。最大 4 个月的径流总量占多年平均年径流

量的百分数，将各代表站流域的百分率及出现的月份标在流域形心处，绘制等值线图；或按出现的月份进行分区，一般在同一分区内，要求出现的月份相同、径流补给来源一致、天然流域应当完整。

3）枯水期径流百分率。枯水期径流量与年径流量比值的百分率。

（2）不同频率年径流的年内分配。一般采用典型年法，即从实测资料中选出某一年作为典型年，以其年内分配形式作为设计年的年内分配形式。典型年的选择原则是使典型年某时段径流量接近某一统计频率相应时段的径流量，且其月分配形式不利于用水部门的要求和径流调节。选出典型年后对其进行同倍比缩放求出设计年相应频率的径流年内分配过程。

（3）河川径流量的多年变化。区域水资源分析计算中，河川径流量的多年变化一般可用年径流变差系数来反映，也可选择径流资料好、实测系列较长的代表站，通过丰、平、枯年份的周期分析与连丰、连枯变化规律分析等途径进行深入研究。当缺乏长系列径流资料时，可借用年降水量的多年变化分析成果，近似代替河川径流量的多年变化情况，有条件时应结合历史旱涝记录进行综合分析论证。

第二节　地表水资源可利用量分析计算

一、地表水资源可利用量概念

地表水资源可利用量是指在可预见的时期内，在统筹考虑河道内生态环境用水并估算下游用水的基础上，通过经济合理、技术可行的措施（如蓄、引和提等地表水开发利用工程），可供河道外生活、生产、生态用水的一次性最大水量（不包括回归水的重复利用）。它的影响因素主要包括自然因素和人为因素两方面，前者包括地理位置、气候、水文、地形地貌、水文地质、土壤及植被等；后者包括由不同社会发展阶段的经济基础和技术水平所决定的筑坝蓄水、跨流域调水、循环重复用水、减少水分无效蒸发、咸水淡化及水处理技术等。

水资源可利用量的定义反映了它既具有自然属性，又有社会属性。自然属性即水资源的开采量不能超过其补给量，在一定的时空范围内，对水资源的开采速率应小于或等于其恢复的速率，且要确保对环境不产生不良影响。从社会属性看，水资源的可开采量是随着社会经济技术水平发展而变化的量，必须服从社会经济发展总体规划和水资源的统一调配，不仅要考虑本地区不同部门的用水，而且要统筹兼顾相邻地区、上下游的用水；不仅要满足目前的用水需求，而且要考虑满足将来社会经济持续发展用水的需求。因此，一个地区的水资源可利用量，既要遵循自然规律，又要按照社会经济发展情况来科学合理地确定。

二、地表水资源可利用量的分析评价方法

1. 扣损法

扣损法是一种基于水均衡原理的传统方法：选定某一频率的代表年，以流域地表水资源总量为基础，按照水资源本身的特点和人类对水资源的控制能力，分析各种因素对水资源开发的制约，用区内已知该年的自产水量和入境水量，扣除目前还无法开发利用的水

量（如汛期难控制利用的水量、蒸发渗漏等损失）和不允许开发的水量（如河道内生态、生产需水量及跨流域调水量、出境入海等不可利用的水量），即可求得整个流域该频率年的地表水资源可利用量。

（1）收入项。主要包括入境水量和自产水量两部分。入境水量指从区外流入均衡区的地表水量，包括天然条件下流入均衡区境内的地表水和人工修筑的水库有计划地引入境内的水。前者按入境代表水文站实测资料计算；后者按水库调控的蓄水变量、水库向下游泄水量等实测资料计算。自产水量指区内因降水或地下水溢出而产生的地表径流。山区可按河流断面流量过程线分割出洪水径流和基流两部分，实际计算中需分别计算入库地表水和未经拦蓄直接流入平原的地表水；平原区可按控制站断面流量过程线大致分割出雨洪径流和基流量，基流量可作为稳定的自产水量。

（2）扣除项。

1）河道内总需水量。包括河道内生态环境需水量和河道内生产需水量，前者主要内容包括维持河道基本功能、河湖湿地等及河口生态环境需水量等；后者主要有航运、水力发电、旅游、水产养殖等部门用水，一般不消耗水量，可“一水多用”，但要在河道中预留一定水量予以保证。河道内生产用水量要与生态环境需水量统筹考虑，两者进行协调，河道内总需水量是在上述两种需水量计算的基础上，逐月取外包值并将每月外包值相加，得出多年平均情况下的河道内总需水量。

2）汛期难以控制利用的洪水量。指在可预见的时期内，汛期水量中除一部分可供当时利用，以及一部分可通过工程蓄存起来供今后利用外，其余水量即为汛期难以控制利用的洪水量。它是根据流域最下游控制节点以上的调蓄能力和耗用程度综合分析计算出的水量，即将流域控制点汛期的天然径流量减去流域能调蓄和耗用的最大水量，剩余的水量就是难以控制利用的下泄洪水量。汛期能调蓄和耗用的最大水量是汛期用水消耗量、水库蓄水量和调出外流域水量的最大值，可根据流域未来规划水平年供水或需水预测成果，扣除重复利用部分折算成一次性供水量来确定。对开发利用程度较高的北方河流，重点分析现状开发利用情况；对南方河流要考虑未来的发展，并适当留有余地。

考虑到各地条件的差异，地表水资源可利用量计算要视具体情况而定：大江大河因径流量大、调蓄能力强，既要考虑扣除河道内生态环境和生产需水，同时要扣除汛期难以利用的洪水量；沿海独流入海河流一般水量较大，但源短流急，可利用量主要受制于供水工程的调控能力；内陆河流生态环境十分脆弱，对河道内生态环境最小需水的要求较高，需给予优先保障；边界与出境河流除考虑一般规律外，还要参照分水的可能及国际分水通用规则等因素确定。扣损法在计算过程中，地表水资源总量是一个已知数，而不可利用的水资源量则根据流域多年天然径流资料分项进行分析计算，取其多年平均值。

2. 基流分割法

根据水情和水量从河流流量过程线上把各种形式的补给水量分割开来，最重要的是分割出河流基流量。河流基流量主要来源于地下水的补给，不管是枯水年、平水年还是丰水年，都是河网水稳定的径流部分，故一般情况下，河流基流量可作为整个流域的地表水资源可利用量。

3. 径流典型年法

在不具备对地表径流控制和调蓄的情况下，可将自然条件下地表水的产生量作为其可利用量的极限值，进行逐年地表水可利用量的统计分析与评价，常用的典型年有丰水年（频率 $P=25\%$）、平水年（$P=50\%$）和枯水年（$P=75\%$）。通过河流年均流量频率统计来计算典型年的径流量，用枯水年地表径流量为基础确定地表水可利用量。此方法仅适用于地表径流无调控能力的地区，否则计算量会偏小。在具备拦截调蓄的地区，可利用水库多年调节作用，用蓄积丰水年的水量补充枯水年水量的不足，用平水年（$P=50\%$）的地表水径流来评价可利用水量。

上述确定地表水资源可利用量的方法主要针对供水而言，未考虑生态平衡用水、水质要求等，所确定的量在天然水质良好的地区（湿润带、半湿润带）基本是合理的，但在一些地区的实际工作中，还应考虑以下几点：

（1）天然水质差的干旱、半干旱区及内陆地区，计算地表水资源可利用量时，应扣除不符合供水要求，利用受到限制的那部分水量（尤其是咸水或微咸水）。

（2）地表水资源可利用量计算中，应充分考虑水污染问题，尤其是“三废”排放对地表水造成的影响。

（3）在自然生态十分脆弱的地区，要保证自然生态条件维持在最基本的限度内，不造成不可逆转的生态退化等严重后果。

思　考　题

1. 水资源分析计算资料的整编过程中，为什么要对其进行审查？都审查哪些方面？
2. 区域平均降水量的计算都有哪些方法？各自都有哪些计算步骤和适用范围？
3. 河水流量过程线的分割都有哪些方法？具体怎样操作？

第三章　地下水资源量评价

本 章 学 习 指 引

首先要从总体上把握具体的水量评价问题是属于区域性还是局域性评价问题，要解决哪方面的问题；其次根据研究区水文地质条件，在对每种评价方法的原理、特点及适用条件等详细了解的基础上，合理选用评价方法，灵活应用来解决实际问题，切不可在评价时生搬硬套。

第一节　地下水资源量评价概述

一、地下水资源的概念与分类

地下水是赋存于饱水带岩土空隙中的重力水，而地下水资源是指赋存和流动于含水系统中，具有利用价值的地下水体，其量是参与水循环且可以逐年更新的动态水量。在自然界中参与水循环，它经常与环境发生物质、能量和信息的交换，时刻处于变化之中。因独特的优点，地下水作为水资源的重要组成部分，其开发利用在世界各国的供水中占有很重要的地位。

20世纪70年代后期，我国提出将地下水资源划分为补给量、储存量和允许开采量三类。该分类于1989年由国家计划委员会正式批准为《供水水文地质勘察规范》(GBJ 27—1988)，此后建设部颁布的《供水水文地质勘察规范》(GB 50027—2001) 和《地下水资源分类分级标准》(GB 15218—1994) 中仍执行该方案。补给量是指天然状态或开采条件下，单位时间通过各种途径进入含水层（或含水系统）的水量，包括地下水流入量、降水入渗量、地表水入渗量、越流补给量和人工补给量等；储存量是在地质历史时期不断累积并储存于含水层内的重力水；允许开采量是指在可预见的时期内，通过经济合理、技术可行的措施，在不引起生态环境恶化的条件下允许从含水层中获取的最大水量。其中储存量细分为体/容积储存量和弹性储存量两类。体/容积储存量是指在潜水含水层中，储存量的变化主要反映为水体积的改变，即

$$W_{容}=\mu Fh \tag{3-1}$$

式中：$W_{容}$ 为潜水含水层的储存量，m^3；μ 为含水层的给水度；F 为潜水含水层的面积，m^2；h 为潜水含水层的厚度，m。

弹性储存量是指在承压含水层中，压力水头的变化主要反映弹性水的释放，即

$$W_{弹}=\mu^{*}Fh \tag{3-2}$$

式中：$W_{弹}$为承压水的弹性储存量，m^3；μ^{*}为弹性储水（或释水）系数；F为承压含水层的面积，m^2；h为承压含水层自顶板算起的压力水头高度，m。

地下水开采量是目前正在开采的水量或预计开采量，只反映取水工程的产水能力，而允许开采量大小取决于地下水的补给量和储存量，同时还受技术经济条件的限制。故开采量不应大于允许开采量，否则会引起不良后果。允许开采量会随着时代的发展和技术的进步有所变化，故细分为可利用的地下水资源和尚难利用的地下水资源，前者指通过技术经济合理的取水构筑物，在整个开采期内出水量不会减少，动水位不超过设计要求，水质和水温变化在允许范围内，不影响已建水源地正常开采，不发生危害性环境地质现象等前提下，单位时间内从含水系统或取水地段中能取得的水量，具有现实意义。而后者指在当前技术经济条件下，一个地区开采地下水将在技术、经济、环境或法规方面出现一些难以克服的问题和限制，但具有潜在经济意义。

二、地下水资源评价原则、内容及程序

地下水资源评价是指对地下水资源的数量、质量、时空分布特征和开发利用条件等做出科学合理的全面分析与预测，以及对它的使用价值和经济效益等方面进行综合分析、计算和论证。评价结果是地下水资源合理开发利用和科学管理的基础，最终目的是要查清可供开采并符合水质标准的地下水量，为开发利用方案制定、地下水资源管理和保护等提供可靠的科学依据。

1. 地下水资源评价的原则

（1）以独立的水文地质单元为整体进行评价的原则。水文地质单元是指补给与排泄自成体系的含水层组合，地下水资源评价主要是对单元内地下水的储存量和补给量进行计算，对地下水资源的可开采量做出估计。在实际勘察中，应尽量争取获得实测的补给量和排泄量的数据，并应注意因人工开采而引起排泄基准面变动所增加的补给量；选用解析公式时应近似地反映含水层的形状、体积、边界、补给和排泄条件，如不能找到此类公式，最好采用数值法求算。

（2）“四水”转化，统一考虑与评价的原则。水资源的主体是大气水、地表水、土壤水和地下水，“四水”相互依存，处于不断地转化之中，在长期的水循环中已形成了天然条件下的动平衡状态，人类开采利用水资源后，这种平衡将被破坏，从而建立起新的动平衡。例如，开采前地表水补给地下水，开采后在一定的条件下，地表水的补给量将明显增加。相反，开采前地下水补给地表水，开采后补给量就会减少甚至出现地表水补给地下水的过程。同时，地下水人工开采后，改变了大气降水入渗条件，开采使地下水埋深增加，改变了土壤层原有含水量状况，常常也增加了大气降水的入渗量，使大气水更多地转化为地下水，减少了地表径流。因此，进行地下水资源评价时，必须“四水”统筹考虑，充分利用均衡单元内部的水量，合理夺取均衡单元外部的水量。一方面开采地下水时要尽量使更多的大气降水、地表水转为地下水，增加地下水资源补给量。另一方面又要考虑大气降水、地表水转化成地下水后减少当地地表水资源时，不能使其他企业单位经济上受损失，或超出国民经济用水规划所允许的范围。在干旱、半干旱地区大气降水、地表水贫乏，土壤含水量及地下水补给来源少，“四水”统一规划、合理利用就成为采水中一个应考虑的

主要问题。

(3) 利用储存量“以丰补欠”的调节平衡原则。地下水开采实际上就是增加地下水补给减少天然排泄的过程，故地下水资源评价时必须同时考虑补给、储存和排泄，才能充分利用当地水资源。我国水资源的时空分布极不均匀，在补给量极不稳定的地区，维持地下水的持续稳定开采，储存量调节作用是不可忽视的。同时，地下水开采量在枯水年（期）随需水量增大就会激增，而丰水年（期）需水量会有所减少。这种情况下，在满足允许水位降的前提下，采用枯水期“借”而丰水期“补”的“以丰补欠”原理，人为地发掘储存量的多年调节平衡的方法，可扩大地下水的允许开采量，充分有效利用水资源。

(4) 地下水质、量、热统一考虑的原则。不同供水目的对地下水质、量、热均有不同的使用标准要求：城市生活饮用水必须符合生活饮用水标准，工业用水、农业供水的水质标准要比生活用水低些；作为工厂冷却用的地下水需较低的水温，而高温热水可用作工业及民用热源，在农业温室、温泉疗养院等，甚至发电上得到充分利用；地下水中含有某些特殊成分或某些微量元素含量很高时，虽不能用于供水但可作为有用矿产资源来考虑。故水质、水量和水温须统一考虑，充分发挥地下水资源效益。

(5) 技术、经济与环境综合考虑的原则。地下水资源评价要求确定的开采量和开采方案，既要有良好的技术经济效益，又要使开采带来的负面影响降到最低限度，具有合理的环境效益。在进行地下水资源勘察工作中，除了对该地区的水文地质条件进行调研外，还必须根据用水单位的需水量，选择经济上合理、技术上可行的开采方案，使有限的地下水资源产生最优的社会经济和环境效益。同时，为防止过量开采造成严重后果（如地面沉降、塌陷、水质污染及海水入侵等），要求以开发利用为目标的地下水资源评价与环境质量评价相结合，不仅对地下水资源的现状和周围环境进行评价，而且要着眼于长期利用和环境保护，对地下水资源开发利用后引起的水质与水量及环境影响进行预测性评价，还须考虑地下水资源的统一管理。

(6) 评价与监测相结合的原则。地下水资源现状评价的准确程度主要取决于调查实测、实验和监测分析所获资料的精度，而其预测性评价是建立在现状评价的基础之上，要充分利用已有的监测资料序列，分析研究有关要素的关系及其变化规律，选择适当的预测方法进行评价，预测结果的准确性还要通过未来监测的检验。这就要求评价必须与水质、水量和环境监测相结合，及时为评价提供资料，对评价结果进行验证，如发现评价结果与监测结果不符，应及时查明原因，必要时进行重新评价。

2. 地下水资源量评价的分类及其分析计算内容

地下水资源量的评价是根据水文地质条件和需水量要求拟订开采方案，计算开采条件下的补给量、消耗量和可用于调节的储存量，分析开采期内补给量和储存量对开采量的平衡和调节作用，评价开采的稳定性；根据气象和水文资料论证地下水补给的保证程度，确定合理的允许开采量。评价工作是在供水水文地质调查的基础上进行，根据评价目的、范围、内容和要求，分为两个类型：一是在大面积内（如某水文地质单元或行政区划内）为规划开发利用地下水而进行的评价；二是在局部地段（或水源地）影响范围内为保证某具体部门的供水而进行的评价。

（1）区域性地下水资源量评价。指在较大的范围内，针对一个或若干个地下水系统（如大型山间盆地、山前倾斜平原、冲积平原、构造盆地和自流斜地等），开展水量计算与可利用程度的分析评估。评价的目的主要是为制定区域发展远景规划提供水资源开发利用方面的资料，为合理确定生产发展规模服务。

1）补给与储存资源量的计算。补给资源量是天然条件或人为开采状态下，地下水系统从外界获得的有补给保证的水量，即开采后能通过水文循环予以补充的水量，包括天然补给量、开采补给量和人工补给量，它属于地下水资源中可再生的部分，用各项补给量总和的多年平均值表示。在未开发地区，地下水系统处于天然平衡状态，多年补给量大体等于多年排泄量，某些补给项不易求得时，可用实测排泄量的多年平均值作为补给量；在开采条件下，地下水系统天然的补给与排泄平衡关系受到干扰，需逐项统计补给量。因受降水的丰、平和枯水期及人为开采的影响，储存资源量是针对多年平均状态而言的，计算中应充分考虑地下水的动态变化。

2）可开采资源量的评估。可开采资源量的确定是一个协调开采活动与地下水质、量时空分布格局的运筹过程，属地下水资源管理和规划的任务，不是区域水量评价阶段所能完成的。区域水量评价涉及的可开采资源量的评估主要是从水量保证程度，对地下水系统最大可能的出水量做出的一种估计。因补给量是地下水资源总量中可再生部分，也是地下水系统能长期稳定提供的最大水量，故从水量平衡、补偿更新角度考虑，补给资源量可视为持续稳定开采量的最大值即可开采资源量，显然这个水量未考虑目前的技术经济条件下尚不可能开采的水量，因此地下水实际开采资源量不得大于可开采资源量。此外，储存资源量一般不列入可开采资源量，这是因区域远景规划和扩大区域供水规模一般都从可持续开发利用的角度考虑，而储存资源量属可再生缓慢的水量，在正常的供水实践中储存资源量会随流场的变化而被动用一部分，但一般并不作为专门的开发对象。当然在缺水或条件不利的地区，也可利用其作为供水水源，但须做好储存量的评价工作。

3）开发利用条件分析。分析内容包括地下水资源的时空分布特征分析、采水工程措施及其效益评估与政策性建议研究等。时空分布特征分析要阐明地下水的分布、埋藏条件及补给、径流和排泄的规律及受人类活动影响的程度。先对地下水系统进行宏观整体的分析，再结合系统内各典型地段的地下水动态，圈定有开采价值的含水层（体）。工程措施及效益分析时，要注意工程采水能力和含水层（体）富水性、环境承载能力及供需情况的综合评判。为此，要尽量收集并充分利用已有的地质、水文地质调查资料及气象、水文和地下水动态观测资料，并且要收集有关的开采资料，必要时可通过少量的勘探和试验工作，验证补充已有的资料。

（2）局域性供水水源地水量评价。针对某具体供水目标而进行的小范围高精度地下水资源评价，是关系到水源地建设的决策性评价。在区域水量评价基础上，对地下水系统的某子系统开展水量计算和成井条件分析论证。

1）水量计算。因评价范围小、时间序列短和边界划分人为性强，计算的补给量和储存量仅反映系统某局部的水量输入特征和储存状态，不能代表地下水系统水资源时空分布全貌，只能称水量计算。

补给量的计算主要有均衡法和断面法等，计算的各补给量之和即为该评价区当时条件下在某时段的补给总量。储存量根据地下水水位动态资料，利用体积法或补给与排泄量的差值推算。资料允许时，应分别计算不同季节、不同水平年的补给量和储存量，以反映评价区平均状态。

2）成井条件分析。分析内容包括：分析评价区含水层的岩性、厚度、导水能力、补给条件，设计最佳布井点、取水层位和成井结构，确定拟建水源地的开采能力。水源地开采能力分析可采用的方法：一是根据钻探和抽水试验获取的水文地质资料，按拟建水源地的布井方案，采用有关评价方法确定符合各项设计要求的单井抽水量；二是根据抽水试验验证并调整方案中各井孔的抽水量，对比分析确定最佳抽水量。两种方法最终都应将井（孔）的开采总量与局域补给量进行比较，以不超过补给量为准，同时还要利用地下水水位动态观测资料论证开采期内可能产生的不良影响等。

第二节 地下水资源量评价相关参数的确定

水文参数主要表征含水层与外界交换水量的能力，是综合表征与岩石性质、水文气象等因素相关的数量指标，如潜水蒸发系数 C、降雨入渗补给系数 α、灌溉回归入渗系数 β、渠系渗漏补给系数 m 等；水文地质参数是反映含水介质水文地质性能的指标，主要包括反映含水层储水性能的给水度 μ（潜水）和弹性储水（或释水）系数 μ^*（承压水）、反映含水层渗透性能的渗透系数 K 和导水系数 T、反映含水层中水头（水位）传导速度的压力传导系数 a、表示抽水后含水层间相互作用的越流系数 K_e 等。两类参数是综合反映地下水赋存条件和运移特性的定量化指标，它们确定得准确与否，直接影响地下水资源评价的效果和地下水系统管理模型的应用。

参数的确定方法分经验数据法与公式法、室内与野外试验法四种。

(1) 经验数据法是根据长期积累的经验数据，列成表格供需要时选用（水文地质手册中可查渗透系数、压力传导系数、释水系数、越流系数、弥散系数、降水入渗系数、给水度和影响半径等）。

(2) 经验公式法是考虑到某些基本规律列出的公式，并在经验基础上加以修正（可计算渗透系数、给水度等）。

(3) 室内试验法是指在野外采取试件，利用实验室仪器和设备求取参数的方法（可测渗透系数、给水度、降水入渗系数等）。

(4) 野外试验法是利用野外抽水试验取得有关数据，再代入公式计算参数的方法（公式分稳定流和非稳定流，并根据含水层的潜水或承压水状态、完整井或非完整井的属性、边界条件及抽水孔状态等选择相应井函数）。

一、降水入渗补给系数

该系数为降水入渗补给地下水量与降水量的比值，分次降水入渗补给系数和年降水入渗补给系数，无量纲。补给量的大小不仅与气候条件、降水强度、降水形式及在时间上的分配、地形地貌和植被及地表建筑设施等情况有关，还与潜水埋深、土壤前期含水量、包气带岩性、土层结构及降水前包气带含水量等有关。不同岩性和降水量的平均年降水入渗补给系数经验取值范围见表 3-1。

表 3-1　不同岩性和降水量的平均年降水入渗补给系数经验取值范围

$P_{年}$/mm	岩　性				
	黏土	亚黏土	亚砂土	粉细砂	砂卵砾石
50	0～0.02	0.01～0.05	0.02～0.07	0.05～0.11	0.08～0.12
100	0.01～0.03	0.02～0.06	0.04～0.09	0.07～0.13	0.10～0.15
200	0.03～0.05	0.04～0.10	0.07～0.13	0.10～0.17	0.15～0.21
400	0.05～0.11	0.08～0.15	0.12～0.20	0.15～0.23	0.22～0.30
600	0.08～0.14	0.11～0.20	0.15～0.24	0.20～0.29	0.26～0.36
800	0.09～0.15	0.13～0.23	0.17～0.26	0.22～0.31	0.28～0.38
1000	0.08～0.15	0.14～0.23	0.18～0.26	0.22～0.31	0.28～0.38
1200	0.07～0.14	0.13～0.21	0.17～0.25	0.21～0.29	0.27～0.37
1500	0.06～0.12	0.11～0.18	0.15～0.22		
1800	0.05～0.10	0.09～0.15	0.13～0.19		

注　1. 东北黄土 $\overline{\alpha}_{年}$ 与表中亚黏土相近；陕北黄土含有裂隙，$\overline{\alpha}_{年}$ 与表中亚砂土相近。
2. 引自原水利电力部水文局《中国地下水资源》，1991。

1. 地下水水位动态资料分析法

在侧向径流微弱、地下水埋藏浅的平原区，利用地下水自记水位计等仪器能准确测得降水后地下水位上升幅度 Δh。Δh 和水位变动带给水度 μ 值的乘积大致等于降水入渗补给量，即 $P_r=\mu\Delta h$，将它除以同期的降水量即得

$$\alpha=\frac{P_r}{P}$$

式中：P 为年（或次）降水量。

当计算时段内有数次降水，则将每次降水引起的地下水位上升幅度 $\Delta h_{次}$ 相加，再乘以给水度，除以该时段的总降水量 $P_{年}$，得到该时段的降水入渗补给系数，即

$$\alpha_{年}=\frac{\mu\sum\Delta h_{次}}{P_{年}}$$

在地下水径流强烈的地区，地下水位的抬升除受降水入渗补给影响外，还与地下水侧向径流补给有关。侧向径流引起的地下水位上升变化值由过水断面 A 和 B 的流量差来决定，可采用沿径流方向布置 3 个观测孔进行计算（图 3-1），有

$$\Delta Q=\frac{K\Delta t}{2}\left(\frac{h_{i-1}^2-h_i^2}{x_{i-1,i}}-\frac{h_i^2-h_{i+1}^2}{x_{i,i+1}}\right) \tag{3-3}$$

式中：K 为渗透系数，m/d；Δt 为计算时段，d；h_{i-1}、h_i、h_{i+1} 分别为观测孔 $i-1$、i、$i+1$ 的含水层厚度，m；$x_{i-1,i}$、$x_{i,i+1}$ 分别为观测孔 $i-1$ 到 i 和 i 到 $i+1$ 间的距离，m。

假定含水层均质、底板水平、地下水为一维流，根据达西定律，两过水断面的流量差造成的水位变化为

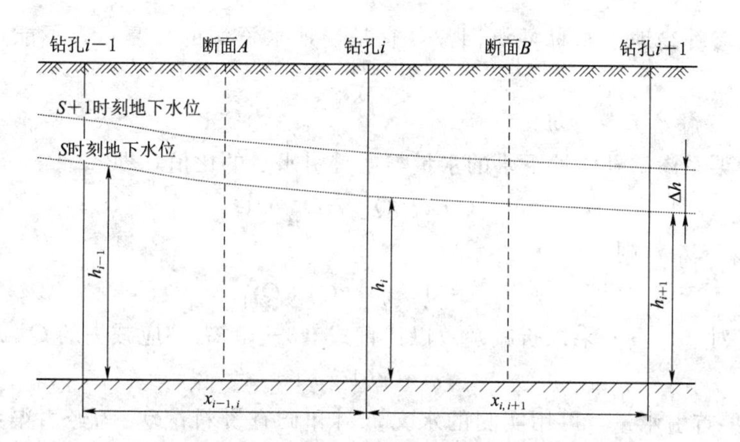

图3-1　存在侧向径流时降水入渗补给量计算示意图

$$\Delta h_z=\frac{\Delta Q}{x_{A,B}\mu}=\frac{\Delta Q}{\mu\,\dfrac{x_{i-1,i}+x_{i,i+1}}{2}}=\frac{K\Delta t/\mu}{x_{i-1,i}+x_{i,i+1}}\left(\frac{h_{i-1}^2-h_i^2}{x_{i-1,i}}-\frac{h_i^2-h_{i+1}^2}{x_{i,i+1}}\right)\tag{3-4}$$

在观测孔测得的水位变化 Δh 既包括降水入渗补给引起的水位变化值，也包括侧向径流引起的水位变化值，故降水入渗补给系数为

$$\alpha=\frac{\mu(\Delta h-\Delta h_z)}{P}=\frac{\mu\Delta h-\dfrac{K\Delta t}{x_{i-1,i}+x_{i,i+1}}\left(\dfrac{h_{i-1}^2-h_i^2}{x_{i-1,i}}-\dfrac{h_i^2-h_{i+1}^2}{x_{i,i+1}}\right)}{P}\tag{3-5}$$

2. 地中渗透仪测定法

采用水均衡试验场的地中渗透仪，测定不同地下水埋深、岩性、降水量等值，据试验站资料表明：降水入渗补给系数在埋深较小时，随埋深的增加而增大，到埋深 3～4m 时 $\alpha_{年}$ 达最大，之后随埋深增加而减小，逐步趋于稳定，埋深大于 6m 后，埋深影响甚微，降水量的影响增大，故可建立降水入渗补给系数与降水量的关系推求 $\alpha_{年}$。但地中渗透仪测定的值是特定条件下的值，仪器中水位变化与野外地下水水位随降水入渗而上升的实际情况不同。因此，将地中渗透仪测算的 $\alpha_{年}$ 移用到降水入渗补给量均衡区时，要结合均衡区实际地下水埋深、岩性、降水量和植被条件，进行必要的修正。当地下水埋深不大于 2m 时，地中渗透仪测得的 α 值偏差较大，不宜使用。

3. 水量平衡法

设置一闭合流域地下水平衡试验场，每次降水后，将实测降水量减去实际蒸发量、植物截留量、坑塘河沟拦蓄量、地表径流量、包气带土壤含水量的增量等，求出降水入渗补给量，再求降水入渗补给系数。在浅层地下水开采强度大、地下水埋藏较深且已形成地下水水位持续下降漏斗的平原区即超采区，可采用水量平衡法及多元回归分析法推求降水入渗补给系数值。

二、灌溉入渗补给系数

当引外流域水灌溉时，灌溉水入渗补给地下水的量，分渠系的渗漏补给（条带状下渗）与田间灌溉入渗补给（面状下渗）两类。利用当地的水源（如抽取地下水）进行灌溉，灌溉水入渗补给地下水称灌溉回渗，它是当地水资源的重复量，不能作为地下水补给量。

1. 渠系渗漏补给系数（m）

该系数为渠系渗漏补给地下水的水量与渠首引水量的比值，即

$$m=(Q_{引}-Q_{净}-Q_{损})/Q_{引} \tag{3-6}$$

令 $\eta=Q_{净}/Q_{引}$，则

$$m=(1-\eta)-Q_{损}/Q_{引} \tag{3-7}$$

为简化，对（$1-\eta$）乘以折减系数以代替式（3-7）右端应减去的 $Q_{损}/Q_{引}$，写成

$$m=\gamma(1-\eta) \tag{3-8}$$

式中：$Q_{引}$为渠首引水量，可用实测的水文资料和调查资料；$Q_{净}$为经由渠系输送到田间的净灌水量；$Q_{损}$为渠系输水过程中的损失水量，包括水面蒸发损失、湿润渠底、两侧土层的水量损失及退水填底损失等；η 为渠系有效利用系数；γ 为修正系数，是反映渠道在输水过程中消耗于湿润土层、浸润带蒸发损失水量的参数。

渠系渗漏补给系数经验值见表 3-2。

表 3-2　渠系渗漏补给系数经验值

分区	衬砌情况	渠床下岩性	地下水埋深/m	渠系有效利用系数 η	修正系数 γ	渠系渗漏补给系数 m
长江以南和内陆河流域灌溉农业区	未衬砌	亚黏土、亚砂土		0.3～0.6	0.55～0.9	0.22～0.6
	部分衬砌	亚黏土、亚砂土	<4	0.45～0.8	0.35～0.85	0.19～0.5
			>4	0.4～0.7	0.30～0.80	0.18～0.45
	衬砌	亚黏土、亚砂土	<4	0.45～0.8	0.35～0.85	0.17～0.45
			>4	0.4～0.8	0.35～0.80	0.16～0.45
北方半干旱半湿润区	未衬砌	亚黏土	<4	0.55	0.32	0.144
		亚砂土		0.4～0.5	0.37～0.50	0.18～0.3
		亚黏土、亚砂土		0.4～0.55	0.32	0.14～0.3
	部分衬砌	亚黏土	<4	0.55～0.73	0.32	0.09～0.14
			>4	0.55～0.70	0.30	0.09～0.135
		亚砂土	<4	0.55～0.68	0.37	0.12～0.17
			>4	0.52～0.73	0.35	0.10～0.17
	衬砌	亚黏土、亚砂土	<4	0.55～0.73	0.32～0.40	0.09～0.17
		亚黏土	<4	0.65～0.88	0.32	0.04～0.112
		亚砂土		0.57～0.73	0.37	0.10～0.6

注　引自原水利电力部水文局《中国地下水资源》，1991。

2. 灌溉入渗补给系数（β）

该系数为某一时段田间灌溉入渗补给量与灌溉水量的比值，即

$$\beta=h_r/h_{灌} \tag{3-9}$$

式中：β 为灌溉入渗补给系数；h_r 为灌溉入渗补给量，mm；$h_{灌}$为灌溉水量，mm。

该系数可由试验测定，试验时在面积为 F 的田地上布设专用观测井测定灌水前的潜水位，然后让灌溉水均匀地灌入田间，测定灌水流量并观测潜水位变化（包括区外水位）。Δt 时段后测得试验区地下水位平均升幅 Δh，则

$$\beta=\frac{h_r}{h_{灌}}=\frac{\mu\Delta hF}{Q\Delta t} \tag{3-10}$$

式中：μ 为给水度；Δt 为计算时段，s；Δh 为计算时段内试验区地下水位平均升幅，m；Q 为计算时段内流入试验区的灌水流量，m^3/s；F 为试验区面积，m^2。

影响灌溉入渗补给系数的主要因素有岩性、地下水位埋深和灌溉定额等，见表 3－3。

表 3－3　　多重影响因素下的灌溉入渗补给系数经验值表

地下水埋深 /m	灌水定额 /(m³/亩)	岩性				
		亚黏土	亚砂土	粉细砂	黄土	黄土状亚黏土
<4	40～70	0.15～0.18	0.10～0.20			
	70～100	0.15～0.25	0.15～0.30	0.25～0.35	0.15～0.25	
	>100	0.15～0.27	0.20～0.35	0.30～0.40	0.20～0.30	
4～8	40～70	0.08～0.14	0.12～0.18			
	70～100	0.10～0.22	0.15～0.25	0.20～0.30	0.15～0.20	0.15～0.20
	>100	0.10～0.25	0.15～0.30	0.25～0.35	0.20～0.25	0.20～0.25
>8	40～70	0.05	0.06	0.05～0.10		
	70～100	0.05～0.15	0.06～0.15	0.05～0.20	0.06～0.10	0.05～0.13
	>100	0.05～0.18	0.06～0.20	0.10～0.25	0.06～0.13	0.05～0.15

注　1. 引自原水利电力部水文局《中国地下水资源》，1991。
2. 井灌回归补给系数 $\beta_{井}$ 取用表中相应栏的下限值。

3. 井灌回归补给系数（$\beta_{井}$）

灌溉水回归量与灌溉水量的比值，取值范围一般为 0.1～0.3，测定方法与灌溉入渗补给系数相同，但试验时地下水处于开采过程，地下水位变幅中包括开采造成的变幅值。

三、潜水蒸发强度

潜水在土壤水势作用下运移至包气带并蒸发成为水汽的现象称为潜水蒸发。在潜水埋深较小的地区，潜水蒸发是其主要排泄途径，直接影响潜水位的消退。单位时间的潜水蒸发量称为潜水蒸发强度，其变化既受潜水埋深的制约，又受气象、包气带岩性、地表植被等因素的影响。

1. 经验系数法

潜水蒸发强度等于潜水蒸发系数与水面蒸发强度的乘积，即

$$\varepsilon=C\varepsilon_0 \tag{3-11}$$

式中：ε 为潜水蒸发强度，mm/d 或 mm/a；ε_0 为水面蒸发强度，mm/d 或 mm/a；C 为潜水蒸发系数。

潜水蒸发系数 C 值见表 3－4。

表 3-4　　潜水蒸发系数 C 值

地区	年水面蒸发量/mm	包气带岩性	地下水位埋深/m			
			0.5	1.0	1.5	2.0
黑龙江流域季节冻土区	600～1200	亚黏土		0.01～0.15	0.08～0.12	0.06～0.09
		亚砂土	0.21～0.26	0.16～0.21	0.13～0.17	0.08～0.14
		粉细砂	0.23～0.37	0.18～0.31	0.14～0.26	0.10～0.20
内陆河流域严重干旱区	1200～2500	亚黏土	0.22～0.37	0.09～0.20	0.04～0.10	0.02～0.04
		亚砂土	0.26～0.48	0.19～0.37	0.15～0.26	0.08～0.17
其他地区	800～1400	亚黏土	0.40～0.52	0.16～0.27	0.08～0.14	0.04～0.08
		亚砂土	0.54～0.62	0.38～0.48	0.26～0.35	0.16～0.23
		粉细砂	0.50 左右	0.07 左右	0.02 左右	0.01 左右

注　引自原水利电力部水文局《中国地下水资源》，1991。

2. 经验公式法

（1）阿维里扬诺夫公式。

$$\varepsilon=\varepsilon_0(1-\Delta/\Delta_0)^n \tag{3-12}$$

式中：Δ 为 Δt 时段内的地下水平均埋深，m；n 为与气象和包气带岩性有关的幂指数，一般取 1～3；Δ_0 为潜水停止蒸发时的地下水埋深，即潜水蒸发极限埋深，m。

Δ_0 和 n 可根据潜水水位动态观测资料，通过图解及回归分析计算。一些单位还给出了潜水蒸发极限埋深的经验值（表 3-5），如仅考虑包气带岩性影响的，以及考虑作物植被和包气带岩性影响的见表 3-6。

表 3-5　　包气带岩性和潜水蒸发极限埋深经验值

包气带岩性	亚黏土	黄土质亚砂土	亚砂土	粉细砂	砂砾石
潜水蒸发极限埋深/m	5.16	5.10	2.95	4.10	2.38

注　引自霍崇仁《水文地质学》，水利电力出版社，1988。

表 3-6　　作物植被和潜水蒸发极限埋深经验值

作物植被	无作物植被		有作物植被	
包气带岩性	亚黏土	亚砂土	亚黏土	亚砂土
潜水蒸发极限埋深/m	2.3～2.5	4.0	3.2～3.5	5.0

注　引自霍崇仁《水文地质学》，水利电力出版社，1988。

（2）沈立昌双曲线型公式。

$$\varepsilon=(k_\mu\varepsilon_0^a)/(1+\Delta)^b \tag{3-13}$$

式中：k_μ 为表征包气带岩性、植被、水文地质条件等因素的综合指数；a、b 为无因次指数。

（3）叶水庭指数型公式。

$$\varepsilon=\varepsilon_0\times10^{-a'\Delta} \tag{3-14}$$

式中：a'为衰减指数。

3. 现场实测法

近年来国内倾向于采用均衡场地中渗透仪实测潜水蒸发强度。地中渗透仪是测定潜水蒸发、降水入渗、凝结水量的装置（图 3-2）。仪器由承受补给及蒸发的测筒部分和人工控制地下水位并进行观测的给水装置部分构成，两部分由连通管连接。测筒中装满当地的原状土样，其下垫有砾石和砂层（滤层），经给水装置在测筒中形成固定的地下水位。当测筒中的水位因蒸发作用而降低时，给水装置中的自动给水瓶的给水管口露出水面，容器就开始向潜水位测筒补水，待地下水位回升到固定位置后即停止补水。所补的水量为地下水蒸发量，然后据此换算单位面积单位时间的潜水蒸发强度。

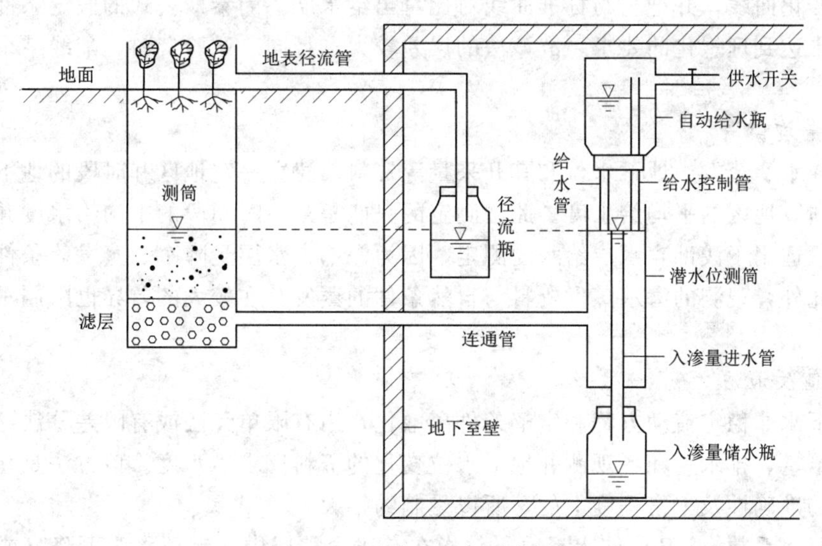

图 3-2 地中渗透仪示意图

四、给水度和弹性储水或释水系数

表征含水层释水或储水能力的物理量，在地下水资源评价、动态预报、水文地质计算、农田排水及渗流研究中具有十分重要的地位。

给水度 μ 表示在饱和含水层中，当潜水面下降一个单位深度时，在重力作用下从单位面积岩土柱体所能释放出来的水量。实际上它等于岩土的饱和含水量与最大田间持水量之差，数值上采用释出水的体积与释水的饱和岩土总体积之比来衡量，即

$$\mu=\frac{V_w}{V} \tag{3-15}$$

式中：V 为释水的饱和岩土总体积，m^3；V_w 为在重力作用下排出水的体积，m^3。

给水度大小与含水层岩性的矿物成分、颗粒大小、颗粒级配及分选程度等有关。当组成含水层的岩石颗粒较粗、空隙较大且大小均一时，重力释水时以结合水和毛细水的形式滞留于岩石空隙中的水较少，给水度可接近于孔隙度（裂隙率）。给水度大小还与潜水面的埋藏深度有关，潜水面埋藏深度越浅，受毛细作用影响越大，给水度就越小；只有当潜水面较深时，给水度才是常数。给水度还受地下水位下降速度和时间的影响。给水度的确定主要有以下几种方法。

1. 筒测法

将含水层原状土样不扰动地装入试验圆筒，充分饱和后将水排出，测定排出水的体积，计算给水度。此法的缺陷是要考虑滞后排水的影响；将试样从自然界隔离出来，地下水条件与自然界完全不同，测定的不是土样在原始状态下的给水度，且土壤毛管已被破坏，所测得的给水度一般小于给水度真值，且不能反映地下水埋深等因素对给水度的影响。

2. 配线法

在潜水含水层中进行抽水，固定抽水量观测不同时间的地下水位，绘制地下水位降深随时间的变化曲线，并把它与标准曲线对比算出给水度。因泰斯公式的假定条件较多，实际条件很难达到理想化的要求，故该法的误差较大，且同一试验资料，配线结果的人为影响较大。

3. 水量均衡法

根据降水、蒸发、地下水位和其开采量等资料，建立一定地区和时段的地下水水量均衡方程，估算地区的平均给水度。此法测定的只能是某一时间段的平均给水度并非完全给水度，且只适用于浅部含水层给水度测定，因为深部含水层受降水、蒸发等条件的影响不是很大。此外，观测的潜水蒸发资料与自然条件的蒸发存在较大的差异也限制了该方法的应用。

4. 数值反演法

把地下水非稳定流动方程和定解条件离散化，用有限单元法或有限差分法，根据区内各垂向补给量、排水量和各观测井地下水位变化的资料反求给水度。该方法是建立在前面这些资料的准确性及丰富程度上的，所以受制约很大。

弹性释水系数 μ^* 又称储水系数，是指在有压含水层中，测压水头下降（或上升）一个单位时，从单位水平面积含水层柱体中，由于水的膨胀（压缩）和岩层的压缩（扩张）而释出（或储存）的水体积。它是表征承压含水层（或弱透水层）全部厚度释水（储水）能力的参数，其值等于含水层厚度 M 与释水率 μ_s^*（量纲为 L^{-1}）的乘积，即

$$\mu^* = \mu_s^* M \tag{3-16}$$

从定义看，承压含水层的弹性释水系数同潜水含水层的给水度非常相似，但是两者的释水（或储水）机理是不同的。水位下降时，潜水含水层的释水来自部分空隙的重力排水，它的值取决于含水层的孔隙率，但因水分子的吸附作用，其值总是小于孔隙率。而承压含水层所释放出的水量则来自含水层中水的弹性膨胀以及含水介质的压缩，即由于承压含水层水头的降低，将原来由此水头承担的上覆地层的自重压力转嫁给含水层，从而使具有一定弹性的含水层受到挤压，孔隙或裂隙度相应减少而释出一部分水。同时，因水本身也属弹性体，水头的降低促成水的膨胀，增加一部分水体积，两者提供了弹性释水系数的物质基础。显然，以这种形式释放出的水较潜水含水层水位下降时释放出的水要少得多，不难理解开采承压含水层时往往会造成水位的大幅下降。由于含水层和水的弹性模量都是极小的数，故弹性释水系数只有给水度的 1/1000 或 1/10000。给水度和弹性释水系数都是无量纲数。

释水系数可采取试样的室内渗透仪测定完成，但因试样的代表性差且不易保持原状结

构，测定的参数常不准，故常是从野外取得抽水试验的水位和流量数据，用数学模型进行反推参数。

五、渗透系数和导水系数

渗透系数 K 又称水力传导系数，表征含水介质允许水透过的性能。据达西公式 $Q=KAJ$，渗透系数在数值上等于水力坡度为 1 时通过单位面积的渗流量，单位为 m/d 或 cm/s。

流体在介质中运动时除了要克服与介质间的摩擦阻力，还要克服水质点间的摩擦阻力，因此，渗透系数不仅与介质的物理特性（空隙的大小、形状和连通性）相关，还与水的黏滞系数、比重及温度等物理性质有关。在含水介质的空隙壁上往往会附着一部分结合水，其余部分才是可运动的重力水，故空隙直径越小，结合水占据的空隙空间越大，实际的渗流断面越小，渗透系数也就越小。当空隙直径小于两倍结合水层厚度时，通常条件下介质可被视为不透水。可见岩土透水性的好坏很大程度上取决于孔隙的大小，而孔隙的大小与介质的大小、形状、均匀度和排列情况等有关。一般强透水的粗砂砾石层渗透系数大于 10m/d；弱透水的亚砂土渗透系数为 0.01～1m/d；不透水的黏土渗透系数小于 0.001m/d。对流体本身而言，黏滞性大的流体（如石油）的渗透系数就会小于黏滞性小的流体，即两者成反比关系

$$K=\frac{k\rho g}{\eta} \tag{3-17}$$

式中：k 为孔隙介质的渗透率，它只与固体骨架的性质有关；ρ 为流体密度；g 为重力加速度；η 为液体的动力黏滞性系数，它随温度的升高而减小。

地下水的水温一般比较恒定，水的容重和黏滞度变化极微，故流体的因素可以忽略，但在研究盐水、卤水和热水的渗流及地下水污染的问题时，必须考虑流体质量的变化。

可以看出渗透系数是一个兼及地层和流体特性的综合性参数。在均质含水层中不同地点具有相同的渗透系数，而在非均质含水层中不同地点渗透系数不同，在各向异性介质中渗透系数以张量形式表示。一般而言，同一性质的地下水饱和带中一定地点的渗透系数是常数；而非饱和带的渗透系数随岩土含水量而变，含水量减少时渗透系数急剧减小。此外，渗透系数还有线性和非线性的区别，在水力坡度变化的情况下，一定地层的渗透系数始终保持为常数，称线性渗透系数；若渗透系数值随着水力坡度的增大而变小则称非线性渗透系数。一般在空隙度小的地层中渗透系数常保持为线性的，而在空隙度大的地层中渗透系数则常为水力坡度的函数。

渗透系数的测定方法可归纳为室内测定和野外测定两类，前者主要是对从现场取来的试样进行渗透试验，后者是依据稳定流和非稳定流理论，通过抽水试验等方法求得渗透系数。

导水系数 T 表征含水层全部厚度的导水能力，常被作为衡量地下水富水性的指标。对某一垂直于地下水流向的断面，它相当于水力坡度等于 1 时流经单位宽度含水层的地下水流量，数值上等于含水层渗透系数 K 与含水层厚度 M 的乘积，m^2/d。

在平面二维流地下水量的计算中，导水系数是一项重要参数，而对三维流问题则没有太大意义，但可将三维问题分解成二维问题进行处理。此外，非承压情况下，含水层每一

点的厚度既与底板高程有关，又与地下水位高程和埋深有关，故潜水含水层水平方向上的导水性能在每一点上的强弱不可能是完全相同的，即导水系数的空间分布呈随机性。故在用数值法对区域地下水流状态进行模拟计算时，多采用参数分区来反映含水层导水性能的非均质性与各向异性。

六、越流系数

在承压含水系统中，若含水层间存在天然及抽水（或注水）造成的上、下含水层间的垂向水头差，当含水层的顶板或底板为弱透水层时，相邻含水层中的水就会流入取水含水层（或由注水含水层流出），这一现象称为越流。这种由抽水（或注水）含水层、弱透水层和相邻含水层组成的系统称为越流系统。越流系数 K_e 是表征弱透水层在垂直方向上透水能力的参数，指弱透水层上下含水层之间水头差为一个单位时，通过单位面积弱透水层的流量，其值等于弱透水层的垂直渗透系数 K' 与其厚度 M' 的比值，即 $K_e=\frac{K'}{M'}$。

从定义看，含水层的直接越流补给与弱透水层的性质及含水层间的水头差有关。相邻含水层间的水头差越大，弱透水层的厚度越小且其垂向透水性越好，则单位面积的越流量越大。若弱透水层内的释水量可忽略，则越流系数在数值上相当于抽水（或注水）含水层与相邻含水层的水头差为1时的越流强度，即单位时间通过抽水（或注水）含水层顶面和底面单位面积的水量。

第三节　地下水资源量的计算

一、平原区地下水资源量的计算

平原一般是指海拔在200m以下，地面平坦或起伏较小的一个较大区域。我国三大平原包括东北平原、华北平原和长江中下游平原，基本位于地势第三阶梯的东部地区。据《环境影响评价技术导则　地下水环境》（HJ 610—2016），平原区（含山间盆地）现状条件下的浅层地下水资源评价，按水均衡原理建立计算系列的逐年总补给量、总排泄量的均衡方程：年总补给量＝年总排泄量±年蓄水变量。年总补给量 W_b 包括降水入渗补给量、河道渗漏补给量、山前侧渗补给量、渠系渗漏补给量、渠灌田间入渗补给量、水库（湖泊、塘坝等）蓄水渗漏补给量、人工回灌补给量、越流补给量、井灌回归补给量等，总补给量扣除井灌回归即为地下水资源量。年总排泄量 W_p 包括潜水蒸发量、河道排泄量（河川基流量）、浅层地下水实际开采量（人工开采净消耗）、侧向流出量、越流排泄量等。

1. 各补给项

（1）降水入渗补给量（U_p）。降水入渗土壤后，形成的重力水下渗补给地下水的量。确定方法有：降水入渗系数法和地下水动态分析法，其计算式分别为

$$U_p=10^{-5}\alpha_{年}P_{年}F \tag{3-18}$$

$$U_p=\mu F\Delta h \tag{3-19}$$

式中：$P_{年}$ 为年降水量，mm/a；$\alpha_{年}$ 为年降水入渗补给系数；μ 为给水度；Δh 为降水入渗引起的地下水位上升幅度，mm；F 为计算区面积，km^2。

（2）河道渗漏补给量（U_r）。当江河水位高于两岸地下水位时，河水渗入补给地下水

的水量。可通过对河道水流特性和两岸地下水位变化情况的分析，确定河水补给地下水的河段和时间，再分别采用不同的计算方法。

1）地质剖面法。

$$U_r = KIBhT \tag{3-20}$$

式中：K 为渗透系数；I 为垂直计算剖面方向上时段平均水力坡度；B 为计算断面宽度；h 为河道单侧含水层计算厚度，因河流两岸参数不同，双侧的渗漏补给量需要分别用该公式进行计算；T 为渗漏补给时间。

2）水文分析法。

$$U_r = (R_{上} - R_{下})(1-\lambda)\frac{L}{L'} \tag{3-21}$$

式中：λ 为上下游水文站间水面及两岸浸润带蒸发量之和与（$R_{上} - R_{下}$）之比值，由观测试验资料确定；L'为测流段长度，m；L 为计算河段长度，m。

该方法适用于河道附近缺乏地下水观测资料、河段上下游有水文站的河段。

3）断面测流法。

$$U_r = (Q_{上} - Q_{下}) - E_0 \beta L \tag{3-22}$$

式中：$Q_{上}$、$Q_{下}$为河道上、下断面实测流量，m^3/s；E_0 为水面蒸发量，m/s；β 为水面宽度，m；L 为实测流量段距离，m。

（3）灌溉水入渗补给量。渠系渗漏补给量 U_c 是指引水干、支渠水位高于周围地下水位，而形成对地下水的补给量，即

$$U_c = mW = r(1-\eta)W \tag{3-23}$$

渠灌田间入渗补给量 U_f 是指渠灌水进入灌渠至田间后，经包气带入渗补给地下水的量，即

$$U_f = \beta W = r_1(1-\eta_1)W \tag{3-24}$$

式中：m 为渠系渗漏补给系数；W 为渠首引水量；r 为渠系渗漏补给地下水系数；η 为渠系水利用系数；β 为渠灌田间入渗补给系数；r_1 为田间渗漏补给地下水系数；η_1 为田间水利用率。

井灌回归水量是指机井开采的地下水进入田间后，又有部分通过包气带入渗补给地下水，这部分回归水属于水资源的重复利用部分，即 $Q_{井灌} = \beta_{井} Q_{开采}$。

（4）山前侧向流入补给量（U_k）。山丘区地下水通过裂隙、断层等以潜流形式直接补给平原沉积层的水量，即

$$U_k = KIHLT \tag{3-25}$$

式中：K 为含水层渗透系数；I 为垂直于剖面方向上的水力坡度；H 为含水层厚度；L 为计算断面长度；T 为计算时段。

选择的断面位置应尽可能靠近补给边界，即山区平原界限；断面线一般选择在有水文地质钻孔控制的盆地边缘线上，且与地下水流向垂直，计算断面根据补给边界水文地质条件、地貌条件划分若干段，依据各段参数计算；渗透系数 K 取计算断面上控制性水文地质钻孔抽水试验成果的均值，无资料区根据水文地质条件、含水层岩性等类比选取；含水层厚度 H 根据计算断面上控制性钻孔，选取计算断面现状开采条件下含水层平均厚度。

(5) 水库（湖泊、闸坝）蓄水渗漏补给量（U_d）。当水库蓄水位高于周边地下水位时，库水对地下水的补给量，可采用地质剖面法、达西公式计算，也可用水库时段水量平衡方程式推求，即

$$U_d=\beta(W_1+P_d-E_d-W_2\pm\Delta W) \tag{3-26}$$

式中：W_1、W_2 为进、出水库的水量；P_d 为降水量；E_d 为水库的水面蒸发量；ΔW 为水库蓄变量；β 为水库补给地下水系数。

(6) 越流补给量（U_j）。通过中间的弱透水层，低水位含水层接受高水位含水层的越流补给，即

$$U_j=\Delta HFK_eT \tag{3-27}$$

式中：ΔH 为压力水头差；K_e 为越流补给系数；F 为计算面积；T 为计算时段。

(7) 人工回灌补给量（q_m）。通过井孔、河渠、坑塘或田面，人为地将地表水灌入地下，补给浅层地下水的水量。井孔回灌可采用调查统计回灌量计算；河渠回灌按河道渗漏、渠系渗漏方法进行计算；坑塘回灌按库塘渗流补给量计算；田面回灌按渠灌田间入渗补给量计算。

2. 各排泄项

(1) 潜水蒸发量（E_g）。在土壤毛细管作用下，浅层地下水沿着毛细管不断上升，形成的潜水蒸发量。影响因素有：土质因素、潜水埋深、气象因素（气温、相对湿度、风力、降水量等）及植被因素等。

通过经验公式由测得的水面蒸发量推求，即

$$E_g=10^{-5}\varepsilon_0CF \tag{3-28}$$

式中：E_g 为年潜水蒸发量，亿 m^3/a；ε_0 为水面蒸发量，mm/a；C 为潜水蒸发系数（无因次）；F 为计算面积，km^2。

(2) 河道排泄量（Q_r）。当河流水位低于两岸地下水位时，平原区地下水排入河道的水量。

1) 稳定流公式法。

$$Q=KB\,\frac{H^2-h^2}{2b} \tag{3-29}$$

式中：Q 为地下水（单侧）侧向渗流量，m^3/d；K 为含水层渗透系数，m/d；B 为地下水水平排泄带长度，m；b 为补给边界（地下水分水岭）到排泄基准点的水平距离，即补给带长度，m；H 为分水岭处含水层渗透有效带厚度（从平均稳定水位起算），m；h 为排泄基准点处渗透有效带厚度，一般为平均河水位到渗流有效带底线的垂直距离，m。

2) 非稳定流公式。

$$q=1.128\,\frac{v_0t}{\sqrt{t}}\sqrt{\mu T}$$

$$Q=1.128\mu sL\sqrt{at} \tag{3-30}$$

式中：q 为非稳定流单宽流量，$m^3/(d\cdot m)$；μ 为给水度；v_0t 为时段河沟水位下降值（即平均潜水位与河沟水位之差），常用 s 表示，m；v_0 为河沟水位下降速度，m/d；t

为河沟水位从开始下降经历的时间，d；T 为导水系数，m^2/d；Q 为 t 时段内一侧流入河道的地下水排泄量，m^3；$a=T/\mu$ 为压力传导系数，m^2/d；L 为河道长度，m。

（3）侧向流出量（Q_r）。以侧向径流形式流出计算区的地下水量，计算同于侧向补给量，在水力坡度大于 1/5000 时才计算。

（4）浅层地下水实际开采消耗量。是地下水开采利用程度较高地区的主要排泄量，包括农业灌溉用水开采和工业、城镇生活和农村人畜用水开采消耗量。这些量可由水利部门、统计部门调查，或用公式计算：

$$Q=m_iFnN \tag{3-31}$$

式中：m_i 为灌水定额；F 为灌溉面积；n 为灌水次数；N 为复种指数。

二、山丘区地下水资源量的计算

山丘区地下水补给主要来自大气降水入渗，因受地壳运动和外力侵蚀作用，其水文地质条件十分复杂，故造成山丘区地下水分布具有方向性、分带和分段性。按地下水均衡原理，可用各项排泄量之和近似代表山丘区地下水资源量。根据《环境影响评价技术导则　地下水环境》（HJ 610—2016），山丘区地下水总排泄量包括：河川基流量、河床潜流量、山前侧向流出量、未计入河川径流的山前泉出露量、山间盆地潜水蒸发量、浅层地下水实际开采的净消耗量等项。

（1）河川基流量（R_g）。山丘区地下水向河流排泄的主要项，当地表径流消退完后，地下水继续补给给河流中的那一部分流量。出口断面的实测流量过程包括地面和地下径流两部分，地下部分为基流。

一般通过分割断面流量过程线求出其流量和径流量的比值供使用，常用的分割法有直线平割法和直线斜割法。因不同频率径流量的基流是不同的，故选用分割河川基流的水文站应满足以下条件：①代表站应为闭合流域，地表、地下分水线基本一致；②代表站的地形、地貌、植被、水文地质条件有代表性；③代表站流域面积一般为 200～5000km^2；④代表站实测资料系列较长，至少包括丰、平、枯年内的 10 年以上资料；⑤代表站流域受人类活动影响较小。而不宜选用的水文站有：①在水文站上游建有集水面积超过该水文站控制面积 20%的水库；②在水文站上游河道上有较大引、提水工程；③从外流域向水文站上游调入水量较大，且未做还原计算。

（2）河床潜流量（R_u）。河流出山口处，河床被厚度较大的第四纪沉积物覆盖，河床未能切割到基岩。这时出口断面所测的径流量不是全部的径流量，尚有一小部分以潜流形式下泄，即河床潜流量。推求河床潜流量可用达西公式计算：

$$R_u=KIFT \tag{3-32}$$

式中：K 为渗透系数；I 为水力坡度，一般用河底坡度代替；F 为垂直于地下水流方向的河床潜流过水断面面积；T 为河道或河段过水时间。

（3）山前侧向流出量（U_k）。主要是山丘区地下水通过裂隙、断层或沉没，以潜流形式直接补给平原沉积层的水量，计算方法同于平原区地下水山前侧向补给量。

（4）未计入河川径流的山前泉水出露量（Q_s）。受地形落差影响，山丘区地下水出露地表，形成泉水，流入河川径流的计入到基流中，未流到河川中，在当地自行消耗部分就是 Q_s，通过调查分析与统计方法进行估算。

（5）山间盆地潜水蒸发量（E_g）。与平原区计算方法同，计算式为式（3-28）。

（6）浅层地下水实际开采的净消耗量（q）。地下水开采夺取的河川基流量，经灌溉农田或城镇供水，有一部分回归了河流，故只计算其中净消耗掉的部分，即

$$q=q_1(1-\beta_1)+q_2(1-\beta_2) \tag{3-33}$$

式中：q_1、q_2 分别为农业灌溉、工业与生活的浅层地下水实际开采量；β_1、β_2 分别为井灌回归系数和工业用水回归系数。

第四节　地下水资源可开采量的评价

地下水量处在地下水补给与排泄的动平衡中，随着自然和人为因素的改变而变化，给地下水资源量的准确计算带来不少困难，迫使人们研究不同的计算方法。在实际应用中，应根据地下水资源评价区的水文地质条件、需水量和研究程度等条件，结合所获得的资料与勘察阶段的评价精度要求，选择合适的评价方法，并尽量运用多种评价方法进行比较和综合评价，得出更符合实际情况的结论。地下水资源评价的方法按其所依据的理论可分为以下几类。

一、水量均衡法

理论基础是质量守恒定律，严格意义上，所有水资源评价的方法都是直接或间接来源于水量均衡原理。它是全面研究一个地区（即均衡区）在一定时段（即均衡期，一般为一个水文年）内地下水的补给量、储存量和消耗量间的数量转化关系的平衡计算。允许开采量是指通过技术经济合理的取水建筑物，在整个开采期内出水量不明显减少、地下水动水位不超过设计要求，水质和水温变化在允许范围内，不影响已建水源地正常开采，不发生危害性工程地质现象等前提下，单位时间从水文地质单元或取水地段中能够取出的最大出水量。

1. 基本原理

对一个均衡区（或地段）的含水层组（或单元含水层组），地下水在人工开采以前，由于天然的补给与排泄处于不断的平衡和不平衡变化之中，形成一个稳定或不稳定的天然流场，在其发展过程中，任一时段 Δt 内补给量与消耗量的差值，恒等于这个含水层组中水体积的变化量，因承压水具有弹性释放和储存，严格意义上讲应为水的重量变化量。因此可建立水均衡方程式：

$$\begin{cases} \text{潜水}：Q_b-Q_x=\pm\mu F\dfrac{\Delta h}{\Delta t} \\ \text{承压水}：Q_b-Q_x=\pm\mu_e F\dfrac{\Delta H}{\Delta t} \end{cases} \tag{3-34}$$

式中：Q_b 为均衡区内计算期间各补给量总和；Q_x 为均衡区内计算期间各消耗量总和；$\mu F\dfrac{\Delta h}{\Delta t}$或$\mu_e F\dfrac{\Delta H}{\Delta t}$为均衡区计算期间储存量的变化。

从多年周期变化来看，均衡区内总补给量和总消耗量接近相等，即处于动态平衡，人工开采地下水改变了天然流场，建立了开采状态下的动平衡。在开采最初阶段，由于增加

了人工开采量，必然使地下水的储存量减少，在开采地段地下水位下降，形成降落漏斗，漏斗区不断扩大，流场发生变化，使天然排泄量减少，促使天然补给量增加，即补给增量。在开采状态下，水均衡方程式变为

$$(Q_b+\Delta Q_b)-(Q_x-\Delta Q_x)-Q=-\mu F\frac{\Delta h}{\Delta t} \tag{3-35}$$

式中：Q 为人工开采量；ΔQ_b 为开采时所增加的补给量；ΔQ_x 为开采时减少的消耗量，即被截取的补给量。

由于开采前的天然补给量和天然消耗量在一个周期内近似相等，则 $Q_b=Q_x$，所以上式简化为

$$Q=\Delta Q_b+\Delta Q_x+\mu F\frac{\Delta h}{\Delta t} \tag{3-36}$$

这表明开采量由增加的补给量、减少的天然消耗量和可动用的储存量（由静储存量中提供的一部分）三部分水量组成，其中可动用的储存量要慎重确定。如果是稳定型开采动态，则最大允许开采量为

$$Q_{\max}=\Delta Q_b+\Delta Q_x\approx Q_b+\Delta Q_b \tag{3-37}$$

如果是合理的消耗型开采动态，则最大允许开采量为

$$Q_{\max}=\Delta Q_b+\Delta Q_x+\mu F\frac{S_{\max}}{T_k}\approx Q_b+\Delta Q_b+\mu F\frac{S_{\max}}{T_k} \tag{3-38}$$

式中：$Q_{\max}$ 为最大允许开采量；$S_{\max}$ 为最大允许水位降深值；T_k 为开采年限，一般取50～100年，或根据需要确定。

2. 计算步骤

（1）均衡区与均衡期的确定。均衡区的确定要在查明地下水系统补给、径流、排泄和含水层分布等条件的基础上，结合评价的目的和要求进行。在区域地下水资源量评价中，要以地下水系统边界圈定的范围为准；局域地下水资源量计算时，可根据水量评价的目的和要求人为地划定；当均衡区的面积较大、水文地质条件复杂而评价精度要求较高时，可根据不同水文地质条件划定不同级别的子区。

水量均衡计算时段的长度根据水量评价的要求、目的和资料情况而定，可以是若干年或一年，也可是一个旱季或雨季。一般而言，最好选择具有代表性的水文年（如平水年）进行补给量的计算，为保证水量均衡关系，所有的均衡项均应采用同步期的资料。

（2）均衡项目的确定。均衡要素指通过均衡区（即三维空间区域）的边界流入和流出水量项的总称，进入的水量项统称补给项或收入项，流出的水量项统称排泄项或支出项。常见的补给项有：大气降水入渗补给量、地表水渗漏补给量、侧向径流补给量、相邻含水层越流补给量、农灌区灌溉回归补给量和干旱半干旱区凝结水补给量等；常见的排泄项有：地下水向地表的渗出或溢流量、地下径流的侧向排泄量、地下水的蒸发量、地下水的开采量及由评价含水层向其他含水层的越流量等。

1）降水入渗补给量的计算。通常采用降水入渗补给系数法计算，即

$$Q_b=\frac{\alpha FP}{365} \tag{3-39}$$

式中：Q_b 为日均降水渗入补给量，m^3/d；α 为年均降水入渗补给系数，含义及获取方法详见本章第二节；F 为降水渗入面积，m^2；P 为年降水量，m/a。

2）地表水体（河流、湖/库和渠道）渗漏补给量的计算。

a. 断面流量差法。若均衡区有河流或渠道穿过，可在均衡区无分支流的主河道上，选择两个计算断面，分别测定其上、下游两断面的流量 Q_1 和 Q_2，并确定断面间的距离 L、测流开始与结束的时间间隔 Δt、河渠的水面宽度 B 和在测流时段内的水面蒸发深度 E，则

$$Q_{渗}=(Q_1-Q_2)\Delta t-BLE \tag{3-40}$$

b. 渗流断面法。当河渠水位变化幅度较小时，河渠一侧的渗漏补给量可由达西公式求得

$$Q_{渗}=KLMJ \tag{3-41}$$

式中：K 为含水层渗透系数，m/d；L 为河渠渗漏段的长度，m；M 为水力坡度取值段含水层的平均厚度，m；J 为河渠一侧地下水的水力梯度。

其中如河渠两侧的渗漏条件不同时，比如一侧存在开采井群，需分别计算两侧不同的渗漏补给量，这时可利用潜水含水层的平面渗流公式

$$Q_{渗}=KB\frac{(h_1-h_\omega)(h_1+h_\omega)}{2L} \tag{3-42}$$

式中：B 为河渠的补给宽度，m；h_1、h_ω 分别为沿渗漏补给方向岸边与开采井群的动水位高度，m；L 为岸边到井群的直线水平距离，m。

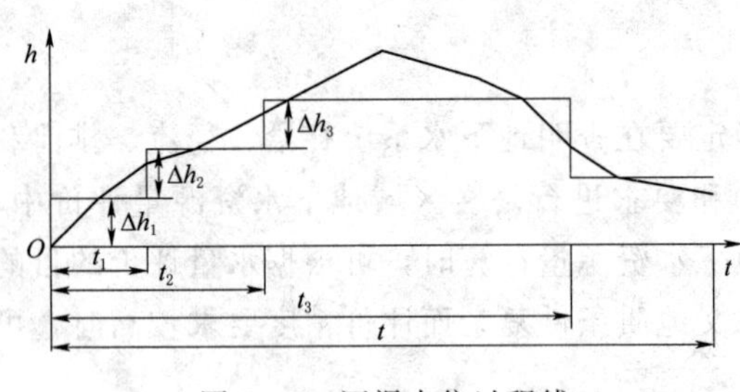

图 3-3　河渠水位过程线

当河渠水位年变动幅度较大时，渗漏量是随河水位和流量发生变化的值，计算时要把河水位过程概化成若干个阶段，定出每个阶段的水位（均值）和经历时间（图 3-3）。当河水与地下水存在水力联系时，河水相邻时段间水位变化看作瞬时回水，从而把整个水位过程看作各个瞬时回水的叠加，则河流向一侧补给地下水的单宽流量为

$$q=\sum_{i=1}^{n}\frac{Kh_m\Delta h_i}{1.77\sqrt{a(t-t_{i-1})}} \tag{3-43}$$

式中：a 为含水层压力传导系数；h_m 为含水层平均厚度；Δh_i 为相邻时段水位变化值。

则 t 时间内河渠两侧补给地下水的单宽侧渗量为

$$V_t=1.128Kh_m\sum_{i=1}^{n}\frac{\Delta h_i}{\sqrt{a(t-t_{i-1})}} \tag{3-44}$$

对于闭合型湖、塘、水库等水体的渗漏量计算，可根据降水量、地表水汇流量、水面蒸发量和水位增减的平衡关系计算，即

$$Q_{渗}=\frac{(P-E)F}{365}+Q\pm\frac{\Delta V}{365} \tag{3-45}$$

式中：P 为年均降水量，m/a；E 为年均水面蒸发量，m/a；F 为水体面积，m^2；Q 为地表水流入湖、塘、水库等水体的量，m^3/a；ΔV 为水体年变化量，m^3/a。

3）灌溉水渗入补给量的计算。

a. 采用地下水位资料计算。

$$Q_b=\frac{\mu F\Delta h}{365} \tag{3-46}$$

式中：μ 为给水度；Δh 为灌溉引起的年地下水位升幅，m/a；F 为灌溉面积，m^2。

b. 采用灌溉定额计算。

$$Q_b=\frac{\beta mF}{365} \tag{3-47}$$

式中：β 为灌溉入渗补给系数，含义及获取方法详见本章第二节；m 为灌溉定额，m^3/a。

4）相邻含水层垂向越流补给量的计算。

$$Q_b=FK_e(h_2-h_1)=F\frac{K'}{M'}(h_2-h_1) \tag{3-48}$$

式中：F 为越流补给面积，m^2；K_e 为越流系数，1/d；K'为越流层垂向渗透系数，m/d；M'为越流层厚度，m；h_1 为开采层或开采漏斗区平均水位，m；h_2 为相邻含水层水位，m。

5）容积储存量的计算。

$$W_v=\mu V \tag{3-49}$$

式中：W_v 为含水层的容积储存量，m^3；μ 为给水度；V 为含水层体积，m^3。

6）弹性储存量的计算。

$$W_c=\mu^* Fh_p \tag{3-50}$$

式中：W_c 为承压含水层的弹性储水量，m^3；μ^* 为储水系数（或释水系数）；h_p 为承压含水层自顶板算起的压力水头，m。

7）潜水蒸发量的计算。潜水蒸发强度 ε(mm/d) 的含义及确定方法详见本章第二节。

(3) 均衡方程的建立及水资源量评价。水量均衡方程是各均衡要素在一定的均衡区和均衡期内分析结果的数学表达，一般为补给、排泄和储存项组成的线性方程，这些量的组成项目虽多，且准确测定较困难，但对一个地区而言，往往并非包含所有项目，应对具体条件进行分析，建立相应的水均衡方程式。将各项均衡要素值代入方程式后，计算出各均衡区的允许开采量，将其相加便是全区的允许开采量。根据计算结果指出是什么类型的开采动态，若是消耗型动态，则应做出水位下降值的预报。在实际计算中，常根据多年的动态观测资料，计算各年的各项均衡要素，列出均衡表，分析是否有扩大开采的潜力。

3. 水量均衡法的特点及适用条件

水量均衡法的原理明确、计算公式简单，但计算项目有时较多，有些均衡要素难以准确测定，甚至要花费较多的勘探试验工作量；它的计算结果能反映大面积的平均情况，而不能反映出评价区域内因水文地质条件的变化或开采强度的不均所引起的局部水位变化，但它适应性强，可粗可细，许多情况下都可应用。对开采强度均匀、地下水补给和排泄条件简单、水均衡要素容易确定而开采后水位变化不大的地区，利用水量均衡法评价地下水资源效果良好，尤其当进行多年水均衡分析计算时，因充分考虑了地下水资源的调蓄性，不仅可分析枯水年所借用的储存量能否在丰水年补偿回来，且能确定枯水年的最大水位降深，看是否超过最大允许水位降。

二、相关分析法

相关分析法又称回归分析法或相关外推法，是根据开采地下水的历史资料或不同降深的抽水试验资料，用数理统计的方法找出开采量和降深或其他自变量间的相关关系，并依据这种关系外推预报开采量的一种评价方法。在地下水资源开发利用中，开采量与降深、开采时间、开采面积及水文气象等因素有关，它们间的关系一般有三种：完全相关、零相关以及统计相关。在统计相关中，如果自变量只有一个，称为一元相关或简相关，而自变量在两个以上的称为多元相关或复相关；自变量为一次式的称为线性相关，而是高次式的称非线性相关。

（一）简相关

1. 基本原理

简相关有线性和非线性两种关系，非线性关系一般可通过一定的变换转换成线性关系。

（1）线性相关。在地下水资源评价中常分析开采量 Q 与水位降深 S 的相关关系，建立一元线性回归方程，首先要有一系列开采量与对应的水位降观测统计资料，资料数 n 称为样本容量。将这些资料点绘在 $Q-S$ 坐标图上，查看其分布趋势并用最小二乘法原理求出一个近似而又最接近所有观测值的直线或曲线方程，应用该方程外推未来某一降深时的开采量或预测某一开采量时的水位降深，这样的方程称为回归方程，而这个过程就称为相关分析或回归分析。

地下水开采量 Q 与其主要影响因素间呈线性关系的方程为

$$Q=A+BS \tag{3-51}$$

式中：A 与 B 为待定常数；Q 为地下水开采量；S 为开采区某点的地下水位降深。

待定系数 A 与 B 可根据地下水动态观测资料用最小二乘法原理求得，也就是使各实测值与相应计算值偏差的平方和最小，即

$$\Delta=\min\sum_{i=1}^{n}[Q_i-(A+BS_i)]^2 \tag{3-52}$$

由于 Q_i 与 S_i 都是已知的动态观测统计资料，故式（3-52）可视为 A 与 B 的函数，要使函数值最小，对方程关于 A 与 B 求偏导并令其等于零，即

$$\begin{cases}\dfrac{\partial\Delta}{\partial A}=\dfrac{\partial}{\partial A}\sum_{i=1}^{n}[Q_i-(A+BS_i)]^2=0\\ \dfrac{\partial\Delta}{\partial B}=\dfrac{\partial}{\partial B}\sum_{i=1}^{n}[Q_i-(A+BS_i)]^2=0\end{cases} \tag{3-53}$$

从而得到待定常数 A 与 B 的计算式为

$$\begin{cases} A=\overline{Q}-B\overline{S} \\ B=\dfrac{\sum\limits_{i=1}^{n}(S_i-\overline{S})(Q_i-\overline{Q})}{\sum\limits_{i=1}^{n}(S_i-\overline{S})^2} \end{cases} \tag{3-54}$$

式中：$\overline{Q}=\dfrac{1}{n}\sum\limits_{i=1}^{n}Q_i$ 为开采量的平均值；$\overline{S}=\dfrac{1}{n}\sum\limits_{i=1}^{n}S_i$ 为地下水位降深的平均值；n 为观测数据组数。

将式（3-54）中 A 代入式（3-51）可得到

$$Q=\overline{Q}-B(\overline{S}-S) \tag{3-55}$$

式（3-55）是一般常见的一元线性回归方程，B 为直线的斜率，称为回归系数。

一般而言，无论相关曲线图上观测统计资料的数据点多么分散，都可找到一个相对最佳的方程，但实用性如何，还须给出一个能反映开采量 Q 与水位降深 S 间联系程度的特征数——相关系数 γ 来衡量，即

$$\gamma=\frac{\sum\limits_{i=1}^{n}[(Q_i-\overline{Q})(S_i-\overline{S})]}{\sqrt{\sum\limits_{i=1}^{n}(S_i-\overline{S})^2\sum\limits_{i=1}^{n}(Q_i-\overline{Q})^2}}\quad(0\leqslant\gamma\leqslant1) \tag{3-56}$$

相关系数 $\gamma=1$ 为完全相关，即所有观测值与由回归方程所计算的值相同，开采量 Q 与水位降深 S 属于函数关系；$\gamma=0$ 为零相关，即开采量 Q 与水位降深 S 间没关系或不存在直线关系；γ 越接近 1，则直线相关关系越密切，所得回归方程的实用性也越强。在实际应用中，为判断所建立的回归方程的实用价值，一般是根据观测数据的总量和预测所要求的精度来确定相关系数的具体数值，在数理统计上称为相关系数的显著性水平检验。一般要提高回归方程的实用价值和预报精度，必须要具有准确可靠、长系列的动态观测统计资料，这是进行相关分析的基础。

（2）非线性相关。如果两个相关变量间不存在直线关系，或许可以用其他非线性关系来描述。实际工作中，一般先在直角坐标系中作出散点图，再根据其形状与特点选择适当的曲线来确定回归方程的类型。对非线性函数（表 3-7），通常经过变量代换的方法将其变换为线性函数，再按线性相关分析的方法求出待定系数与相关系数，并进行显著性水平检验。

表 3-7　几种常见的非线性函数

非线性函数	图形	方程式	变换后的线性函数方程式
幂函数	Q；B>1；0<B<1；O；S	$Q=AS^B$	$\widetilde{Q}=a+B\widetilde{S}$ $\widetilde{Q}=\lg Q$ $S=\lg S$ $a=\lg A$

续表

非线性函数	图形	方程式	变换后的线性函数方程式
指数函数	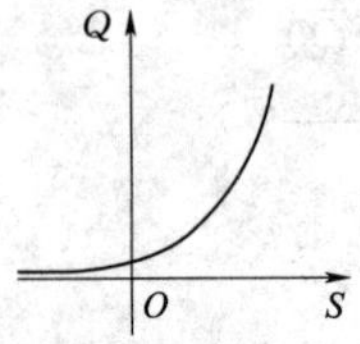 $B>0$	$Q=A\mathrm{e}^{BS}$	$\tilde{Q}=a+B\tilde{S}$ $\tilde{Q}=\ln Q$ $a=\ln A$
对数函数	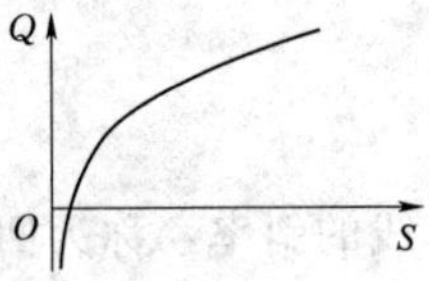	$Q=A+B\lg S$	$\tilde{Q}=A+B\tilde{S}$ $\tilde{S}=\lg S$
变形双曲线函数	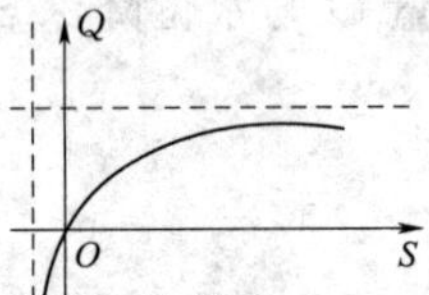 $B>0$	$\frac{1}{Q}=A+\frac{B}{S}$	$\tilde{Q}=A+B\tilde{S}$ $\tilde{Q}=\frac{1}{Q}$ $\tilde{S}=\frac{1}{S}$

2. 计算步骤

(1) 用回归方程推算开采量。统计整理评价区历年所有井的开采量和水位资料，绘出相应的等水位线图，并确定漏斗中心部位的水位降深，再把历年的开采量和水位降深绘在 $Q-S$ 坐标图上形成散点图，分析分布趋势，建立相应的直线或曲线回归方程，求出回归系数，并进行显著性水平检验。当相关系数合乎要求时，可根据回归方程外推设计降深时的开采量。

(2) 计算补给量。按水量均衡法中介绍的方法计算评价区的各项补给量，按开采量不超过多年平均补给量的原则，评价外推开采资源的保证程度。

【例 3-1】 某水源地已有多年开采历史资料，经条件分析认为扩建开采后仍有补给保证，故拟进行扩建，要求外推回归计算设计降深 26m 时的开采量。选取 6 年的开采量与水位降深统计资料（表 3-8 前三列）进行相关分析，为了便于比较，分别按直线和幂函数曲线两种进行计算。

表 3-8　　某水源地开采量与水位降深统计资料

年份	开采量 Q /(万 m^3/d)	水位降深 S /m	$Q_i-\overline{Q}$	$S_i-\overline{S}$	$(Q_i-\overline{Q})^2$	$(S_i-\overline{S})^2$	$(Q_i-\overline{Q})(S_i-\overline{S})$
1959	60	16.5	−8.3	−2.2	68.89	4.84	18.26
1960	67	18.0	−1.3	−0.7	1.69	0.49	0.91
1961	60	16.5	8.3	2.2	68.89	4.84	18.26

续表

年份	开采量 Q /(万 m^3/d)	水位降深 S /m	$Q_i-\overline{Q}$	$S_i-\overline{S}$	$(Q_i-\overline{Q})^2$	$(S_i-\overline{S})^2$	$(Q_i-\overline{Q})(S_i-\overline{S})$
1962	63	17.5	−5.3	−1.2	28.09	1.44	6.36
1970	80	21.5	+11.7	+2.8	136.89	7.84	32.76
1971	80	21.9	+11.7	+3.2	136.89	10.24	37.44
总和	410	111.9			441.34	29.69	113.99
平均	$\overline{Q}=68.3$，$\overline{S}=18.7$						

根据表中所列数据，先按直线进行回归分析，将数据代入相关系数公式及式（3-54）与式（3-56）。具体计算步骤如下：

（1）计算基本数据：算出均值并计算 $Q_i-\overline{Q}$ 和 $S_i-\overline{S}$、$(Q_i-\overline{Q})^2$ 和 $(S_i-\overline{S})^2$ 及 $(Q_i-\overline{Q})(S_i-\overline{S})$。

（2）求根方差和均方根差：$\sigma_Q=\sqrt{\sum(Q_i-\overline{Q})^2}=\sqrt{441.34}=21.008$ 和 $\sigma_S=\sqrt{\sum(S_i-\overline{S})^2}=\sqrt{29.69}=5.449$，$\sigma_Q=\sqrt{\dfrac{\sum(Q_i-\overline{Q})^2}{n-1}}=\sqrt{\dfrac{441.34}{6-1}}=9.4$ 和 $\sigma_S=\sqrt{\dfrac{\sum(S_i-\overline{S})^2}{n-1}}=\sqrt{\dfrac{29.69}{6-1}}=2.4$。

（3）计算相关系数：$r=\dfrac{\sum(Q_i-\overline{Q})(S_i-\overline{S})}{\sqrt{\sum(Q_i-\overline{Q})^2(S_i-\overline{S})^2}}=\dfrac{113.99}{\sqrt{441.34\times29.69}}=0.996$。

（4）进行显著性检验：令 $N=6$，则 $N-2=4$，查统计学中的相关系数显著性检验表，当 $\alpha=0.01$ 时，相关系数达到显著的最小值为 0.917，这里 $0.996>0.917$，故可认为这里开采量和降深的关系是密切的（即显著相关）。另外，按一般供水要求，$r>0.8$ 就符合要求。因此可建立回归方程：$B=r\dfrac{\sigma_Q}{\sigma_S}=0.996\times\dfrac{21.008}{5.449}=3.84$。

（5）求回归系数，建立直线回归方程：$Q-68.3=3.84(S-18.7)$，整理后得到回归方程为：$Q=3.84S-3.51$。

（6）求剩余标准差，确定预报精度：$\delta_Q=\sigma_Q\sqrt{1-r^2}=9.4\times\sqrt{1-(0.996)^2}=0.8399$。

（7）进行外推预报（表 3-9）。再通过取对数的方法将幂函数曲线转换成直线进行相关分析，得相关系数 $\gamma=0.972$，回归方程为 $Q=3.6S^{1.005}$。

比较两回归方程的相关系数可知，直线比曲线相关性更好，当显著性水平为 0.01 时，相应要求的最小相关系数是 0.917，而不论是直线相关还是曲线相关，它们的相关系数均大于这个值，因此，两个回归方程都有很高的实用价值，可用来外推设计降深时的开采量，见表 3-9。

表 3-9　　外推设计降深时的开采量计算结果

设计降深 S/m	16	18	20	22	24	26
$Q=3.84S-3.51$	57.93	65.61	73.29	80.97	88.65	96.33
$Q=3.6S^{1.005}$	57.93	65.16	73.32	81.09	88.99	96.73

（二）复相关

实际上，影响开采量的因素不只是水位降深，还有降水量、灌溉入渗补给量等，因此需要进行复相关分析，用多元回归方程外推开采量。

多元线性回归方程的一般形式为

$$Q=a_0+a_1x_1+a_2x_2+\cdots+a_mx_m \tag{3-57}$$

式中：a_0，a_1，a_2，…，a_m 为待定常数；x_1，x_2，…，x_m 为影响开采量的自变量。

假设有 n 组动态观测统计资料，同样按最小二乘法原理，使实测值与计算值偏差的平方和达到最小，即

$$\sum_{k=1}^{n}[Q_k-(a_0+a_1x_{1k}+a_2x_{2k}+\cdots+a_mx_{mk})]^2=\min \tag{3-58}$$

式中：x_{1k}，x_{2k}，x_{3k}，…，x_{mk} 为自变量的第 k 次观测统计值。

对式（3-58）分别关于 a_0，a_1，a_2，…，a_m 取偏导数并令其等于零，可得到待定常数：

$$a_0=\overline{Q}-a_1\overline{x_1}-a_2\overline{x_2}-\cdots-a_m\overline{x_m} \tag{3-59}$$

其余 a_1，a_2，…，a_m 由方程组（3-60）求出：

$$\left.\begin{aligned}&L_{11}a_1+L_{12}a_2+\cdots+L_{1m}a_m=L_1Q\\&L_{21}a_1+L_{22}a_2+\cdots+L_{2m}a_m=L_2Q\\&\vdots\\&L_{m1}a_1+L_{m2}a_2+\cdots+L_{mm}a_m=L_mQ\end{aligned}\right\} \tag{3-60}$$

其中　$\overline{Q}=\dfrac{1}{n}\sum\limits_{k=1}^{n}Q_k$；$\overline{x_i}=\dfrac{1}{n}\sum\limits_{k=1}^{n}x_{ik}$（$i=1$，2，…，$m$）；$L_iQ=\sum\limits_{k=1}^{n}(x_{ik}-\overline{x_i})$；

$$L_{ij}=L_{ji}=\sum[(x_{ik}-\overline{x_i})-(x_{jk}-\overline{x_j})]$$

解方程组可求得待定常数，得到的线性多元回归方程为

$$Q=\overline{Q}-a_1(x_1-\overline{x_1})+a_2(x_2-\overline{x_2})+\cdots+a_m(x_m-\overline{x_m}) \tag{3-61}$$

多元非线性相关也可用变量代换法将其转换为线性关系，再进行多元线性相关分析。

（三）相关分析法的特点及适用条件

相关分析法是建立在数理统计理论基础上的，考虑了一些随机因素的影响，便于解决一些复杂条件下的水文地质问题，但在数据采样时应注意资料来源的一致性。相关分析法是根据现状条件下得出的统计规律来推求开采量的，外推范围不宜过大，否则会改变原有规律，所以它适用于稳定开采动态或调节型开采动态且补给充沛的有多年开采历史资料的旧水源地扩大开采时开采量的评价。此外，对消耗型水源地要用人工调蓄、节制开采等方法来保护水源地，这时可用相关分析法来分析开采量、回灌量和水位的关系，求出合理的开采量和人工回灌量。

三、开采试验法

（一）开采抽水法

开采抽水法指用探采结合的办法，按开采条件进行一到数月的实地抽水试验，根据抽水结果确定单井或水源地的供水能力和补给保证程度。该法关键在于正确判断抽水过程中地下水的稳定状态和水位恢复情况，其结果可能出现稳定和非稳定两种状态。

1. 稳定状态

按设计需水量长期抽水，动水位达到设计水位降深并趋于稳定，停抽后水位能较快地恢复到原始水位，这表明抽水量小于或等于开采条件下的补给量，这样的抽水开采是有保障的，此时的实际抽水量就是所要求的允许开采量。抽水试验最好选在旱季进行，如果旱季的抽水量有保证，补给季节就更没问题了，但这样确定的允许开采量偏保守。

由于旱季地下水水位不断下降，处于非稳定状态，因此只有排除天然疏干流场的干扰，才能判断抽水试验的叠加流场是否达到稳定状态（图 3-4）。图中 h_0 为旱季天然流场动水位，可按抽水前实测的日降幅推算；h_1 为叠加流场的动水位。抽水由 t_0 时刻开始，地下水位急速下降，到 t_1 和 t_3 时刻动水位 S_1' 和 S_3' 后均匀下降，其下降速度与天然流场趋于一致。故叠加流场和天然流场的水位降过程线将保持平行，斜率保持$\frac{\Delta S}{\Delta t}$不变，表明抽水已达到稳定状态。同样，水位恢复从 t_4 时刻开始，到 t_5 时刻恢复水位 S_5' 与天然流场动水位 S_5 重合，表明动水位已恢复到天然状态。可看出：旱季抽水试验稳定状态的判断，有赖于对抽水前天然流场水位降速的确定。

2. 非稳定状态

在按需水量长期抽水过程中，动水位已超过设计水位下降值但仍未稳定，停抽后水位有所恢复但达不到天然水位，表明抽水量已超过开采条件下的补给量，按需水量开采没有保证。这种情况下确定允许开采量的方法，可通过分析抽水过程线求出开采条件下的补给量作为允许开采量，或考虑同时利用年暂时储存量和旱季补给量作为允许开采量。

假定抽水时天然流场地下水位降幅很小（图 3-5），任一 Δt 时段抽水产生水位降 ΔS，若没有其他消耗项，则水量平衡关系是

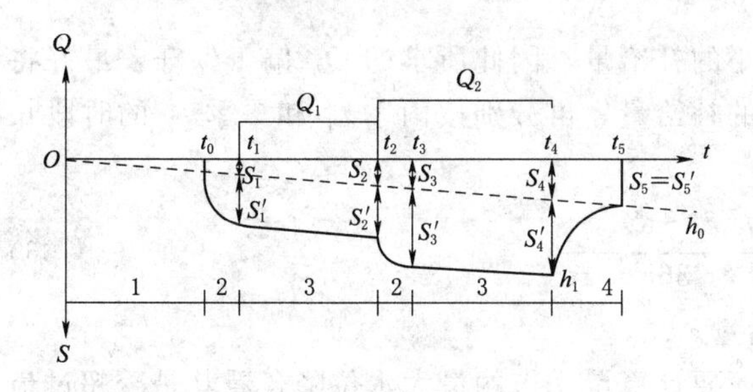

图 3-4　稳定开采试验状态动水位历时曲线

1—天然状态；2—抽水非稳定阶段；3—抽水稳定阶段；4—水位恢复阶段

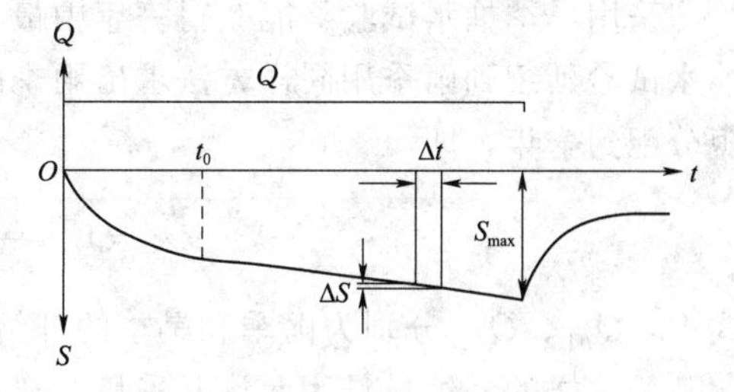

图 3-5　非稳定状态水位历时曲线

$$\mu F\Delta S=(Q_k-Q_b)\Delta t \text{ 或 } Q_k=Q_b+\frac{\mu F\Delta S}{\Delta t} \tag{3-62}$$

式中：Q_k 为抽水量，m^3/d；Q_b 为抽水条件下地下水补给量，m^3/d；μF 为水位升或降 1m 时单位储存量的变化值，m^2；ΔS 为 Δt 时段内的水位降，m。

式（3-62）说明：从含水层中抽出的水量是由补给量和储存量组成的，将两项分解便可评价允许开采量。为此，首先计算 μF 值，按理说只要求出给水度 μ 和降落漏斗面积 F，由抽水水位降速$\frac{\Delta S}{\Delta t}$就可算出 $\mu F\frac{\Delta S}{\Delta t}$即储存量，但 μ 和 F 往往难以准确测定。因此，μF 值常用两次不同流量的抽水试验 Q_{k1}、Q_{k2} 和相应的$\frac{\Delta S_1}{\Delta t_1}$、$\frac{\Delta S_2}{\Delta t_2}$资料，通过联立方程：

$$\begin{cases} Q_{k1}=Q_b+\mu F\dfrac{\Delta S_1}{\Delta t_1} \\ Q_{k2}=Q_b+\mu F\dfrac{\Delta S_2}{\Delta t_2} \end{cases}$$

求得

$$\mu F=\frac{Q_{k2}-Q_{k1}}{\dfrac{\Delta S_2}{\Delta t_2}-\dfrac{\Delta S_1}{\Delta t_1}}$$

则
$$Q_b=Q_{k1}-\left(\frac{Q_{k2}-Q_{k1}}{\dfrac{\Delta S_2}{\Delta t_2}-\dfrac{\Delta S_1}{\Delta t_1}}\right)\frac{\Delta S_1}{\Delta t_1} \tag{3-63}$$

为了核对 Q_b 的可靠性，可按恢复水位资料进行检查，停抽后，抽水量 $Q_k=0$，于是有

$$Q_b=\pm\mu F\frac{\Delta S}{\Delta t} \tag{3-64}$$

用式（3-64）结合水文地质条件和需水量就可评价允许开采量。若在抽水过程中 $Q_k<Q_b$，则地下水位会等幅回升，那么

$$Q_b=Q_{k1}+\mu F\frac{\Delta S_1}{\Delta t_1} \tag{3-65}$$

采用旱季抽水试验只能获得一年中最小的补给量，因此所求的 Q_b 偏于保守，最好将抽水试验延续到雨季用同样方法求出雨季的补给量，再分别按雨季 t_1 和旱季 t_2 的时段长短分配到全年，即

$$Q_b=\frac{Q_{b1}t_1+Q_{b2}t_2}{365} \tag{3-66}$$

式中：Q_{b1}、Q_{b2} 分别为雨季和旱季的补给量。

用这样的补给量作为允许开采量时，还要计算旱季末的最大水位降，看其是否超过最大允许降深：

$$S_{\max}=S_0+\frac{(Q_{k\max}+Q_{b2})t_2}{\mu F} \tag{3-67}$$

式中：S_0 为雨季的水位降；$Q_{k\max}$ 为允许开采量。

用开采抽水法求得的允许开采量既可靠又不保守，还需要进行相当长时间的抽水试

验，花费较大的人力和物力。故只有在水文地质条件复杂，一时很难查清补给条件而又急需做评价，且供水部门对水量的保证程度要求较高时才采用。该法主要用于中小型水源地详勘和开采阶段。

【例 3-2】 陕西某水源地位于基岩裂隙水的富水地段，在 $0.2km^2$ 的面积内打了 12 个钻孔，最大孔距不超过 300m，在其中 3 个钻孔中进行了 4 个多月的抽水试验，其观测数据见表 3-10。

表 3-10　　抽水试验观测数据（数据引自陕西省第二水文地质大队）

时　段	水 位 下 降 阶 段					水位恢复阶段	
	5月1—25日	5月26日—6月2日	6月7—10日	6月11—19日	6月20—30日	7月1—6日	7月21—26日
平均抽水量/(m^3/d)	3169	2773	3262	3071	2804	0	107
平均降速/(m/d)	0.47	0.09	0.94	0.54	0.19	−3.87	−3.33

解： 抽水试验数据表明：在水位稳速下降阶段结束后开始等幅下降，而当停抽或暂时中断抽水时水位都有等幅回升的现象。这说明抽水量大于补给量，按非稳定状态对地下水资源进行评价。

将各时段的平均抽水量和降速代入式（3-62），得

$$\begin{cases}3169=Q_b+0.47\mu F & ①\\ 2773=Q_b+0.09\mu F & ②\\ 3262=Q_b+0.94\mu F & ③\\ 3071=Q_b+0.54\mu F & ④\\ 2804=Q_b+0.19\mu F & ⑤\end{cases}$$

考虑到数据的合理性，将 5 个方程分别耦合联解，求出 Q_b 和 μF 值，结果见表 3-11。

表 3-11　　Q_b 和 μF 值计算结果

联立方程号	①与②	②与③	③与④	④与⑤	平均值
Q_b/(m^3/d)	2679	2721	2813	2659	2718
$\mu F/m^2$	1042	575	478	763	715

计算结果表明：各时段计算的补给量比较稳定，而 μF 值变化较大，可能是含水层富水性和降落漏斗展布不均所致。

利用水位恢复资料计算 Q_b，将表 3-11 中数据分别代入式（3-64）和式（3-65）得

停止抽水时：　　$Q_b=715\times3.87=2767(m^3/d)$

$Q_k<Q_b$ 时：　　$Q_b=107+715\times3.33=2488(m^3/d)$

综合以上计算结果可得出以下结论：该水源地的补给量有限，开采量超过补给量会引起地下水位下降，有保证的开采量应控制在 $2700m^3/d$ 以内。

(二) 补偿疏干法

1. 适用条件及基本原理

补偿疏干法适用于季节性调节型水源地，在半干旱地区，降雨的季节性分布极不均匀，旱季漫长、雨季短暂、降雨集中，地下水开采在旱季依赖于消耗含水层的储存量，雨季以回填被旱季疏干的地下库容进行补给。在补给有保证的情况下，开采量的多少取决于允许降深范围内如何最大限度地利用储存量的调节库容即旱季“空库”的大小。补偿疏干法是通过对旱季“空库”和雨季“回填”的调节机制进行模拟来评价最大允许开采量，故要求具备两个必要条件：一是可借用的储存量必须满足旱季的连续稳定开采；二是雨季补给必须在平衡当时开采的同时，保证能全部补偿借用的储存量而不是部分补偿。

补偿疏干法要求抽水试验始于无补给的旱季，跨越旱季和雨季的连续稳定抽水试验来提供计算所需要的资料。

2. 评价步骤

(1) 计算单位储存量变化值 μF。根据无补给条件下抽水试验的地下水位等速下降时段的资料，这时地下水位下降漏斗的影响范围已基本形成，其下降速度应等于出水量与下降漏斗面积的比值，即

$$\frac{\Delta S}{\Delta t}=\frac{Q_1}{\mu F} \tag{3-68}$$

则

$$\mu F=\frac{Q_1 \Delta t_1}{\Delta S_1}=\frac{Q_1(t_1-t_0)}{S_1-S_0} \tag{3-69}$$

式中：Q_1 为旱季稳定抽水量，m^3/d；t_0、S_0 分别为抽水时水位出现等速下降的初始时刻 (d) 及其相应的水位降 (m)；t_1、S_1 分别为抽水的延续时间 (d) 及其相应的水位降 (m)。

(2) 计算最大允许开采量 Q_k 与旱季末的疏干体积 V_s。

$$Q_k=\frac{\mu F(S_{\max}-S_0)}{t} \tag{3-70}$$

$$V_s=Q_k t=\mu F(S_{\max}-S_0) \tag{3-71}$$

式中：$S_{\max}$ 为最大允许水位降，m；t 为整个旱季的时间，d。

(3) 计算雨季补给量 Q_b 与雨季对含水层的补偿体积 V_b。根据抽水试验雨季时段的资料有

$$Q_b=\left(\frac{\mu F \Delta S_1}{\Delta t'}+Q_2\right)t_x \tag{3-72}$$

$$Q_{bcp}=\frac{Q_b}{365}=\frac{t_x r\left(\frac{\mu F \Delta S'}{\Delta t'}+Q_2\right)}{365} \tag{3-73}$$

$$V_b=Q_b-Q_2=\mu F(\Delta S'/\Delta t')t_x r \tag{3-74}$$

式中：Q_{bcp} 为全年平均补给量，m^3/d；Q_2 为雨季稳定抽水量，m^3/d；$\Delta S'/\Delta t'$ 为雨季抽水水位回升速率，m/d；t_x 为整个雨季的时间，d；r 为安全修正系数，一般在 0.5～1 间取值，依据气象周期出现的干旱年系列，结合抽水年份的气象条件决定。

（4）地下水资源评价。根据计算结果，如果 $Q_{bcp} \geqslant Q_k$，$V_b \geqslant V_s$，则计算的 Q_k 可作为允许开采量，否则以 Q_{bcp} 作为允许开采量。

【例 3-3】 某水源地的含水层为厚层灰岩，呈条带状分布，面积约 10km²，岩溶水的补给来源主要为灰岩分布区通过的季节性河流渗漏和降水入渗。为评价可开采量，在整个旱季做了长期的抽水试验，一直延续到雨季，试验数据如图 3-6 所示。勘察年旱季时间 $t=253$d，雨季补给时间 $t_x=112$d。根据当地水文地质条件，允许降深 $S_{max}=23$m。

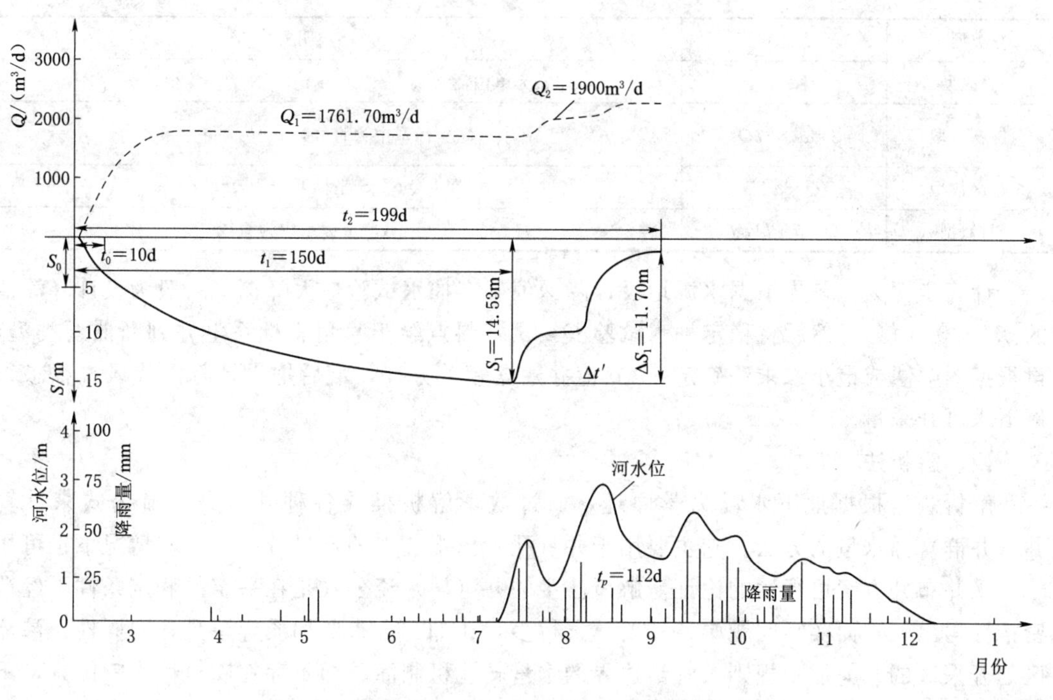

图 3-6　抽水试验水位、流量过程曲线及补给关系

解：（1）由旱季抽水资料求得 μF。

$$\mu F=\frac{Q_1(t_1-t_0)}{S_1-S_0}=\frac{1761.7\times(150-10)}{14.53-5}=25880.17(\mathrm{m}^2)$$

（2）计算最大允许开采量与旱季末的疏干体积 V_s。

$$Q_k=\frac{\mu F(S_{max}-S_0)}{t}=25880\times\frac{23-5}{253}=1841.28(\mathrm{m}^3/\mathrm{d})$$

$$V_s=\mu F(S_{max}-S_0)=25880\times(23-5)=465840.06(\mathrm{m}^3)$$

（3）求补给量：分析当地多年水文气象资料，取安全系数 $r=0.7$，则

$$Q_{bcp}=\frac{t_x r\left(\frac{\mu F\Delta S'}{\Delta t'}+Q_2\right)}{365}=\frac{112\times0.8\times\left(\frac{25880.17\times11.7}{49}+1900\right)}{365}=1983.36(\mathrm{m}^3/\mathrm{d})$$

$$V_b=\mu F(\Delta S'/\Delta t')t_x r=25880.17\times\frac{11.7}{49}\times112\times0.8=553687.75(\mathrm{m}^3)$$

（4）评价。根据计算结果：$Q_{bcp}>Q_k$，$V_b>V_s$，故以 $Q_k=1841.3\mathrm{m}^3/\mathrm{d}$ 作为允许开

采量是既有补给保证又能取出的开采量。

（三）试验外推法

试验外推法适用于补给条件好、含水层导水性强的中小型水源地的单井涌水量评价。其原理是根据稳定井流理论，进行不少于三次降深的抽水试验，建立抽水量 Q 和降深 S 间的函数关系即 $Q-S$ 曲线方程（表 3-12），并外推设计降深下的涌水量。

表 3-12　　抽水试验常见 $Q-S$ 曲线类型

类型	表达式	说　明
直线型	$Q=qS$	q 为单位涌水量，$m^3/(d \cdot m)$；S 为降深值，m
抛物线型	$S=aQ+bQ^2$	在 $\frac{S}{Q}-Q$ 坐标系中为直线，a、b 为待定系数
幂函数型	$Q=aS^b$	在 $\lg Q-\lg S$ 坐标系中为直线
对数型	$Q=a+b\lg S$	在 $Q-\lg S$ 坐标系中为直线

计算步骤为：首先根据水源地设计降深值确定抽水试验最大降深（一般为设计降深值的 0.5～0.6 倍），然后将稳定抽水试验 $Q-S$ 资料点绘于直角坐标系上并判断曲线类型，再根据图解法或最小二乘法确定 a、b 值并建立相关方程，最后把设计降深代入方程求得地下水可开采量。

四、解析法

解析法是根据地下水动力学原理，通过数学解析推导各种井（渠）流公式来计算井（井群）涌水量的方法。它主要用于井（孔）出水能力的定量分析，某些情况下也可用于开采井布井方案可行性的论证。解析法中的井（渠）流公式是在一定的假定条件下经严密推导得出的，而实际问题中条件要复杂得多，比如：含水层均质等厚且各向同性，渗流区与开采区的几何形状规则，补给边界的水量转化机制简单即不存在随机性影响因素，不产生潜水的大降深，不出现承压水和潜水并存，不存在初始水位的降落漏斗，没有不均匀的越流及天窗或河渠入渗等。所以，当实际情况不能完全符合公式的假定条件时，解析法求得的结果就变成近似解，但在实际应用中只要处理得当还是能满足评价要求的。该法由于可考虑取水建筑物的类型、结构、布局和井距等开采条件，并能为水井设计提供各种参数，所以是允许开采量评价中常用的基本方法，但它必须用水量均衡法先计算补给量以论证保证程度，避免假定条件的理想化处理导致水文地质条件的“失真”，特别是处理复杂的边界条件。

解析法的计算步骤是：第一步，在充分调研的基础上，对评价区水文地质条件及边界等进行概化，再根据概化的概念模型选择合适的计算公式。在选取公式时应注意：①根据补给条件和计算的目的与要求，选用稳定流或非稳定流公式。虽然地下水井流运动受气候、开采条件变化等条件的影响，严格说实际中的问题均属非稳定流，但在补给充足、开采量小于补给量且具有稳定开采动态的情况下，可将这种似稳定流的问题概化为稳定流进行计算。对合理的疏干型水源地、远离补给区的承压水及补给条件差的潜水，应采用非稳定流公式评价。②根据地下水类型、含水介质性质和边界条件，选择承压井或潜水井及均质或非均质、无限边界或有限边界、有无渗入补给或越流补给等不同条件下的公式。③适当考虑取水构筑物的类型、结构、布局和井距等，在现有公式不能满足要求的情况下，可依据建立的概念模型和渗流理论推导新的计算公式。第二步，利用勘察试验资料获取需要的水文地质参数，在缺少资料地区可引用水文地质条件相似且能满足精度要求的其他地区参数或经验参数。第三步，根据建立的模型及选用的公式，计算开采量并检查水位降深，经反复调整计算选出最佳方案进行评价。由于模型概化会和实际出现偏差，所以一般评价时均应进行补给量的计算并论证开采量的保证程度，最后确定出评价区的地下水允许开采量。

（一）井群干扰法

井群干扰法适用于井数不多、抽水井较集中、开采面积不大的地区（如城乡、工矿供水等集中供水源地）。这类水源地常是多个井同时开采，各井间相互干扰，在各井降深保持不变的情况下，每口井的出水量比单井抽水时要小，如要使涌水量不变则需增大各井的降深，因此评价开采量时要充分考虑井群干扰问题。具体的井群干扰公式详查《地下水动力学》。其基本步骤如下：

（1）水文地质条件的概化和参数的初步选择。

（2）确定允许降深 S_{max}。

（3）拟订布井方案，依据需水量制定开采量的分配方案。

（4）结合布井方案选取合适的非稳定井流公式，计算承受干扰作用最强或分配开采量最大的井的水位降深。

（5）将计算的水位降深 S 与允许降深 S_{max} 进行比较，$S<S_{max}$ 说明规划的开采量是有保证的，当 $S \geqslant S_{max}$ 说明开采量无法保证，须调整开采方案并进一步预测。

（6）计算未来历年必需的回灌量，依据开采时抽水设备确定的控制水位标高，计算历年可能的开采量，其与规划需水量之差即为必需的回灌量。

（二）开采强度法

1. 基本原理

在开采区范围内，把井位分布均匀、各井开采量基本相同、水文地质条件相似的区域概化为一个或几个形状规则（矩形或圆形）的开采区，再将该区分散井群的总开采量化成开采强度，通过建立和求解地下水运动的微分方程，得到水位降深与开采强度间的解析式，由此推求设计降深时的开采量或一定开采量时的水位降深，开展地下水资源评价。

（1）承压含水层。在侧向无限延伸、均质各向同性的承压含水层中，有若干口完整井以井群方式开采地下水，因这些井分布较均匀、开采量大致相等，则可概化为矩形开采区（图 3-7），其开采

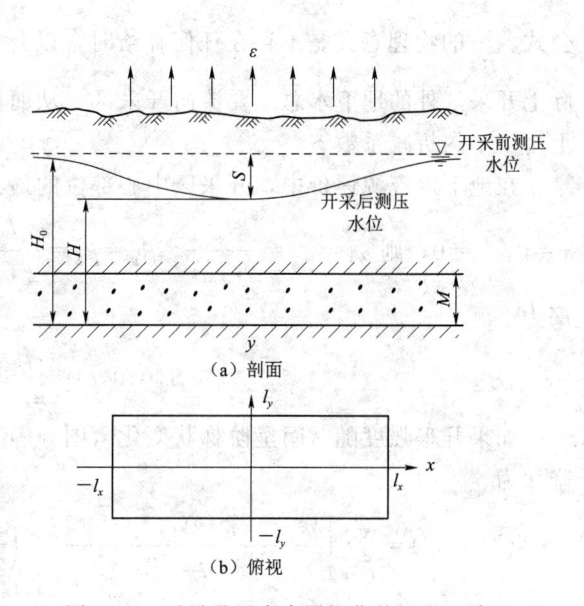

图 3-7　无界承压含水层概化的矩形开采区

强度为 ε，若把直角坐标系的原点放在矩形开采区中心，则长为 $2l_x$，宽为 $2l_y$。

在以上条件下，地下水运动的基本方程和定解条件为

$$\begin{cases}\dfrac{\partial S}{\partial t}=a\left(\dfrac{\partial^2 S}{\partial x^2}+\dfrac{\partial^2 S}{\partial y^2}\right)-\dfrac{\varepsilon}{\mu_\varepsilon}\\ S(x,y,t)|_{t=0}=0\\ S(x,y,t)|_{x\to\pm\infty}=0\\ S(x,y,t)|_{y\to\pm\infty}=0\end{cases} \tag{3-75}$$

对上边方程组进行积分变换，即得其解为

$$S(x,y,t)=\frac{\varepsilon t}{4\mu_\varepsilon}[S^*(\alpha_1,\beta_1)+S^*(\alpha_1,\beta_2)+S^*(\alpha_2,\beta_1)+S^*(\alpha_2,\beta_2)] \tag{3-76}$$

其中 $\alpha_1=\dfrac{l_x+x}{2\sqrt{at}}$；$\alpha_2=\dfrac{l_x-x}{2\sqrt{at}}$；$\beta_1=\dfrac{l_y+y}{2\sqrt{at}}$；$\beta_2=\dfrac{l_y-y}{2\sqrt{at}}$；$S^*(\alpha,\beta)=\int_0^1 erf\left(\dfrac{\alpha}{\sqrt{\tau}}\right)erf\left(\dfrac{\beta}{\sqrt{\tau}}\right)\mathrm{d}\tau$，可在《水文地质手册》中查；$erf(x)=\dfrac{2}{\sqrt{\pi}}\int_0^x \mathrm{e}^{-z^2}\mathrm{d}z$。

式中：S 为水位降深，m；t 为抽水历时，d；ε 为开采区平均开采强度，抽水为负，注水为正；$a=\dfrac{T}{\mu_\varepsilon}$为压力传导系数；$\mu_\varepsilon$ 为承压含水层的弹性释水（储水）系数。

令
$$\overline{S}=\frac{1}{4}[S^*(\alpha_1,\beta_1)+S^*(\alpha_1,\beta_2)+S^*(\alpha_2,\beta_1)+S^*(\alpha_2,\beta_2)] \tag{3-77}$$

则式（3-76）变为

$$S(x,y,t)=\frac{\varepsilon t}{\mu_\varepsilon}\overline{S} \tag{3-78}$$

式（3-78）即为矩形开采区内群井开采时引起的任意点任意时刻地下水位降深计算公式。$\dfrac{\varepsilon t}{\mu_\varepsilon}$的物理意义是不存在任何补给时，以开采强度 ε 开采时间 t 后的水位降深，而实际上开采区外的地下水总是要流向开采区，从而使降速变缓、水位降深减小，所以需要乘上小于 1 的折减系数 $\overline{S}$。

在地下水资源评价中，开采区中心部位的最大水位降深最容易超过允许水位降深。令 $x=0$，$y=0$，则 $\alpha_1=\alpha_2=\dfrac{l_x}{2\sqrt{at}}$，$\beta_1=\beta_2=\dfrac{l_y}{2\sqrt{at}}$，$\overline{S}=S^*(\alpha,\beta)$，故中心点的水位降深为

$$S(0,0,t)=\frac{\varepsilon t}{\mu_\varepsilon}S^*(\alpha,\beta) \tag{3-79}$$

如果开采强度随时间呈阶梯状变化（图 3-8），根据水位叠加原理开采区中心的水位降深为

$$S(0,0,t)=\sum_{i=1}^{n}\left[\frac{(\varepsilon_i-\varepsilon_{i-1})(t_i-t_{i-1})}{\mu_\varepsilon}S^*\left(\frac{l_x}{2\sqrt{a(t_i-t_{i-1})}},\frac{l_y}{2\sqrt{a(t_i-t_{i-1})}}\right)\right] \tag{3-80}$$

(2) 潜水含水层。对于潜水含水层来说，由于导水系数随时间和空间变化，井孔附近存在三维流及含水层的滞后释水，严格地说，上述承压含水层中开采量与降深关系的推算方法不适用于潜水含水层矩形开采区的渗流计算，但当潜水含水层厚度较大且水位降深较小时，可对相应公式进行适当修正。

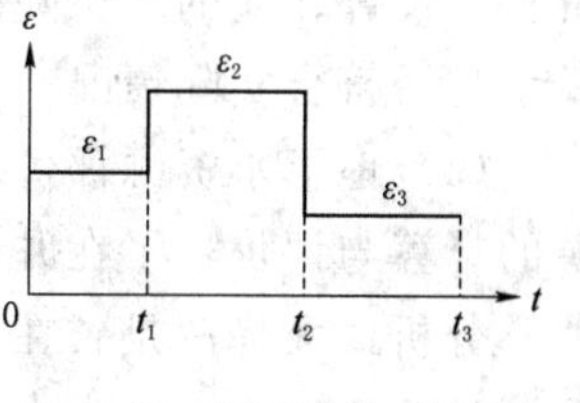

图 3-8　开采强度过程线

当计算点水位降深 $S<0.1H$（H 为潜水含水层的起始厚度）时，可直接用上边各计算公式，不同的是要用重力给水度 μ 替换弹性释水（储水）系数 μ_ε；当 $0.1H<S<0.3H$ 时，要用 $\frac{1}{2h_p}(H^2-h^2)$ 代替 S，用 μ 代替 μ_ε，即

$$H^2-h^2=\frac{\varepsilon t}{2\mu}h_p[S^*(\alpha_1,\beta_1)+S^*(\alpha_1,\beta_2)+S^*(\alpha_2,\beta_1)+S^*(\alpha_2,\beta_2)] \tag{3-81}$$

$$H^2-h_0^2=\frac{2\varepsilon t}{\mu}h_pS^*(\alpha,\beta) \tag{3-82}$$

式中：h 为计算点的水位，m；$h_p=\frac{1}{2}(H+h)$ 为计算点的平均含水层厚度，m；h_0 为矩形开采区中心的水位，m。

2. 评价步骤

(1) 开采区的概化。根据实际井位分布、井的密度、开采强度及发展规划，将开采区概化为矩形或圆形的规则形状。如果在一个开采区内，因工农业生产布局及用水要求的不同，很难以一个单一的开采区形状概化，这时可把一个开采区看作不同开采强度、不同形状尺寸的几个开采区组成，这些开采区可以是相互独立的也可以是相互重叠的，叠合区的开采强度应该是两个开采强度的和。对于边界的处理，若开采区远离含水层边界，计算时可按无限边界处理；若开采区靠近含水层边界，在开采初期当地下水位降落漏斗未波及边界时，仍按无限边界处理，当降落漏斗波及边界后必须考虑边界对开采的影响，若边界形状比较简单，可按映射法原理对边界进行处理。

(2) 参数的确定。在调查与整理地层结构情况、开采区井位分布和历年开采井的工作情况等资料的基础上，确定 k、$\mu(\mu_\varepsilon)$ 等水文地质参数，在新水源地可利用抽水试验资料确定，而在已开发区可用动态观测资料通过逆运算求得。即选择相邻两年的年平均开采强度 ε_1、ε_2，开采区中心的平均水位降深 S_1、S_2 及相应的开采时间 t_1、t_2，代入式（3-79）和式（3-80）得

$$S_1=\frac{\varepsilon_1t_1}{\mu_\varepsilon}S^*\left(\frac{l_x}{2\sqrt{at_1}},\frac{l_y}{2\sqrt{at_1}}\right)$$

$$S_2=\frac{\varepsilon_1t_1}{\mu_\varepsilon}S^*\left(\frac{l_x}{2\sqrt{at_1}},\frac{l_y}{2\sqrt{at_1}}\right)+\frac{(\varepsilon_2-\varepsilon_1)(t_2-t_1)}{\mu_\varepsilon}S^*\left(\frac{l_x}{2\sqrt{a(t_2-t_1)}},\frac{l_y}{2\sqrt{a(t_2-t_1)}}\right)$$

联立求解便可求得 μ_ε 和 a，但因 a 隐含于概率积分内不易直接求解，可对两式相比消掉 μ_ε，而后用试算法求 a，再将 a 代回上两式之一求出 μ_ε。

(3) 参数及模型的验证。在初步求得水文地质参数后，需根据实测开采量、开采时间

资料，计算相应的水位降深，并与实测水位降深比较，以检查水文地质参数及开采区概化模型是否符合实际情况。

（4）地下水资源评价。经水文地质参数及开采区概化模型的验证，便可进行地下水资源的计算与评价：①在开采强度和开采时间已确定的情况下，推算开采区中心水位降深值，分析最大降深是否在允许范围内，以此来评价开采是否合理；②根据不同开采时间所控制的开采区中心最大水位降深值反推出开采强度，再乘以开采区面积得到开采量，以此评价其供水的保证程度。

3. 适用条件

开采强度法属于地下水动力学解析法的范畴，在推导基本计算公式时提出了一些假定条件，为尽可能地满足这些条件，最好将该法应用于含水层分布广、距补给区较远的平原区或大型自流盆地中部井数较多且井位分布均匀时的地下水资源评价。

五、地下水文分析法

地下水文分析法是应用地表径流的水文分析方法计算某区域一年内的地下水径流量，从而估算地下水允许开采量的方法。因地下水流动于地下岩土空间，其流场比地表水复杂得多，直接测定流量很困难，所以该法只适用于岩溶管流区、基岩山区等一些特定地区的地下水资源评价。

（一）岩溶管道截流总和法

在岩溶水呈管流、脉流的地区，区域地下水资源绝大部分是集中于岩溶管道中的径流量，而管外岩体的裂隙或溶隙中所储存的水量甚微。因此岩溶管道中的地下径流量不仅可代表一个地区天然资源的数量，而且也可表征该区地下水允许开采的资源量。因为在这种地区只要能设法在各暗河的出口测得其径流量，总加起来便是该区的地下水允许开采量。

对于地下暗河发育的脉流区，应在暗河系统的下游选取一垂直流向的计算断面，使断面尽可能通过更多的暗河天窗和出口，再补充一些人工开挖、爆破的暗河露头，直接测定各条暗河的流量，总加起来便是该脉状系统的地下水允许开采量。

我国西南石灰岩地下暗河发育地区的“天窗”和出口较多，地下水呈管流紊流，用渗流理论不易计算，用截流总和法计算的效果较好。

（二）地下径流模数法

如果岩溶区暗河通道的“天窗”很少或埋藏很深、流量又大，用截流总和法进行地下水资源评价较困难时，则可采用地下径流模数法。其原理是：考虑到在一个地区内岩溶发育程度相差很大而补给条件相近，可认为地下暗河的流量与其面积成正比，即在岩溶发育程度和补给条件相似的地区，单位补给面积内的地下径流量（地下径流模数）一般是定值。因此只要在该地区内选择一两个地下暗河通道测定出流量 Q_i 和相应的补给面积 F_i，计算出地下径流模数 $\frac{Q_i}{F_i}$，再乘以全区的补给面积 F，便可求得区域地下水的径流量 Q，以此作为区域地下水的允许开采量。此外，也可以根据暗河系统总出口的流量和总补给面积计算出全区的地下径流模数，再求出地下水在某区域的年总流量；还可利用水文地质条件相似的相邻流域的地下径流模数去推算本流域的径流量，这时应根据大气降水量和径流模数间的相关关系对其值进行修正。

（三）流量过程线分割法

在地下水排入常年有水的河流地区，由于枯水期间降水很少，河水流量几乎全部由地下水维持，称为基流量；而在洪水期间，河水绝大部分为降水补给，这时的流量称为雨洪量。因此可以充分利用水文站现成的河流流量过程线，结合具体的水文地质条件分析，把补给河水的基流量分割出来，评价区内各河流基流量的总和即为该区域地下水的允许开采量。

（四）频率（保证率）分析法

用上述方法求得的地下径流量受气候条件影响较大，如果所用资料是丰水年测得的，则会得出偏大的数据，在平水年与枯水年没有保证；如果是用枯水年的资料，则又过于保守。因此最好是计算出不同年份或不同月份的多个数据并进行频率分析，求出不同保证率的数据。当地下径流量观测的数据较少、系列较短时，可以与观测数据较多、系列较长的气象资料进行相关分析，用回归方程外推和插补后再进行频率分析。

首先将流量的长期观测系列划分为若干个流量区间，并分别统计各流量区间出现的次数及大于等于各区间的累计次数，再分别计算各流量区间出现的频率和保证率，即

$$N_i = \frac{m_i}{n} \times 100\%$$

$$P_i = \frac{k_i}{n} \times 100\% \tag{3-83}$$

式中：N_i 为第 i 流量区间出现的频率；P_i 为大于等于第 i 流量区间流量的保证率；m_i 为第 i 流量区间出现的次数；k_i 为大于等于第 i 流量区间出现的累计次数；n 为流量观测系列样本总数。

据计算结果提出满足某供水保证率要求的地下水流量。当降水是地下水的主要补给来源时，也可对降水长期观测系列应用频率分析法，分别得出可供不同保证率的降水补给量。

【例 3-4】 表 3-13 列出了某泉流量的长期观测资料，经计算得出的泉流量频率和保证率，见表 3-14。

表 3-13　　某　泉　流　量　　单位：m^3/d

年份		1月	2月	3月	4月	5月	6月	7月	8月	9月	10月	11月	12月	均值
1988	上旬	47.0	62.0	584.6	1419.6	1159.1	68.6	296.0	57.6	1090.0	264.3	83.3	52.7	432.1
	中旬	47.0	50.8	1180.4	1091.0	953.9	68.6	146.9	28.0	1767.8	87.1	83.0	37.6	461.8
	下旬	57.8	900.5	1748.2	1091.9	748.6	2088.5	87.1	1540.4	306.0	346.0	82.6	22.5	751.7
1989	上旬	271.5	1054.1	347.9	1054.1	675.7	635.8	485.5	2255.7	809.9	107.4	799.4	220.5	726.5
	中旬	520.5	1054.1	701.0	1054.1	795.1	187.7	366.3	542.4	338.9	603.3	861.6	107.4	594.4
	下旬	1054.1	1054.1	1054.1	1054.1	2021.6	338.9	157.9	220.5	207.3	737.2	485.5	485.5	739.2
1990	上旬	286.4	296.0	798.3	1075.3	2858.6	296.0	302.8	187.7	28.1	53.1	164.0	141.1	540.6
	中旬	3017.6	1980.6	603.3	1290.2	432.1	1414.0	126.6	68.6	62.2	107.4	107.4	122.2	777.7
	下旬	302.8	2148.3	860.4	296.0	2323.7	296.0	60.7	47.2	82.6	52.7	114.4	144.5	560.8
平均值		622.7	955.6	875.4	1047.4	1329.8	599.3	225.5	549.8	521.4	262.1	309.0	148.2	

表 3-14 某泉流量频率和保证率计算结果

流量区间/(m^3/d)	出现次数	累计次数	频率/%	保证率/%
3400～3200	0	0	0.00	0.00
3200～3000	1	1	0.93	0.93
3000～2800	1	2	0.93	1.85
2800～2600	0	2	0.00	1.85
2600～2400	0	2	0.00	1.85
2400～2200	2	4	1.85	3.70
2200～2000	3	7	2.78	6.48
2000～1800	1	8	0.93	7.41
1800～1600	2	10	1.85	9.26
1600～1400	3	13	2.78	12.04
1400～1200	1	14	0.93	12.96
1200～1000	14	28	12.96	25.93
1000～800	5	33	4.63	30.56
800～600	10	43	9.26	39.81
600～400	7	50	6.48	46.30
400～200	19	69	17.59	63.89
200～0	39	108	36.11	100.00

六、数值法

作为一种近似解法，数值法是用离散化方法将求解非线性偏微分方程问题转化为求解线性代数方程问题。数值法摆脱了解析法的种种理想化约束，能灵活地用于解决非均质各向异性、不规则边界和补给不均一的复杂水文地质问题，因此该法主要用于水文地质条件复杂、要求较高的大中型水源地的允许开采量评价和一个完整地下水系统的水资源管理。

1. 基本原理

目前常用的数值法有有限差分法和有限单元法，两者计算过程基本相同，只是网格剖分和线性化方法上有所差别。

(1) 基本思想。以有限差分法为例，在高等数学中函数 $f(x)$ 在点 x 处的一阶导数可用下式表达：

$$\frac{\mathrm{d}f}{\mathrm{d}x}=\lim_{\Delta x\to 0}\frac{f(x+\Delta x)-f(x)}{\Delta x}$$

当 Δx 充分小时，可用不同的差分形式近似地代替导数，即

一阶向前差分： $$\frac{\mathrm{d}f}{\mathrm{d}x}\approx\frac{f(x+\Delta x)-f(x)}{\Delta x}$$

一阶向后差分：
$$\frac{\mathrm{d}f}{\mathrm{d}x}\approx\frac{f(x)-f(x-\Delta x)}{\Delta x}$$

一阶中心差分：
$$\frac{\mathrm{d}f}{\mathrm{d}x}\approx\frac{f(x+\Delta x)-f(x-\Delta x)}{2\Delta x}$$

二阶导数：
$$\frac{\mathrm{d}^2 f}{\mathrm{d}x^2}\approx\frac{f(x+\Delta x)-2f(x)+f(x-\Delta x)}{(\Delta x)^2}$$

对于二元函数 $f(x,y)$，二阶偏导数的差分形式为

$$\frac{\partial^2 f}{\partial x^2}\approx\frac{f(x+\Delta x,y)-2f(x,y)+f(x-\Delta x,y)}{(\Delta x)^2}$$

$$\frac{\partial^2 f}{\partial y^2}\approx\frac{f(x,y+\Delta y)-2f(x,y)+f(x,y-\Delta y)}{(\Delta y)^2}$$

(2) 差分方程。以承压水二维非稳定渗流（一类边界）问题为例，其微分方程为

$$\frac{\partial^2 H}{\partial x^2}+\frac{\partial^2 H}{\partial y^2}=\frac{\mu_\varepsilon}{T}\frac{\partial H}{\partial t} \tag{3-84}$$

假定渗流区是个矩形区域，边长分别为 L 和 N，边界上水头和渗流区域内的初始水头分布已知。如图 3-9 用平行于坐标轴的直线将 x 轴上的区间 $[0,L]$ 分成 l 等份，每段长 $\Delta x=\frac{L}{l}$；将 y 轴上的区间 $[0,N]$ 分成 n 等份，每段长 $\Delta y=\frac{N}{n}$；渗流时间段 $[0,T]$ 分成 m 等份，每段长 $\Delta t=\frac{T}{m}$；Δx、Δy 称空间步长，Δt 称时间步长。水平和垂直的两组直线将整个渗流区域划分成有限个矩形网格，其交点称为结点，所有结点由位于渗流区域内的内结点和位于渗流区边界上的边界结点构成。它们在 x 轴方向以 i 编号，在 y 轴方向以 j 编号，在时间上用 k 编号。

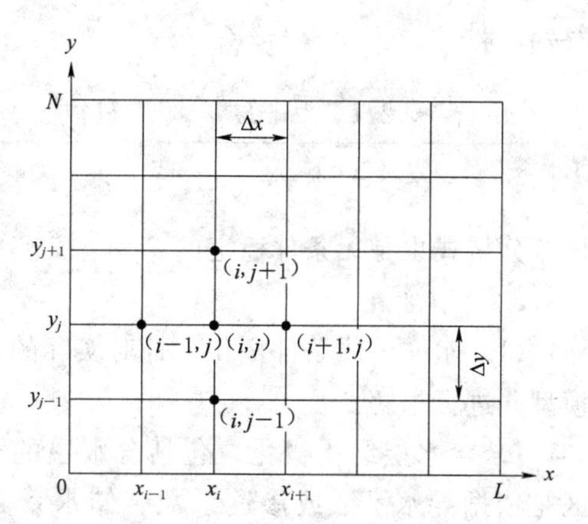

图 3-9　渗流区离散化示意图

$x_i=i\Delta x$ $(i=0,1,2,\cdots,L)$

$y_j=j\Delta y$ $(j=0,1,2,\cdots,N)$

$t_k=k\Delta t$ $(k=0,1,2,\cdots,m)$

若用 $\widetilde{H}_{i,j}^k$ 表示结点 (i,j) 在时刻 t_k 的近似水头值，按照不同的差分形式，式（3-84）可以变为三种差分格式。

1）显式差分格式。

$$\frac{\widetilde{H}_{i-1,j}^k-2\widetilde{H}_{i,j}^k+\widetilde{H}_{i+1,j}^k}{(\Delta x)^2}+\frac{\widetilde{H}_{i,j-1}^k-2\widetilde{H}_{i,j}^k+\widetilde{H}_{i,j+1}^k}{(\Delta y)^2}=\frac{\mu_\varepsilon}{T}\frac{(\widetilde{H}_{i,j}^{k+1}-\widetilde{H}_{i,j}^k)}{\Delta t} \tag{3-85}$$

该方程稳定的条件是

$$\lambda=\frac{T}{\mu^*}\left[\frac{1}{(\Delta x)^2}+\frac{1}{(\Delta y)^2}\right]\Delta t\leqslant\frac{1}{2}$$

2）隐式差分格式。

$$\frac{\widetilde{H}_{i-1,j}^{k+1}-2\widetilde{H}_{i,j}^{k+1}+\widetilde{H}_{i+1,j}^{k+1}}{(\Delta x)^2}+\frac{\widetilde{H}_{i,j-1}^{k+1}-2\widetilde{H}_{i,j}^{k+1}+\widetilde{H}_{i,j+1}^{k+1}}{(\Delta y)^2}=\frac{\mu_\varepsilon}{T}\frac{\widetilde{H}_{i,j}^{k+1}-\widetilde{H}_{i,j}^{k}}{\Delta t} \quad (3-86)$$

隐式差分格式是无条件稳定的。

3）交替方向的隐式差分格式（ADI法）。该方法是在 t_k 到 t_{k+1} 时刻间设想有一个过渡的中间时刻 $t_k+\frac{\Delta t}{2}$（记作 $t_{k+\frac{1}{2}}$），计算分两步：从 t_k 到 $t_{k+\frac{1}{2}}$ 时刻，式（3-84）左端 x 方向的二阶导数取隐式差分，而 y 方向的二阶导数取显式差分，即

$$\frac{\widetilde{H}_{i-1,j}^{k+\frac{1}{2}}-2\widetilde{H}_{i,j}^{k+\frac{1}{2}}+\widetilde{H}_{i+1,j}^{k+\frac{1}{2}}}{(\Delta x)^2}+\frac{\widetilde{H}_{i,j-1}^{k}-2\widetilde{H}_{i,j}^{k}+\widetilde{H}_{i,j+1}^{k}}{(\Delta y)^2}=\frac{\mu_\varepsilon}{T}\frac{\widetilde{H}_{i,j}^{k+\frac{1}{2}}-\widetilde{H}_{i,j}^{k}}{\Delta t} \quad (3-87)$$

求得 $t_{k+\frac{1}{2}}$ 时刻水头后，再将 x 方向的二阶导数取显式差分，而 y 方向的二阶导数取隐式差分，即

$$\frac{\widetilde{H}_{i-1,j}^{k+\frac{1}{2}}-2\widetilde{H}_{i,j}^{k+\frac{1}{2}}+\widetilde{H}_{i+1,j}^{k+\frac{1}{2}}}{(\Delta x)^2}+\frac{\widetilde{H}_{i,j-1}^{k+1}-2\widetilde{H}_{i,j}^{k+1}+\widetilde{H}_{i,j+1}^{k+1}}{(\Delta y)^2}=\frac{\mu_\varepsilon}{T}\frac{\widetilde{H}_{i,j}^{k+1}-\widetilde{H}_{i,j}^{k+\frac{1}{2}}}{\Delta t} \quad (3-88)$$

该差分格式也是无条件稳定的。

2. 计算步骤

（1）水文地质条件概化。针对实际的水文地质问题进行简化，目的是建立模拟的数学模型并进行求解。

1）含水层结构概化，包括含水层的空间形态和结构参数分区的概化。结构参数分区是依据导水系数或渗透系数、储水系数或给水度等的分布特点，结合岩性和水动力条件等进行水文地质分区，而后按水文地质条件的宏观规律和渗流运动的特点，在空间上渐变地进行参数分区与分级，给出各分区参数的平均值和上下限以便模型调参。此外，对主含水层和相邻含水层的水力关系（如"天窗"、断层及弱透水层等）也需调查后进行概化。

2）地下水流态概化。将实际中复杂的地下水流态概化为较为简单的流态，即属于承压水流还是潜水流、稳定流还是非稳定流、层流还是紊流、一维流还是二维流或三维流等。

3）计算范围及边界条件概化。首先要确定边界在什么地方哪个层位，根据边界分布的空间形态给出边界坐标，划定边界的范围。其次要确定边界的性质，给出定量化的指标。另外还要注意计算层的上下边界有无越流、入渗、蒸发及人工抽（注）水井等"源汇"项等。

4）初始条件概化。按初始时刻各控制结点实测水位资料绘制等水位线图，并据此给出各结点的水位。由于控制结点的数量有限，等水位线图的制作难免有一定的随意性，在含水层结构或边界条件较复杂的情况下，最好利用模型的小步长运行进行校正。

（2）数学模型选取。根据水文地质条件概化后所建立的概念模型，建立计算区相应的数学模型。在数学模型的选取上既要考虑实际需要，又要分析所选模型是否有相应的实际资料相匹配。一般而言，二维数学模型已能满足解决实际问题的基本要求，但对于由弱透水层连接的多层状含水层结构，以及在垂向上具明显非均质特征的巨厚含水层，为避免“失真”，最好采用三维流的数学模型。

（3）计算区离散化。计算区离散化剖分时，首先要选好控制性结点（即具有完整水位资料的观测孔），为保证模型识别精度，每个参数分区和水位边界至少应有一个已知水位变化规律的控制性结点。因观测孔数量有限，因此要有许多插值点来补充，插值点应布置在水位变化明显、参数分区界线、承压水与潜水分界线的控制结点稀疏的地方，并结合单元剖分原则对插值点的位置做适当调整。

时间的离散是根据地下水位降（升）速场的特点，选好合适的时间步长以控制水头变化规律，应既保证计算精度又节约运算时间。比如模拟抽水试验时，由于抽水初水位下降迅速，必须用以分为单位的小步长才能控制，随着水位降速的变慢逐渐延长至以时、日为单位的步长，模拟稳定开采时可用月、季甚至年为单位的大步长。

（4）模型识别与检验。模型识别是用实测水头值及其他已知条件校正模型的方程、参数、边界条件中的某些不确定成分，这一过程在数学运算中称为解逆问题。由于水头函数是水文地质问题中各要素综合作用的多元函数，因此模型识别的含义可理解为对研究区水文地质条件的一次全面判断，在条件允许的情况下应尽可能利用长期水位动态观测资料进行模型识别。

模型识别的判别准则为：①计算的地下水流场应与实际流场基本一致，即两者的等值线基本吻合；②模拟期计算的地下水位应与实际的变化趋势基本一致，即两者的水位动态过程基本吻合；③实际的地下水补排差应接近于计算的含水层中储存量变化值；④识别后的水文地质参数、含水层结构和边界条件要符合实际的水文地质条件。满足以上准则即可认为选取的模型能反映计算区地下水的流动规律，可用于地下水资源评价和预报。

模型识别的方法有直接解法和间接解法两种：

1）直接解法是把水头函数作为已知项，用反演计算直接寻找模型中的参数和其他未知项的最优解，它虽有高效率的运算速度，但要求过严的工程控制程度，即在理论上要求每个结点的水头值在计算时段内均为已知值，而且它对数据误差的敏感反映，使其难以适应现实条件。

2）间接解法是在给定定解条件和已知源汇项的前提下，用正演计算模拟水头的时空分布，通过数学的最优方法不断调整方程参数和边界的输入输出条件，使水头的计算值与实测值的拟合误差满足要求为止。这种反复拟合的识别过程是在地质人员的控制下由计算机自动执行，地质人员的指导作用是根据水文地质条件提出最优化方法及约束条件，例如给出待求参数的初值与变化范围、选择边界类型并按时间步长给出相应的水位与单宽流量值、确定水位计算值与实测值的允许拟合误差、限制每组参数优选的循环次数等。

解逆问题存在解的唯一性和稳定性问题，两者有一个不满足时即为不适定的。唯一性问题是指一组水头观测值是否有唯一确定的水文地质参数和其对应；稳定性是指水头观测值的微小变化是否导致水文地质参数的微小变化。实际上解逆问题常是不适定的，为减少其不适定性，常采取以下措施：①提高数据采集和处理的精度；②避免多项参数和边界问题同时逆演的做法；③加强水文地质条件宏观规律的研究，用勘探工程控制重要边界条件提高参数分区及各分区间参数比值的概化精度，在此基础上如条件允许应继续用历史资料进一步进行枯、平、丰多时态的模型检验。

（5）地下水资源评价。用数值法进行地下水资源评价，实际上是根据不同的开采方案及补给条件，利用数学模型进行正演计算，一般可解决以下问题：①预报在一定开采方案条件下水位降深的空间分布及其随时间的变化；②计算在一定开采期限内不超过某一降深的允许开采量；③进行不同开采方案的比较，以便选择最佳开采方案（包含开采井位置、单井开采量和总开采量等）；④研究地表水和地下水的统一调度和综合利用，实现水资源的优化配置。

思　考　题

1. 容积储存量与弹性储存量有何区别？可采资源量与允许开采量有何区别？

2. 水量均衡法、相关分析法、解析法和数值法各自所依据的理论基础是什么？各自都有哪些优缺点？它们的适用条件又是什么？

3. 开采抽水法和补偿疏干法有什么区别？

4. 用数值法进行地下水资源评价的总体思路及应该注意的问题。

5. 分析计算下列两题。

（1）图 3-10 为开采试验法中非稳定状态动水位历时曲线图。①在图上标明：Q、h_0、t_0、ΔS、Δt、$S_{\max}$。②在开采试验法中，为什么要求非稳定状态地下水流等幅同步下降？③建立水均衡方程式。

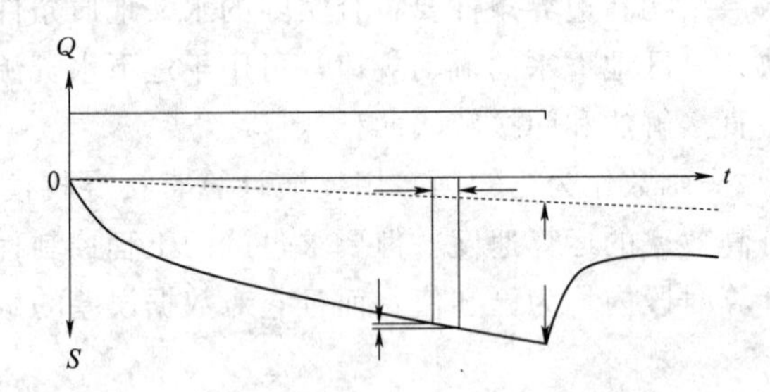

图 3-10　非稳定开采状态下 $Q-S$ 动态历时曲线图

（2）图 3-11 为河谷水源地。计算范围为 $ABCDA$ 所圈区域，含水层为非均质各向同性含水层，AD 为河流水边线，BC 为冲积层和山区基岩（认为不透水）的分界线，BA、CD 分别为上、下游地下水的天然流线（均不受地下水影响），没有来自山区的侧向补给。含水层直接得到降水入渗补给，局部地区有灌溉入渗补给，设单位时间单位面积的入渗补给量为 $N(x,y,t)$（取负值时表示潜水蒸发）。图中阴影部分为计划开采区，已知开采强度为 $Q(x,y,t)$。试构建该区域的数学模型，自行设计模型参数并运用数值法进行求解。

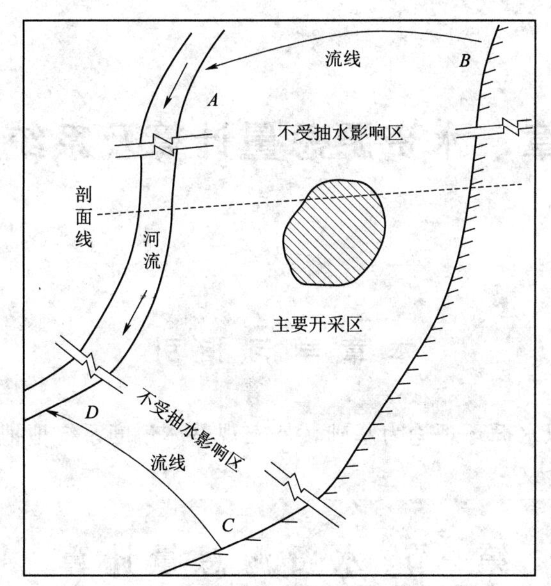

（a）平面图

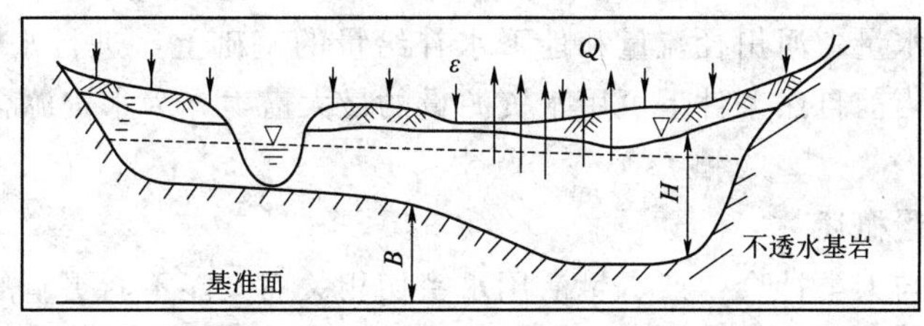

（b）剖面图

图 3－11　河谷灌区地下水开采量计算示意图

ε—降水入渗强度；Q—开采区开采强度

第四章　水资源总量计算及系统分析

本章学习指引

本章的学习需要以水循环理论为基础，从宏观整体角度系统地把握，尤其须注意分清各公式中指标代号的含义。

第一节　水资源总量计算

在分析计算降水量、河川径流量和地下水补给量的基础上，进行水资源总量的计算，其目的是分析评价当前自然条件下可用水资源量的最大潜力，为水资源合理开发利用提供依据。

一、水资源总量概述

水资源主要指与人类社会生产、生活用水密切相关而又能不断更新的淡水，主要包括地表水、土壤水和地下水。地表水主要有河流水、水库水、湖泊水等，它的补给源除大气降水外还有地下水、冰川融水等，由河川径流、水面蒸发和土壤入渗三种途径进行排泄；土壤水为包气带的含水量，它主要由大气降水补给，亦有特殊区域的河流水入渗补给，消耗于土壤蒸发、植物散发和下渗补给地下水或以壤中流形式流入河道；地下水包括河川基流、地下水潜流（含地下水周边流出量）和地下水储蓄，地下水由降水和地表水体通过包气带下渗补给，排泄方式有基流、潜流与潜水蒸发三种。因此，大气降水、地表水、土壤水和地下水之间存在一定的转化关系，如图4-1所示。在区域水循环过程中，地表径流、壤中流及河川基流构成河川径流，是水资源中的动态水量（蓝水：河流、湖泊和地下蓄水层中的水）；植物截留、填洼、包气带含水量和地下蓄存的一部分转化为有效蒸发（绿水：通过森林、草地、湿地和雨养农田的蒸散返回大气的水）是农作物需水量的天然来源，另一部分蒸腾回到大气中成为无效蒸发（绿水、土壤蒸

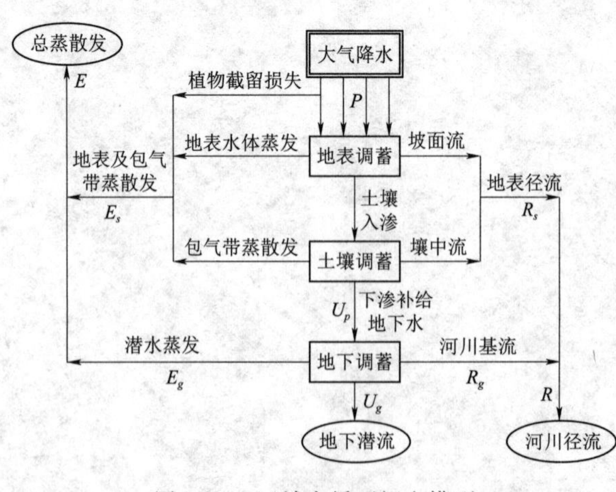

图4-1　区域水循环概念模型

发），是目前未被利用的潜在水资源。实际上，蓝水只占总水资源（陆地降水）的 1/3，大部分雨水以绿水（比如被植物消耗的水）的形式返回到大气中。

在一个区域内，如果把地表水、土壤水、地下水作为一个整体看待，根据水量均衡原理，则天然状态下的总补给量为大气降水量 P，总排泄量为河川径流量 R、总蒸散发量 E 和地下潜流量 U_g 之和，总补给量和总排泄量间的差值即为区域内地表、土壤和地下的蓄水变量 ΔV，其时段水量平衡方程式可表示为

$$P=R+E+U_g\pm\Delta V \tag{4-1}$$

将河川径流量 R 分成地表径流量 R_s 和河川基流量 R_g，总蒸散发量 E 分为地表蒸散发量 E_s 和潜水蒸发量 E_g，即 $R=R_s+R_g$、$E=E_s+E_g$ 及 $\Delta V=\Delta S_R+\Delta S_s+\Delta S_g$，则上式变为

$$P=R_s+R_g+E_s+E_g+U_g\pm\Delta S_R\pm\Delta S_s\pm\Delta S_g \tag{4-2}$$

在多年平均的情况下，地表水、土壤水和地下水蓄水变量 ΔV 可忽略，于是

$$\overline{P}=\overline{R}_s+\overline{R}_g+\overline{E}_s+\overline{E}_g+\overline{U}_g \tag{4-3}$$

年内降水入渗补给地下水量，可根据年水量平衡方程式计算得

$$U_p=R_g+E_g+U_g+\Delta S_g \tag{4-4}$$

同样，在多年平均情况下，地下水的多年平均补给量与多年平均排泄量相等，当没有外区来水时，地下水蓄水变量可忽略不计，上式化为

$$\overline{U}_p=\overline{R}_g+\overline{E}_g+\overline{U}_g \tag{4-5}$$

将式（4-5）代入式（4-3）得到

$$\overline{P}=\overline{R}_s+\overline{E}_s+\overline{U}_p \tag{4-6}$$

即在多年平均情况下，闭合流域内大气降水等于地表水径流量、地表蒸散发量和降水入渗补给量之和。

在水资源评价中，通常将区域水资源总量 W 定义为当地降水形成的地表和地下的产水量

$$\overline{W}=\overline{P}-\overline{E}_s=\overline{R}_s+\overline{U}_p\ \text{或}\ \overline{W}=\overline{R}+\overline{E}_g+\overline{U}_g \tag{4-7}$$

式（4-7）是将地表水和地下水统一考虑的区域水资源总量的两种表达方式，前者是把河川基流量 R_g 归并于地下水降水入渗补给量 U_p 中，后者是把河川基流 R_g 归并于河川径流量 R 中，避免水量的重复计算。此外，从后者看，水资源总量中比河川径流量 R 多了潜水蒸发量 E_g 和地下潜流量 U_g 两项，对闭合流域而言，地下潜流量为零，则只多了潜水蒸发量一项。由于潜水蒸发量可随着地下水开采水平的提高而逐渐被"夺取"，使之成为可开发利用的潜在水资源量，故把它作为水资源总量的组成部分。

在实际水资源评价中，受试验观测资料所限，目前对大区域的地表水、土壤水和地下水相互转化的定量关系还难以准确计算。因此，我国现行的水资源评价只考虑与工程措施有关的地表水和地下水，用河川径流量与地下水补给量之和扣除重复水量后作为水资源总量，这虽然在理论上还不够完善（对农业区而言），但基本上能满足生产上的需求，比国外用河川径流量表示水资源量已前进一大步。

二、水资源总量计算方法

水资源总量计算的项目包括：不同地貌类型区"三水"转化量的计算；区域多年平均

水资源总量计算；不同频率水资源总量计算；水资源可利用量估算等。分区水资源总量的计算途径有两种（可任选其中一种方法计算）：一是划分类型区，用区域水资源总量表达式直接计算；二是在计算地表水资源数量和地下水补给量的基础上，将两者相加再扣除重复水量。

在水资源总量计算中，因地表水和地下水相互转化，河川径流量中包含了一部分地下水排泄量，而地下水补给量中又有一部分来自地表水体的入渗，故不能将地表水资源量和地下水资源量直接相加作为水资源总量，应扣除两者间的重复水量，即

$$W=R+Q-D \tag{4-8}$$

式中：W 为水资源总量；R 为地表水资源量；Q 为地下水资源量；D 为地表水和地下水相互转化的重复水量，因地貌类型区不同，两者间的转化形式和转化强度不同，故 D 的计算方法存在差异，不同地貌类型区的水资源总量计算方法也就不同。

1. 单一山丘区

这种类型的地区一般包括山丘区、岩溶山区、我国黄土高原丘陵沟壑区。地表水资源量为当地河川径流量，地下水资源量按总排泄量计算，相当于当地降水入渗补给量，这两种水量之间的重复计算水量是河川基流量。

当地的水资源总量 W 为

$$W_m=R_m+Q_m-R_{gm} \tag{4-9}$$

式中：R_m 为山丘区河川径流量；Q_m 为山丘区地下水资源量；R_{gm} 为山丘区河川基流量。

（1）山丘区河川径流量计算。该量的计算可以用第二章中介绍的代表站法、等值线法、年降水径流关系法和水文比拟法等。

（2）山丘区地下水资源量的计算。由于山丘区地下水补给量直接计算所需的资料不充分，故常采用排泄量近似作为补给量来计算地下水资源量 Q_m，即

$$Q_m=R_{gm}+U_{gm}+Q_{km}+Q_{sm}+E_{gm}+Q_{gm} \tag{4-10}$$

式中：R_{gm} 为河川基流量；U_{gm} 为河床潜流量；Q_{km} 为山前侧向流出量；Q_{sm} 为未计入河川径流的山前泉水出露量；E_{gm} 为山区潜水蒸发量；Q_{gm} 为实际开采的消耗量。

据分析，U_{gm}、Q_{km}、Q_{sm}、E_{gm}、Q_{gm} 一般所占比重很小，如我国北方山丘区，上述5项之和仅占其地下水总补给量的8.5%，而 R_{gm} 占91.5%。因此，在山丘区地下水资源评价中可近似用多年平均年河川径流量表示地下水资源量，而河川基流量已全部包含在河川径流量中，全部属于重复计算量，故单一山丘区的水资源总量可用多年平均年河川径流量代替。

（3）山丘区河川基流量的计算。山丘区河流坡陡，河床切割较深，水文站得到的逐日平均流量过程线既包括地表径流，又包括河川基流，加之山丘区下垫面的不透水层相对较浅，河床基流基本是通过与河流无水力联系的基岩裂隙水补给。因此，河川基流量可用分割流量过程线的方法来推求，具体分割法有直线平割法、直线斜割法、退水曲线法等（见第二章）。

北方地区，因河流封冻期较长，10月以后降水很少，河川径流基本由地下水补给，其变化较为稳定，因此稳定封冻期的河川基流量可近似用实测河川径流量来代替。在冬季降水量较小的情况下，凌汛水量主要是冬春季被拦蓄在河槽里的地下径流因气温升高而急

剧释放形成的，故可将凌汛水量近似作为河川基流量。

2. 单一平原区

这种类型区一般包括北方平原区、沙漠区、内陆闭合盆地平原区、山间盆地平原区、山间河谷平原区、黄土高原台塬阶地区。地表水资源量为当地河川径流量；地下水除了由当地降水入渗补给，一般还有地表水体渗漏补给量（包括流域外引水和区域周边侧向渗漏补给等）。用总补给量减去井灌回归补给量后作为地下水资源量；地表水和地下水相互转化的重复量有地表水体渗漏补给量、平原区河川基流量和侧渗流入补给量。

当地的水资源总量 W 为

$$W_p = R_p + Q_p - (Q_s + Q_k + R_{gp}) \tag{4-11}$$

式中：R_p 为河川径流量；Q_p 为地下水资源量；Q_s 为地表水渗漏补给量，由河道、湖泊、水库等地表水体渗漏补给量 $Q_{水}$、渠系渗漏补给量 $Q_{渠}$、田间回归量 $Q_{田}$ 组成；Q_k 为侧渗流入补给量；R_{gp} 为平原区降水形成的河川基流量。

（1）平原区河川径流量计算。和山丘区计算方法相同。

（2）平原区地下水资源量的计算。

$$Q_p = U_p + Q_k + Q_r + Q_L + Q_c + Q_f + Q_e + Q_\omega \tag{4-12}$$

式中：U_p 为降水入渗补给量；Q_k 为山前侧向流入补给量；Q_r 为河道渗漏补给量；Q_L 为水库、湖泊等蓄水渗漏补给量；Q_c 为渠系渗漏补给量；Q_f 为渠灌田间入渗补给量；Q_e 为越流补给量；Q_ω 为人工回灌补给量。

降水入渗补给量是平原区地下水资源的重要来源。据统计分析，我国北方平原区降水入渗补给量占平原区地下水总补给量的53%，而其他各项之和占47%。而在开发利用地下水较少的地区（特别是我国南方地区），降水入渗补给中有一部分要排入河道，成为平原区河川基流，即成为平原区河川径流的重复量。

（3）平原区重复水量的计算。平原区地表水和地下水相互转化的重复水量有降水形成的河川基流量和地表水体渗漏补给量。平原区降水形成的河川基流量 R_{gp} 与潜水埋深和降水入渗补给量有关，在其他各项补给量很小时，可用水文分割法近似估算平原区降水形成的河川基流量。而其他各项补给量占比较大时，排入河道的地下水量既有降水入渗补给量也有其他补给量，故需将两者分开，一般采用：

1）根据平原排涝河道的流量资料，用逐次洪水分割推求平原区河川基流量。

2）用降水入渗补给量 U_p 与总补给量 U 之比值，乘以河道排泄量 Q_R（排入河道的地下水量）来估算平原区的河川基流量 R_{gp}，即

$$R_{gp} = Q_R \frac{U_p}{U}$$

3）在侧渗流入补给量和井灌回归量很小的情况下，可用下式估算：

$$R_{gp} = Q_R \frac{U_p}{Q_s + U_p}$$

4）大江大河干流的两岸平原区，河水和地下水的补排关系非常密切，可用河道排泄量与地表水体渗漏补给量之差，近似作为降水形成的河川基流量（河道排泄量一般用水文分割法推求）。

3. 多种地貌类型混合区

在多数水资源分区内，往往存在两种以上的地貌类型区，如上游为山丘区（或按排泄项计算地下水资源量的其他类型区），下游为平原区（或按补给项计算地下水资源量的其他类型区）。在计算全区地下水资源量时，应先扣除山丘区和平原区地下水之间的重复量。这个重复量由两部分组成：一是山前侧渗流入补给量；二是山丘区河川基流对平原区地下水的补给量。后者与河川径流的开发利用情况有关，一般用平原区地下水的地表水体渗漏补给量乘以山丘区基流量与河川径流量之比来估算。全区地下水资源量为

$$W_g = Q_m + Q_p - (Q_k + kQ_s) \tag{4-13}$$

式中：Q_m 为山丘区地下水资源量；Q_p 为平原区地下水资源量；Q_k 为山前侧渗流入补给量；Q_s 为地表水对平原区地下水的补给量；k 为山丘区河川基流量 R_{gm} 与河川径流量 R_m 的比值。

全区水资源总量 W 按式（4-8）计算，因在计算地下水资源量时已扣除了一部分重复量，故式（4-8）中的地表水和地下水资源量间的重复量 D 为

$$D = R_{gm} + R_{gp} + (1-k)Q_s \tag{4-14}$$

总之，要合理计算一个流域或区域水资源总量，应在地表水和地下水相互转化调查研究的基础上，考虑水量的重复部分，予以扣除，其重复量主要包括：山丘区河川径流量与地下水补给量之间的重复量，即山丘区河川基流量 R_{gm}；平原区河川径流量与地下水补给量之间的重复量，即平原区河川基流量 R_{gp}；山丘区河川径流量与平原区地下水补给量之间的重复量，即山丘区河川径流流经平原时对地下水的各种补给量，包括河道渗漏、渠系渗漏、灌溉回归等；平原区山前侧向补给量，是山丘区的地下潜水量 U_{gm}。

三、水资源总量中可利用量的计算

水资源可利用量是指在可预见的时期内，在统筹考虑生活、生产和生态用水的基础上，通过经济合理、技术可行的措施在当地水资源量中可一次性利用的最大水量。

1. 地表水资源可利用量

$$W_{su} = W_q - W_e - W_f \tag{4-15}$$

式中：W_{su} 为地表水资源可利用量；W_q 为地表水资源量；W_e 为河道内最小生态需水量；W_f 为汛期洪水弃水量。

2. 地下水资源可开采量的计算方法

地下水资源可开采量的计算一般要采用多种方法，将各方法计算的成果进行综合比较，从而合理地确定可开采量。

（1）实际开采量调查法。该法适用于浅层地下水开发利用程度较高、开采量调查统计较准、潜水蒸发量较小、水位动态处于相对稳定的地区。

（2）开采系数法。在浅层地下水有一定开发利用水平的地区，通过对多年平均实际开采量、水位动态特征、现状条件下总补给量等因素的综合分析，确定出合理的开采系数值，则地下水多年平均可开采量等于开采系数与多年平均条件下地下水总补给量的乘积。

在确定地下水开采系数时，应综合考虑浅层地下水含水层岩性及厚度、单井单位降深出水量、平水年地下水埋深、年变幅、实际开采模数和多年平均总补给模数等因素。

（3）平均布井法。根据当地地下水开采条件，确定单井出水量、影响半径、年开采时

间，在计算区内进行平均布井，用这些井的年内开采量代表该区地下水的可开采量。计算公式为

$$W_{gu}=q_s Nt \tag{4-16}$$

其中

$$N=F/F_s=F/(\pi R^2)$$

式中：W_{gu} 为地下水资源可开采量；q_s 为单井出水量；N 为计算区内平均布井数；t 为机井多年平均开采时间；F 为计算区布井面积；F_s 为单井控制面积；R 为单井影响半径。

3. 水资源可利用总量的计算方法

根据前面对地表水与地下水水量转化关系分析结果，采用式（4-17）来估算水资源可利用总量：

$$W_u=W_{su}+W_{gu}-Q_{gr}-Q_c \tag{4-17}$$

式中：W_u 为水资源可利用总量；W_{su} 为地表水资源可利用量；W_{gu} 为地下水资源可开采量；Q_{gr} 为地下水可开采量本身的重复利用量；Q_c 为地表水资源可利用量与地下水资源可开采量之间的重复利用量。

第二节　水资源系统分析

一、系统论及水资源系统概述

钱学森认为：系统是“由相互作用和相互依赖的若干组成部分结合成具有特定功能的有机整体，且这个系统本身又是它所从属的一个更大系统的组成部分”。即系统是由能量、物质、信息流不同要素（部分）所构成的动态且相互关联的复杂整体，有一定的结构、功能和目的性。系统按属性分为自然系统和人工系统两大类，自然系统指天然条件下形成的系统；而人工系统是人们在生产和生活活动中为达到某种目的或满足某种需求而人为建造起来的。

系统论是一门新兴的以系统为研究和应用对象，以实现系统最优化为目的的学科。主要任务是根据总体协调的需要，把自然科学和社会科学中的基础思想、理论、策略、方法等联系起来，应用现代数学和电子计算机等工具，对系统的构成要素、组织结构、信息交换和自动控制等功能进行分析研究，借以达到最优化设计、最优控制和最优管理的目标。

系统论在水资源分析研究中的核心是把所研究的对象以一个有机的整体去考察、分析与处理，保证水资源系统达到最优状态。受太阳辐射和地心引力的能量驱动，水圈与其所在的空间（环境）是一个运动变化的系统，又是直接或间接被人类利用的各种水体的总和，致使参与其中的水资源的各组成部分以水循环为纽带，相互联系、相互转化、相互依存（图4-2）。

水资源系统是指在一定环境下，为实现水资源的开发目标，由相互联系和作用的若干水资源工程单元（物质单元）和管理技术单元（概念单元）组成的有机整体（图4-3）。主要包括地表水资源系统和地下水资源系统：前者是由河、湖、库等地表水体和由分水线所包围的河流集水区即流域组成；后者是由边界围限的、具有统一水力联系的含水地质体即含水系统和由源到汇的流面群构成的、具有统一时空演化过程的地下水统一体即流动系统组成。

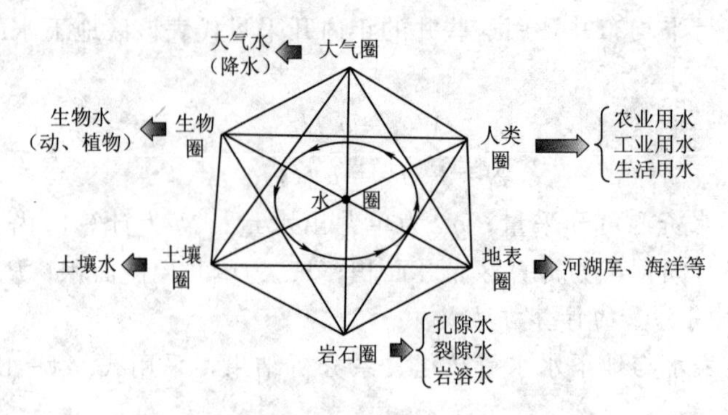

图 4-2　各圈层关联构成的水系统概念图

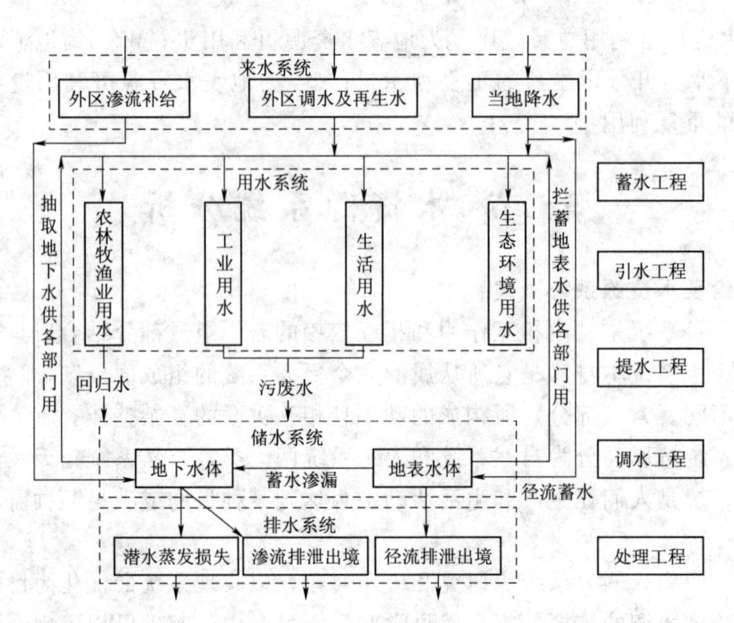

图 4-3　以开发利用为目的的水资源系统构成

二、水资源系统分析

水资源分析计算的结果要符合实际情况，就必须遵循把区域水资源作为整体来考虑；明确评价分析计算的目标和区域水资源特征；查清区域水资源的组成部分及其各部分间的相互作用（重点是水力联系或“三水”转化）；准确认识区域水资源的输入和输出；正确分析环境因素对区域水资源产生的影响。

在特定的自然和社会环境中，选用哪些表征各元素性质的参数来描述水资源系统的状态，什么是水资源系统的最优状态和如何保证水资源系统达到最优状态，是水资源系统分析的重要任务。故水资源系统分析就是对概化后的水资源系统，建立包括确定的目标函数和一系列约束条件的某种数学模型，然后根据数学模型的特性（线性或非线性、确定性或随机性、静态或动态、单目标或多目标），选择不同的优化方法求得最优解，使系统状态最优（综合经济效益最大），不利影响最小（如洪涝灾害损失、环境污染等），从而指导水资源的开发利用、规划设计与管理。即用系统论的观点进行寻优决策，是运筹学在水资源学科领域的具体应用和发展。

1. 水资源系统分析的思路与步骤

水资源系统的三大要素包括决策变量、目标函数、约束条件，决策变量是指所研究问题需控制的因素，如用水量、水污染程度、灌溉面积等各参数；目标函数是指以人们追求的系统目标最优为准则的状态，即满足用水要求，经济效益、社会效益和环境效益好；约束条件是指求取目标函数最优解时受所处环境的限制因素。水资源系统的目标函数主要是水资源承载力，它是指在一定区域内，在一定生活水平和生态环境质量下，天然水资源的可供水量能够支持人口、环境和经济协调发展的能力或限度，即水资源系统的目标函数。而约束条件是由水资源系统、社会经济系统和生态环境系统耦合而成的系统中各要素对水资源承载力的限制因素（图 4-4）。可行方案所对应的水资源系统的各个状态称为可选的水资源决策，水资源系统分析的目的就是寻求最有效、最经济的决策——最优决策。水资源系统分析思路框架如图 4-5 所示。

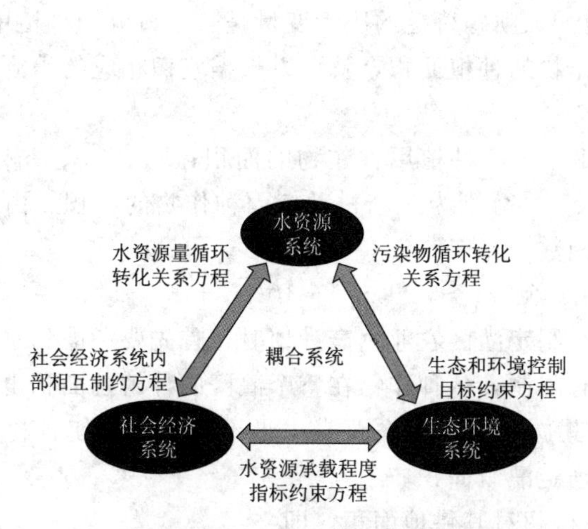

图 4-4　水资源系统分析中的约束条件示意图

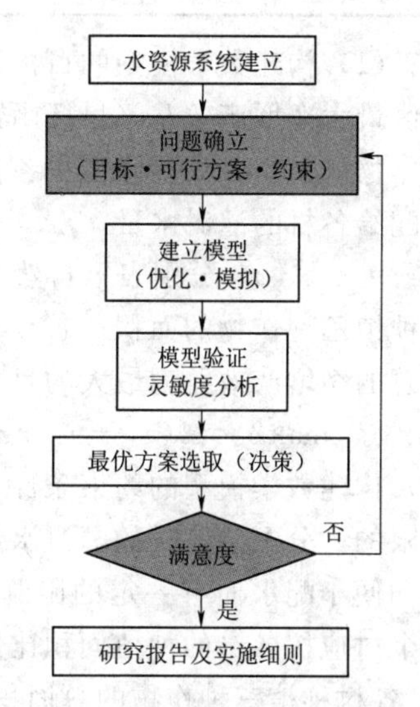

图 4-5　水资源系统分析思路框架

在水资源系统分析中，建立线性规划模型的步骤是：首先根据问题和已知条件选择决策变量；然后根据问题的要求，确定追求的目标，建立目标函数关系式；再根据实际情况，确定约束条件；最后根据人们想要达到的目标，把问题转化成线性规划模型。

数学表达形式为：求一组最优决策变量 x_1^*，$x_2{}^*$，…，x_n^*，使其满足目标函数 $\max f(x_1^*, x_2^*, \cdots, x_n^*)$ 或 $\min f(x_1^*, x_2^*, \cdots, x_n^*)=c_1x_1+c_2x_2+\cdots+c_nx_n$，这个规划问题有以下的约束条件：

$$\begin{cases} a_{11}x_1+a_{12}x_2+\cdots+a_{1n}x_n \leqslant (\text{或}=、\geqslant) b_1 \\ a_{21}x_1+a_{22}x_2+\cdots+a_{2n}x_n \leqslant (\text{或}=、\geqslant) b_2 \\ \vdots \\ a_{m1}x_1+a_{m2}x_2+\cdots+a_{mn}x_n \leqslant (\text{或}=、\geqslant) b_m \\ x_j \geqslant 0 \quad (j=1,2,\cdots,n) \end{cases}$$

其中最后一项是决策变量 x_1，x_2，…，x_n 的非负约束条件。

【例 4-1】 某灌区含三个自然村。为提高水资源的利用效率及灌区经济效益，应用水资源系统分析方法编制来年农业生产计划，主要是作物种植计划及各种作物的优化配水方案。灌区内三个自然村的耕地面积均有灌溉条件，多年来种植甲、乙、丙三种农作物，每种农作物的灌溉用水量及灌溉后的净增效益已由历年灌溉实践取得了相应的数据（表 4-1）。

表 4-1　　灌区农业生产数据

自然村	耕地面积/亩	来年可供水量/万 m^3	作物	种植面积最高限额/亩	灌水量定额/(m^3/亩)	灌溉后的净产效益/(元/亩)
1	400	12	甲	600	600	40
2	600	16	乙	500	400	30
3	300	7.5	丙	325	200	10

解：（1）构建数学模型的目标函数。编制来年种植计划和最优配水方案的目的，是为得到灌区最大净增产效益（目标函数）。该问题待定的决策变量是三个村分别种植甲、乙、丙三种作物的面积，只要确定了各种作物的种植面积，就可以根据它们相应的灌溉定额推算出分配给各村的灌溉水量。

设 x_1、x_2、x_3 分别表示自然村 1、2、3 种植甲种作物的面积；x_4、x_5、x_6 分别为三个村种植乙种作物的面积；x_7、x_8、x_9 分别为三个村种植丙种作物的面积。由此可建立灌区总的净增产效益为最大的目标函数

$$\max Z=40(x_1+x_2+x_3)+30(x_4+x_5+x_6)+10(x_7+x_8+x_9)$$

（2）构建数学模型的约束条件。在制定灌区农业生产计划时，首先要考虑到水资源总量是有限的，分配给各村的灌溉水量有限制，各种作物在整个灌区的种植总面积也根据市场预测和便于配水而有一定的限制。其次，要考虑在总来水量不足时，为使各村均衡受益，三个村应按各自的种植面积比例确定灌溉面积。

1）各村种植三种作物的总面积不得超过其耕地面积，即

$$\begin{cases}x_1+x_4+x_7\leqslant 400\\x_2+x_5+x_8\leqslant 600\\x_3+x_6+x_9\leqslant 300\end{cases}$$

2）各村三种作物所用的总灌水量不得超过来年供水资源量，即

$$\begin{cases}600x_1+400x_4+200x_7\leqslant 120000\\600x_2+400x_5+200x_8\leqslant 160000\\600x_3+400x_6+200x_9\leqslant 75000\end{cases}$$

3）三个村种植各种作物的面积和不得超过该作物的最高限额，即

$$\begin{cases}x_1+x_2+x_3\leqslant 600\\x_4+x_5+x_6\leqslant 500\\x_7+x_8+x_9\leqslant 325\end{cases}$$

4）各村在享有水资源方面需遵循均衡受益原则，即各村来年的灌溉面积与耕地面积

比应彼此相同

$$\begin{cases}\dfrac{x_1+x_4+x_7}{400}=\dfrac{x_2+x_5+x_8}{600}\\\dfrac{x_2+x_5+x_8}{600}=\dfrac{x_3+x_6+x_9}{300}\\\dfrac{x_3+x_6+x_9}{300}=\dfrac{x_1+x_4+x_7}{400}\end{cases}$$

经独立性分析后化为

$$\begin{cases}3(x_1+x_4+x_7)=2(x_2+x_5+x_8)\\x_2+x_5+x_8=2(x_3+x_6+x_9)\end{cases}$$

5）各决策变量非负，即 x_1，x_2，…，$x_9 \geqslant 0$。

分析整理后，得到本问题的数学模型为

目标函数：$\max Z=40x_1+40x_2+40x_3+30x_4+30x_5+30x_6+10x_7+10x_8+10x_9$

约束条件：$$\begin{cases}x_1+x_4+x_7\leqslant 400\\3x_1+2x_4+x_7\leqslant 600\\3x_2+2x_5+x_8\leqslant 800\\3x_3+2x_6+x_9\leqslant 375\\x_1+x_2+x_3\leqslant 600\\x_4+x_5+x_6\leqslant 500\\x_7+x_8+x_9\leqslant 325\\3x_1-2x_2+3x_4-2x_5+3x_7-2x_8=0\\x_2-2x_3+x_5-2x_6+x_8-2x_9=0\\x_1,x_2,\cdots,x_9\geqslant 0\end{cases}$$

（3）求解该线性规划问题。应用运筹学中的单纯形法，经计算机编程计算得：$x_1^*=133.3$，$x_2^*=100$，$x_3^*=25$，$x_4^*=100$，$x_5^*=250$，$x_6^*=150$，$x_7^*=0$，$x_8^*=0$，$x_9^*=0$，$Z^*=25333.33$（表 4-2）。

表 4-2　　灌区最优种植计划和最佳配水方案

作物种类	各村种植面积/亩			各村配给水量/m^3		
	1	2	3	1	2	3
甲	133.3	100	25	80000	60000	15000
乙	100.0	250	150	40000	100000	60000
丙	0	0	0	0	0	0

2. 水资源分析常用的数学方法

（1）回归分析法：包括一元线性回归、多元回归、非线性回归等。

（2）投入产出分析法：根据地方经济均衡发展的需要，做出投入产出表，确定各部门发展水平，提出相应的需水指标。

（3）最优化技术：目前水资源规划中应用较多的是线性规划、非线性规划、网络技术，以及排队论、决策论等。

（4）模拟分析法：在水资源规划和管理中，分两类：①数学物理方法：根据物理过程（如地面径流、地下径流、降雨入渗、工业、作物需水等过程），建立一套理论公式和基本模块，应用计算机模拟技术进行计算；②统计技术：应用时间序列方法对降雨、径流等过程进行随机模拟。

思　考　题

根据题意，应用线性规划模型进行水资源的合理分配。设有甲、乙两个水厂同时向某城市 A、B、C 三区供水，甲水厂和乙水厂的日供水量分别为 28 万 m^3/d 和 35 万 m^3/d，三区的日需水量分别为 $A \geqslant 10$ 万 m^3/d、$B \geqslant 15$ 万 m^3/d、$C \geqslant 20$ 万 m^3/d。由于水厂与各供水区的距离不等、输水条件不同，故单位输水费用也不同。设各输水单位水费分别为 $c_{11}=1.2$、$c_{12}=1.5$、$c_{13}=1.1$，$c_{21}=1.1$、$c_{22}=1.3$、$c_{23}=1.4$。请做出在满足对三个区供水的情况下，输水费用最小的方案。

第五章　水资源质量评价

本章学习指引

学习本章之前，需要有环境影响评价等课程的基础，如有建设项目环境影响评价工作的基础，本章内容的学习会较为轻松。

第一节　水资源质量评价概述

伴随工业发展和人口增长，水体污染问题突现。20世纪50年代以来，世界上一些河流水质日趋恶化，水生物生存和发展受到影响，一些地区的地下水污染也较为严重，水量短缺和水质恶化的综合结果致使水资源供需矛盾加剧，用水安全得不到保证，水质问题才受到人们的重视，水质评价工作也随之发展了起来。在水资源开发利用和水环境保护的诸多方面，都须准确评估水体及水源的质量状况，为水资源管理及决策提供科学支撑，为水体环境质量的保护和改善提供科学依据，这项重要工作即水资源质量评价。

一、水资源质量评价概念和类别

水资源质量简称水质，是指天然水体及特定水体中所含物理成分/性状、化学成分/性质和生物成分/特征的总和。水质是各种自然因素与人类活动共同影响的结果。水环境质量是指水环境对人群的生存和繁衍以及社会经济发展的适宜程度，通常指水环境遭受污染的程度。自然界水循环的周期性决定了水资源的可更新性和变化的复杂性，它既表现在水的数量方面，又表现在水的质量方面。天然水的水质是自然界水循环过程中各种自然因素综合作用的结果，它的成分与其形成过程中的各种物理化学条件紧密相关；大气降水的水质主要与当地气象条件和降水淋溶的大气颗粒物的物理化学成分有关；地表水的水质则与流经地区的岩土类型、植被条件有关；地下水的水质主要取决于含水介质的岩性与补给、径流与排泄条件相联系的水化学环境。人类活动也是引起水质变化的重要影响因素，人类行为往往会导致水环境质量的变异，如整治农田、兴修水利、工厂排污、矿山开采等都会使水环境质量发生大的变化。

水质评价是以水环境监测和现状调查资料为基础，根据评价目的、水体用途、水质特性，选用相关参数和相应的国家、行业或地方水质标准，应用一定的评价方法，对水域及水域综合体的质量进行定性或定量的评定过程。严格意义上来说，水质评价应包括以水资源利用为目的的水质评价和以水环境保护为目的的水质评价两个方面。

水质评价，按评价时段分为回顾评价（根据水域历年积累的资料进行评价，以揭示该水域水质污染的发展变化过程）、现状评价（根据近期水质监测资料，对水体水质的现状进行评价）和预断（影响）评价（根据地区社会经济发展规划对水体的影响，预测水体未来的水质状况）；按水的用途分为供水水质评价（包括生活饮用水、工业用水、农业灌溉用水等方面的水质评价）、养殖业（渔业）用水水质评价、风景游览水体水质评价及水环境保护而进行的水环境质量评价等；按评价对象可分为大气降水、地表水（包含河水、湖泊/水库及海洋）和地下水水质评价；按评价的范围分为局部地段和区域性水质评价。

水质评价的工作内容包括选定评价参数（一般评价参数、氧平衡参数、重金属参数、有机污染物参数、无机污染物参数、生物参数等）、水环境背景值调查、污染源调查评价、水体监测和监测值处理、选择评价标准、选定评价方法等。水质评价方法分为两类：一类是以生物种群与水质的关系进行评价的生物学评价方法，另一类是以水质的化学监测值为主的监测指标评价方法。后者又分单一参数评价法和多项参数评价法（指数评价法），如罗斯（Ross）水质指数。

二、水质评价的主要指标及水质分析

天然水中物质组分按存在形态分三类：溶解物、胶体物质和悬浮物质。溶解性气体主要指溶质粒径小于10^{-9}m，以分子状态存在于水中，一般按气体含量多少划分为主要气体（如O_2和CO_2）和微量气体；溶解性物质的溶质粒径小于10^{-9}m，以离子形态存在于水中，按含量和生成原因分为主要离子、生物生成物及微量元素。胶体物质的溶质粒径介于10^{-9}～10^{-7}m，按胶体性质分为无机胶体和有机胶体。悬浮物质指溶质粒径小于10^{-7}m，按物质性质分为细菌、藻类和原生动物、泥沙及气体不溶物质。

水质评价主要是对各类资源水体和环境水体进行水质监测和评价，以确定天然水体的基本特征及其资源的适用性、水体水质受人类活动污染的程度及保证废水排放环境水质目标的实现。水质评价的分类指标主要有：

(1) 物理指标。包括温度、色度、透明度、电导率和悬浮物等。

(2) 化学指标。

1) 按水中常量化学指标分类有：表征水体中氢离子浓度的酸碱度（pH值），表征水中钙和镁离子含量的硬度（分暂时硬度和永久硬度，常以水中$CaCO_3$的含量或以德国度表示，一个德国度相当于含10mg/L的氧化钙或7.2mg/L的MgO），表征溶解于水中的各种离子、分子和化合物的总含量（不包括悬浮物和溶解气体）即矿化度（通常以1L水中含有各种盐分的总克数来表示，根据矿化度将水分为淡水、微咸水、咸水、盐水和卤水五类），表征水中能与酸发生中和反应（即接受质子H^+）的全部物质总量的碱度（分强碱、弱碱和强碱弱酸盐）。

2) 按水的环境化学指标分类有化学需氧量COD［水体中进行氧化过程所消耗的氧量即氧当量（mg/L）］、生化需氧量BOD（水体中微生物分解有机化合物过程中所消耗的溶解氧量）、溶解氧DO（溶解于水体中的分子态氧）。

3) 按水的化学组成（水中各种阴、阳离子的含量组合）分类有舒卡列夫分类、阿廖金分类、苏林分类等，此分类方法有利于研究天然水的成因条件及赋存环境等。

(3) 生化指标：水体中大肠菌群、病原菌、病毒及其他细菌的总数即细菌总数（以每升水样中的细菌总数表示，它反映的是水体受细菌污染的程度）及水体中大肠菌群的个数即大肠菌群（可表明水样被粪便污染的程度，间接表明有肠道病菌如伤寒、痢疾、霍乱等存在的可能性，以每升水样中所含有大肠菌群的数目来表示）。

（4）有机物：包括油类及挥发酚等。

（5）可溶性化合物：包括氰化物、硫化物、氮化物和氟化物及磷酸盐等。

（6）人工合成化合物：包括甲醛、硝基苯类、阴离子合成洗涤剂（LAS）及苯并芘等。

（7）重金属：包括 Cu、Zn、Hg、甲基汞、Cd、Cr、As、Pb 和 Ni 等。

这些污染物的排放均有国家或地方颁布的相应排放标准，具体可以详查最新出台的国家或地方制定的排放标准。

对水资源利用的水体水质，评价指标依水体环境的使用功能和排放废水的水质特征确定，地面水环境质量标准要求的基本指标有 24 个，除废水的水质指标，还有硝酸盐和亚硝酸盐、Se（四价）、DO、氯化物及硫酸盐等。对不同的用水功能，水质评价指标根据相应的行业水质标准和水体水质特征确定，主要考虑其特殊的功能危害对水质的要求，水质评价指标有所不同。如生活饮用水评价指标增加了细菌学指标和毒理性指标；渔业用水增加了农药和有机毒物的评价指标，如甲基对硫磷、滴滴涕及黄磷、呋喃丹等；农田灌溉用水增加了对含盐量、硼和钠离子吸附比的要求等。详查地表水环境质量标准等。

一般水文地质调查中的水质分析种类如下：

（1）简分析：用于了解区域水化学成分概貌，初步了解水质是否适于饮用，分析项目包括：

1）物理性质：温度、颜色、透明度、嗅、味等。

2）定量分析项目：HCO_3^-、SO_4^{2-}、Ca^{2+}、总硬度、pH 值，通过计算可求得水中各主要离子含量及总矿化度。

3）定性分析项目：NO_3^-、NO_2^-、NH_4^+、Fe^{2+}、Fe^{3+}、H_2S、耗氧量等。

（2）全分析：并非分析水中全部成分，通常是在简分析基础上，选择有代表性的水样进行全分析，并对简分析结果进行检核，分析项目有：HCO_3^-、SO_4^{2-}、Cl^-、CO_3^{2-}、NO_3^-、NO_2^-、Ca^{2+}、Mg^{2+}、K^+、Na^+、NH_4^+、Fe^{2+}、Fe^{3+}、H_2S、CO_2、耗氧量、pH 值、干涸残余物等。

（3）专向分析：为满足某项目具体工作而提出的一些特别需要分析的项目，如地下水作为生活饮用水评价时提出的细菌分析、有毒性的 As、Pb、Hg 分析；工程建设项目的侵蚀性分析等。

水质分析结果的表示有离子表示法和图示（解）法等，离子表示法有以下几种形式：

（1）离子毫克数：以每升水中含有的某种离子或化合物的毫克数表示（mg/L），这只能表征化学成分的绝对含量。

（2）离子毫克当量数：以每升水中含有的某种离子的毫克当量数表示（meq/L），这能反映各离子间的数量关系和化学成分，并可验证分析结果的准确性。

（3）离子毫克当量百分数：通常以阴、阳离子的毫克当量为 100%，求取各阴、阳离子所占的毫克当量百分比（毫克当量%，meq/L），它能直接反映水中各种离子含量的比例关系，便于对不同化学类型的水体进行对比。

图示（解）法既可对水质分析结果进行比较，又能直观说明问题，常用的有柱状图法和 Piper 三线图法等。

三、水质评价标准

水质评价标准是评价水体是否受到污染和水环境质量好坏的准绳，也是判断水质适用性的尺度，反映了国家保护水资源政策目标的具体要求。水质好坏的评价，通常按天然水的物理性质、化学成分、气体及生物等方面的检测分析结果来进行。因水的成分十分复杂，为适用于各种供水目的，就必须制定出各种成分的含量界限，即水质标准，它分为水环境质量标准、污染物排放标准和用水水质标准。评价标准一般是直接采用国家或地方规定的水质标准或水环境质量标准。

1. 水环境质量标准

水环境质量标准是为保障人体健康，保证水资源有效利用而规定的各种污染物在天然水体中的允许含量。它是根据大量科学试验资料并考虑现有科学技术水平和经济条件制定的。

为贯彻《环境保护法》和《水污染防治法》，加强地表水环境管理，防治水环境污染，由国家环境保护总局 2002 年 4 月 26 日批准《地表水环境质量标准》（GB 3838—2002），自 2002 年 6 月 1 日起实施。作为强制性标准，规定了地面水水域可按其使用目的和保护目标共划分为五类：主要适用于源头水和国家自然保护区的Ⅰ类，主要适用于集中式生活饮用水水源地一级保护区、珍贵鱼类保护区及游泳区、鱼虾产卵场等的Ⅱ类；主要适用于集中或生活饮用水水源地二级保护区，一般鱼类保护区及游泳区的Ⅲ类；主要适用于一般工业用水区及人体非直接接触的娱乐用水区的Ⅳ类；主要适用于农业用水区及一般景观要求水域的Ⅴ类。

根据我国地下水质量状况和人体健康风险，参照生活饮用水、工业、农业等用水质量要求，依据各组分含量高低（pH 值除外），《地下水质量标准》（GB/T 14848—2017）中将地下水质量划分为五类：地下水化学组分含量低，适用于各种用途的Ⅰ类；地下水化学组分含量较低，适用于各种用途的Ⅱ类；地下水化学组分含量中等，以《生活饮用水卫生标准》（GB 5749—2022）为依据，主要适用于集中式生活饮用水水源及工农业用水的Ⅲ类；地下水化学组分含量较高，以农业和工业用水质量要求及一定水平的人体健康风险为依据，适用于农业和部分工业用水，适当处理后可作生活饮用水的Ⅳ类；地下水化学组分含量高，不宜作为生活饮用水水源、其他用水可根据使用目的选用的Ⅴ类。

根据《海水水质标准》（GB 3097—1997），按照海域的不同使用功能和保护目标，将海水水质划分为四类（同一水域兼有多种功能的依主导功能划分类别，其水质目标可高于或等于主导功能的水质要求）：适用于海洋渔业水域、海上自然保护区和珍稀濒危海洋生物保护区的第一类；适用于水产养殖区、海水浴场、人体直接接触海水的海上运动或娱乐区，以及与人类食用直接有关的工业用水区的第二类；适用于一般工业用水、海滨风景游览区的第三类；适用于海洋港口水域、海洋开发作业区的第四类。

在不同供水目的的水质评价工作中，由于对水质具有不同的要求，为确定水体的具体适用范围，需要确定相应的水质标准，这是进行供水水质评价的重要一环。因供水目的繁多，诸如饮用水、工业用水（还可细分）、农田灌溉用水等标准也很多，具体可直接查相关标准。

2. 污染物排放标准

为控制水污染，保护江河、湖泊、运河、渠道、水库和海洋等地面水以及地下水水质的良好状态，保障人体健康，维护生态平衡，促进国民经济和城乡建设的发展，对污染源排放的污染物质或排放浓度提出的控制标准就是污染物排放标准。国家生态环境部1996年10月4日发布1998年1月1日起实施的《污水综合排放标准》(GB 8978—1996)，按照污水排放去向，分年限规定了69种水污染物最高允许排放浓度及部分行业最高允许排放量。标准适用于现有单位水污染物的排放管理，以及建设项目的环境影响评价、建设项目环境保护、设施设计、竣工验收及其投产后的排放管理。

3. 用水水质标准

用水水质标准中包括的指标很多，不同用户对水质要求差异很大，所要求的水质标准需要分别制定。我国已制定的标准有生活饮用水水质标准、农田灌溉水质标准、渔业水域水质标准等，即不同供水目的的水质标准。

第二节 供水水质评价

常规供水是指为城镇居民、厂矿企业和农业生产提供符合水质要求的水源的生产活动。供水水质评价按供水行业分为生活用水、工业用水、农业灌溉用水、渔业用水和特殊用水水质评价等，相应的评价方法概括起来有：①分类评价法，主要对水中的各种组分、单项指标进行取样分析计算，在此基础上针对具体供水水质要求进行分类、评判；②标准对比评价法，也需进行水质实测计算，所不同的是，最终对水质量可利用性的判断，是根据国家颁布的通用水质标准。

一、生活饮用水水质评价

对生活饮用水进行水质评价时，首先要按规定进行取样、检测分析（分析项目不得少于标准中所列项目）；其次要对分析结果和采用的分析方法进行全面复查；最后根据复查结果按《生活饮用水卫生标准》(GB 5749—2022）中规定的指标逐项进行对比评价。只有全部项目符合标准要求时，才能作为生活饮用水。标准中的项目分：感官性状（物理性状）指标和一般化学指标、毒理学指标、细菌学指标和放射性指标。

2006年年底，卫生部会同各有关部门完成了对1985年版《生活饮用水卫生标准》的修订工作，并正式颁布了新版《生活饮用水卫生标准》(GB 5749—2006)，规定自2007年7月1日起全面实施。2022年3月15日，国家卫生健康委员会发布《生活饮用水卫生标准》(GB 5749—2022)，新国标于2023年4月1日正式实施。生活饮用水卫生标准可包括两大部分：法定的量的限值，指为保证生活饮用水中各种有害因素不影响人群健康和生活质量的法定的量的限值；法定的行为规范，指为保证生活饮用水各项指标达到法定量的限值，对集中式供水单位生产的各个环节的法定行为规范。

二、工业用水水质评价

在不同的工业生产用水对水质的基本要求基础上，按照各种不同工业种类的用水水质标准，全面评价其水资源质量状况，为水资源的合理开发利用提供科学依据。这里主要学习锅炉用水和工业建设用水等的生产用水水质评价。

1. 锅炉用水水质评价

锅炉用水是工业用水的基本组成部分，一般锅炉用水的水质评价指标及其标准见表5-1。

表5-1　一般锅炉用水的水质评价指标及其标准

成垢作用				起泡作用		腐蚀作用	
按锅垢总量		按硬垢系数		按起泡系数		按腐蚀系数	
指标 H_0 /(mg/L)	水质类型	指标 K_n	水质类型	指标 F	水质类型	指标 K_k	水质类型
<125	锅垢很少的水	<0.25	具有软沉淀物的水	<60	不起泡的水	>0	腐蚀性水
125～250	锅垢少的水	0.25～0.5	具有中等沉淀物的水	60～200	半起泡的水	<0，但 $K_k+0.0503[Ca^{2+}]>0$	半腐蚀性水
250～500	锅垢多的水	>0.5	具有硬沉淀物的水	>200	起泡的水	<0，但 $K_k+0.0503[Ca^{2+}]<0$	非腐蚀性水
>500	锅垢很多的水						

高温高压条件下，锅炉中的水可发生各种不良的化学反应，主要有成垢作用、腐蚀作用和起泡作用，这些作用对锅炉的正常运行会带来极大的危害，而且这些作用与水质密切相关。

（1）成垢作用。水中的某些离子（锅垢成分中通常含钙、镁离子）高温下沉淀，附着于锅炉壁形成垢，影响传热效率并因受热不均造成锅炉爆炸等安全隐患。

1）按锅垢总重量评价。

$$H_0=S+C+36\gamma_{Fe^{2+}}+17\gamma_{Al^{3+}}+20\gamma_{Mg^{2+}}+59\gamma_{Ca^{2+}}$$

式中：H_0 为锅垢的总量，mg/L；S 为悬浮物重量，mg/L；C 为胶体重量，mg/L；其他为各离子的含量，meq/L。

2）按硬垢系数评价：锅垢包括硬质的垢石（硬垢）和软质的垢泥（软垢）两部分，硬垢主要由碱土金属的碳酸盐、硫酸盐等构成，附着牢固、不易清除；软垢由悬浮物及胶体物质构成，易于洗刷清除。故在评价水的成垢作用时，还要计算硬垢数量来评判锅垢性质。其计算公式为

$$H_n=SiO_2+20\gamma_{Mg^{2+}}+68\times(\gamma_{Cl^-}+\gamma_{SO_4^{2-}}+\gamma_{Na^+}-\gamma_{K^+})$$

式中：H_n 为硬垢总量，mg/L；SiO_2 为二氧化硅重量，mg/L。

锅垢性质的评判采用硬垢系数：

$$K_n=\frac{H_n}{H_0}$$

（2）腐蚀作用。水中氢与锅炉的铁质等材料在高温下相互作用，可使炉壁遭到腐蚀。此外，溶解于水中的气体成分（如 O_2、H_2S 和 FeO_2 等），也是造成腐蚀作用的重要因素。腐蚀作用对锅炉的危害极大，不仅会减少锅炉的使用寿命，还可能引发爆炸。

水的腐蚀性主要按腐蚀系数开展评价。

对酸性水

$$K_k = 1.008(\gamma_{H^+} + \gamma_{Al^{3+}} + \gamma_{Fe^{2+}} + \gamma_{Mg^{2+}} - \gamma_{CO_3^{2-}} - \gamma_{HCO_3^-})$$

对碱性水

$$K_k = 1.008(\gamma_{Mg^{2+}} - \gamma_{HCO_3^-})$$

（3）起泡作用。水煮沸时在水面上产生大量气泡，如果气泡不能立即破裂，就会在水面上形成不稳定的泡沫层，致使锅炉不能正常运转。水中易溶解的钠盐、钾盐以及油脂和悬浮物受水的碱度作用发生皂化是其主要原因。钠盐中，促使水起泡的物质为苛性钠和磷酸钠。苛性钠可使脂肪和油质皂化，还可使水中悬浮物变为胶体状；磷酸根与水中钙镁离子作用也可形成高度分散的悬浮物。水中胶体状悬浮物增强了气泡膜的稳固性，加剧了起泡作用。

起泡作用按起泡系数评价：

$$F = 62\lambda_{Na^+} + 78\gamma_{K^+}$$

此外，各部门对工业锅炉用水的水质还有一些特殊规定，实际工作中可查行业标准。对锅炉用水起不良影响的各种物质成分见表5-2。

表5-2 对锅炉用水起不良影响的各种物质成分

物质成分	成垢作用	起泡作用	腐蚀作用	物质成分	成垢作用	起泡作用	腐蚀作用
H_2			+	$Mg(NO_3)_2$			
CO_2		+	+	Na_2CO_3		+	
$Ca(HCO_3)_2$	+	+		Na_2SO_4		+	
$Mg(HCO_3)_2$	+			NaCl		+	
$CaSO_4$	+			$NaHCO_3$		+	
$MgSO_4$			+	NaOH		+	
$CaSiO_3$	+			Fe_2O_3、Al_2O_3	+	+	
$MgSiO_3$	+			悬浮物	+	+	
$CaCl_2$			+	油类		+	
$MgCl_2$			+	有机物		+	+
$Ca(NO_3)_2$			+	污水		+	+

注 表中“+”为不良影响。

2. 工程建设用水水质评价

水质对工程建筑物的危害主要表现为对金属构件（钢筋、铁管等）的腐蚀和对混凝土的侵蚀破坏作用。水的腐蚀作用主要是含氢离子的酸性矿坑水、硫化氢水和碳酸矿水等，其中的氢离子、侵蚀性 CO_2、SO_4^{2-} 及弱盐基阳离子对混凝土有一定的侵蚀作用，尤其是水工建筑物及浸泡于水中的各种混凝土构件。侵蚀方式可分为分解性侵蚀、结晶性侵蚀和分解结晶性侵蚀，水对混凝土的侵蚀性鉴定标准见表5-3。

表 5-3　水对混凝土的侵蚀性鉴定标准

<table>
<tr><td rowspan="4">侵蚀性类型</td><td rowspan="4" colspan="2">侵蚀性指标</td><td colspan="4">大块碎石类</td><td colspan="4">砂类土</td><td colspan="4">黏性土</td></tr>
<tr><td colspan="12">水泥类</td></tr>
<tr><td colspan="2">A</td><td colspan="2">B</td><td colspan="2">A</td><td colspan="2">B</td><td colspan="2">A</td><td colspan="2">B</td></tr>
<tr><td>普通的</td><td>抗硫酸盐的</td><td>普通的</td><td>抗硫酸盐的</td><td>普通的</td><td>抗硫酸盐的</td><td>普通的</td><td>抗硫酸盐的</td><td>普通的</td><td>抗硫酸盐的</td><td>普通的</td><td>抗硫酸盐的</td></tr>
<tr><td rowspan="5">分解性侵蚀</td><td rowspan="2" colspan="2">分解性侵蚀指数 pHs</td><td colspan="8">pH 值<pHs 有侵蚀性 $pHs=\frac{HCO_3^-}{0.15HCO_3^- - 0.025}-K_1$</td><td rowspan="5" colspan="4">无规定</td></tr>
<tr><td colspan="2">$K_1=0.5$</td><td colspan="2">$K_1=0.3$</td><td colspan="2">$K_1=1.3$</td><td colspan="2">$K_1=1.0$</td></tr>
<tr><td colspan="2">pH 值</td><td colspan="2"><6.2</td><td colspan="2"><6.4</td><td colspan="2"><5.2</td><td colspan="2"><5.5</td></tr>
<tr><td rowspan="2" colspan="2">游离 CO_2/(mg/L)</td><td colspan="8">游离 $[CO_2]>a[Ca^{2+}]+b+K_2$ 时有侵蚀性</td></tr>
<tr><td colspan="2">$K_2=20$</td><td colspan="2">$K_2=15$</td><td colspan="2">$K_2=80$</td><td colspan="2">$K_2=60$</td></tr>
<tr><td rowspan="3">结晶性侵蚀</td><td rowspan="3">SO_4^{2-}/(mg/L)</td><td>Cl/(mg/L)<1000</td><td>>250</td><td rowspan="3">>3000</td><td>>250</td><td rowspan="3">>4000</td><td>>300</td><td rowspan="3">>3500</td><td>>300</td><td rowspan="3">>3500</td><td>>400</td><td rowspan="3">>4000</td><td>>400</td><td rowspan="3">>5000</td></tr>
<tr><td>Cl/(mg/L) 1000～6000</td><td>>100+0.15Cl⁻</td><td>>100+0.15Cl⁻</td><td>>150+0.15Cl⁻</td><td>>150+0.15Cl⁻</td><td>>250+0.15Cl⁻</td><td>>250+0.15Cl⁻</td></tr>
<tr><td>Cl/(mg/L)>6000</td><td>>1050</td><td>>1050</td><td>>1100</td><td>>1100</td><td>>1200</td><td>>1200</td></tr>
<tr><td rowspan="2">分解结晶性侵蚀</td><td rowspan="2" colspan="2">弱盐基硫酸盐阳离子 [Me]</td><td colspan="8">[Me]>1000　[Me]>K_3 - SO_4^{2-}</td><td rowspan="2" colspan="4">无规定</td></tr>
<tr><td colspan="2">$K_3=7000$</td><td colspan="2">$K_3=6000$</td><td colspan="2">$K_3=9000$</td><td colspan="2">$K_3=8000$</td></tr>
</table>

注　表中 A 为硅酸盐水泥，B 为火山灰质、含砂火山灰质、矿渣硅酸盐水泥；系数 a、b 见表 5-4。

表 5-4　系数 a 和 b 值

酸性碳酸盐碱度 HCO_3^-/(meq/L)	Cl^- 和 SO_4^{2-} 的总含量/(mg/L)											
	0～200		201～400		401～600		601～800		801～1000		>1000	
	a	b	a	b	a	b	a	b	a	b	a	b
1.4	0.03	16	0.01	17	0.07	17	0.00	17	0.00	17	0.00	17
1.8	0.04	17	0.04	18	0.03	17	0.02	18	0.02	18	0.02	18
2.1	0.07	19	0.08	19	0.06	18	0.04	18	0.04	18	0.04	18
2.5	0.10	21	0.09	20	0.07	19	0.06	18	0.06	18	0.05	18
2.9	0.13	23	0.11	21	0.09	19	0.08	18	0.07	18	0.07	18
3.2	0.16	25	0.14	22	0.11	20	0.10	19	0.09	18	0.08	18
3.6	0.20	27	0.17	23	0.14	21	0.12	19	0.11	18	0.10	18
4.0	0.24	29	0.20	24	0.16	22	0.15	20	0.13	19	0.12	19
4.3	0.28	32	0.24	26	0.19	23	0.17	21	0.16	20	0.14	20
4.7	0.32	34	0.28	27	0.22	24	0.20	22	0.19	21	0.17	21
5.0	0.36	36	0.32	29	0.25	26	0.23	23	0.22	22	0.19	22
5.4	0.40	38	0.36	30	0.29	27	0.26	24	0.24	23	0.22	23

续表

酸性碳酸盐碱度 HCO_3^- /(meq/L)	Cl^- 和 SO_4^{2-} 的总含量/(mg/L)											
	0～200		201～400		401～600		601～800		801～1000		>1000	
	a	*b*	*a*	*b*	*a*	*b*	*a*	*b*	*a*	*b*	*a*	*b*
5.7	0.44	41	0.40	32	0.32	28	0.29	25	0.27	24	0.25	24
6.1	0.48	43	0.43	34	0.36	30	0.33	26	0.30	25	0.28	25
6.4	0.54	46	0.47	37	0.40	32	0.36	28	0.33	27	0.31	27
6.8	0.61	48	0.51	39	0.44	33	0.40	30	0.37	29	0.34	28
7.1	0.67	51	0.55	41	0.48	35	0.44	31	0.41	30	0.38	29
7.5	0.74	53	0.60	43	0.53	37	0.48	33	0.45	31	0.41	31
7.8	0.81	55	0.65	45	0.58	38	0.53	34	0.49	33	0.44	32
8.2	0.88	58	0.70	47	0.63	40	0.58	35	0.53	34	0.48	33
8.6	0.96	60	0.76	49	0.68	42	0.63	37	0.57	36	0.52	35
9.0	1.04	63	0.81	51	0.73	44	0.67	39	0.61	38	0.56	37

注　资料来源于《水文地质手册》，北京：地质出版社，1978。

（1）分解性侵蚀。水是否具有分解性侵蚀能力的判断指标有三个：

1）分解性侵蚀指标。

$$pHs=\frac{HCO_3^-}{0.15HCO_3^- -0.025}-K_1$$

式中：HCO_3^- 为水中 HCO_3^- 的含量，meq/L；K_1 可从表 5-3 中查数值。

当水的实际 pH 值≥pHs 时，水无分解性侵蚀；反之则有酸性侵蚀。

2）pH 值：当水的实际 pH 值小于表 5-3 中所列数值时，则有酸性侵蚀。

3）游离 CO_2 指标，见表 5-3。

（2）结晶性侵蚀。又称硫酸盐侵蚀，指水中的 SO_4^{2-} 进入混凝土孔洞，形成石膏和硫酸铝盐晶体，这些新的化合物结晶时，体积会增大（如石膏可增大 1～2 倍，硫酸铝盐可增大 2.5 倍），其膨胀作用可导致混凝土强度降低，以致破坏。SO_4^{2-} 含量是结晶性侵蚀的评价指标（表 5-3）。

结晶性侵蚀还与水中氯离子含量及混凝土建筑物在地下所处位置有关，如建筑物处于水位变动带，干湿条件变化明显，结晶性侵蚀作用就会增强。为防止 SO_4^{2-} 含量高的水对混凝土的侵蚀，水下建筑物应采用抗硫酸盐的水泥。

（3）分解结晶性侵蚀。又称镁盐侵蚀，主要是水中弱盐基阳离子如 Mg^{2+}、Fe^{2+}、Fe^{3+}、Cu^{2+}、Zn^{2+}、NH_4^+ 等与水泥发生反应使混凝土强度降低，甚至破坏，该复合型侵蚀的评价指标为弱盐基硫酸盐离子［Me］（表 5-3），主要用于被工业废水污染的侵蚀性鉴定。

3. 其他工业行业用水水质评价

工业用水种类繁多，即使是同一工业，不同的生产工艺过程，对水质的要求也有差异。工业用水的水质优劣，与工业生产的发展和产品质量的提高关系极大。各种工业用水对水质的要求由有关工业部门加以制定。

三、农田灌溉用水水质评价

1. 农业灌溉用水的水质要求

水温：我国北方10～15℃，南方15～25℃；水的矿化度：<2g/L；溶解盐类：钠盐对农作物最有害，按危害程度，Na_2CO_3 危害最强、NaCl 次之、Na_2SO_4 又次之。

2. 农业灌溉用水的水质评价方法

（1）水质标准法。依据我国现行的《农田灌溉水质标准》（GB 5084—2021），进行农田灌溉用水的水质比对的评价方法。我国《农田灌溉水质标准》中，根据农作物的生长习性及需水情况将其划分为三类：水作作物、旱作作物和蔬菜作物，根据不同作物类型，对温度、盐分、有机物及灌溉方式等有一定的标准要求。

（2）钠吸附比值法。美国农田水质评价方法，是根据水中钠离子与钙、镁离子的相对含量来判断水质的优劣，即

$$A=\frac{\gamma_{Na^+}}{\sqrt{(\gamma_{Ca^{2+}}+\gamma_{Mg^{2+}})/2}}$$

式中：A 为钠吸附比值；γ_{Na^+}、$\gamma_{Ca^{2+}}$、$\gamma_{Mg^{2+}}$ 为各离子在每升水中的毫克当量数。

$A>20$ 时，为有害水；$A=15\sim20$ 时，为有害边缘水；$A<8$ 时，为相当安全水。

钠吸附比值只反映了钠盐含量的相对值，应用时应与全盐量、水化学形成条件相结合。

（3）灌溉系数法。灌溉系数根据钠离子与氯离子、硫酸根的相对含量采用不同的经验公式计算。

$$K_a=\frac{288}{5\gamma_{Cl^-}},\gamma_{Na^+}<\gamma_{Cl^-}$$

$$K_a=\frac{288}{\gamma_{Na^+}+4\gamma_{Cl^-}},\gamma_{Cl^-}+\gamma_{SO_4^{2-}}>\gamma_{Na^+}>\gamma_{Cl^-}$$

$$K_a=\frac{288}{10\gamma_{Na^+}-5\gamma_{Cl^-}-9\gamma_{SO_4^{2-}}},\gamma_{Na^+}>\gamma_{Cl^-}+\gamma_{SO_4^{2-}}$$

$K_a>18$ 时，为完全适用的水；$K_a=6\sim18$ 时，为适用的水；$K_a=1.2\sim5.9$ 时，为不太适用的水；$K_a<1.2$ 时，为不能用的水。

灌溉用水水质评价比较复杂，不能简单地用某一特定标准或指标替代全面的分析评价，还需具体考虑当地的气候、水文地质条件、土壤性质、农作物种类、灌溉制度和方式等一系列因素，提出适合当地情况的用水标准和利用方案。

第三节　水环境质量评价

水环境质量评价的目的是全面准确地确认水体环境状况（包括演变历史、现状及人类的影响），量化其质量级别，为水资源的合理开发利用提供必要的科学依据，以确保供水的安全性。

一、水资源污染状况评价

1. 污染源调查

（1）调查程序：普查→重点污染源调查→主要污染源和主要污染物调查。

（2）调查内容：①工业污染源：企业、工艺和布局等；②生活污染源：城镇人口、布局，医院，城市污水管网，生活垃圾等；③农业污染源：农药、化肥等施用情况。

2. 污染源评价

评价的实质在于分清评价区域内各污染源及污染物的主次程度，必须考虑排污量和污染物毒性两方面因素。评价方法主要有两大类：一类是单项指标评价；另一类是多指标的综合评价。

（1）单项指标评价。

1）用污染源中某单一污染物的含量（浓度或重量等）、统计指标（检出率、超标率、超标倍数等）来评价某污染物的污染程度。

$$W_i = C_i Q$$

式中：W_i 为单位时间排放第 i 种污染物的绝对量，t/d；C_i 为第 i 种污染物的实测平均浓度，mg/L 或 kg/m^3；Q 为污水日平均排放量，m^3/d。

$$R_d = \frac{n_d}{n} \times 100\%$$

式中：R_d 为某项目检出率，%；n_d 为某项目检出次数；n 为某项目监测总次数。

$$R_i = \frac{C_i}{C_0} - 1$$

式中：R_i 为某项目超标倍数；C_i 为某项目实测值；C_0 为某项目水质标准。

$$R_e = \frac{n_e}{n} \times 100\%$$

式中：R_e 为某项目超标率，%；n_e 为某项目超标次数；n 为某项目监测总次数。

2）以某一污染要素为基础，计算污染指数，以此为判断依据进行评价。

当背景值为一区间值时，单要素污染指数 I 采用：

$$I = \frac{C_i}{C_0}$$

式中：C_i 为水中某水质指标的实测浓度，mg/L；C_0 为背景值或对照值，mg/L。

当背景值为一区间值时，采用

$$I = |C_i - \overline{C_0}| / (C_{0\max} - \overline{C_0}) \text{或} I = |C_i - \overline{C_0}| / (\overline{C_0} - C_{0\min})$$

式中：$C_{0\max}$、$C_{0\min}$ 分别为背景值/对照值的区间最大值和最小值；$\overline{C_0}$ 为背景值或对照值的区间中值。

这种方法可以对各种污染组分不同时段（如枯、丰水期）分别进行评价。

（2）综合指标评价。同时考虑多种污染物的浓度、排放量等因素，较全面、系统地衡量污染源污染程度的评价方法，大多是用一定的数学模型进行综合评价。

1）排污量法：简单统计污染源的排污量，按其量大小排序。

2）污径比法：对污染源所排放的废水流量和纳污水体径流量的比值进行比较。

3）排毒系数法：根据生物毒性试验结果，对某污染物计算排毒指标

$$F_i=\frac{C_i}{D_i}$$

式中：C_i 为某种污染物在废水中的实测浓度；D_i 为某种污染物的毒性标准，分为慢性中毒阈剂量、最小致死量、半致死量等。

对于一个污染源，往往有多种污染物，即多个污染参数，这时计算的排毒指标采用归一化处理，即

$$F=\sum_{i=1}^{n}\frac{C_i}{D_i}\bigg/\sum_{i=1}^{n}C_i$$

式中：n 为污染源的污染物种类数目。

水质评价中要使用统一的毒性标准。该方法的优点是将排毒指标与污染物的生物效应联系起来，但因毒性指标的条件复杂、污染物种类繁多，难以实际应用。

4）综合污染指数法。

$$K=\sum_{i=1}^{n}\frac{C_i}{C_{oi}}C_k$$

式中：K 为综合污染指数；C_k 为根据具体条件规定的地面水中各污染物的统一最高允许标准；C_i 为地面水中各种污染物的实测浓度；C_{oi} 为各种污染物地面水中最高允许标准。

这样$\frac{C_i}{C_{oi}}$是“等标系数”，而$\frac{C_i}{C_{oi}}C_k$ 即为各种污染物的“等标污染指数”，即化为同一标准后各污染物的污染程度。因具有统一的标准，所以相加后得出的 K 值表示各种污染物的总体对水体的综合污染程度。综合污染指数在空间上可对比不同河段水体的水质污染程度，便于分级分类（表 5-5）；在时间上可表示一个河段、一个地区水质污染变化的总趋势。改善了用单项指标表征水质污染程度不够全面的欠缺，解决了用多项指标描述水质污染时计算上的不便及对比和综合评价的困难，克服了用生物指标评价时不易给出简明的定量数值的缺点。K 不同于一般表示水质理化性质的水质指标，在选择水质参数时应优先考虑造成水质污染的重要有害物质。

表 5-5　综合污染指数的水体污染程度分级

K 值	污染分级	K 值	污染分级
<0.1	未受污染	0.5～1.0	中度污染
0.1～0.2	微弱污染	1.0～5.0	重度污染
0.2～0.5	轻度污染	>5.0	严重污染

5）等标污染负荷法：该方法是我国目前使用最普遍的方法，它不仅考虑不同种类污染物的浓度及相应的环境效应（即不同的评价标准），还考虑了污染源的排污水量，考虑因素比较全面。具体通过 7 个特征指标综合评价区域内的主要污染源和污染物。

a. 某污染物的等标污染负荷。

$$P_i=\frac{C_i}{|C_{oi}|}Q_i\times10^{-6}$$

式中：P_i 为某污染物的等标污染负荷，t/a；C_i 为某污染物的实测浓度，mg/L；$|C_{oi}|$ 为某污染物允许排放标准，不计单位；Q_i 为含某污染物的废水排放量，t/a。

b. 某污染源 n 个污染物的总等标污染负荷。

$$P_n = \sum_{i=1}^{n} P_i = \sum_{i=1}^{n} \frac{C_i}{|C_{oi}|} Q_i \times 10^{-6}$$

c. 某地区或某流域 m 个污染源等标污染负荷之和为

$$P_m = \sum_{n=1}^{m} P_n$$

d. 全地区或全流域内某污染物总等标污染负荷为

$$P_{mi} = \sum_{n=1}^{m} P_{ni}$$

e. 某工厂内某污染物的污染负荷比（某污染物等标污染负荷占该厂等标污染负荷的百分比）为

$$K_i = \frac{P_i}{P_n} \times 100\%$$

f. 某工厂（污染源）在全地区（流域内）的污染负荷比为

$$K_n = \frac{P_n}{P_m} \times 100\%$$

g. 某污染物在全地区（流域内）的污染负荷比为

$$K_{mi} = \frac{P_{mi}}{P_m} \times 100\%$$

二、地表水质量评价

地表水质量评价应根据实际的水域功能类别，选取相应类别标准及合适的评价参数和评价方法，对地表水体的质量进行定性或定量的评定。评价的对象可以是一条河流，也可以是一条河流的一段或几段、一个湖泊或一个水库等。

因用水要求、水域功能、监测内容、污染物属性和评价目的等不同，以及环境要素和水质演变的复杂性，地表水质量评价具有不同的评价内容和方法。单指标评价只可回答某种因子是否超标及确定水质类型，多因子评价方法只能确定现状水质的相对类别和相对污染程度，因为多种因子间缺乏物化特性、绝对含量、危害机理和程度及环境目标的内在联系。一种水质状况优并不限制另一种指标属于严重污染，此外，对特定环境条件和评价目的，不同评价者因对评价因子在综合水质中的危害效应的重要性有不同的认知而会赋予不同的权重。

通常地表水水质可以直接用感官物理性状参数、氧平衡参数、毒物参数及微生物学参数评价，也可以用数学模式（水质指数）及分级评价法等进行评价。

1. 基于污染指数法的地表水水质评价

利用表征水体水质的物理化学参数的污染物浓度值，通过数学处理得出一个相对数值，用以反映水体污染程度的评价方法。

（1）单一指数。单一指数 I_i 是指某种污染物的实测浓度值 C_i（或经某种计算的取

值）与该污染物的评价标准值 S_i 的比值，即

$$I_i=C_i/S_i$$

I_i 为监测值对标准值的比值，又称等标污染负荷，是一个无量纲的数，在一定条件下，可以表示水质相对污染状况：对某种污染物而言，当 $I_i<1.0$ 时，可认为水质是清洁的；当 $I_i>1.0$ 时，可认为水质已被污染；当 $I_i=1.0$ 时，水质处于临界状态。

对于随浓度增加而污染危害也增加的污染物（如酚、氰、COD等），污染指数计算可用上式计算，但对于随浓度增加而危害程度下降的污染物（如溶解氧等），其污染指数计算公式变为

$$I_i=\frac{C_{\max}-C_i}{C_{\max}-S_i}$$

式中：$C_{\max}$ 为水质指标 i 在水中可能的最大浓度，mg/L，在20℃时，水中的饱和溶解氧为9.2mg/L。

而对于具有最高允许浓度和最低允许浓度限制的污染物，污染指数又变为

$$I_i=\frac{C_i-\overline{S}_i}{S_{\max}-S_i}\text{或}I_i=\frac{C_i-\overline{S}_i}{S_i-S_{\min}}$$

式中：$S_{\max}$ 和 $S_{\min}$ 为某一水质指标标准值的上限和下限；$\overline{S}_i=\frac{S_{\max}+S_{\min}}{2}$，$\overline{S}_i$ 为某水质指标标准值上下限值的平均值。

（2）综合指数。河流的污染一般是由多种污染物共同作用引起的，要全面反映水质状况，就得采用综合指数这种用多项污染物对水环境产生的综合影响程度的指标。

1）叠加型指数：该指数是1975年北京西郊环境质量评价中提出的，公式为

$$I=\sum_{i=1}^{n}\frac{C_i}{S_i}$$

式中：I 为水质综合评价指数；C_i 为污染物 i 的实测浓度，mg/L；S_i 为污染物 i 的水环境质量标准，mg/L。

叠加型指数简单且意义明确，但对取不同参数个数的水体评价缺乏可比性。例如一个河段取酚、氰、汞、铬四项污染物为评价参数，而另一河段取酚、氰、COD、BOD、砷、铬六项污染物为评价参数，通过计算求得两个综合污染参数，但不能简单地根据这两个数值大小做出哪一段河流污染严重的结论。另外，该指数是将各污染物对环境的影响平等对待，没有考虑不同污染物对环境影响程度上的差异。

2）均值型指数：该指数是在1977年图们江水系污染与水资源保护研究工作中提出的，公式为

$$I=\frac{1}{n}\sum_{i=1}^{n}\frac{C_i}{S_i}$$

式中：n 为选取的污染物（评价参数）个数。

该指数解决了不同参数个数对指数值的影响，但仍未考虑不同污染物危害程度的影响。

3）加权均值型指数：该指数是1977年在南京城区环境质量评价研究中提出的水域质量综合评价指标，公式为

$$I=\sum_{i=1}^{n}W_i\frac{C_i}{S_i}$$

式中：W_i 为污染物 i（即单一指数 C_i/S_i）的加权值（即权重），$\sum_{i=1}^{n}W_i=1$。

该方法应用中的主要问题在于权重 W_i 的确定。W_i 的确定方法很多，如流量加权、河段长度加权、湖泊面积加权等。但对于一般情况，多是根据污染参数对环境的影响、对人体健康和生物的危害来确定每个污染参数的相对重要性，给出它们不同的权重。实际工作中要结合专家意见，结合实际问题具体分析，采用合适的权重确定方法。

4）均方根型指数。

$$I=\sqrt{\frac{1}{n}\sum_{i=1}^{n}\left(\frac{C_i}{S_i}\right)^2}$$

5）内梅罗指数。

$$I=\sqrt{\frac{\left(\max\frac{C_i}{S_i}\right)^2+\left(\frac{1}{n}\sum_{i=1}^{n}\frac{C_i}{S_i}\right)^2}{2}}$$

式中：C_i 为水质指标 i 的实测值；S_i 为水质指标 i 的标准值；$\max\frac{C_i}{S_i}$为 n 个 C_i/S_i 中的最大值；$\frac{1}{n}\sum_{i=1}^{n}\frac{C_i}{S_i}$ 为 n 个 C_i/S_i 的平均值。

综合指数的形式很多，在各种水质评价中都有应用，但从基本思路看，都是将污染物的实测值与评价标准值进行比较，得到各污染物的分指数 $I_i(C_i/S_i)$，然后采用各种方法计算得出污染综合指数 I，根据 I 可评价水体质量。

2. 分级评价法的地表水水质评价

1982 年全国水资源调查和评价中曾使用分级评价法，它是将评价参数的代表值与各类水体的分级标准值分别进行对比，确定单项水质分级，然后进行等级指标的综合叠加，综合评价水体的类别。

（1）百分制分级法。该方法评价的具体步骤如下：

1）选择评价参数：根据实际情况，选择若干个能正确反映水质的主要污染物作为水质评价因子（参数），通常选取 10 个评价参数。

2）制定评价准则：包括单因子评分标准、水质分级标准。应根据实际情况并结合现行的有关环境质量标准制定科学、合理的评价准则。

3）给每个评价参数评分：根据评价参数的实测值，套用单因子评分标准，给每个评价参数评分，每个参数的评分值最高为 10 分，最低为 0 分。

4）计算总分：总分 $M=\sum_{i=1}^{10}A_i$（A_i 是评价参数 i 的评分值），取值最高为 100 分，最低为 0 分。

5）确定水质级别：根据总分计算结果，套用水质分级标准，确定水质级别。

【例 5-1】 现测得某河段水体中含 DO 3.5mg/L、挥发酚 0.015mg/L、氰化物 0.04mg/L、As 0.03mg/L、Cr^{6+} 0.16mg/L、Hg 0.0004mg/L、Cd 0.025mg/L、Pb 0.06mg/L、COD 9.5mg/L、石油类 0.35mg/L，单因子评分标准及水质分级标准分别见表 5-6 和表 5-7。请用百分制分级法对该水体进行评价。

表 5-6　　单因子评分标准

水质等级	项目	COD	DO	氰化物	挥发酚	石油类	Pb	Hg	As	Cd	Cr^{6+}
理想级	浓度/(mg/L)	＜3	＞6	＜0.01	＜0.001	＜0.01	＜0.01	＜0.0005	＜0.01	＜0.001	＜0.01
	评分值	10	10	10	10	10	10	10	10	10	10
良好级	浓度/(mg/L)	＜8	＞5	＜0.05	＜0.01	＜0.3	＜0.05	＜0.002	＜0.04	＜0.005	＜0.05
	评分值	8	8	8	8	8	8	8	8	8	8
污染级	浓度/(mg/L)	＜10	＞4	＜0.1	＜0.02	＜0.6	＜0.1	＜0.005	＜0.08	＜0.01	＜0.1
	评分值	6	6	6	6	6	6	6	6	6	6
重污染级	浓度/(mg/L)	＜50	＞3	＜0.25	＜0.05	＜1.2	＜0.2	＜0.025	＜0.25	＜0.05	＜0.25
	评分值	4	4	4	4	4	4	4	4	4	4
严重污染级	浓度/(mg/L)	≥50	≤3	≥0.25	≥0.05	≥1.2	≥0.2	≥0.025	≥0.25	≥0.05	≥0.25
	评分值	2	2	2	2	2	2	2	2	2	2

表 5-7　　水质分级标准

M 值	100～96	95～76	75～60	59～40	＜40
水质等级	理想级	良好级	污染级	重污染级	严重污染级

解： 选择 DO、挥发酚、氰化物、As、Cr^{6+}、Hg、COD、石油类、Cd、Pb 10 个评价参数；根据各评价参数的实测资料套用单因子评分标准（表 5-6）给每个评价参数评分：DO(4)、挥发酚(6)、氰化物(8)、As(8)、Cr^{6+}(4)、Hg(10)、COD(8)、石油类(6)、Cd(4)、Pb(6)；对每个评价参数评分求和得出总分 M 值为 64；套用水质分级标准（表 5-7），评定出该河段水质为污染级。

（2）十分制分级法。前边三个步骤与百分制分级法步骤中的 1)～3）相同，下边步骤依次如下：

1）总分 $W=A_x+A_y$ 是“两个最低分（A_x 和 A_y）之和”，取值范围是最高分 20 分而最低分 0 分。

2）确定水质级别：根据总分计算结果，套用水质分级标准，确定水质级别。

3）写出数学模式：$SN_{10}^x N_8^x N_6^x N_4^x N_2^x$（$S$ 为评价参数总个数，N_{10}^x 为得 10 分的评价参数个数，其他依次类推）。

4）写出污染表达式：$SW_{J\text{-}C}$（J 为水质分级级别Ⅰ～Ⅴ，C 为超标项目个数）。

5）写出超标项目：将超出环境标准的项目标出。

【例 5-2】 已知洋河下游八号桥断面、逐鹿桥断面的水质监测资料（部分）见表 5-8，单因子评分标准及水质分级标准见表 5-9 和表 5-10，请用十分制分级法对这两个河流断面的水质进行评价。

表 5-8 实测水质资料（部分）

断面	年度	浓度/(mg/L)			
		DO	BOD_5	高锰酸盐指数 I_{Mn}	挥发酚
八号桥	1981—1982	8.32	6.13	4.34	0
	1986—1987	6.00	5.62	14.50	0.019
	1991—1992	7.70	15.95	11.30	0.013
逐鹿桥	1981—1982	10.55	3.69	1.99	0
	1986—1987	7.40	2.30	3.45	0.003
	1991—1992	9.85	8.00	2.60	0.002

表 5-9 单因子评分标准

项目	Ⅰ级		Ⅱ级		Ⅲ级		Ⅳ级		Ⅴ级	
	浓度/(mg/L)	评分	浓度/(mg/L)	评分	浓度/(mg/L)	评分	浓度/(mg/L)	评分	浓度/(mg/L)	评分
DO	≥6	10	≥5	8	≥3	6	≥2	4	<2	2
BOD_5	<3	10	<4	8	<6	6	<10	4	>10	2
高锰酸盐指数 I_{Mn}	≤4	10	<6	8	<8	6	<10	4	>10	2
挥发酚	<0.002	10	<0.005	8	<0.01	6	<0.1	4	>0.1	2

表 5-10 水质分级标准

W 值	20 或 18	16 或 14	12 或 10	8 或 6	<4
水质等级	理想级（Ⅰ）	良好级（Ⅱ）	污染级（Ⅲ）	重污染级（Ⅳ）	严重污染级（Ⅴ）

解：选择 DO、BOD_5、I_{Mn}、挥发酚 4 个评价参数；根据各评价参数的实测资料套用单因子评分标准（表 5-9）给每个评价参数评分；计算 W 值，并套用水质分级标准（表 5-10）对水质进行分级；写出数学模式和污染表达式；写出超标项目（表 5-11）。

表 5-11 W 分级评价结果表

断面	年度	溶解氧		BOD_5		I_{Mn}		挥发酚		W 值	水质级别	数学模式	污染表达式	超标项目
		浓度/(mg/L)	评分	浓度/(mg/L)	评分	浓度/(mg/L)	评分	浓度/(mg/L)	评分					
八号桥	1981—1982	8.32	10	6.13	4	4.34	8	0	10	12	Ⅲ	$4N_{10}^2N_8^1N_4^1$	$4W_{Ⅲ-1}$	BOD_5
	1986—1987	6.00	10	5.62	6	14.50	2	0.019	4	6	Ⅳ	$4N_{10}^1N_6^1N_4^1N_2^1$	$4W_{Ⅳ-1}$	I_{Mn}
	1991—1992	7.70	10	15.95	2	11.30	2	0.013	4	4	Ⅴ	$4N_{10}^1N_4^1N_2^2$	$4W_{Ⅴ-2}$	BOD_5、I_{Mn}
逐鹿桥	1981—1982	10.55	10	3.69	8	1.99	10	0	10	18	Ⅰ	$4N_{10}^3N_8^1$	$4W_{Ⅰ-1}$	BOD_5
	1986—1987	7.40	10	2.30	10	3.45	10	0.003	8	18	Ⅰ	$4N_{10}^3N_8^1$	$4W_{Ⅰ-1}$	挥发酚
	1991—1992	9.85	10	8.00	6	2.60	10	0.002	10	16	Ⅱ	$4N_{10}^3N_6^1$	$4W_{Ⅱ-2}$	BOD_5

3. 统计型评价法

当评价时段内有足够数量的水质资料（至少监测有 30 次以上）时，可以把每一个水质参数看作一个随机变量，每一次的实测值就是这个随机变量的取值，实测值出现的次序与历时长短不予考虑，这样可将概率统计的方法用到水质评价中来，从而可求得水质参数不小于某一浓度出现的概率，或是某一概率下对应的水质参数的浓度。

（1）选择评价参数：根据评价目的结合实际情况，选择若干个水质评价因子（参数）。

（2）搜集整理资料：在评价时段内，搜集整理每一个评价参数的实测水质资料。

（3）计算（累积）经验频率：对每一个评价参数的实测值，从大到小依次排序，并计算经验频率。

$$P=\frac{m}{n+1}$$

式中：P 为（累积）经验频率；n 为总的水质监测次数；m 为序号。

（4）绘制（累积）经验频率曲线：以水质参数的实测浓度为纵坐标，以（累积）经验频率为横坐标，绘制（累积）经验频率曲线。

（5）评价：在（累积）经验频率曲线上，水质参数的浓度值与（累积）经验频率是对应的，由（累积）经验频率可查出浓度，由浓度可查出（累积）经验频率，从而可求得水质参数大于等于某一浓度出现的频率，或是某一频率下对应的水质参数的浓度，得出水质评价结论。

三、地下水质量评价

随着城市建设、工业发展和人口增加等，水资源中很重要部分的地下水的水量和水质都发生了显著变化，尤其是长期缺乏统一和有效的管理，致使一些地区因过量开采而引发水质污染及地下水位大面积下降等环境和地质问题，影响社会经济的可持续发展和生态环境的良性发展。因此，地下水资源评价不仅是水资源评价乃至整个环境质量评价的重要组成部分，而且地下水水质的评价是研究和认识城市环境水文地质条件和特征、地下水资源开发利用可能带来的问题等，为控制地下水污染、制定城市水资源政策和保护地下水资源提供科学依据。

地下水水质评价工作必须遵循的原则有：①评价工作主要限于已经或将要以地下水作为供水源的城市或工业区；②评价工作必须在已有城市水文地质工作的基础上进行，没有开展过水文地质、工程地质普查的城市要开展水文地质、工程地质调查和研究工作；③必须有地下水水质监测资料作基础，在缺乏监测资料的地区应首先开展水化学研究；④必须以地下水资源的质量变化和地质环境的质量变化为重点，结合区域环境水文地质条件类型来进行。

开展评价前需要准备的工作有：①环境水文地质资料的收集整理：包括区内已有的水文地质、工程地质、环境地质、矿产普查、地球化学等各项资料，应对区内地下水动态观测、水质及土壤分析、地下水开发利用现状、城市规划、污染源分布、污水排放情况等资料进行全面收集和分析整理；②环境水文地质调查：进行区内水文地质调查的内容包括含水层水文地质条件、地下水埋藏、补给和排泄条件、地下水开发利用现状、污染源分布及排污方式等；③地下水动态观测和水质监测：动态观测点与水质监测网的布设，要根据当地水文地质特点和地下水污染性质，按点面结合的原则安排，力求对整个评价区都能适当控制；监测项目依据评价目的确定，一般应满足生活饮用水标准要求；除了对地下水进行监测外，还要对大气降水、河水、污废水、土壤等进行同步监测，以确定地下水、地表水和大气水之间的相互补给关系；④环境水文地质勘探：利用勘探钻孔了解含水层厚度、结构、地下水污染范围与程度、污染物迁移路线和扩散情况等，钻孔的布置应视当地水文地质条件和评价目的而定。

1. 评价参数的选择

自然界中影响地下水质量的有害物很多，但不同地区由于工业布局不同，污染源不同，污染物组成也存在较大差异，因此地下水水质评价参数的选择要根据研究区具体情况而定。一般情况下，地下水污染物质可以分为以下几类：

（1）能反映地下水的常规理化指标，如 K^+、Na^+、Ca^{2+}、Mg^{2+}、SO_4^{2-}、Cl^-、HCO_3^-、CO_3^{2-}、NH_4^+、NO_3^-、pH 值、矿化度、总硬度等。

（2）有毒的金属物质和非金属物质，如汞、铬、镉、铅、砷、氟化物、氰化物等。

（3）有机有害物质，如酚、有机氯、有机磷等。

（4）微生物，如细菌、病虫卵、病毒等。

各地区在评价地下水质量时，除第一类反映地下水质量的一般理化指标必须监测外，还要根据各地的污染特点来选择评价参数。同时，考虑地表污染源、表层地质结构、地貌特征、植被、人类开发工程、水文地质条件及地下水开发现状等直接影响地下水质量的因素。

2. 评价标准的确定

地下水常作为饮用水源，评价时多以国家饮用水标准来作为评价标准，但因地下水从未污染到开始污染、严重污染甚至不能饮用，要经历一段长时间从量变到质变的过程。因此，有人提出用污染起始值作为地下水水质评价标准，即水污染对照值或水质量背景值。因它是某一地区或区域在不受人为影响或很少受人为影响的条件下所获得的具有代表意义的天然水质，可作为污染评价的水质依据。地下水质量背景值的确定应摆脱人为因素的干扰，这完全决定于原始资料的丰富程度和对初始状态的认知程度。资料来源越早越能代表初始状态，对初始状态的认可程度越高，所确定的污染起始值就越能代表初始状态。选取方法可利用数理统计的办法获得代表值，也可以采用类比的方法用条件相近或相同的区域值代替。

3. 评价方法

（1）一般统计法。以监测点的检出值与背景值和饮用水卫生标准做比较，统计其检出率、超标率、超标倍数等。此法适用于环境水文地质条件简单、污染物质单一的地区，或在初步评价阶段采用。

（2）环境水文地质制图法。

1）基础图件：包括反映地表地质、地下水赋存条件和地表污染源分布等状况的表层地质环境分区图。

2）水质或污染现状图：用水质等值线或符号表示地下水的污染类型、范围和程度等。

3）评价图：以多项污染物质、多项指标等综合因素来评价水质，划分水质等级，并将其用图区和线条表示出来。

(3) 综合指数法。

1) 评分法：参加评分的项目，应不少于《地下水质量标准》(GB/T 14848—2017)规定的监测项目，即 pH 值、氨氮、硝酸盐、亚硝酸盐、氰化物、砷、汞、铬（六价）、总硬度、铅、氟、铜、铁、锰、溶解性固体、高锰酸盐指数、硫酸盐、氯化物、大肠菌群以及反映本地区主要水质问题的其他项目。该方法的步骤是：首先进行各单项指标评价，划分指标所属质量类别；然后按表 5-12 对各类别分别确定单项指标评价分值 F_i；再按下式计算综合评价分值 F；最后根据 F 值，按表 5-13 的规定划分水资源质量级别。

$$F=\sqrt{\frac{F_{\max}^2+\overline{F}^2}{2}}$$

$$\overline{F}=\frac{1}{n}\sum_{i=1}^{n}F_i$$

式中：F 为各单项指标评分值 F_i 的平均值；$F_{\max}$ 为评分值中的最大值；n 为指标项数。

表 5-12　　单项组分评分法评判标准

类别	Ⅰ	Ⅱ	Ⅲ	Ⅳ	Ⅴ
F_i	0	1	3	6	10

表 5-13　　综合水质分级评判标准

类别	优良	良好	较好	较差	极差
F	<0.80	0.80～2.50	2.50～4.25	4.25～7.20	≥7.20

2) 尼梅罗水质指数法：尼梅罗（Nemerou）于 1974 年发表的一种兼顾极值和均值的综合评价方法，其计算式为

$$PI_j=\sqrt{\frac{\max(C_i/L_{ij})^2+\text{average}(C_i/L_{ij})^2}{2}}$$

式中：PI_j 为 j 用途时的水质指数；C_i 为水体中 i 污染物的实测浓度；L_{ij} 为水体中 i 污染物作 j 用途时的水质标准；average(…) 为取平均值。

该方法将水的用途划分成三类：①人直接接触使用（PI_1）；②人间接接触使用（PI_2）；③人不接触使用（PI_3）。在进行评价时，先按照三类用途分别计算 PI_j 值，然后再求几种用途的总指数，即

$$PI=\sum_{j=1}^{3}W_jPI_j$$

式中：PI 为三类用途下的水质总指数；W_j 为 j 用途的权重。

按上述公式计算出的综合指数 PI，按大小划分等级，见表 5-14。

表 5-14　　综合污染指数等级划分评判参考值

PI	<0.5	0.5～1.0	1.0～3.0	3.0～7.0	>7.0
污染程度等级	未污染	轻度污染	中度污染	重度污染	严重污染

思　考　题

1. 天然水中物质组分都有哪些？水质评价的分类指标又有哪些？
2. 水环境质量标准和污染物排放标准有什么区别？各自都有哪些规定？
3. 锅炉用水和工程建设用水的水质评价各自都有哪些内容？
4. 污染源评价都有哪些方法？
5. 地表水水质评价主要有哪两类方法？具体有哪些评价步骤？
6. 地下水污染物质主要分为哪几类？综合指数法评价地下水质量都有哪几种方法？

第六章　地表水资源开发利用

本章学习指引

如能现场考察一些地表水体的开发利用工程，辅以观看水利工程建设过程的网络视频资源，本章的学习效果会更好。

第一节　地表水资源开发利用途径

地表水资源是人类开发利用最早、最多的一类水资源，包括江河、湖泊、海水等天然水体和水库、运河等人工建造的淡水水体。大部分地区的地表水资源流量较大，但因受地面各种因素的影响，除了在地表水体附近外，天然状态下的水体大多数难为人们直接利用，为满足工农业和生活等的用水需求，人类对水资源的利用往往需要修建一系列的水资源开发利用工程，常需从河道、湖库等取水，通过渠道等输水建筑物将水资源送达用户。一般从地表取水再输送到用户的地表水开发利用途径是通过一定的水利工程实施的，其系统组成有：地表水源、取水构筑物、送水泵房与管路系统。地表水源为取水工程系统提供满足一定水质和水量的原水；取水构筑物的任务是安全可靠地从水源取水；送水泵房和管路系统的任务是将所取得的原水安全可靠地向后续工艺送达。常见的地表水开发利用工程主要包括河岸引水工程、蓄水工程、扬水工程和输水工程。

一、河岸引水工程

由于河流的种类、性质和取水条件各不相同，从河道中引水通常有两种方式：一是自流引水；二是提水引水。对于自流引水又可分为无坝引水和有坝引水两种。

1. 自流引水

（1）无坝引水。当小城镇或农业灌区附近的河流水位、流量在一定的设计保证率条件下，能够满足用水要求时，即可选择适宜的位置作为引水口，直接从河道侧面引水，这种引水方式就是无坝引水。

在丘陵山区，若灌区和城镇位置较高，水源水位不能满足灌溉要求时，亦可从河流上游水位较高地点筑渠引水（图 6－1 中 A）。这种引水方式的主要优点是可以取得自流水头；主要缺点是引水口一般距用水地较远，渗漏损失较大，且引水渠通常有可能遇到施工较难地段。

无坝引水渠首一般由进水闸、冲沙闸和导流堤三部分组成。进水闸的主要作用是控制入渠流量，冲沙闸的主要作用为冲走淤积在进水闸前的泥沙，而导流堤一般修建在中小河

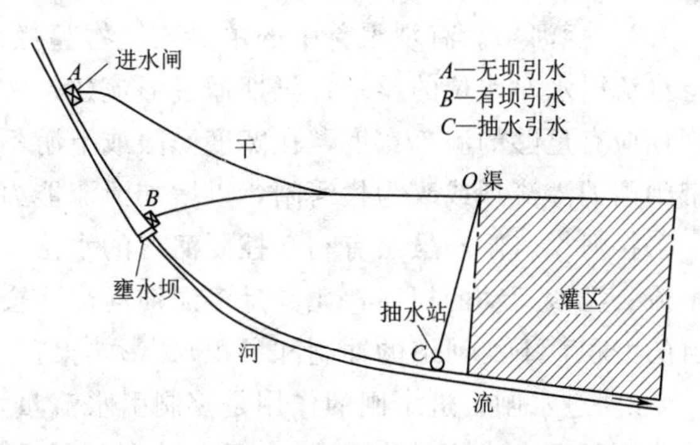

图6-1　灌溉三种引水方式平面示意图

流上，平时发挥导流引水和防沙作用，枯水期可以截断河流，保证引水。总之，渠首工程各部分的位置应统一考虑，以利于防沙取水为原则。

因无坝渠首工程简单、施工容易、投资少、收效快，且对河床演变影响小，与航运、渔业、过木等其他部门的矛盾少，因此在我国应用较广。但是它受河道水位涨落、水流转弯、河床稳定性等影响，在设计中必须加以注意，故无坝引水一般将渠首位置放在凹岸中点的偏下游处，这里水深且横向环流作用发挥得最为充分，同时避开了凹岸水流冲刷的部位。当用水地点及地形条件受到限制，无法把渠首布置在凹岸而必须放在凸岸时，可以把渠首放在凸岸中点的偏上游处，因河流的这一部位泥沙淤积较少。

(2) 有坝引水。当天然河道的水位、流量不能满足自流引水要求时，须在河道适当地点修建壅水建筑物（拦河坝或闸），抬高水位以便自流引水，保证所需的水量，这种取水形式就是有坝引水（图6-1中B）。在用水地点位置已定的情况下，有坝引水与无坝引水相比，虽然增加了拦河坝（闸）工程，但引水口一般距用水地点较近，可缩短输水干渠（管）线路长度，减少工程量，且提高了引水保证率，便于引水防沙与综合利用（图6-1中BO段），故在我国使用也较广。在某些山丘区，洪水季节虽河流流量较大，水位也能满足无坝引水需求，但因河流水位洪枯季节变化较大，为保证枯水季节能满足引水要求，也需修建临时性的坝拦河引水。

有坝引水枢纽主要由拦河坝（闸）、进水闸、冲沙闸及防洪堤等建筑物组成，如图6-2所示。

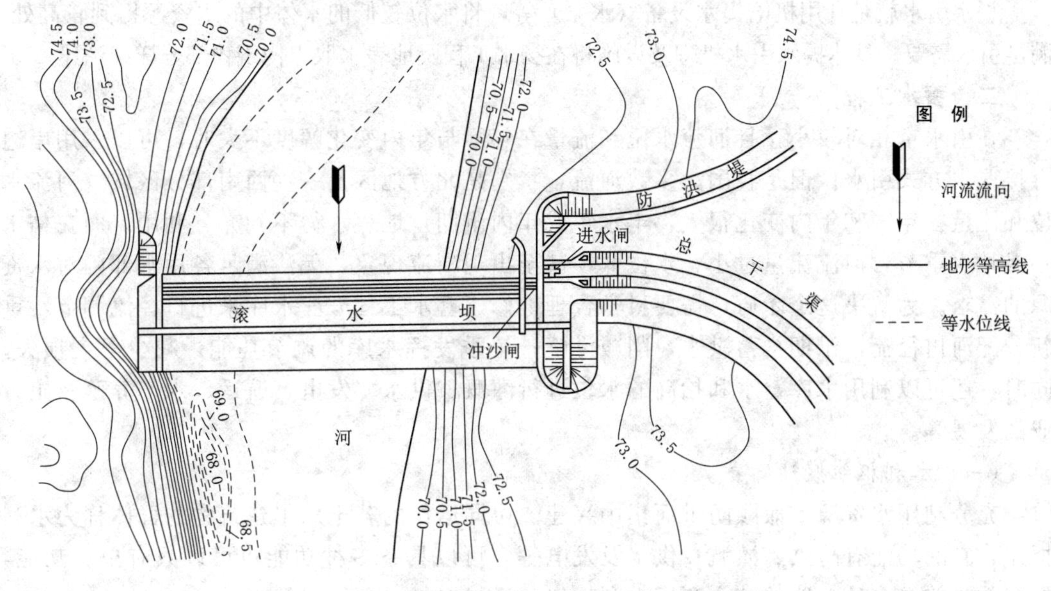

图6-2　某有坝渠首工程平面布置示意图（单位：m）

1）拦河坝。有坝渠首中的主要建筑物起拦截河道作用，非汛期抬高河道水位，以满足自流引水对水位的要求；汛期通过溢流建筑物（如溢流坝）泄掉河道洪水。因此，溢流坝顶应有足够的溢流宽度，在宽度受限或上游不允许壅水过高时，可降低坝顶高程，采用带闸门的溢流坝或改为拦河闸，以增加泄流能力。

拦河坝（闸）虽然有利于控制河道的水位，但也破坏了天然河道的自然状态，改变了水流、泥沙运动的规律，尤其是多泥沙河流，会引起渠首附近上下游河道的变化（上游河道的淤积，下游河道的冲刷和淤积），影响渠首的正常运行，在设计时须加以考虑。

2）进水闸。进水闸的作用是控制引水流量，平面布置主要有两种形式。一是正面排沙、侧面引水，这种布置方式下，进水闸沿引水渠水流方向的轴线与河流水流方向正交（图 6-3）。这种渠首布置形式构造简单、施工简易、造价经济，在我国西北和华北应用较多，但它防止泥沙进入渠道的效果较差，一般只用于渠首上下游水头差小，推移质泥沙颗粒较细的平原或清水河道。二是正面引水、侧面排沙（图 6-4），这种布置方式下，进水闸沿引水渠水流的轴线与河流方向一致或斜交。采用这种取水方式，能在引水口前激起横向环流，促进水流分层，表面清水进入进水闸，而底层含沙水流则涌向冲沙闸排除。这种渠首布置方式适用于推移质泥沙多且颗粒粗的山区河流，在我国新疆、内蒙古修建有不少这种形式的渠首。

3）冲沙闸。冲沙闸是多泥沙河流低坝引水枢纽中不可缺少的组成部分，其过水能力一般应大于进水闸的过水能力，将取水口前的淤沙冲向下游河道。冲沙闸底板高程应低于进水闸低坝高程，以保证较好的冲沙效果。

4）防洪堤。为减少拦河坝上游的淹没损失，在洪水期保护上游城镇、交通的安全，在拦河坝上游沿河修筑防洪堤。此外，若有通航、过鱼、过木和水力发电等要求时，尚要设置船闸、鱼道、筏道及水电站等建筑物。

2. 提水引水

提水引水就是利用机电提水设备（水泵）等，将水位较低的水体中的水资源提到较高处，满足引水需要。具体提水引水机理及设施将在扬水工程及地表水取水构筑物部分详细论述。

二、蓄水工程

在引水量相对较小，且河流水位和流量在年际与年内变化幅度不大时，可以采用岸边直接取水方式引水。但是我国大多数河流，特别是北方地区及一些西南部分区域，河流水位和流量在年际和年内变化很大，丰水年或年内汛期，地表水得不到充分利用，而在枯水年或枯水季节，河流流量过小，水位低，甚至出现断流现象，无法满足各用水部门对水资源的需求。为解决这个矛盾，需要科学合理地修建蓄水工程——水库来进行径流调节，重新分配河川径流，汛期拦蓄洪水，削减洪峰；旱季发挥水库的调节功能，减少旱灾损失。同时，还可以利用水库蓄水和抬高的水位进行灌溉、供水、发电、航运、水产养殖及旅游业的发展等。

（一）水利枢纽概述

充分利用水资源，兼顾防洪而集中兴建、协同运作的若干水工建筑物的群体称为水利枢纽，它的功能有防洪、灌溉、供水及发电等，可以具备多种功能也可以只有单一功能，但多数是兼具多种功能的综合利用水利枢纽，比如三峡水利枢纽等。

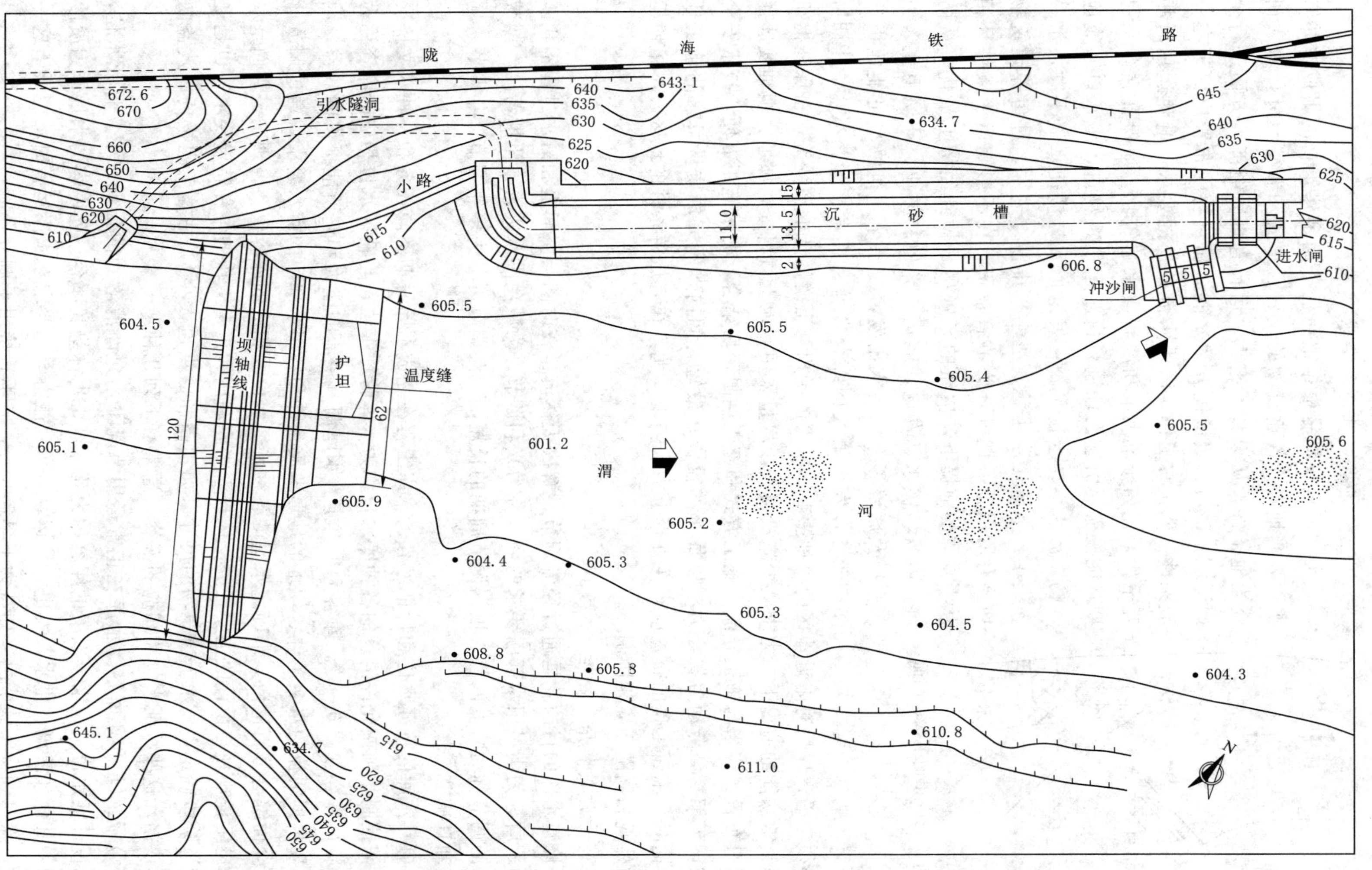

图6-3　渭惠渠渠首平面布置示意图（尺寸单位：mm）

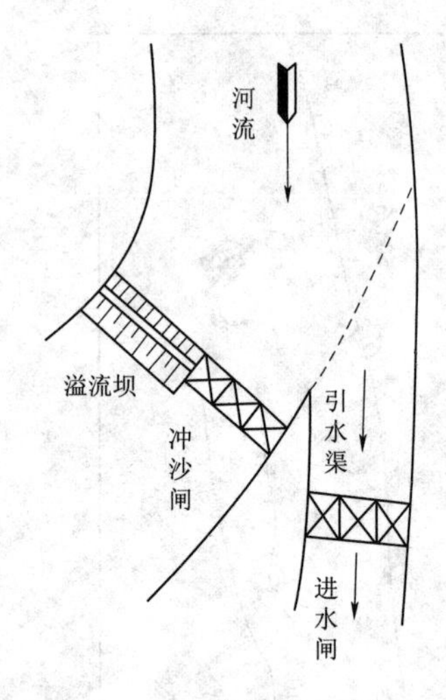

图 6-4　正面引水、侧面排沙工程示意图

1. 水利枢纽的布置和要求

水利枢纽布置是根据枢纽任务确定建筑物的组成，并有机而妥当地安排各建筑物的位置、形式和布置尺寸，深入研究当地条件，从设计、施工、运行管理、经济等方面进行全面论证，最后选定最优方案。枢纽建筑物的布置应保证在一般条件下能正常工作，满足水流条件的要求，避免运用时相互干扰。比如城市供水和灌溉取水建筑物，应保证在各个时期均能按需要引进设计流量；航运建筑物进、出水口水流应顺畅、流速小、水位平稳；发电取水口应使水流平顺，水头损失小，下游尾水平稳；泄水、排沙、过木、过鱼等建筑物均要有所保证。此外，为节省投资，在不影响运用条件且相互不矛盾的前提下，枢纽的布置尽量做到经济上最优，从防洪、灌溉、供水、发电、航运、养殖、林业、环境卫生、生态平衡及旅游等方面要求出发，使一个建筑物尽可能地担负多种任务，发挥最大的综合效益。在考虑经济效益的同时，还必须考虑建库后对附近地区的各种影响、水库的淤积与下游河床的演变等，在保证枢纽发挥正常功能的前提下，力求减少淹没损失，尽量采用当地土石料等。坝址、坝轴线选择和枢纽布置，应当与施工导流、施工方式和施工期限密切结合，力求施工方便，技术安全可靠，工期短，劳动力省，力求以最小的投资在最短时间内顺利完成质量可靠的施工任务。同时，枢纽工程的布置应当在外形上力求美观，尤其在有旅游条件的地区，尽量使枢纽的外观和周围环境相协调。

2. 水库的作用和特性

修建水库的目的就是通过径流调节，解决天然流量在时间与空间上和需水过程不相匹配的矛盾。为满足用水部门要求的调节称为兴利调节；为减免洪水灾害，汛期蓄洪、削减洪峰的调节称为防洪调节。根据调节周期的长短，径流调节可分为多年调节、年调节、周调节和日调节。

(1) 水库的特征水位和特征库容。水库工程在完成不同时期不同任务和各种水文情况下，需控制达到或允许消落的各种库水位称为水库特征水位，与特征水位相应的库容称为水库特征库容（图 6-5）。库容大小决定着水库调节径流的能力和它所能提供的效益，因此，要根据河流的水文条件、坝址的地形地质条件和各用水部门的需水要求，通过调节计算，全面综合分析论证，来确定水库的各种特征水位及相应的库容值。合理确定它们是水利水电工程规划与设计的主要任务，体现着水库利用和正常工作的各种特定要求，也是规划设计阶段确定主要水工建筑物的尺寸（如坝高和溢洪道大小），估算工程投资、效益的基本依据。这些特征水位和相应的库容，通常有下列几种：

1) 死水位和死库容。水库在正常运用情况下，允许消落到的最低水位，称死水位，又称设计低水位。死水位以下的库容称为死库容，也称垫底库容。死库容的水量作为淤沙使用，其他如灌溉、供水、发电、航运、养鱼及旅游等都要求在水库运行时不能低于这一水位，除遇到特殊的情况（如特大干旱年）外，它不直接用于调节径流。

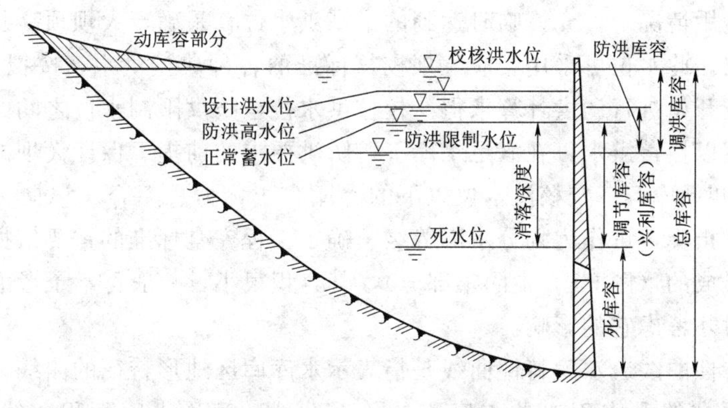

图 6-5　水库特征水位和特征库容划分示意图

2）正常蓄水位和兴利库容。水库在正常运用情况下，为满足兴利要求，在开始供水时应蓄到的水位，称正常蓄水位，又称正常高水位、兴利水位，或设计蓄水位。它决定水库的规模、效益和调节方式，也在很大程度上决定水工建筑物的尺寸、形式和水库的淹没损失，是水库最重要的一项特征水位。当采用无闸门控制的泄洪建筑物时，它与泄洪堰顶高程相同；当采用有闸门控制的泄洪建筑物时，它是闸门关闭时允许长期维持的最高蓄水位，也是挡水建筑物稳定计算的主要依据。正常蓄水位至死水位之间的深度称为消落深度，其间的水库容积称为兴利库容，即调节库容，用以调节径流，提供水库的供水量。

3）防洪限制水位和结合库容。水库在汛期允许兴利蓄水的上限水位，也是水库在汛期防洪运用时的起调水位，称防洪限制水位。它的拟定关系到防洪和兴利的结合问题，要兼顾两方面的需要，故正常蓄水位至防洪限制水位之间的水库容积称为结合库容，也称共用库容或重叠库容。此库容在汛期腾空，作为防洪库容或调洪库容的一部分，汛期内不同时段的洪水特征有明显差别时，可考虑分期采用不同的防洪限制水位，防洪限制水位以上的库容，只有在发生洪水时，才允许作为滞蓄洪水使用，整个汛期中，一旦入库的洪水消退，水库应尽快泄流，使库水位回到汛限水位。

4）防洪高水位和防洪库容。担负着下游防洪任务的水库，在遇到下游防护对象的设计洪水时，水库按下游允许的安全泄流量控制进行泄洪，此时水库在坝前所达到的最高水位称为防洪高水位。此水位可采用相应下游防洪标准的各种典型洪水，按拟定的防洪调度方式，自防洪限制水位开始进行水库调洪计算求得。防洪高水位至防洪限制水位（汛限水位）之间的水库容积称为防洪库容。它用以控制洪水，满足水库下游防护对象的防洪要求。

5）设计洪水位和设计调洪库容。水库遇到大坝的设计洪水时，水库自汛限水位对该洪水进行调节，正常泄洪设施全部打开，水库在坝前达到的最高水位，称设计洪水位。它是水库在正常运用情况下允许达到的最高洪水位，也是挡水建筑物稳定计算的主要依据，可采用相应大坝设计标准的各种典型洪水，按拟定的调度方式，自防洪限制水位开始进行调洪计算求得。它至防洪限制水位之间的水库容积称为拦洪库容，即设计调洪库容。

6）校核洪水位和校核调洪库容。水库遇到大坝的校核洪水时，经水库调洪后，正常泄洪设施与非常泄洪设施先后投入运用，水库在坝前达到的最高水位，称校核洪水位。它是水库在非常运用情况下，允许临时达到的最高洪水位，是确定大坝顶高及进行大坝安全校核的主要依据。此水位可采用相应大坝校核标准的各种典型洪水，按拟定的调洪方式，自防洪限制水位开始进行调洪计算求得。校核洪水位至防洪限制水位之间的水库容积称为调洪库容。它用以拦蓄洪水，在满足水库下游防洪要求的前提下保证大坝的安全。

7）总库容和动库容。校核洪水位以下的水库容积称为总库容。它是一项表示水库工程规模的代表性指标，可作为划分水库等级、确定工程安全标准的重要依据。动库容是由上游回水曲线形成的（图 6－5 中阴影部分），其容积很小，一般可不予考虑，只有在研究水库淹没问题时才考虑它的影响。

（2）水库特性曲线。水库特性曲线是指表示水库库区地形特征的曲线。它包括水库水位与面积的关系曲线和水库水位与容积的关系曲线，简称水库面积曲线和水库容积曲线（或库容曲线），是水库规划设计的重要基本资料。制作方法是在地形图上，根据不同水位计算出相应的水库面积和库容，然后在适当比例的坐标纸上绘制。

（二）枢纽建筑物

水利枢纽按其所在地区的地貌形态划分为平原区和山区（含丘陵）水利枢纽工程；按其承受水头大小可分为高水头、中水头和低水头水利枢纽。高水头水利枢纽多修建在山区峡谷河流上，一般包括挡水建筑物（各种拦河坝）、泄水建筑物（溢洪道及泄水隧洞等）和引水建筑物（水工隧洞或水电站进水口等）三类基本建筑物，称为水库的“三大件”；低水头水利枢纽多修建于平原河流上，一般有较低的壅水坝或水闸、水电站厂房、通航和引水等建筑物。

1. 挡水建筑物

借助自重或结构作用以抵御水及其他外荷载，拦截江河、渠道等水流以壅高水位，以及为防御洪水而沿河湖、海岸修建的水工建筑物。水库的挡水建筑物系指拦河坝，按筑坝材料分为混凝土坝、土石坝和浆砌石坝。常见的混凝土坝的类型有重力坝、拱坝和支墩坝等；土石坝分土坝、堆石坝和土石混合坝；浆砌石坝常见的形式有重力坝和拱坝等。

（1）重力坝。重力坝是世界上最早出现的一种坝型，公元前 2900 年埃及美尼斯王朝在首都孟菲斯城附近的尼罗河上，建造了一座高 15m、长 240m 的挡水坝。中国于公元前 3 世纪，在连通长江与珠江流域的灵渠工程上，修建了一座高 5m 的砌石溢流坝，迄今已运行 2000 多年，是世界上现存的使用历史最久的一座重力坝。重力坝是由混凝土或浆砌石修筑的大体积挡水建筑物，其基本剖面是上游面近于铅直的三角形断面，垂直于轴线方向常设有永久性伸缩缝，将坝体分成若干独立的工作坝段（图 6－6）。它在水压力及其他荷载作用下，主要依靠坝体自重产生的抗滑力来满足稳定要求；同时依靠坝体自重产生的压力来抵消由于水压力所引起的拉应力以满足强度要求。

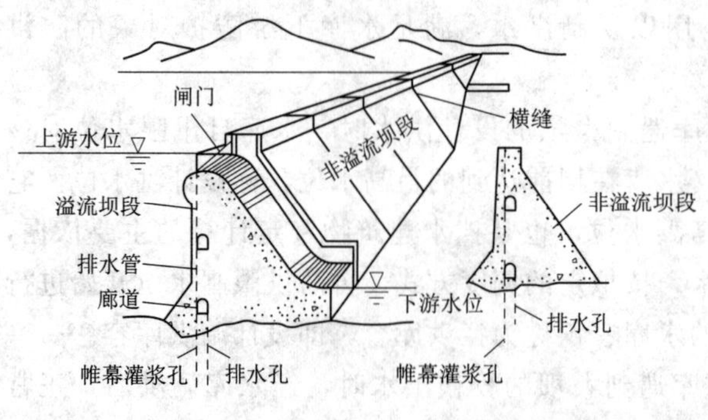

图 6－6　混凝土重力坝示意图

1）重力坝的坝体构造及坝基处理。

a. 廊道：为了检查坝体内部的工

作状态，布设各种量测仪器，满足坝内交通和灌浆、排水的需要，在坝内设置水平或斜向廊道或竖井。廊道沿坝高可设置一层或多层，有纵向和横向两种，断面一般为上圆下方的城门洞形。

b. 横缝：为适应地基变形和温度变化，沿坝轴线方向用横缝把坝分成若干个坝段。横缝间距通常为 15～20m，缝面根据需要设或不设键槽、灌浆或不灌浆。在施工中，由于混凝土浇筑能力的限制和温度控制的要求，还要设置施工缝。平行于坝轴线方向的竖向施工缝称纵缝，间距一般为 15～30m，可以是直缝、错缝或斜缝，缝面设键槽，并需灌浆；水平向施工缝称水平缝，间距在基础约束范围以内和以外分别为 1～3m 和 3～6m，缝面一般需进行凿毛处理。

c. 止水：在坝体横缝内、陡坡坝段与基础接触面以及廊道和孔洞穿越横缝处的周围，必须设置止水。止水应具有柔性，可以用金属片、橡皮、塑料片或沥青井做成。高坝上游面的横缝止水需用两道止水片，中间设一沥青井。

d. 坝体排水：为减少渗水对坝体的不利影响，在坝体靠近上游防渗层的下游侧布设一排垂直向排水管，常用多孔混凝土管，间距为 2～3m，将渗水汇入廊道。

坝基处理的任务是采取措施来改善坝基的完整性和均匀性，使具有较高的承载能力和较均匀的变形，并减少地基的渗水性。通常采取的措施有坝基开挖、固结灌浆、帷幕灌浆以及进行排水减压和断层破碎带处理等。

2）重力坝的设计要点。重力坝通常由非溢流坝段、溢流坝段和两者间的连接边墩、导墙及坝顶建筑物等组成（图 6－7）。布置时应根据地形、地质条件，综合考虑枢纽其他建筑物，其坝轴线一般采用直线，但有时因地形、地质条件的限制，采用折线或曲线。溢流坝段一般布置在原河道主流位置，两端以非溢流坝段与岸坡相接，溢流坝段与非溢流坝段间用边墩、导墙隔开。用永久性横缝分成的各坝段的外形应尽可能协调一致，力求整体

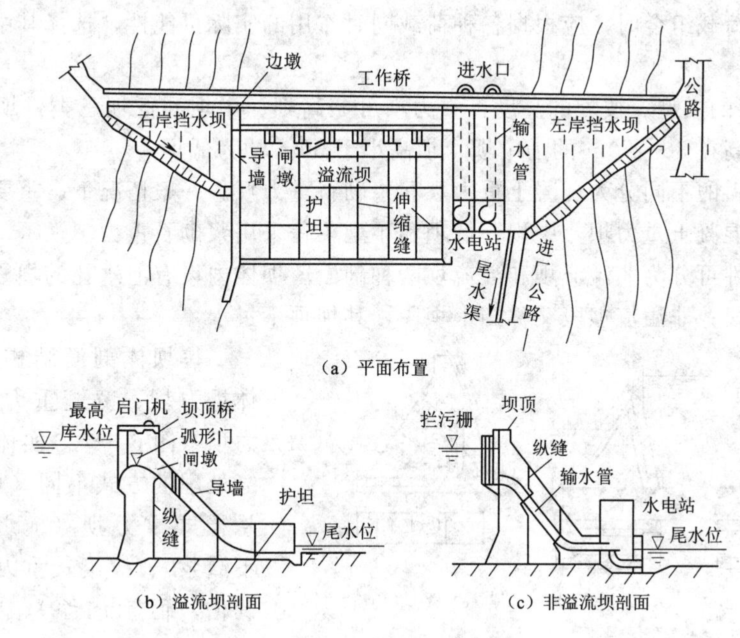

图 6－7　重力坝的布置图

美观。当地形、地质及运用等条件有显著差别时，应尽量使上游面保持齐平，通常做成铅直面，或略向上游倾斜，一般坡度为 0～0.2；下游面可采用不同的边坡，一般坡度为 0.6～0.8；坝顶在最高洪水位上要留有一定的安全超高，坝顶宽度视运用和交通的需要而定；坝底宽一般为坝高的 7/10～9/10；坝体断面需根据稳定和应力要求进行优化设计，求出坝体混凝土方量为最小的优化设计断面，并考虑布置和运行需要，对断面设计进行修正。

在进行坝体布置时，首先要考虑溢流坝和泄水孔口的位置，要满足泄洪与放水的需要，并与下游平顺连接，不致淘刷坝基、岸坡和相邻建筑物基础。泄水孔口高程和尺寸应根据水库调洪计算和水力计算，结合闸门和启闭机条件确定。溢流面要求有较高流量系数，同时不产生空蚀。坝下要设置消能工，应考虑地形、地质、枢纽布置和水流条件，比较选定其形式和尺寸。一般溢流坝与电站坝分列布置，当河谷狭窄时，也可布置电站厂房顶溢流。

根据具体的运用条件，正确计算重力坝的荷载并进行合理的荷载组合是重力坝设计的基础，是进行坝体抗滑稳定性分析和应力强度分析的奠基石。作用于重力坝上的荷载按其出现的概率和性质，可分为基本荷载和特殊荷载两类，前者指水库处于正常情况下或在施工期间较长一段时间内可能发生的荷载，又称设计情况，主要有：坝体及其上固定设备的自重、正常蓄水位或设计洪水位时的扬压力（包括渗透压力和浮托力）、相应于正常蓄水位时的上下游坝面上的静水压力、相应于设计洪水位时的溢流坝面上的动水压力、相应于正常蓄水位或设计洪水位时的浪压力、坝前淤沙的泥沙压力、冰压力、土压力等；后者指水库处于非常运用情况下的荷载，又称校核情况，主要有：校核洪水位时的静水压力、相应于校核洪水位时的扬压力、相应于校核洪水位时的浪压力、相应于校核洪水位时的动水压力、地震荷载（包括地震惯性力、地震动水压力和地震动土压力）及其他出现概率很低的荷载。进行荷载组合时，应根据各种荷载同时作用的实际可能性，选择其中最不利的荷载组合。

3）重力坝的类型。按坝的高度，重力坝可分高坝、中坝和低坝三类：坝高大于 70m 的为高坝，坝高在 30～70m 的为中坝，坝高小于 30m 的为低坝。

按筑坝材料的不同分为混凝土重力坝和浆砌石重力坝。一般情况下，重要的工程和较高的坝常采用混凝土重力坝，中坝、低坝和小型工程采用浆砌石重力坝。

按泄水条件可分为非溢流坝和溢流坝两种剖面。坝体内设有泄水孔的坝段和溢流坝段统称为泄水坝段；非溢流坝段又称挡水坝段，其坝顶不过水。

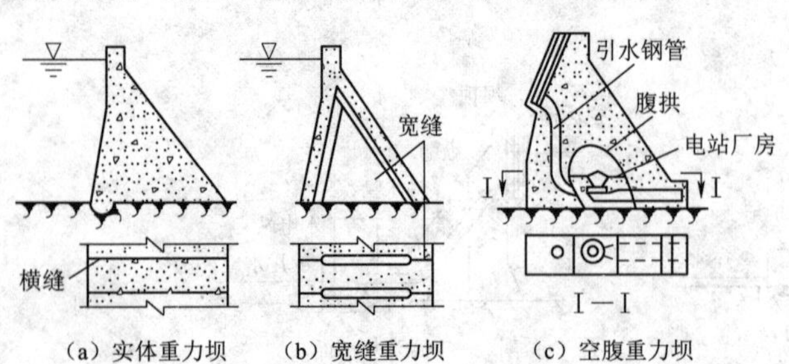

（a）实体重力坝　（b）宽缝重力坝　（c）空腹重力坝

图 6－8　重力坝形式

按坝体剖面结构形式分为实体重力坝、宽缝重力坝和空腹重力坝（图 6－8）。实体重力坝因横缝处理的方式不同又可分为三类：悬臂式重力坝（横缝不设键槽，不灌浆）、铰接式重力坝（横缝设键槽，但不灌浆）、整体式重力坝（横缝设键槽，并进行灌浆）；

宽缝重力坝和空腹重力坝可利用宽缝和空腹排除坝基的渗水，有效减少扬压力，较好地利用材料的抗压强度，从而减少10%～30%工程量，降低工程造价；空腹重力坝的空腔还可布置水电站厂房，减少电站厂房的开挖工程量，也可从厂房顶部泄水，解决狭窄河谷中布置电站厂房和泄水建筑物的困难。20世纪70年代以前宽缝重力坝和空腹重力坝在我国广为应用，如新安江、丹江口、潘家口均为宽缝重力坝，陕西省石泉水电站为空腹重力坝。

按照混凝土的施工方式，分为常态混凝土重力坝和碾压混凝土重力坝。碾压混凝土重力坝由于施工方便，技术经济指标优越，近年来得到了迅速发展。

4）重力坝的优缺点。重力坝在各国修建的各种坝型中常占有较大比重，是因其具有以下优点：相对安全可靠，耐久性好，抵抗渗漏、洪水漫溢、冲刷、地震和战争破坏能力都较强；设计、施工技术简单，易于机械化施工；对不同地形和地质条件适应性强，任何形状河谷，有一定强度的岩基，均可修建（除承载能力较低的软基和有难以处理的断层、破碎带等结构的岩基）；在坝体中可布置引水、泄水孔口，解决发电、泄洪和施工导流等问题。但重力坝也有固有缺点：坝体应力较低，材料强度不能充分发挥；坝体体积大，耗用水泥多；施工期混凝土收缩应力大，对温度控制要求高。

（2）拱坝。人类修建拱坝历史悠久，早在古罗马时期人们就采用砌石圆拱结构，修建了一系列似现代拱坝的挡水建筑物，如法国的鲍姆（Baume）拱坝、西班牙的阿尔曼扎（Almanza）拱坝、意大利的高桥（Ponte Alto）拱坝等。1854年，法国工程师左拉（Zola）以圆筒公式为指导，在普罗旺斯地区埃克斯设计建成43m高的左拉拱坝，被各国公认为世界上第一座真正意义上的拱坝。我国拱坝建设后来居上，数量上目前已是世界第一。在坝型、材料、地基处理、施工等方面积累了不少经验。2010年8月，云南省小湾水电站建成以后，成为世界上最高的拱坝（坝高294.5m，坝顶高程1245m），坝顶长922.74m，拱冠梁顶宽13m，底宽69.49m，是世界首座300m级混凝土双曲拱坝，其规模之大、施工难度以及运用的技术之多，均属世界之最。拱坝是一种建筑在峡谷中的拦水坝，水平剖面由曲线形拱构成，凸边面向上游，两端支承在两岸峡谷壁基岩上；竖直剖面呈悬臂梁形式，底部坐落在河床或两岸基岩上，借助拱的作用将水压力的全部或部分传给河谷两岸的基岩，即利用两端拱座的反力，同时还依靠自重维持坝体的稳定。

1）拱坝的坝体构造及其荷载。拱坝的结构可视为两个系统：水平拱和竖直梁系统，水力荷载及温度荷载等由这两个系统共同承担。当河谷宽高比较小时，荷载大部分由水平拱系统承担；当河谷宽高比较大时，荷载大部分由梁承担。控制拱坝形式的主要参数有：拱弧的半径、中心角、圆弧中心沿高程的迹线和拱厚。因中心角大一些，拱圈厚度小一些，拱圈内力就会小一些，因此适当加大中心角是有利的，但过大的中心角将使拱端弧面的切线与河岸等高线的夹角变小，降低拱座的稳定性。

作用在拱坝上的荷载及其组合基本和重力坝相似，只是温度荷载是拱坝设计中必须考虑的主要荷载之一。在水压力和温度荷载共同引起的径向变位中，温度荷载占据1/3～1/2，对坝顶部分的影响更大，通常假定温度荷载由拱圈来承担。荷载组合上，国内以往设计的拱坝基本组合一般为正常蓄水位加温降等，特殊组合为校核洪水位加温升等。

2）拱坝的地形地质条件及坝基处理。拱坝是周边与岩基连接的高次超静定结构，坝体没有永久性横缝，地基变形和温度变化对坝体内力影响较大，故它对地形、地质条件及坝基处理的要求较严格。

拱坝的地形条件是决定坝体结构形式、工程布置及经济造价等的主要因素，地形条件是针对开挖后的基岩面而言的，常用坝顶高程处的河谷宽度和坝高比（即宽高比 L/H）及河谷断面形状两个指标表示。河谷的宽高比值越小，说明河谷越窄深，拱坝水平拱圈跨度相对较短，悬臂梁高度相对较大，即拱的刚度大，拱的作用容易发挥，可将荷载大部分通过拱作用传给两岸，坝体可设计薄些；反之，则荷载大部分通过梁的作用传给地基，坝断面必须设计得厚些。一般理想的地形是左右对称的V形或U形狭窄河谷，在V形河谷中修建拱坝，虽水压力自坝顶向下加大，但跨度随之减小，拱的厚度变化不大，适宜修建薄拱坝；在U形河谷中，拱的跨度沿整个坝高相差不大，自坝顶向下总压力增加，拱的厚度也相应加大，适于修建中厚拱坝或厚拱坝；当河谷具有台地时，可在河谷中部修建拱坝，而在台地上修建重力坝作支撑（图6-9）。

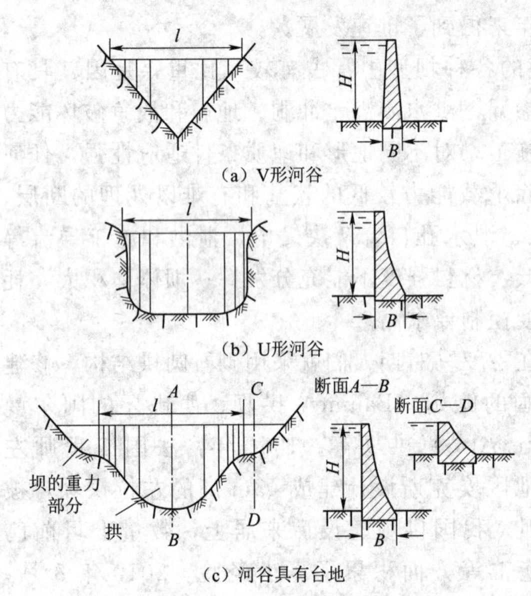

图6-9 各种峡谷形状的拱坝断面图

因拱坝是高次超静定整体结构，地基的过大变形对坝体应力有显著影响，甚至会引起坝体破坏，故拱坝对地质条件的要求比其他混凝土坝要严格。一般要求基岩均匀单一，有足够的强度、透水性小且能抗风化，两岸拱座基岩坚固完整，边坡稳定，无大的断裂构造和软弱夹层，能承受由拱端传来的巨大推力而不致产生过大变形，尤其要避免两岸边坡存在向河床倾斜的节理裂隙或构造。实际工程中，理想的地质条件是很少的，天然坝址多少会存在一些地质缺陷，不能满足上述条件，需进行固结灌浆以增加地基的整体性和牢固程度。

拱坝的地基处理和岩基上的重力坝基本相同，只是要求更严格，对两岸坝肩的处理尤为重要，务必查明地质条件的薄弱环节，慎重对待，在工程措施上不惜代价地彻底解决。坝基开挖：高坝一般应开挖至新鲜或微风化的下部基岩，中坝应尽量开挖至微风化或弱风化的中、下部基岩。整个坝基利用岩面的纵坡应平顺而无突变。河床覆盖层原则上应全部挖除或在结构上采取措施。例如贵州猫跳河窄巷口拱坝，高39.5m，因河床覆盖层较厚，采用双拱坝体型，以基础拱桥跨过覆盖层，并用两排混凝土防渗墙作为覆盖层防渗。拱坝坝基一般都要进行全面的固结灌浆，以增加基岩的整体性。对节理、裂隙发育的坝基，尚需扩大固结灌浆范围；对于坡度大于50°～60°的陡壁面，上游坝基接触面以及基岩中开挖的所有槽、井、洞等回填混凝土的顶部，尚应进行接触灌浆，以提高接触面上的抗剪强度和抗压强度，防止沿接触面渗漏。帷幕线一般布置在压应力区，尽可能靠近上游面，帷幕灌浆可利用坝体内的廊道进行，当坝体较薄或未设廊道时，可在上游坝脚处进行；当有坝头绕渗，将影响拱座岩体稳定，或将引起库水的水量损失时，防渗帷幕还应深入两岸山坡内，与重力坝的情况类似，但要求更严。在防渗帷幕后应设置坝基排水孔和排水廊道，高坝及两岸地形较陡、地质条件复杂的中坝，宜在两岸设。

3）拱坝的类型。按坝的高度分高坝、中坝和低坝三类。

按宽高比与厚高比（即河谷宽度 L 与坝高 H 的比值及坝底厚度 T 和坝高 H 的比值）分为薄拱坝（$L/H<1.5$，$T/H<0.2$）、一般拱坝（$1.5\leqslant L/H<3.0$，$0.2\leqslant T/H<0.35$）和重力拱坝（$3.0\leqslant L/H<4.5$，$0.35\leqslant T/H<0.6$）三类。

按拱弧半径和拱中心角，即坝体形态，拱坝可分为单曲拱坝和双曲拱坝两类。单曲拱又称定外半径定中心角拱。对U形或矩形断面的河谷，其宽度上下相差不大，各高程中心角比较接近，外半径可保持不变，仅需下游半径变化以适应坝厚变化的要求；对于底部狭窄的V形河谷可考虑采用等外半径变中心角拱坝。双曲拱坝又称变外半径变中心角拱。对底部狭窄的V形河谷，宜将各层拱圈外半径由上至下逐渐减小，大大减少坝体方量，这种变外半径等中心角拱的特点是拱坝应力条件较好，梁呈弯曲形状，兼有拱的作用，更经济，但有倒悬出现，设计及施工较复杂，对V形、U形河谷都适用；变外半径变圆心是让梁截面也呈弯曲形状，悬臂梁也具有了拱的作用，这种形式更能适应V形、梯形及其他形状的河谷，布置更加灵活，应力状态进一步改善，节省了工程量，但结构复杂、施工难度大。

4）拱坝的优缺点。拱坝主要依靠两岸的坝肩和坝基岩体维持稳定，坝体自重对其稳定性的影响不大，拱作为一种推力结构，拱圈截面上主要承受轴向反力，可充分利用筑坝材料的抗压强度，因此是一种经济性和安全性都很好的坝型。作为一种受压结构，传力特点主要是沿轴传向两岸，能较好地利用混凝土或浆砌石材料的抗压强度，故坝体厚度较薄，体积较小，从而节省了筑坝材料。对有条件修建拱坝的坝址，拱坝和同样高度的重力坝相比，其工程量一般节省1/3～1/2。拱梁所承受的荷载可相互调整，其超载能力常比其他坝型高，作为周边嵌固的高次超静定结构，当外荷载增大或坝的某一部位因拉应力过大而局部开裂时，能调整拱梁系统的荷载分配，即重分配坝内应力，不致造成坝全部丧失承载能力，故裂缝对拱坝的威胁不像其他坝型那么严重。因拱坝是整体性的空间结构，坝体较坚韧，富有弹性，又能自行调整结构性能，故其抗震性能较好。

拱和悬臂梁在拱坝上同时起荷载作用，两者的作用大小主要取决于河谷形状，稳定性主要依靠两岸拱端的反力作用，故拱坝主要的缺点是对坝址河谷形状及地基要求较高，几何形状复杂，施工难度大。拱坝坝体不设永久性伸缩缝，其周边嵌固于基岩中，虽坝体自重和扬压力对其应力影响较小，但温度变化、地基变形等对坝体应力有显著影响。此外，拱坝坝体单薄，坝身开孔或坝顶溢流会削弱水平拱和顶拱的作用，并使孔口应力复杂化；坝身下泄水流的向心收聚还易造成河床及岸坡冲刷。

（3）土坝。土坝也称土石坝，一种古老而至今仍沿用的挡水建筑物，利用当地筑坝材料建成，由土、砂或石块构成主体部分和不透水材料（如黏土或混凝土）构成坝心，经碾压、抛填等方法筑成的坝。

1）土坝的坝体构造。根据自然条件、运用要求和工程设计标准等，主要由坝体、护坡、防渗体和排水设施组成。

坝体是土坝的主要组成部分，维护其稳定。坝顶应超出库水位一定高度，一般不允许过水，通常在坝顶上游侧用浆砌石或钢筋混凝土等修建有坚固不透水的防浪墙，坝顶盖面材料常用碎石、单层砌石或预制混凝土块。土坝与混凝土建筑物连接多采用重力墙，按其平面形状通常分为L形、侧墙式和插入式。插入式多用于高坝，其余多用于中低坝；对于侧墙式及插入式常设深入土坝防渗体的刺墙。沿重力墙与土坝防渗体接触面一定宽度范围内，最好填筑黏性高的土料，以提高抗接触冲刷能力。

为防止风浪和雨水冲刷、冰层和漂浮物及冻胀干裂等损害作用，应设上下游护坡。上游护坡常采用堆石、浆砌石或干砌石、现浇或预制混凝土板及钢筋混凝土板等护坡；下游护坡要求低，可采用单层砌石、碎石、卵石、草皮等护坡。与土坝连接的岸坡应处理成上下均匀平顺，不得过陡、有突变及台阶或倒坡，以免因不均匀沉陷而产生裂缝；附近岸坡蓄水后应保持稳定，否则应挖成稳定坡或填筑压坡棱体。为避免不均匀沉陷，重力墙与防渗体接触不采取垂直坡。

防渗体必须满足降低坝体浸润线、降低渗透坡降、保证坝基渗透稳定和控制渗流量的要求，还要满足结构和施工上的要求。对于坝顶，在岸坡接头处常将心墙或斜墙局部扩大，以延长接触面渗径，而对岩石岸坡通常沿土坝防渗体与基岩接触面设混凝土齿墙，并在墙底设灌浆帷幕向岸内延伸一定距离，以增加绕坝渗径。坝基防渗包括：①土基：清除腐殖土层，然后将表土压实，沿土坝防渗体与土基接触面设置若干小齿槽回填防渗料，以延长渗径加强连接。②岩基：清除表面松动岩石，用水泥砂浆或喷浆封堵表面裂隙，对防渗体下面岩石进行帷幕灌浆。③砂砾地基：如砂砾层不厚，一般开挖截水槽，用防渗料回填并压实，将砂砾层截断，截水槽上下分别与防渗体及基岩连接，必要时在基岩中设置灌浆帷幕；如砂砾层比较厚，可用防渗料填筑上游水平铺盖与土坝防渗体连接，以延长坝基渗径，保证渗透稳定，但一般对减少坝基渗流量的作用不如垂直防渗；深厚砂砾坝基常采用垂直防渗，建造混凝土防渗墙截断砂砾层，防渗墙上部插入土坝防渗体，下部与基岩连接，必要时在基岩中设灌浆帷幕；如砂砾级配合适，具备适宜吸浆能力，可对砂砾层进行灌浆，形成防渗灌浆帷幕截断砂砾层。

排水设施应按反渗原则设计，透水性应远大于周围材料并满足过渡要求，具备足够排水能力，保证坝体和地基不发生渗透破坏，设施自身不被淤堵，且便于观测和检修。其主要作用有：降低坝体浸润线及孔隙压力，改变渗流方向，增强坝体稳定；防止渗流逸出处的渗透变形，保护坝坡和坝基；防止下游波浪对坝坡的冲刷及冻胀破坏，起到保护下游坝坡的作用。常见的排水形式（图6-10）有：①棱体排水：多设于下游有水且石料丰富的坝址，用块石填筑堆石棱体，除降低坝体浸润线，排除坝体与坝基渗水变形及冻胀破坏，还可支撑坝体，增加下游坝坡稳定、保护下游坝脚免受水流与波浪淘刷。②贴坡排水：沿下游坝坡铺设1～2层堆石，施工和维修均简单方便，用料量少，能防止坝坡土发生渗透破坏并保护坝坡免受下游波浪淘刷，但不能降低坝体浸润线。③褥垫排水：属于坝内排水，从下游坝址伸入坝内一定距离形成“褥垫”，常用于弱透水基上的均匀土质坝、下游水位较低的情况，它对降低坝体浸润线的作用显著，但对增加下游坝坡的稳定不明显，且用料多、造价高、检修困难。如排水料不足，可改用网状排水，纵向排水带降低坝体浸润线并汇集渗水，经横向间隔排水导出坝外。④减压井：常设于上下层分别为弱透水层和强透水层，且弱透水层较厚，或强、弱透水层互为夹层的透水基础中。减压井一般伸入强透水层一定深度，或将其穿透直抵基岩面，以对坝基排水减压，渗水经井中滤管和出水管导至地面。如基岩存在几个强透水层，应分别设置减压井。⑤排水沟：如表层弱透水层较薄，为了排除坝面雨水，应在下游坝坡设纵横向排水沟，用以拦截汇集雨水，排到坝下游。常将其挖穿直抵下面强透水层，形成排水沟，以排除坝基强透水层中的渗水。实际工作中，往往是上述几种排水形式组合在一起，兼具各单一排水形式之优点。此外，防渗和排水是相互联系的，总的原则是“高防低排”或“上堵下排”，即在靠近高水位一侧设防渗设施，堵住渗水，而在低水位一侧设排水设施，尽量排出已渗入坝身的水。

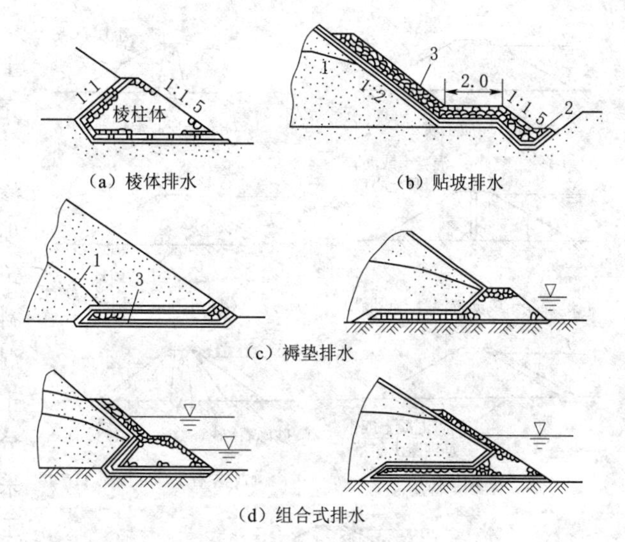

图 6-10 土石坝常见的主要排水形式（单位：m）

1—棱体排水；2—排水沟；3—反滤层

2）土坝的筑坝材料。

a. 防渗料：用以填筑土坝防渗体，减少库水渗漏。要求有较小的渗透系数、较好的渗透稳定性和一定的塑性。黏性土一般都可用作防渗料，但沼泽土、斑脱土、地表土及含有未完全分解有机质的土料不宜采用。防渗料盐类含量不得超过规范允许值。上坝土料的含水量应控制在最优的水与干土的重量比附近，使施加相同的压实功能可获得最大干容重。世界上广泛采用砾石土作为高土坝的防渗料，这种土同时含有粒径大于 5mm 的粗粒和小于 5mm 的细粒，但粗粒含量一般不超过 50%，以满足防渗要求。砾石土强度高、压缩性低、透水性小，为理想的防渗料；缺点是抗裂性能稍差。除土料外，混凝土、钢筋混凝土、沥青混凝土亦可用作防渗料。

b. 坝壳料：用来填筑坝壳，支撑防渗体，保持坝坡稳定，将通过防渗体和坝基的渗水排往下游。砂、砂砾、卵砾石、碎石、石料以及从基坑挖出来的石碴均可用作坝壳料。均匀粉细砂不易压实，遇地震易液化，应慎用。20 世纪 60 年代以后采用大型震动平碾分薄层压实坝壳料，使开挖出来的风化岩和软岩都可上坝，扩大了坝壳料的使用范围。

c. 反滤料：设在坝内粗细料之间，要求质地致密坚硬，含泥量不超过 5%，应既能排水通畅又不让被保护材料流失。反滤料可来自筛分天然砂砾料或人工轧碎的骨料，也可直接采用天然砂砾料。为防止刚度突变而在坝体设置的过渡料，兼具反滤作用，且一般较厚，有利于施工。

3）土坝的类型。按坝体材料及防渗体的设置，土坝分为均质土坝、分区坝、多种土质坝及人工防渗材料坝（图 6-11）。均质土坝的坝体主要由均一透水性弱的黏土料筑成，断面简单、施工方便，但施工受气候影响大，多雨条件下施工碾压困难。分区坝坝体专门

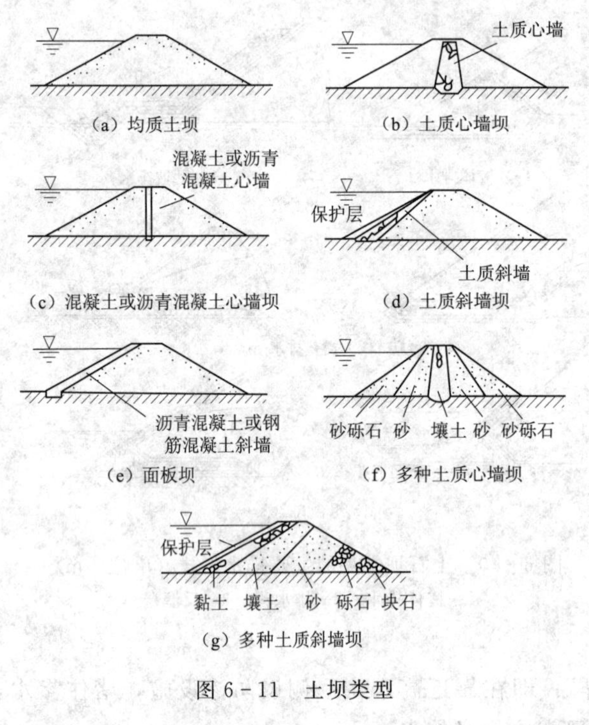

图 6-11　土坝类型

设置有防渗作用的防渗体（多为黏性土），采用透水性较大的砂石料作坝壳。其中防渗料位于坝体中间，上下游坝壳为单一透水料的称心墙坝；防渗料位于坝体上游，下游为单一透水坝壳的称斜墙坝。坝体由不同性质的筑坝材料筑成的称多种土质坝，防渗料位于坝体中间或上游。防渗体采用混凝土、沥青混凝土、钢筋混凝土、土工膜或其他人工材料制成，其余部分由土石料筑成的称人工防渗材料坝。采用土工膜防渗的土石坝，坝坡较陡，工程造价低，施工方便且工期短，不受气候影响，是一种有发展前景的新坝型。

上述坝型除均质土坝外，都是将弱透水材料布置在坝体剖面中心或上游，以达到防渗目的，而将透水性较强的材料布置在两侧或下游，以维持坝体的稳定。

按施工方法的不同，土坝可分为：①碾压土坝：利用碾压机具分层压实筑坝材料。该坝比较密实，完工后沉陷量较小（一般不超过坝高的10%），抗剪强度较高，坝坡较陡，节省工程量。这种坝历史悠久，使用最广，世界上绝大部分土坝都是碾压坝。②水中填土坝：分层将土填入静水中，土的团粒结构被水崩解，在运土及填土自重作用下得到压实。所用土料要求遇水容易崩解湿化，该坝塑性大，适应变形能力强，基本不用碾压机具，填筑受气候影响小，对料场含水量要求不严格；但施工工序较复杂，填土干容重低、含水量高，强度低、压缩性高，坝坡比碾压坝缓，完工后沉陷量较大。施工期坝坡稳定是控制大坝安全的关键，应严格控制填土含水量和坝体上升速度并需设坝内排水。水中填土坝先在苏联得到发展，中国已建成700多座，坝高达61.4m的山西汾河水库水中填土坝建于1960年，是当时世界上最高的水中填土坝。③水力冲填坝：利用水枪、挖泥船等水力机械挖掘土料，和水混合一起，用泥浆泵通过输泥管送到坝面由土埝围成的地块中，水经由排水管排到坝外，土粒沉淀下来，在自重及排水产生的渗透压力作用下得到压实。如地形适宜，泥浆可经由渠道自流进入坝面，这在中国被称为水坠坝。水力冲填坝适用于透水性较强的砂性土，可连续作业，工效高，不用运输及碾压机具。这种坝施工期间填土完全被水饱和，干容重和强度均低，压缩性高，并在坝体上部形成“流态区”，对上下游坝坡施加泥水推力，易招致滑坡和裂缝，需放缓坝坡，设坝内排水，并限制大坝上升速度。第二次世界大战后苏联曾在齐姆良、古比雪夫等一些大型水利枢纽上修建规模巨大的水力冲填坝。中国建造了很多水坠坝，其中以广东省68m的高坪坝为最高。

土坝形式的选择，应根据坝址的地形地质条件、建筑材料的数量、性质和运输距离、气候条件、施工条件等因素综合研究确定。

4）土坝的优缺点。土坝的修筑可就地取材，节省水泥、钢材和木材，且坝体的散粒体结构具有柔性，能很好地适应地基变形，对地基的地质条件要求比混凝土坝、浆砌石坝等刚性坝要低。结构简单，施工技术易掌握，方法选择灵活，便于机械化快速施工，运用中工作可靠，便于维修、加高和扩建。

土坝受散粒体材料整体强度所限，坝身（含坝顶）通常不允许过流，常需在坝外另行修建昂贵的泄水建筑物，如溢洪道、隧洞等，如库水漫顶，将垮坝失事，故抵御超标准洪水能力较差。施工导流不如混凝土坝方便，坝体填筑工程量大，且土料填筑易受气候条件影响，相应地增加了工程造价和延长了工期。

2. 泄水建筑物

泄水建筑物是水利枢纽的重要组成部分，用以排放多余水量、泥沙和冰凌等，防止洪水漫溢坝顶，保证大坝安全，也可用于施工导流。泄水建筑物有深式泄水建筑物和溢洪道两类。前者有坝身泄水孔、水工隧洞和坝下涵管等，泄水能力较小，一般仅作为辅助的泄洪建筑物。后者按位置不同可分为河床式和河岸式。在混凝土坝和浆砌石坝枢纽中，常利用建在原河床内的溢流坝段泄洪，称为河床式溢洪道；当坝型不宜从坝顶溢流或溢流坝的溢流宽度不能满足大量泄洪要求时，需在坝体外的河谷两岸适当位置单独设置溢洪道，称为河岸式溢洪道。河岸式溢洪道的进水口常是敞露的，其后的泄水道可为陡坡式明渠（开敞式）或竖井、斜井（封闭式）。

开敞式河岸溢洪道在水利枢纽中使用广泛，根据泄水槽和溢流堰的相对位置可分为正槽式溢洪道和侧槽式溢洪道两种。溢流堰上的水流方向与泄水槽的轴线方向一致为正槽式溢洪道，斜交或正交的为侧槽式溢洪道。实际工程中，根据库区地形条件选择溢洪道的形式。开敞式正槽溢洪道通常由引水段、控制段、泄水槽、消能防冲设施和尾水渠五部分组成；侧槽溢洪道主要由溢流堰、侧槽、泄槽、消能防冲设施和出水渠等部分组成。控制段、泄水槽和消能防冲设施是溢洪道的主体部分；引水段和尾水渠分别是主体部分与上游水库及下游河道的连接部分。引水段的作用是将水流平顺、对称地引向控制段；控制段主要控制溢洪道泄流能力，是溢洪道的关键部位；泄水槽的作用是宣泄通过控制段的水流；消能防冲设施用于消除下泄水流具有破坏作用的动能，从而防止下游河床和岸坡及相邻建筑物受水流的冲刷，并保证溢洪道本身不受破坏。河岸溢洪道泄水槽出口的消能方式主要有两种：一种是底流式水跃消能，适用于土质地基及出口距坝址较近的情况；另一种是鼻坎挑流式消能，适用于岩石地基及出口距坝址较远的情况，目前后一种较为多用。尾水渠的作用是将消能后的水流平顺地送到下游河道。

3. 引水建筑物

在蓄水枢纽中，为了宣泄洪水、城镇给水、灌溉、发电、排沙、放空水库及施工导流等目的，水库必须修建引水建筑物。常见的有水工隧洞、坝下涵管和坝体泄水孔等，前两种多用于土石坝中，后一种多用于混凝土坝中。它们均需要设置工作闸门等设施和结构物以控制取水和泄水流量。水工涵洞和坝下涵管均由进水段、洞（管）身段及出水口组成，不同处在于水工隧洞开凿于河岸岩体内，而坝下涵管在坝基上修建、涵管管身埋设在土石坝坝体下面。

三、扬水工程

扬水是指将水由高程较低的地点输送到高程较高的地点，或给输水管道增加工作压力的过程。扬水工程主要是指泵站工程，是利用机电提水设备（水泵）及其配套建筑物，给水流增加能量，使其满足兴利除害要求的综合性系统工程。水泵与其配套的动力设备、附属设备、管路系统和相应的建筑物组成的总体工程设施称为水泵站，亦称扬水站或抽水站。扬水的工作程序为：高压电流→变电站→开关设备→电动机→水泵→吸水（从水井或水池吸水）→扬水。

1. 水泵

（1）泵的分类。泵是一种能量转换机械，将外部施加于它的能量传送给液体，使液体能量增加，从而将其提升或压送到所需之处。按工作原理，泵主要可分为动力式泵和挤压式（容积式）泵两类。

1）动力式泵。靠泵的动力作用将能量连续地施加于液体，使其动能（或流速）和压能增加，然后在泵内或泵外将部分动能再转换成压能。这类泵有叶片式泵、旋涡泵、射流泵和气升泵（或称空气扬水机），其中叶片式泵是靠泵中叶轮的高速旋转产生的机械能转换为液体的动能和压能。根据叶轮对液体的作用力可将叶片式泵分为离心泵、轴流泵和混流泵。离心泵是靠叶轮旋转形成的惯性离心力工作，其扬程较高，流量范围广，在实际工作中多采用；轴流泵是靠压力旋转形成的轴向推力而工作，其扬程较低（一般在10m以下），但出水量大，多用于低扬程大流量的泵站工程；混流泵的叶轮旋转时既产生惯性离心力又产生推力，适用范围介于前两者之间。

2）挤压式（容积式）泵。通过泵中工作体的运动，交替改变液体所占空间的容积，挤压液体使其压能增加。根据工作机构的形式可分为往复式泵和回转式泵两类，其中往复式泵是靠工作件的往复运动挤压液体工作，有活塞泵、柱塞泵和隔膜泵等；回转式泵是靠回转转子凸缘挤压液体工作，有齿轮泵、凸轮泵、螺杆泵和滑片泵等。

（2）离心泵的工作原理和基本构造。离心泵是利用叶轮旋转而使液体发生离心运动来工作的。在启动泵前，泵体及吸入管路内充满液体形成真空状态，动力机（电动机或内燃机）通过泵轴带动叶轮高速旋转，叶片间的液体也一道快速旋转，因液体的内聚力和叶片与液体间的摩擦力不足以形成维持液流旋转运动的向心力，泵中的液流不断被叶轮由中心甩向外缘（流速可增大至15～25m/s），动能也随之增加。当液体进入泵壳后，由于蜗壳形泵壳中的流道逐渐扩大，液体流速逐渐降低，一部分动能转变为静压能，于是液体以较高的压强沿排出口流出。与此同时，叶轮中心处由于液体被甩出而形成一定的真空，而液面处的压强比叶轮中心处要高，形成水泵进口处的负压，源头液体在气压差作用下经底阀、进水管进入泵内（图6-12）。叶轮不停旋转，液体也连续不断的被吸入泵内从压水管路被压出，这样循环不已，就可以实现连续提升、输送液体。

离心泵的基本构造由以下部分组成：叶轮（核心部分，转速高输出力大）、泵体（也称泵壳，水泵主体，起支撑固定作用，与安装轴承的托架相连接）、泵盖、挡水圈、泵轴（作用是借联轴器和电动机相连接，将电动机的转矩传给叶轮，故它是传递机械能的主要部件）、轴承、密封环（又称减漏环）、填料函（主要由填料、水封环、填料筒、填料压盖、水封管组成，作用主要是封闭泵壳与泵轴之间的空隙，不让泵内的水流流到外面来也

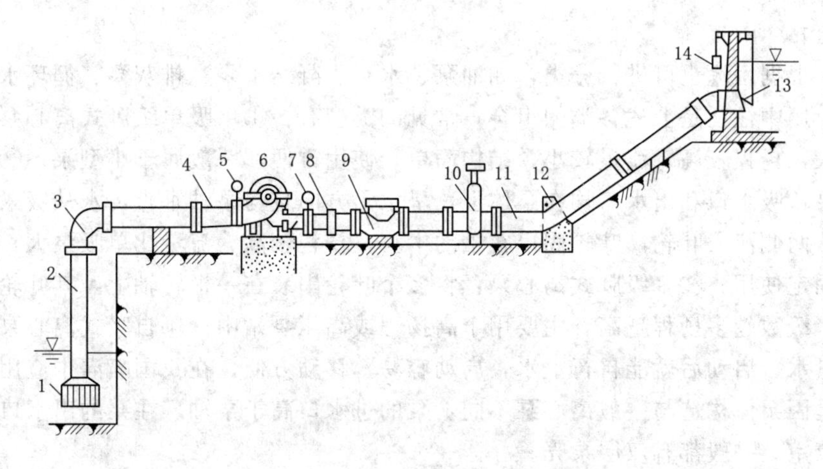

图 6-12　离心泵抽水装置示意图

1—滤网和底阀；2—进水管；3—90°弯头；4—偏心异径接头；5—真空表；
6—离心泵；7—压力表；8—渐扩接头；9—逆止阀；10—阀门；
11—出水管；12—45°弯头；13—拍门；14—平衡锤

不让外面的空气进入到泵内，始终保持水泵内真空。当泵轴与填料摩擦产生热量就要靠水封管注水到水封圈内使填料冷却，保持水泵的正常运行）、轴向力平衡装置（在离心泵运行过程中，由于液体是在低压下进入叶轮，而在高压下流出，使叶轮两侧所受压力不等，产生了指向入口方向的轴向推力，会引起转子发生轴向窜动，产生磨损和振动，因此应设置轴向推力轴承，以便平衡轴向力）。

（3）离心泵的分类。

按叶轮数目可分为：单级泵（泵轴上只有一个叶轮）和多级泵（泵轴上有两个或两个以上的叶轮，这时泵的总扬程为 n 个叶轮产生的扬程之和）。

按工作压力可分为：低压泵（压力低于 100m 水柱）、中压泵（压力在 100～650m 水柱）和高压泵（压力高于 650m 水柱）。

按叶轮吸入方式可分为：单侧进水式泵（又称单吸泵，即叶轮上只有一个进水口）和双侧进水式泵（又称双吸泵，即叶轮两侧都有一个进水口，其流量比单吸式泵大 1 倍，可以近似看作两个单吸泵叶轮背靠背地放在一起）。

按泵壳结合可分为：水平中开式泵（在通过轴心线的水平面上开有结合缝）和垂直结合面泵（结合面与轴心线相垂直）。

按泵轴位置可分为：卧式泵（泵轴位于水平位置）和立式泵（泵轴位于垂直位置）。

按叶轮出水方式可分为：蜗壳泵（水从叶轮出来后，直接进入具有螺旋线形状的泵壳）和导叶泵（水从叶轮出来后，进入它外面设置的导叶，之后进入下一级或流入出口管）。

按安装高度分为：自灌式（泵轴低于吸水池池面，启动时无须灌水，可自动启动）和吸入式（非自灌式离心泵，泵轴高于吸水池池面。启动前，需先用水灌满泵壳和吸水管道，然后驱动电机，使叶轮高速旋转运动，水受到离心力作用被甩出叶轮，叶轮中心形成负压，吸水池中水在大气压作用下进入叶轮，又受到高速旋转的叶轮作用，被甩出叶轮进入压水管道）。

另外，根据用途也可进行分类，如油泵、水泵、凝结水泵、排灰泵、循环水泵等。

日常应用中往往是上述各类的组合，常见的类型有：①单吸单级卧式离心泵：水从叶轮一侧吸入，扬程较高、流量较小，结构简单、使用方便，一般属于小型泵；②双吸单级卧式离心泵：吸水口和出水口均在泵体上，呈水平方向且与泵轴垂直，水从吸入口流入后沿吸水室从两侧流入叶轮，叶轮固定在轴的中央，扬程较高、流量比单吸泵大，但体积庞大，适合固定使用；③多级卧式离心泵：将多个叶轮串装在一根转轴上，其叶轮数即代表泵的级数，级数越多扬程越高，主要用于高扬程或高压泵站中；④自吸式离心泵：只要向泵中灌少量水，启动后就能自行上水，启动容易、移动方便，在我国喷灌中应用较多。之所以自吸是因泵体构造与一般离心泵不同：泵的进水口高于泵轴、在泵的出水口设有较大的气水分离室，一般都有双层泵壳。

（4）离心泵的工作参数。影响和反映泵工作状态及其变化的量一般称为泵的工作变量或工作参数，离心泵的技术性能主要由以下工作参数反映。

1）流量（输水量）Q：单位时间内水泵所输送水体的体积，常用单位为 m^3/s 或 L/s。

2）扬程（总扬程）H：水泵在工作时，所做功包括：一是将水流提升到一定高度 Z；二是克服水流在吸水管及压力管中沿途和局部的水头损失 h_w。$H=Z+h_w$ 即水泵内单位重量的水所获得的净增能量，单位为 m。

3）轴功率 $N_{轴}$：由动力机通过传动设备传给水泵轴上的功率，即泵的输入功率，常用单位为 kW。

4）效率 η：水泵在功率传递过程中有各种能量损失，有效功率 $N_{效}$ 总是小于轴功率 $N_{轴}$，两者的比值称为水泵效率，一般以百分数表示。它反映了水泵对输入能源的有效利用程度，是衡量水泵工作性能好坏的重要指标。

5）转速 n：叶轮的转动速度，常用单位为 r/min。在使用中，水泵的实际转速与设计转速值不同时，则水泵的其他性能参数也相应地将按一定规律变化。

6）允许吸上真空高度 h_s：水泵在规定的标准状态（标准大气压，水温 20℃）、额定转速下运转时，所允许的最大吸上真空高度，单位为 m 水柱。水泵厂常用该参数反映离心泵的吸水性能。

2. 泵站

能提供有一定压力和流量的液压或气压动力的装置及工程称泵站工程，它设置有水泵机组、电气设备和管道、闸阀等房屋。

（1）泵站的分类。

按泵站的用途可分为：污水泵站、雨水泵站和河水泵站。

按泵站在给水系统中的作用可分为：取水泵站、送水泵站、加压泵站和循环泵站。取水泵站也称一级泵站，直接从水源取水，将水输送到净化建筑物，或直接输送到配水管网、水塔、水池等建筑物中。因这种泵站直接建在江河及湖泊岸边，受水源水位变幅影响，往往都建成干室型泵房（将泵房四周的墙基础和泵房地板及机组基础用钢筋混凝土建成一个不透水的整体结构，形成一个干燥的地下室）或浮动式泵站（泵船或泵车）。送水泵站常设在净水厂内，将净水建筑物或自来水厂净化后的水输送给用户，故也称为清水泵站。这类泵站因直接从清水池中取水，且均安装卧式离心泵，所以一般建成分基型泵房（泵房的墙基础和机组基础分开建筑，结构形式一般与单层工作厂房相似，没有水下结构）。加压泵站也称中途泵站，在给水区域内某一地区或建筑物要求水压特别高或输配管线很长、供水对象所在地地势很高时采用，以提高输水管中或管网中的压力。循环泵站是将处理过的生产排水抽升后，再输入车间加以重复使用。

(2) 泵站的组成。泵站主要由安装有主机组、辅助机组和电气设备的泵房，吸水井和配电设备三部分组成（图 6-13）。吸水井的作用是保证水泵有良好的吸水条件，同时也可兼作水量调节建筑物。泵房是整个泵站工程的主体，包括吸水管路、出水管路、控制闸门及计量设备等；低压配电与控制启动设备，一般也设在泵房内。各水管间的联络管可根据具体情况设置在室内或室外。配电部分包括高压配电、变压器、低压配电及控制启动设备。变压器可设在室外，但应有防护设施。总之，油箱、电机和泵是主要部件，但还有很多辅助设备，根据实际情况需要增减，如供油设备、压缩空气设备、充水设备、供水设备、排水设备、通风设备、起重设备等。

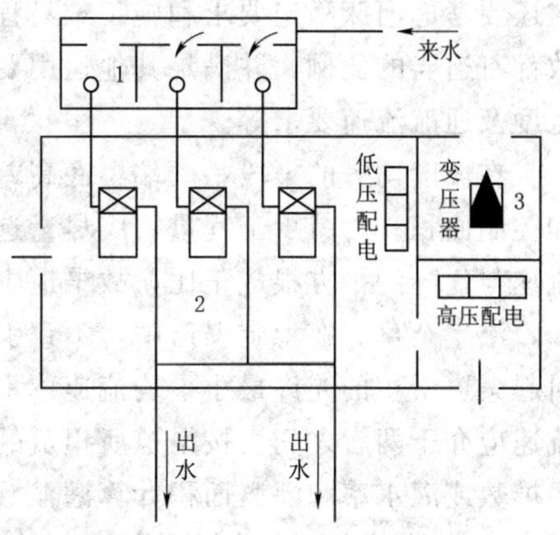

图 6-13　给水泵站平面示意图
1—吸水井；2—设有机组的泵房；3—配电房

四、输水工程

地表水的开发利用中，总会遇到水源与用水户间有一定的距离，特别是农田灌溉，水源集中而农田用水分散，这就需修建输水工程。目前，输水工程主要采用渠道输水和管道输水两种。

1. 农田灌溉渠道输水工程

(1) 灌溉渠系组成。灌溉渠道系统由各级灌溉和退/泄水渠道组成。灌溉渠道按使用寿命可分为固定渠道和临时渠道（使用寿命小于 1 年的季节性渠道）。按控制面积大小和水量分配层次，灌溉渠道可分若干等级：固定渠道在大、中型灌区一般分干渠、支渠、斗渠和农渠四级；在地形复杂的大型灌区，级数常多于 4 级，干渠可分成总干渠和分干渠，支渠可下设分支渠，甚至斗渠也可下设分斗渠。

(2) 灌溉渠道的规划原则。灌区规划布置时，总原则应使各级渠道达到合理控制、便于管理、保证安全、力求经济。具体有：①干渠应布置在灌区较高地带，以便自流控制较大的灌溉面积；其他各级渠道也应布置在各自控制范围内的较高地带；斗、农渠的布置应满足机耕要求。②使总工程量和费用最小；一般渠线尽量短直，减少用地和工程量。③灌溉渠系的位置应参照行政区划，尽量使各用水单元都有独立的用水渠道，以便管理；布置应与土地规划相配合，方便生产和生活。④布置时应考虑发挥灌区原有小型水利工程的作用，并为上、下级渠道的布置创造良好条件。

(3) 渠道设计参数。渠道断面形状应根据水流流量、地形、地质、施工及运用条件等综合考虑，梯形断面因最接近水力最优断面，便于施工，并有利于经过不同稳定性土壤时采用复式断面（随深度不同采用不同边坡），多被采用。在坚固岩石中，为减少挖方，也采用矩形断面；当渠道经过狭窄地带，如两侧土壤稳定性较差，要求渠道宽度较小时，可在两侧修建挡土墙；沿山开渠，常在外侧修隔墙（浆砌块石）；平原地区，大断面的渠道常采用半挖半填断面，既可减少土方又可利用弃土。在渠道断面设计中，为减少工程量应尽量选用水力最优断面，可在同等过水断面面积的情况下，使通过的流量最大。对某些大型渠道，如采用窄深的水力最优断面，会使开挖深度较大，易受地下水影响，使施工困难，且渠道流速可能超过允许不冲流速，影响河床稳定。这就要求渠道设计断面的最佳形式还要考虑河床稳定要求和施工难易程度等因素，使渠道的底宽、渠内水深和渠道边坡系数都有适当的比例，并满足其他运用要求，如通航要求的船舶吃水深度、错船所需的水面宽度及通航流速要求等。

在坡度均一的渠段，两端渠底高差与渠段长度之比，称渠道比降，它关系到工程造价和控制面积。为减少工程量，应尽量选用和地面坡度相近的渠底比降。根据水力学知识，流速与比降的平方根成正比，故渠道中水流流速要适中，过大会引起冲刷，过小会淤积泥沙，滋生杂草。在稳定渠道中，不致引起渠道冲刷的允许最大平均流速称不冲流速；不致引起渠道淤积的允许最小平均流速称不淤流速，为维持渠底河床稳定，设计流量时的平均流速应介于两者之间。按渠道所担负的输水任务，先确定设计流量 Q(m^3/s，根据设计灌水模数或灌水率和灌溉面积计算灌溉设计流量)，用流量公式 $Q=Av$ 就可求出平均流速 v(m/s)，然后进一步分析确定经济合理的渠道断面形式。

渠道的水量损失主要是渠水经过渠床渗透到土壤中形成的渗漏损失和水面蒸发量。渠道渗漏量占渠系损失水量大部分，占渠首引水量的 30%～50%，甚至更高。渠系水量损失不仅浪费宝贵的水资源，还会引起地下水位上升，导致农田盐渍化，采取渠道防渗工程措施十分必要。目前渠道防渗衬砌措施主要有：土料防渗（土料夯实，黏土、灰土、三合土护面等）、砌石防渗（浆砌或干砌块石、卵石等）、砖砌防渗、混凝土衬砌防渗、沥青材料防渗（沥青混凝土、埋藏式沥青薄膜、沥青席等）及塑料薄膜防渗等。

2. 城镇供给水管道输水工程

城镇供给水管网系统是保证城镇和工矿企业用水的各项构筑物及输配水管网组成的系统，给水管网系统一般由输水管/渠和配水管网（由直径大小不等的管道组成）、水压调节设施（泵站和减压阀）及水量调节设施（清水池、水塔和高地水池）等构成。从水源到水厂或从水厂到配水管网的管线因沿线一般不接用户管，主要起输水作用，故称为输水管。有个别用水大户，其管线直接从配水管网接出，沿线不接分叉管，也称为输水管。配水管网分布在供水区域内，将来自较集中点（如输水管/渠的末端或储水设施等）的水量分配输送到整个供水区域，使用户能就近用水。泵站是输配水系统中的加压设施，可分为抽取原水的一级泵站、输送清水的二级泵站和设于管网中的增压泵站等。减压阀是一种自动降低管路工作压力的专门装置，可将阀前管路较高的水压减小到阀后管路所需水压。水量调节设施的主要作用是调节供水和用水的流量差，也用于储备用水量，其清水池位于水厂内，而水塔和高地水池位于给水管网中。

(1) 给水管网的选择和布置。

1) 管网的布置形式。给水管网主要有两种形式：树状网和环状网。树状网是指从水厂泵站到用户的管线以树枝状布置，适合于小城市和小型工矿企业供水，其供水可靠性差但造价低。环状网管线连接成环，当其中一段管线损坏，损坏部分可通过附近的阀门切断，而水仍然可通过其他管线输送到以后的管网，因而断水的范围小，供水可靠性高，还可大大减轻因水锤作用产生的危害，但其造价较高，一般在城市初期可采用树状管网，以后逐步连成环状管网。

2）管网布置的原则与要点。给水管网布置的合理与否关系到供水是否安全，工程投资和管网运行费用是否经济合理，其布置主要取决于城镇平面布置，供水区地形，水源和调节构筑物位置，街区和用户特别是大用水户的分布，河流、铁路、桥梁等位置及供水可靠性要求，主要遵循以下几个要点：

a. 在保证供水不间断（遍布整个供水区，并有足够的水量和水压）的前提下，干管布设遵循尽可能使线路最短，以降低管路投资、减少水头损失和土石方工程量，使施工维护方便，少占或不占农田。

b. 选择线路时，应充分利用地形，优先考虑重力流输水，同时保证供水的安全可靠性，当局部发生事故时，断水范围最小。

c. 干管延伸方向应与主要供水方向一致，当供水区无用水大户和调节构筑物时，主要供水方向取决于用水中心区所在位置；有条件时，管线走向最好沿现有道路或规划道路铺设，并根据城市规划，考虑管网分期建设需要，留出充分发展的余地。

d. 对城镇边缘地区或郊区用户，通常采用树状管网供水，对个别用水量大、供水可靠性要求高的边远地区也可采用双管供水。

e. 干管的间距可根据街区情况采用 500～800m，如干管间形成环状管网，连接管的间距可依据街区大小和供水可靠性要求，采用 800～1000m。

f. 输水管应尽量避免穿越河谷、重要铁路、沼泽、工程地质不良的地段，以及洪水淹没的地区，从而保证管路安全运行。

（2）管径与管材。在输水管设计流量已定时，其管径可按下式计算：

$$d=\sqrt{\frac{4Q}{\pi v}} \tag{6-1}$$

式中：d 为管道直径，m；Q 为设计输水流量，m^3/s；v 为管道中的平均流速，m/s。

由式（6-1）可看出：管径不但和管段流量有关，而且与管中流速有关，即在确定管径时应采用适当的流速，使得修建投资和动力费用的总成本最低，这种流速即为经济流速。影响经济流速的因素很多，如施工条件、动力费用、投资偿还期等，主要归结为管道建造费用和经济管理费两项，因此，必须根据当时当地的具体条件来确定。根据实践经验，一般经济流速的取值范围为：中小管径（$d=100\sim400$mm）的给水管道，经济流速为 0.6～1.0m/s；对于大直径（$d>400$mm）的输水管道，经济流速为 1.0～1.4m/s。

输水管材可分为金属类和非金属类管材两大类。金属管材包括铸铁管和钢管两种，铸铁管优点是工作可靠、使用寿命长，一般可用 60～70 年，但多在 30 年后就要开始陆续更换；缺点是较脆，一般承受不了较大的动荷载，比钢管要多花 1.5～2.5 倍的材料，每根管子长度仅为钢管的 1/4～1/3，故接头多，增加了施工工作量。钢管能经受较大的压力，韧性强、能承受动荷载、管壁较薄、节省材料，管段长而接头少，铺设简便，但易腐蚀、寿命仅为铸铁管的一半。常用的钢管有热轧无缝钢管、冷轧（冷拔）无缝钢管、水煤气输送钢管和电焊钢管等。非金属管材主要有水泥土管、混凝土管、钢筋混凝土管、预应力钢筋混凝土管、自应力钢筋混凝土管、石棉水泥管和塑料管等。

第二节　地表水取水构筑物

地表水具有水量丰富、分布广泛等优点，很多城镇和工矿企业都将其作为供水水源。取水构筑物的类型与取水量选择的合理性，直接影响水源地的正常运行和可持续利用。

一、地表水取水构筑物分类

地表水取水构筑物的形式首先取决于地表水体的类型，其次是各类水体的取水条件。按水源种类的不同，可分为河流、湖泊、水库和海水取水构筑物；按取水构筑物构造的差异，可分为固定式、移动式和山区河流取水构筑物。

（一）固定式取水构筑物

在河水资源开发利用中，习惯把不经过筑坝拦蓄河水而在岸边或河床上直接修建的固定取水设施称为固定式取水构筑物。它包括取水设施和泵房两部分，取水设施将河流中的水引入吸水间，泵房作为给水系统的一级提升，通过水泵将水提升进入输水管线，送至给水处理厂或用户。它是地表水取水构筑物中较常用的类型，取水可靠、维护方便、管理简单、适用范围广，但投资较大、水下工程量较大、施工期长。

1. 固定式取水构筑物的基本形式及其特点

按取水点位置，固定式取水构筑物可分为岸边式、河床式和斗槽式，前两种应用较普遍。

（1）岸边式取水构筑物。取水设施和泵房都建在岸边，直接从岸边取水的固定式取水构筑物。它由取水头部、进水管、进水间和泵房等组成，适用于江河岸边较陡，但地质条件好且河床河岸稳定；主流近岸且岸边有足够的水深，水位变幅不大且能保证设计枯水位时安全取水；水质较好且便于施工的河段。按结构类型即进水间和泵房的关系，岸边式取水构筑物可分为合建式和分建式两种形式。

1）合建式岸边取水构筑物。岸边地质条件较好，进水间和泵房可合建在一起的取水构筑物。水流从装有格栅的进水孔进入进水间的进水室，再经过格网进入吸水室，然后由水泵抽送到水厂或用户。进水孔处的格栅可拦截水中粗大的漂浮物，进水间的格网可拦截水中细小的漂浮物。

特点：进水间和泵房合建；布置紧凑，占地面积小；水泵吸水管路短，运行安全，维护管理方便。但它要求岸边水深相对较大、河岸较陡，对地质条件要求相对也较高，土建结构复杂，施工较困难。

适用条件：河岸坡度陡，岸边水流深，地质条件良好且水位变幅和流速较大的河流；取水量大，安全性要求较高。

基本形式：根据岸边地质条件、供水要求及水位变化，可将合建式岸边取水构筑物的基础设计成阶梯式或水平式。阶梯式是进水间和泵房的基础可建在不同的标高上，呈阶梯式布置（图6-14）。阶梯式可利用水泵吸水高度减少泵房的基建高度，节省土建投资，但它要求地质条件好，以保证进水间与泵房不会因不均匀沉降而产生裂缝，从而导致渗水或结构的破坏。由于泵轴高于设计最低水位，故需采用真空泵引水启动。水平式是进水间和泵房的基础建在相同标高上，呈水平布置（图6-15）。水平式对地基要求相对较低，进水间与泵房的基础可整体设计和施工，若将泵顶安装在设计最低水位以下，随时可自灌启动，管理方便、运行可靠，但它由于泵房间建筑面积和深度都较大，因而造价高、检修不便、通风条件较差。为避免这些缺陷，可采用立式泵或轴流泵取水。采用立式泵时，应注意吸水间与水泵间要严密防水，能承受设计最高水位的静水压力。这种结构形式建筑面积小，电机及电气设备可设在最高水位以上的操作间内，管理维修方便、通风采光良好，但因水泵和电机间距加大，连接轴较长，安装技术要求高。

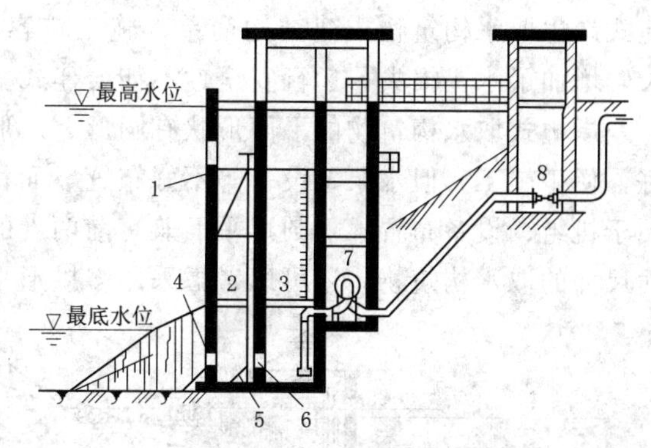

图6-14　合建式岸边取水构筑物（底板呈阶梯布置）
1—进水间；2—进水室；3—吸水室；4—进水孔；5—格栅；6—格网；7—泵房；8—阀门井

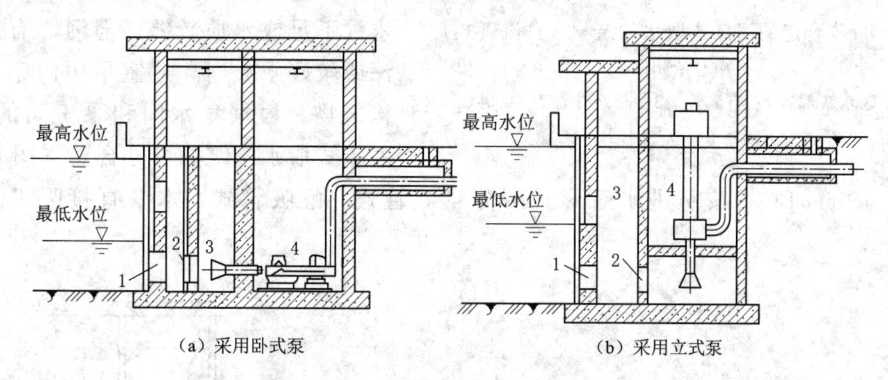

图6-15　底板呈水平式布置的合建式岸边取水构筑物
1—进水口；2—格网；3—集水井；4—泵房

2）分建式岸边取水构筑物。当岸边地质条件较差，合建式对河道端面及航道影响大，水下施工难度大等情况下，适宜进水间与泵房分建，分别进行结构处理，单独施工。进水间设在岸边，泵房建于岸内地质条件较好的地段（图6-16），但不宜距进水间太远，以免造成水泵吸水管太长，供水安全可靠性相对降低。进水间和泵房之间常采用引桥连接，有时也采用堤坝连接，两者间的距离应根据地质地形资料、施工方法、泵站和进水间的标高等条件来确定。分

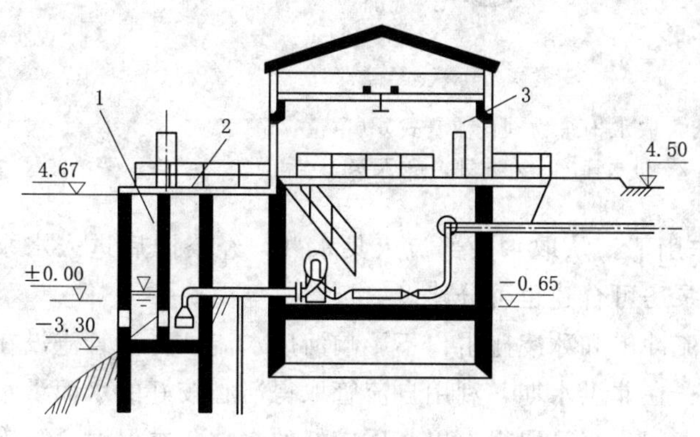

图6-16　分建式岸边取水构筑物（单位：m）
1—进水间；2—引桥；3—泵房

建式岸边取水构筑物土建结构简单、施工较容易，但其布置操作管理不便，吸水管路较长，增加了水头损失，运行安全性不如合建式。

岸边式取水构筑物的平面形状有圆形、矩形、椭圆形、多拱形等。圆形平面结构性能好，便于施工，但水泵、设备等不好布置，面积利用率不高；矩形结构性能不及圆形，但便于机组、设备布置；椭圆形平面兼有前两者的优点，但结构要求较高；对于需要较大平面尺寸的取水构筑物，还可以考虑采用多拱形平面。

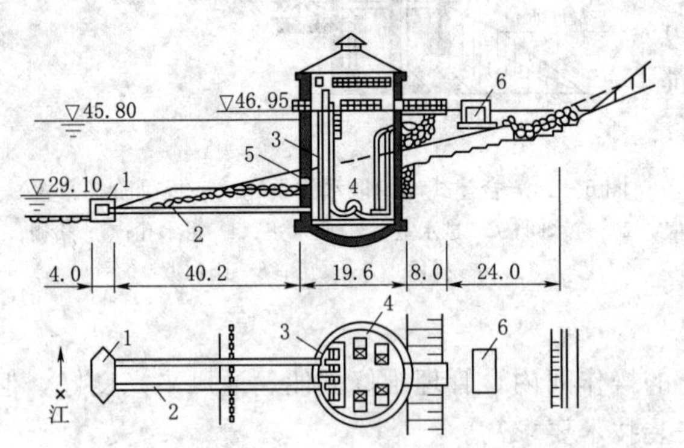

图 6-17　合建的河床式取水构筑物（自流管式）（单位：m）

1—取水头部；2—自流管；3—集水井；4—泵房；5—进水孔；6—阀门井

（2）河床式取水构筑物。河床式取水构筑物是利用伸入江河中心的进水管和固定在河床上的取水头部取水的构筑物。它除采用伸入江河中的进水管（其末端设有取水头部）来代替岸边式进水间的进水孔外，其余组成与岸边式取水构筑物基本相同，主要由泵房、集水井、进水管和取水头部组成。当主流离岸边较远，河床稳定、河岸较缓、岸边水深不足或水质较差，但河心有足够水深或较好水质时，适宜采用河床式取水构筑物。根据集水间和泵房间的联系，河床式取水构筑物可分合建（图 6-17）与分建（图 6-18）；按照进水管形式可分自流管式、虹吸管式、水泵直接吸水式和桥墩式。

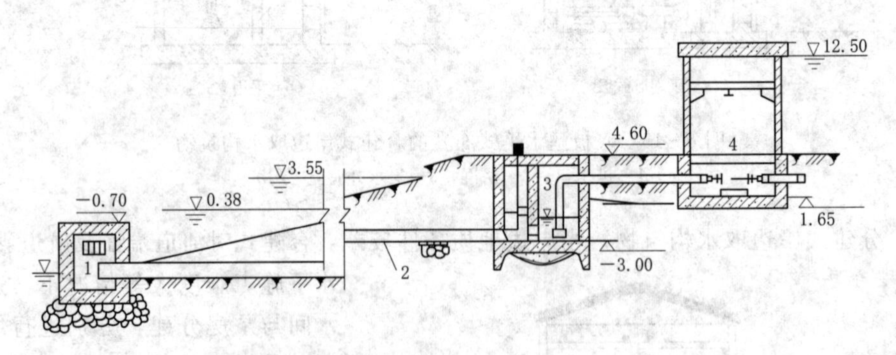

图 6-18　分建的河床式取水构筑物（自流管式）（单位：m）

1—取水头部；2—进水管；3—集水井；4—泵房

1）自流管式取水。河水在重力作用下，从取水头部流入集水井，经格网后进入水泵吸水间，然后被水泵抽走，集水间与泵房可合建也可分建。

优点：集水井设于河岸，不受水流冲击和冰凌碰击，不影响河床水流；自流管淹没在水中，河水依靠重力自流，安全可靠；在非洪水期，利用自流管取得河心较好的水而洪水期利用集水间壁上的进水孔或设置的高位自流管取得上层水质较好的水；冬季保温、防冻条件比岸边式好。

缺点：取水头部伸入河床，检修和清洗不便；敷设自流管时，土方开挖量较大（适用于自流管埋深不大或在河岸可开挖隧道时的情况）；洪水期河底易发生淤积、河水主流游荡不定等。

2）虹吸管式取水。河水进入取水头部后经虹吸管流入集水井（图6-19），这种引水方法适于河水水位变化幅度较大，河滩宽阔、河岸高、自流管埋深很大或河岸为坚硬岩石，枯水期主流离岸较远而水位较低，以及管道需穿越防洪堤等情况。

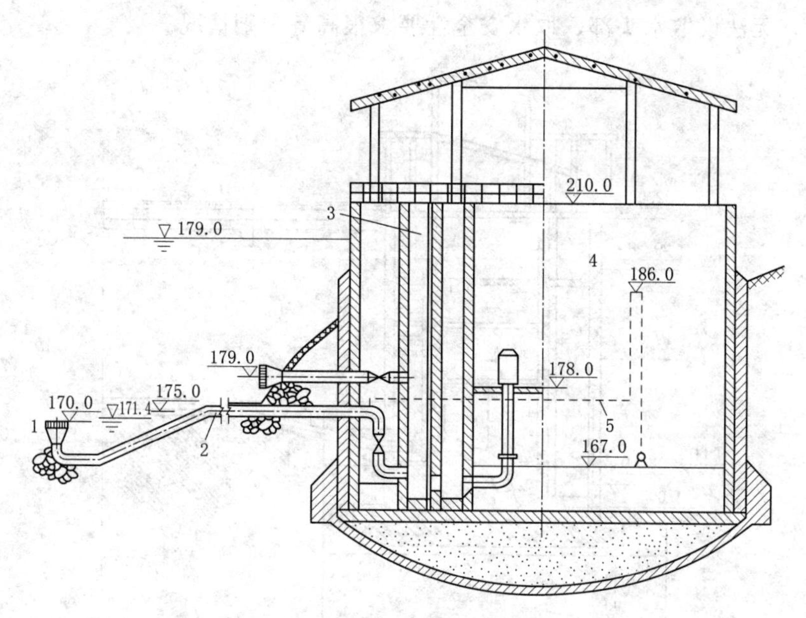

图6-19　虹吸管式河床取水构筑物（单位：m）

1—取水头部；2—虹吸管；3—集水井；4—泵房；5—真空系统

特点：利用虹吸高度（最大可达7m），可减少管道埋深及水下施工量和自流管的大量开挖，缩短工期、降低造价。但采用虹吸引水需设真空引水装置，且要求管路有很好的密封性，对管材及施工质量要求较高，否则一旦渗漏，虹吸管不能正常工作，会使供水可靠性受到影响。由于虹吸管管路相对较长，容积也大，真空引水水泵启动时间较长。

3）水泵直接吸水式取水。不设集水间，河水由伸入河中的水泵吸水管直接取水，在取水量小、河水水质较好、河中漂浮物较少、水位变幅不大、不需设格网时，可采用此种引水方式（图6-20）。在水泵泵轴低于取水水位时，情形与自流管相似，高于取水水位时，则与虹吸管引水相似，故设计应考虑按自流管或虹吸管处理。

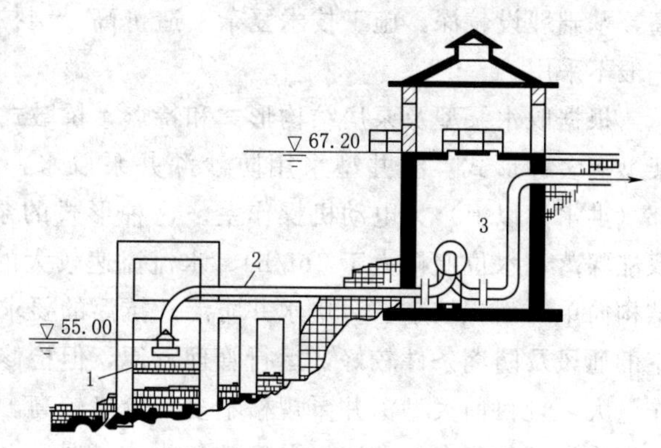

图6-20　水泵直接吸水式河床取水构筑物

1—取水头部；2—水泵吸水管；3—泵房

特点：利用水泵的吸水高度使泵房埋深减小，且不设集水井，施工简单、造价低，可在中小型取水工程中采用。但要求施工质量高，不允许吸水管漏气；在河流泥沙颗粒粒径较大时，水泵叶轮磨损较快；且因没有集水井和格网，漂浮物易堵塞取水头部和水泵。

4）桥墩式取水。也称江心式或岛式取水构筑物，整个取水构筑物建在河道中，在集水井进水间的井壁上开设进水孔，从江心取水，构筑物与岸之间架设引桥（图6-21）。适用于取水量较大而河流含沙量高，河床地质条件较好，主流远离岸边，岸坡较缓、岸边不宜建泵房，无法设取水头部、取水安全性要求很高等个别情况。

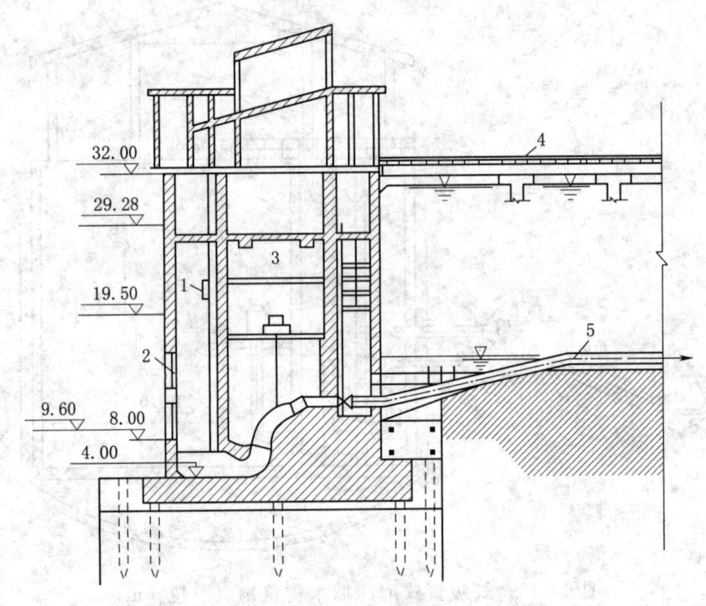

图6-21　桥墩式河床取水构筑物（单位：m）

1—集水井；2—进水孔；3—泵房；4—引桥；5—出水管

因桥墩式取水构筑物位于河中，使原过水断面变窄，河流水力条件、泥沙运动规律均发生了变化，故设计前应有充分的估计，避免因各种因素的变化造成取水不利，构筑物本身不稳定因素增加，对周围尤其是下游构筑物产生不良影响。桥墩式取水构筑物结构要求高，基础埋设较深，施工技术复杂，造价高，维护管理不便，且影响航运，非特殊情况，一般不采用。

根据取水泵型及泵房结构形式和特点，桥墩式的泵房可分湿井型、淹没型、瓶型、框架型等多种形式。湿井型采用防沙深井泵取水，集水井设在泵房下部（图6-22），上部（洪水位以上）为电动机操作室。这种形式的泵站适用于水位变幅大于10m，尤其是骤涨骤落（水位变幅大于2m/h）、水流流速较大的情况（我国西南地区多采用）。优点是结构简单，面积较小，对集水井防渗、抗浮的要求低，可降低基建成本，且电动机和操作室的通风及防潮条件较好，运行管理方便，但检修水泵时需吊装全部泵管，拆卸及安装工作量大，且目前大型深井泵规格不多，价格较高。

淹没型的集水井和取水泵房常年洪水期处于淹没状态（图6-23），适宜在河岸地基较稳定，水位变幅较大，洪水期历时较短，长时期为枯水期水位，漂浮物及含沙量较少的河流取水，如长江中上游地区。优点是交通廊道沿岸坡地形修建，比较隐蔽，泵房深度浅，土石方量较少，构筑物所受浮力小，结构简单，造价低，但泵房的通风和采光条件差，泵房潮湿，对电机运行不利，且噪声大，操作管理、设备检修及运输不便，结构防渗要求高，洪水期格栅难以起吊、冲洗。

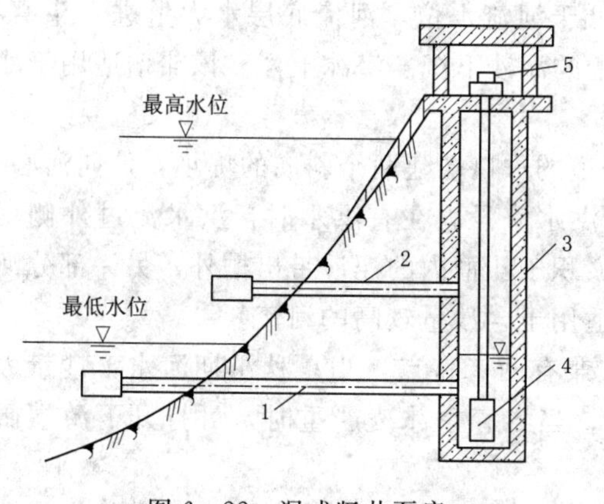

图 6-22 湿式竖井泵房

1—低位自流管；2—高位自流管；3—集水井；4—深水井；5—水泵电动机

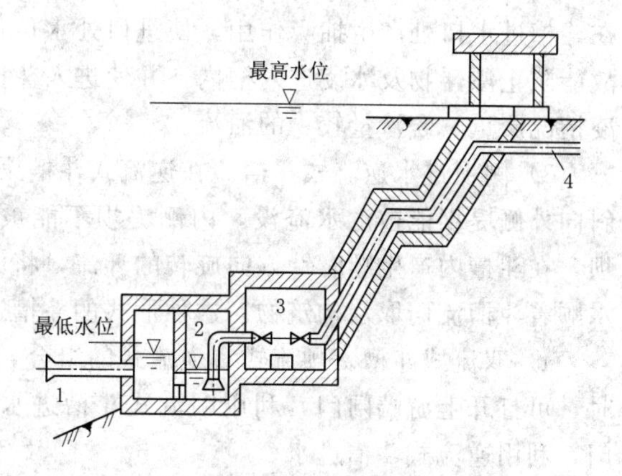

图 6-23 淹没式泵房

1—自流管；2—集水井；3—泵房；4—出水管

(3) 斗槽式取水构筑物。斗槽式取水构筑物由进水斗槽和岸边式取水构筑物组成，即在岸边式取水构筑物取水处的河流岸边用堤坝围成斗槽，利用斗槽中流速较小、水中泥沙易于沉淀、潜冰易于上浮的特点，减少泥沙和冰凌进入取水口，从而进一步改善水质。适宜河流含沙量大、冰凌严重的情况。斗槽的类型按其水流补给的方向可分为顺流式、逆流式和双流式（图 6-24)。

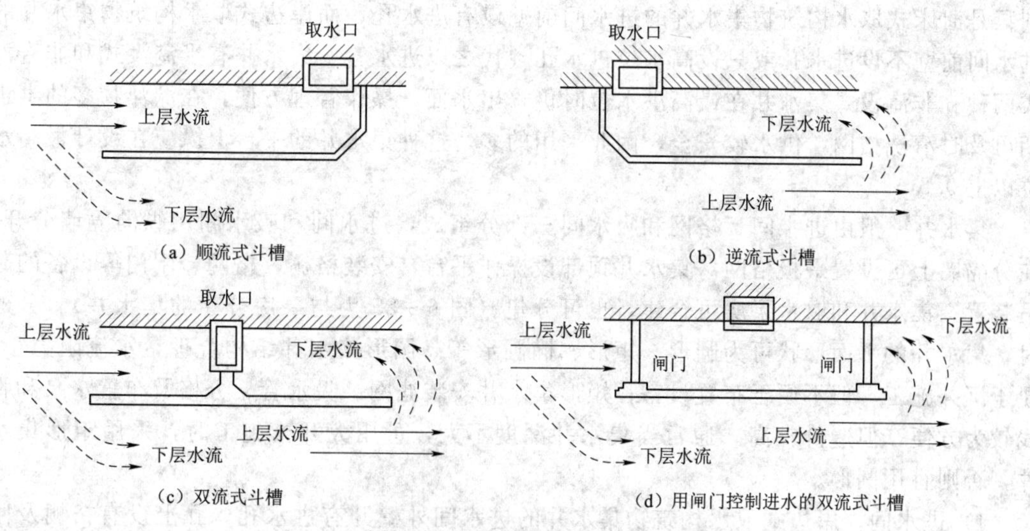

图 6-24 斗槽式取水构筑物

1) 顺流式斗槽。斗槽中水流方向与河流流向基本一致，由于斗槽中流速小于河水流速，当河水正面流入斗槽时，动能迅速转化为势能，在斗槽进口处形成壅水和横向环流，使大量的表层水进入斗槽，大部分悬移质泥沙因流速减小而下沉，河底推移质泥沙随底层水流出斗槽，故进入斗槽的泥沙较少，但潜冰较多。因此，顺流式斗槽适用于含沙量较高但冰凌不严重的河流。

2）逆流式斗槽。斗槽中水流方向与河流流向相反，当水流顺着堤坝流过时，因惯性在斗槽进水口处产生抽吸作用，使进口处水位低于河流水位，河流底层水大量进入斗槽，故能防止漂浮物及冰凌进入槽内，并使进入斗槽的泥沙下沉、潜冰上浮。该斗槽适用于冰凌情况严重、含沙量较少的河流。

3）侧坝进水逆流式斗槽。在逆流式斗槽渠道的进口端建两个斜向的堤坝，伸向河心，斜向外侧堤坝能被洪水淹没，内侧堤坝不能被洪水淹没。在有洪水时，洪水流过外侧堤坝，在斗槽内产生顺时针方向旋转的环流，将淤积于斗槽内的泥沙带出槽外，另一部分河水顺着斗槽流向取水构筑物。这种形式的斗槽适用于含沙量较高的河流。

4）双流式斗槽。顺流式和逆流式的组合，兼有两者特点，当夏秋汛期河水含沙量大时，可打开上游端闸门，利用顺流式斗槽进水；当冬春季冰凌严重时，可打开下游端闸门，利用逆流式斗槽进水。

按斗槽伸入河岸的程度，还可分为斗槽全部设置在河床内（适用于河岸较陡或主流离岸较远以及岸边水深不足的河流）、斗槽全部设置在河岸内（适用于河岸平缓、河床宽度不大、主流近岸或岸边水深较大的河流）及斗槽部分伸入河床（适用特点和水流条件介于以上两者间）。按洪水期斗槽是否被淹没，又分为淹没式和非淹没式两类。

斗槽式取水构筑物要求岸边地质稳定，河水主流近岸，并应设在河流取水条件良好河段的凹岸处，因工程量大，造价高，排泥困难，故一般采用不多。

2. 固定式取水构筑物的构造

（1）集水井。河床式和岸边式取水构筑物集水井的形状、构造及尺寸基本相同，其差别只是河床式取水构筑物集水井的进水间前壁设有进水孔，而岸边式取水构筑物集水井的进水间前壁不设进水孔或只设高水位进水孔，代之以进水管。集水井有半淹没式和非淹没式两种。非淹没式集水井在最高洪水位时仍露出水面，操作管理方便，在漂浮物多的洪水期可及时清洗格网，供水较安全，因此采用的多。这种集水井的平台上缘应在设计最高水位以上 0.5m。

集水井一般由进水间、格网和吸水间三部分组成，进水间和吸水间用纵向隔墙分开，在分隔墙上可设置平板格网。集水井顶部设操作平台，安装格栅、格网、闸门等设备的起吊装置。集水井和取水泵房可合建，也可分建（图 6－25 为与泵房分建的集水井）。分建时，集水井的平面形状可为圆形、矩形、椭圆形等。圆形集水井结构合理，水流阻力小，便于沉井施工，但不便于布置设备；矩形集水井安装滤网、吸水管、分格及布置水泵和管线较为方便，但造价较高。通常当集水井深度不大，可用大开槽施工时，采用矩形集水井，否则宜用圆形。

1）进水间。岸边式取水构筑物集水井的进水间外壁开有进水孔，孔上设有格栅及闸门槽。进水孔一般做成矩形，其面积应根据设计流量和进水流速进行计算。根据运行安全性及检修、清洗、排泥等要求，进水间常用隔墙分成可独立工作的若干分格，其数目应按水泵的台数和容量大小及格网的类型来确定，一般不少于两格。大型取水工程可采用一台

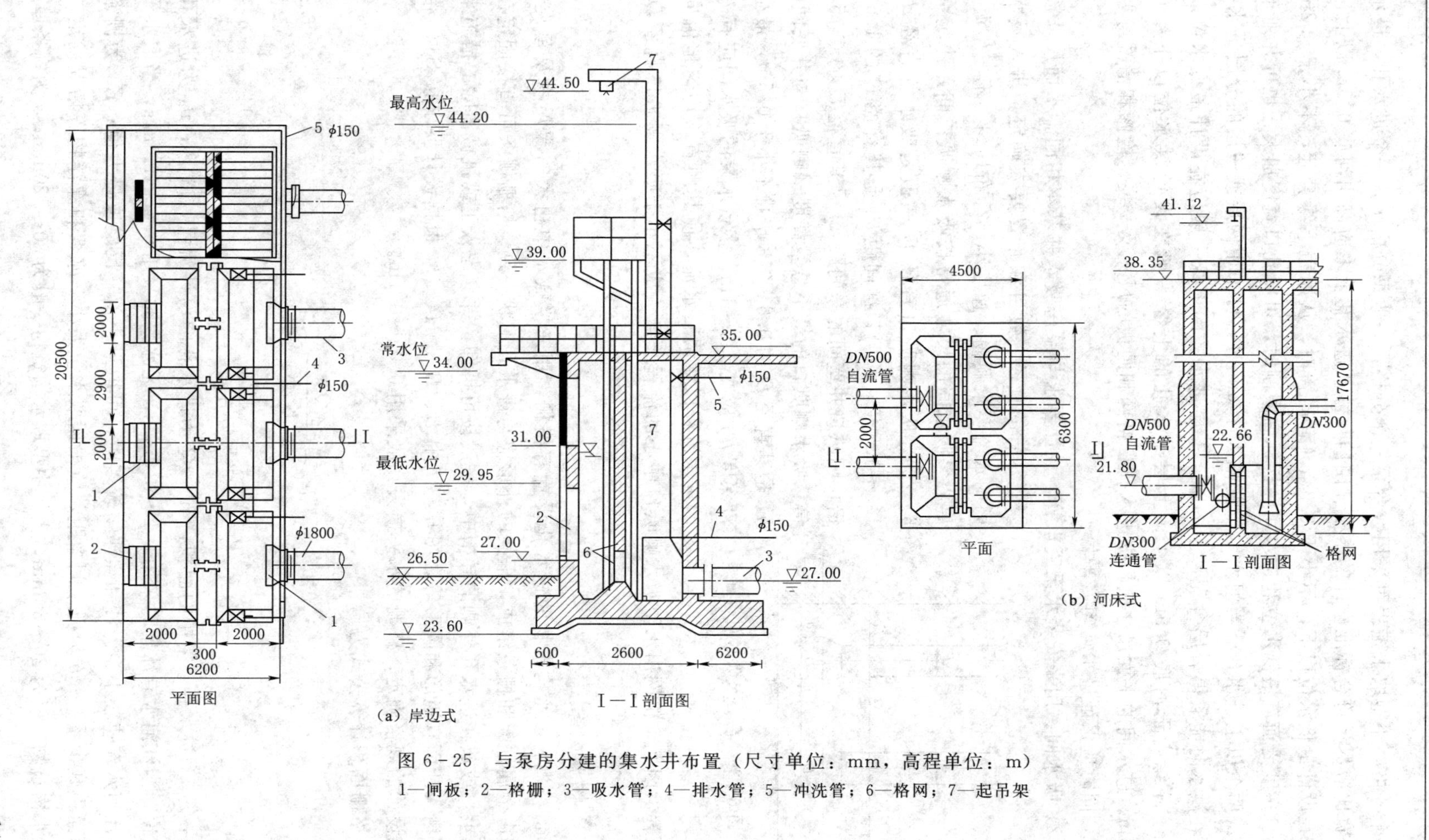

图 6-25　与泵房分建的集水井布置（尺寸单位：mm，高程单位：m）

1—闸板；2—格栅；3—吸水管；4—排水管；5—冲洗管；6—格网；7—起吊架

泵一个分格，小型取水工程可采用数台泵一个分格，一般每分格布置一个进水孔。进水孔的高宽比应尽量符合标准设计的格栅和闸门尺寸。进水孔下缘应高出河底 0.5m 以上，上缘应在设计最低水位以下，不小于 0.3m（有冰盖时，从冰盖下缘算起，不小于 0.2m）。当孔口高度受河流最低水位和进水间底板标高限制时，可将孔口宽度加大，也可并列布置两个或两个以上进水孔。当河水水位变幅大于 6m 时，可采用两层或三层的分层进水孔，以便在洪水时能取得表层含泥沙少的水。下层进水孔的上缘一般应在设计最低水位以下 0.3m，下缘高于河底 0.5m 以上；上层进水孔的上缘一般在设计洪水位以下 1.0～1.25m。进水间的平面尺寸应根据进水孔、格网和闸板的尺寸及安装、检修和清洗等要求确定，同时应保证进水均匀、平稳。

2）吸水间。用来安装水泵吸水管，设计要求与泵房吸水井基本相同。平面尺寸按水泵吸水管的直径、数目和布置要求确定。进入吸水间内的水流要求顺畅、速度小、分布均匀、不产生漩涡。离心泵吸水间的尺寸通常按吸水喇叭口间距决定（图 6-26）。吸水喇叭口直径 D 一般是吸水管直径 d 的 1.3～1.5 倍；喇叭口净间距 a_1 是其直径 D 的 1.5～2 倍，喇叭口井壁间的净间距 a_2 是其直径 D 的 0.75～1 倍；吸水喇叭口的最小悬空高度（喇叭口与井底间距）h_1 是其直径 D 的 0.6～0.8 倍且不小于 0.5m，最小淹没深度 h_2 应在 0.5～1m。多台水泵的吸水间应有一定的进水流程以便调整水流，使其顺直、均匀地流向各吸水管，因此，格网出水至吸水喇叭口中心的流程长度 l 应不小于吸水喇叭口直径 D 的 3 倍。

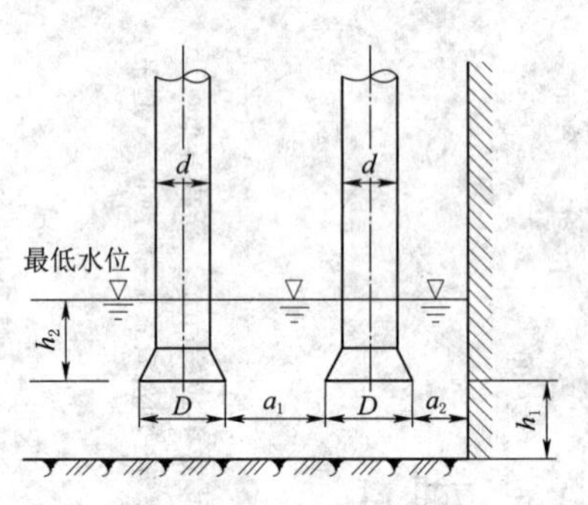

图 6-26　离心泵吸水间布置

3）附属设备。

a. 格栅：取水构筑物的进水孔设置有格栅，用来拦截水中粗大的漂浮物及鱼类等。格栅由金属框架和栅条组成，框架的外形应与进水孔形状一致。格栅栅条可直接固定在进水孔上，或放在进水孔外侧的导槽中，一般按可拆卸，并考虑人工或机械清除的措施来设计；栅条断面有矩形和圆形等，图 6-27 中 B、B_1、H、H_1 根据设计要求按 S321 格栅标准设计的规格确定；格栅的水头损失一般采用 0.05～0.1m。

格栅面积计算公式为

$$F_0=\frac{Q}{v_0K_1K_2} \tag{6-2}$$

其中

$$K_1=\frac{b}{b+s}$$

式中：F_0 为进水孔或格栅的面积，m^2；Q 为进水孔的设计流量，m^3/s；v_0 为进水孔设计流速，当江河水有冰絮时采用 0.2～0.6m/s，无冰絮时采用 0.4～1.0m/s，当取水量较小，江河水流速较小、泥沙和漂浮物较多时，可取最小值，反之取最大值；K_1 为栅条引起的面积减少系数；b 为栅条间净距，应根据取水量大小、冰絮和漂浮物等情况确定，小型取水构筑物一般为 30～50mm，大、中型取水构筑物一般为 80～120mm；s 为栅条厚度/

直径，一般采用 10mm；K_2 为格栅阻塞系数，采用 0.75。

b. 格网：格网设在进水间和吸水间之间，用以拦截水中细小的漂浮物。格网有平板格网和旋转格网两种形式，应根据水中漂浮物数量、每台水泵的出水量等因素来选择。通常，当每台泵出水量小于 1.5m³/s 时，采用平板格网；出水量大于 3.0m³/s 时，采用旋转格网；在 1.5～3.0m³/s 时，两种格网均可采用。

平板格网：设在进水间和吸水间的隔墙上，隔墙上安装有专门放置格网的导轨。平板格网由框架和金属网构成，框架用槽钢或角钢制成，金属网用铜丝、镀锌钢丝或不锈钢丝等耐腐蚀材料制成，导轨用槽钢或钢轨制成。平板格网一般设一层金属网，当格网面积较大时，需设两层金属网，其中一层为工作网，起拦截水中漂浮物的作用，网眼尺寸一般为（5mm×5mm）～（10mm×10mm），网丝直径为 1～2mm；另一层是支撑网，用以增加工作网的强度，网眼尺寸为 25mm×25mm，金属网直径为 2～3mm（图 6－28）。

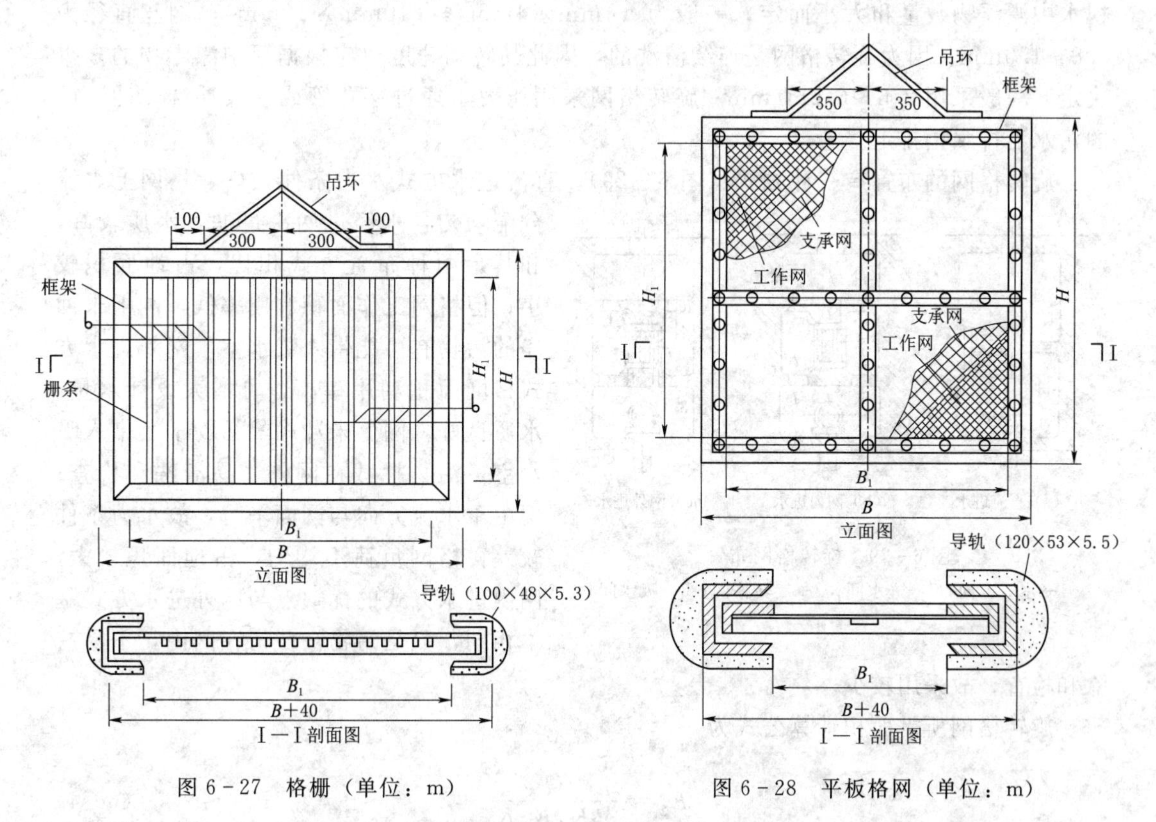

图 6－27　格栅（单位：m）　　图 6－28　平板格网（单位：m）

格网堵塞时需及时冲洗，以免格网前后水位差过大使网破裂，因此应设压力冲洗水管，水压在 0.25～0.3MPa。为保证取水的安全性，一般平行设置两道平板格网，其中一道备用，当格网工作一段时间后需提起清洗时，先将备用的格网放下，然后将工作的格网吊起到操作平台进行冲洗，废水经排水槽排往河道下游。

平板格网面积的计算式为

$$F_1=\frac{Q}{\varepsilon v_1 K_1 K_2} \tag{6-3}$$

其中
$$K_1=\frac{b^2}{(b+s)^2}$$

式中：F_1 为平板格网的面积，m^2；Q 为通过格网的流量，m^3/s；v_1 为通过格网的流速，一般采用 0.2～0.4m/s；K_1 为网丝引起的面积减少系数；b 为网眼尺寸，mm；s 为金属丝直径，mm；K_2 为格网阻塞后面积减少系数，一般采用 0.5；ε 为水流收缩系数，一般采用 0.64～0.8。

平板格网具有构造简单、不单独占用面积、可缩小集水井的尺寸等优点，在中小水量、漂浮物不多时采用较广。但它冲洗麻烦、网眼尺寸不能太小，故不能拦截较细小的漂浮物。

旋转格网：当采用旋转格网时，应在进水间和吸水间之间设置格网室。旋转格网是绕在上下两个旋转轮上，由电动机带动的连续网板，网板包括金属框架和金属网。网眼尺寸视水中漂浮物数量和大小而定，一般为（4mm×4mm）～（10mm×10mm）；网丝直径为 0.8～1.0mm。因为旋转格网是连续清洗的，因此其转动速度也应根据河中漂浮物的多少决定，一般采用 2.6～6.0m/min。旋转格网采用压力水通过穿孔管或喷嘴冲洗，冲洗后的污水沿排水槽排走。

旋转格网的布置有三种方式（图 6-29）。直流进水方式水力条件较好，格网上水流分配均匀，水经过两次过滤，水质较好，和其余两种布置方式相比，占地面积较小；但格网工作面积利用率低，网上未冲净的污物有可能带入吸水室。网外进水方式格网面积利用率高，可增大设计水量，水质良好，网上未冲净的污物不会带入吸水室，污物拦截在网外，易清洗和检查；但由于水流方向与网面平行，故水力条件较差，格网负荷不均匀，占地面积较大。网内进水方式的优缺点与网外进水方式基本相同，只是污物被截留在网内，不易清除和检查，故采用较少。

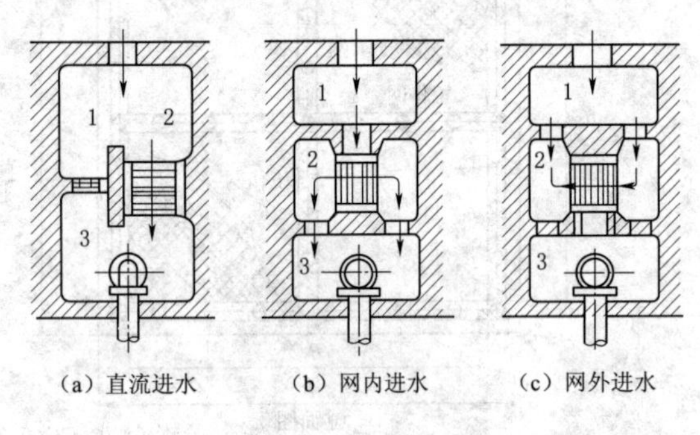

图 6-29　旋转格网布置
→水流方向；1—进水间；2—旋转格网；3—吸水间

旋转格网所需面积计算公式为

$$F_2=\frac{Q}{\varepsilon v_2 K_1 K_2 K_3} \tag{6-4}$$

式中：F_2 为有效过水面积，m^2；v_2 为过网流速，一般采用 0.7～1.0m/s；K_2 为格网阻塞系数，一般采用 0.75；K_3 为因框架引起的面积减少系数，一般采用 0.75；其余符号意义同前。

当网外或网内双面进水时，旋转格网在最低水位下的深度计算式为

$$H=\frac{F_2}{2B}-R \tag{6-5}$$

式中：H 为格网在最低水位下的深度，m；B 为格网宽度，m，当直流进水时，可用 B 代替式中的 $2B$ 来计算；R 为格网下部弯曲半径，目前使用的标准滤网值为 0.7m。

旋转格网构造较复杂，占地大，但冲洗较方便，拦污效果好，可拦截较细小的杂质，故适宜在水中漂浮物较多、取水量较大时采用。

c. 排泥、启闭及起吊装置。进水间和吸水间的水流速度较小，当河水含泥沙较多时，集水井中会沉积大量泥沙，故需设排泥、冲洗装置，以便及时清理排除。大型取水构筑物中多设排沙/污泵，或采用压缩空气提升器排泥；小型取水构筑物或泥沙淤积情况不严重时，可采用高压水带动的射流泵排泥。为冲动底部沉积的泥沙，大型取水构筑物可在池底设 4～6 个高压喷嘴，小型的可用水龙带进行冲洗。

在进水间的进水孔、格网和横向隔墙的连通孔上须设置闸阀、闸板等启闭设备，以便在进水间冲洗和设备检修时使用，多采用平板闸阀、滑阀和蝶阀等，以减少占地。为便于格栅、格网的清洗和检修及闸门的启闭与检修，在操作平台上需设起吊装置，常用的有电动绞车、电动和手动单轨吊车等，单轨吊车采用较多；当泵房较深，平板格网冲洗次数频繁时，采用电动绞车起吊；设备较重时，采用电动桥式吊车。

d. 防冰和防草措施。在北方有冰冻的河流上取水时，为防止进水孔格栅堵塞，可采取的措施有：降低进水孔流速，使其在 0.05～0.1m/s 范围内，可减少带入进水孔的潜冰量（但减小流速势必会加大进水孔的面积，故在实际应用中受到限制）；将格栅的栅条当作电阻，利用电加热格栅，或者将蒸汽/热水通入空心栅条中，再从栅条上小孔喷出，使栅条发热，以防冰冻（加热格栅的方法较有效，故应用较广）；当有洁净的工厂废热水（如电厂排水）时，可将其引至进水孔前（简易有效）；还有机械清除、反冲洗及在进水孔上游设置挡冰挡草木排等。

（2）取水泵站。取水泵站又称一级泵站或水源泵站，可与集水井、出水闸门井台合建或分建。合建时集水井可放在泵房内、外或底部，但需尽量减小泵房面积和吸水管长度，因河流水位经常变化，故取水泵房常建得较深，以保证枯水位时水泵能吸水，而洪水位时不被淹没。

1）水泵选择。水泵台数不宜过多，否则将增大泵房面积、增加造价，但台数过少又不利于调度，一般以 3～4 台（包括备用泵）为宜；水泵型号应尽量相同，以便互为备用。当供水量变化大时，可考虑大小水泵搭配，以利调节，但应型号整齐。选泵时应以近期水量为主，适当考虑远期发展。

2）泵房布置。泵房的平面形状有圆形、矩形、椭圆形等。矩形便于布置水泵及管路，常用于水泵台数多于 4 台、泵房深度小于 10m 的情况；圆形受力条件较好，便于沉井施工，当水位变幅较大、泵房较深时，更经济，故当深度大于 10m 时常采用，但水泵台数宜少于 4 台。在满足操作、检修要求的基础上，水泵机组、管路及附属设备的布置应尽量紧凑，以缩小泵房面积。可采取的布置方式有：卧式水泵机组采用顺转倒转双行排列，进出水管直进直出；一台水泵的进出水管加套管穿越另一台水泵的基础；大中型泵房水泵压水管上的单向阀和转换阀布置在泵房外的阀门井内；尽量采用小尺寸管件；将真空泵、配电设备等安装在不同高度的平台上等。泵房布置应考虑远期发展，适当增大水泵机组和墙壁的净距，留出小泵换大泵或另行增加水泵所需的位置。

3）泵房地面层的设计标高。修建在堤外的岸边式取水泵房受到江河、湖泊高水位的影响，进口地坪的设计标高应分别按下列情况确定：当泵房在渠道边时，为设计最高水位加0.5m；当泵房在湖泊、水库或海边及江河边时，为设计最高水位加浪高再加0.5m，还应增设防止浪爬高的措施。泵房建于堤内时，因受河道堤岸的保护，进口地坪高程可不按高水位设计。

4）泵房的通风、采暖及附属设备。因电动机散热致使泵房温度升高，深井泵房需考虑通风设施改善操作条件。深度不大的大型泵房可采用自然通风；深度较大、气候炎热的泵房宜采用机械通风；大型泵站可采用机械进风和排风装置。寒冷地区泵房内采暖时，小型泵房采用火炉取暖，大中型泵站采用集中供暖。

取水泵房内的起吊装置根据泵房布置、设备质量、泵房跨度等确定。中小型泵房和深度不大的大型泵房，一般采用一级起吊；深度较大（大于20m）的大中型泵房，在泵房顶层设置电动葫芦或电动绞车作为一级起吊设备，在泵房底层设置桥式吊车作为二级起吊设备。在布置两级起吊装置时，应注意两者的衔接和二级起吊设备的位置，以保证主机重件不产生偏吊现象。

水泵启动不能自灌时，须引水，引水设备主要有真空泵和水射器两种。真空泵因其运行可靠，易于实现自动化，采用较多。取水泵房均是地下或半地下式的，故内部需设置集水沟和排水泵，及时排除水泵闸阀和管道接口的漏水及检修时泄放的存水和渗水等。此外，泵房内还应根据情况设置楼梯或电梯、通信及遥控等自动化设施。

5）泵房的防渗和抗浮。取水泵房受到河水或地下水的浮力作用，故设计时须考虑靠自重或增加重物及底板与基岩嵌固或锚固一起来抗浮。泵房外壁还受水压作用，须注意混凝土的级配和施工质量，以免渗水。

（3）取水头部。取水头部是河床式取水构筑物的组成部分之一，具有多种形式。

1）设计的一般要求：取水头部应设在稳定河床的主流深槽处，有足够的取水深度；取水头部形状对取水水质及河道水流有较大影响，故应选择合理的外形和较小的体积，以避免对周围水流产生大的扰动，同时防止取水头部受冲刷，甚至被冲走；任何形式的取水头部均不同程度地使河道水流发生变化，引起局部冲刷，故应在可能的冲刷范围内抛石加固，并将取水头部的基础埋在冲刷深度以下；取水头部宜分设两个或分成两格，以便清洗和检修。为取水安全，相邻的取水头部应有较大的间距，一般沿水流方向的间距应不小于头部最大尺寸的3倍。如有条件，应在高程和深入河床的距离上彼此错开；取水头部应防止冰块堵塞和冲击及船只、木筏碰撞。

2）取水头部的形式和构造（表6-1）。

3）取水头部进水孔的设计。进水孔位置和方向应根据水流中含泥沙、漂浮物及冰凌等情况确定，多朝向下游或与水流方向垂直。漂浮物和泥沙少的河流，可在取水头部下游侧开进水孔；有漂浮物或流冰的河流，应在侧面设进水孔，以免水面漩涡吸入漂浮物；河床为易冲刷的土壤、含沙量大且竖向分布不均匀的河流，漂浮物或流冰少时，可在取水头部的顶部设进水孔。一般不宜在迎水面设进水孔。

最低层进水孔下缘距河床的高度，应根据河流的水文和泥沙特性及河床稳定程度等因素确定，一般应遵循：为避免吸入推移质泥沙，侧面进水孔的下缘应高出河床0.5m以

表 6-1　取水头部的形式和适用条件

形式	图　示	特点和适用条件
管式（喇叭管）	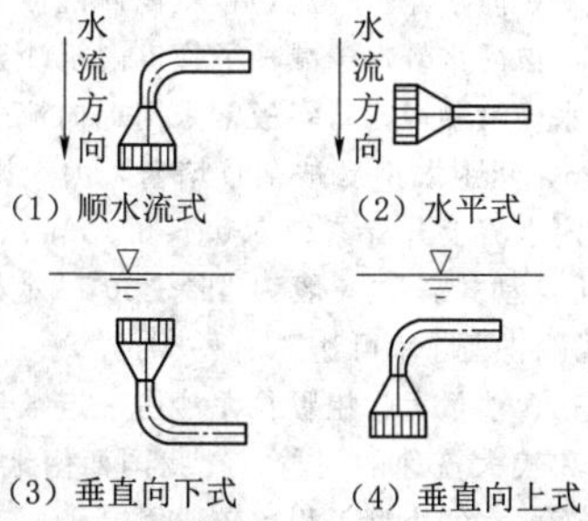 水流方向 （1）顺水流式 （2）水平式 （3）垂直向下式 （4）垂直向上式	特点及要求：构造简单，造价低，施工方便；喇叭口上设置格栅或其他拦截粗大漂浮物的措施；格栅的进水流速一般不考虑反冲或清洗设施。 适用条件：顺水流式（一般用于泥沙和漂浮物较多的河流）；水平式（一般用于纵坡较小的河段）；垂直向下式即喇叭口向上（一般用于河床较陡、河水较深处，无冰凌、漂浮物较少，而又有较多推移质的河流）及垂直向上式即喇叭口向下（一般用于直吸式取水泵房）
岸边隧洞式喇叭口形	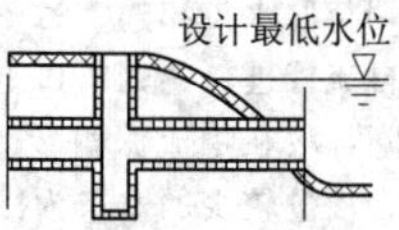 设计最低水位	特点及要求：倾斜喇叭口形的自流管管口可做成与河岸的坡度一致，进水部分采用插板式格栅；根据岸坡基岩情况，自流管可采用隧洞掘进施工，最后再将取水口部分岩石进行爆破通水；可减少水下工作量，施工方便，节省投资。 适用条件：取水量大，取水河段主流近岸，岸坡陡，地质条件好
蘑菇形	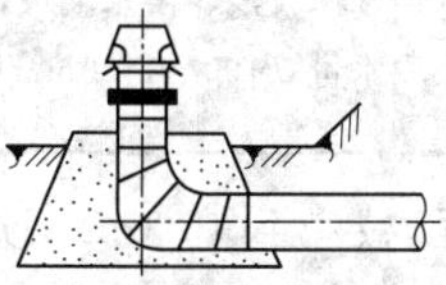	特点及要求：头部高度较大，要求枯水期仍有一定水深；水自帽盖底下曲折流入，一般泥沙和漂浮物带入较少；帽盖可做成装配式，便于拆卸检修；施工安装较困难。 适用条件：中小型取水构筑物
鱼形罩及鱼鳞罩	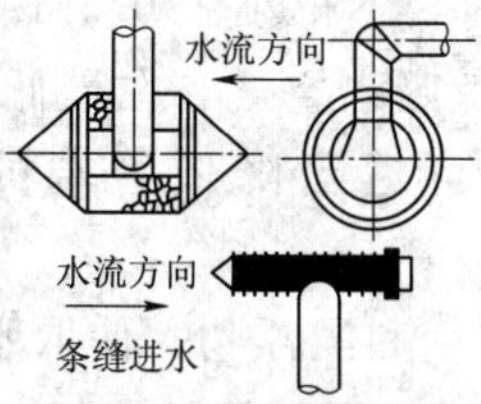 水流方向 水流方向 条缝进水	特点及要求：鱼形罩为圆孔进水，鱼鳞罩为条缝进水；外形圆滑，水流阻力小，防漂浮物、草类效果好。 适用条件：水泵直吸式的中小型取水构筑物
箱式	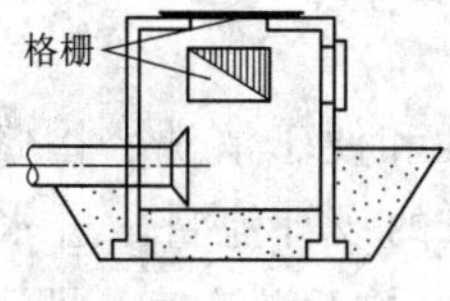 格栅	特点及要求：钢筋混凝土箱体可采用预制构件，根据施工条件作为整体浮运或分几部分在水下拼接。 适用条件：水深较浅，含沙量少，冬季潜冰较多的河流，且取水量较大
桩架式	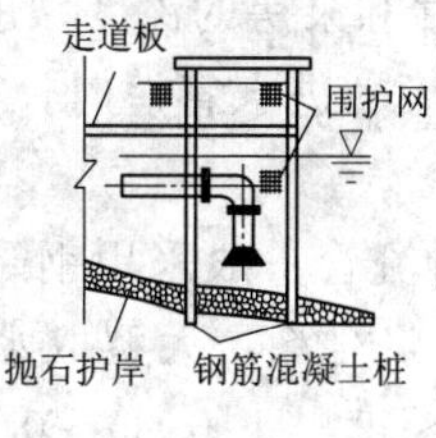 走道板 围护网 抛石护岸 钢筋混凝土桩	特点及要求：可用木桩和钢筋混凝土桩，打入河底桩的深度视河床地质和冲刷条件决定；框架周围宜加以围护，防止漂浮物进入；大型取水头部一般水平安装，也可向下弯。 适用条件：河床地质宜打桩和水位变化不大的河流

续表

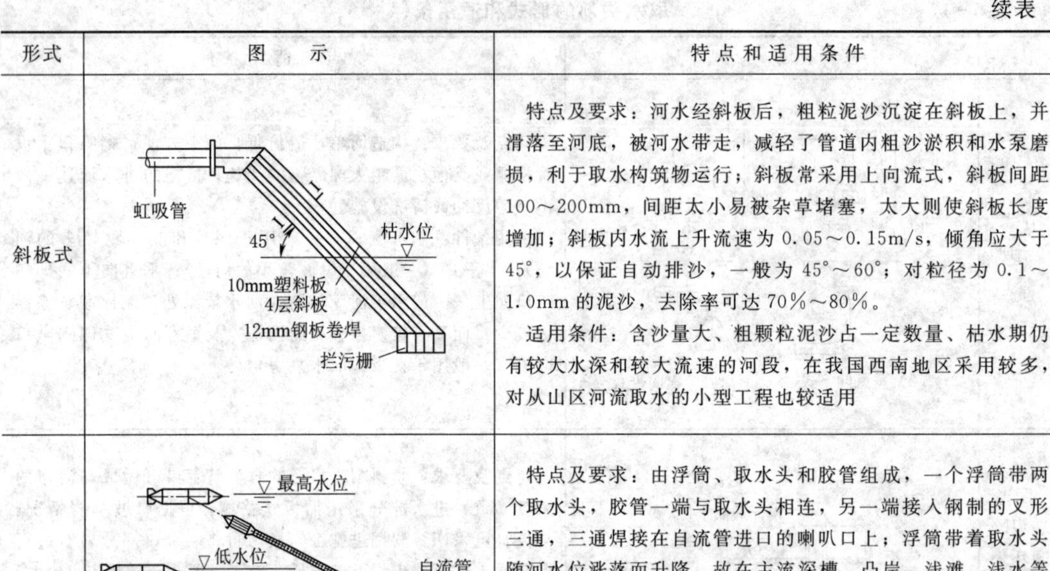

形式	图　示	特点和适用条件
斜板式		特点及要求：河水经斜板后，粗粒泥沙沉淀在斜板上，并滑落至河底，被河水带走，减轻了管道内粗沙淤积和水泵磨损，利于取水构筑物运行；斜板常采用上向流式，斜板间距100～200mm，间距太小易被杂草堵塞，太大则使斜板长度增加；斜板内水流上升流速为0.05～0.15m/s，倾角应大于45°，以保证自动排沙，一般为45°～60°；对粒径为0.1～1.0mm的泥沙，去除率可达70%～80%。 适用条件：含沙量大、粗颗粒泥沙占一定数量、枯水期仍有较大水深和较大流速的河段，在我国西南地区采用较多，对从山区河流取水的小型工程也较适用
活动式	最高水位 低水位 自流管 河床线 支架 浮筒　链条　取水头部　大小头　胶管　叉形三通　管墩　自流管	特点及要求：由浮筒、取水头和胶管组成，一个浮筒带两个取水头，胶管一端与取水头相连，另一端接入钢制的叉形三通，三通焊接在自流管进口的喇叭口上；浮筒带着取水头随河水位涨落而升降，故在主流深槽、凸岸、浅滩、浅水等条件下始终可取得含沙量较少的水；为减少漂浮物和杂草进入，取水头可设计成鱼形罩式；为保证枯水期取水，取水头下缘距河底至少0.5m以上。 适用条件：枯水期水深较浅、洪水期底部含沙量较大的山区河流，在中、小取水量（100～1400m^3/h）时采用

上；水深较浅、水质较清、河床稳定、取水量不大时，可减小到0.3m。顶面进水孔不得小于1m。淹没进水孔上缘在设计最低水位下的深度，应根据河流的水文、冰情和漂浮物等因素通过水力计算确定，并应分别遵守：顶面进水时，不得小于0.5m；侧面进水时，不得小于0.3m。虹吸管进水和水泵直接吸水时，为避免吸入空气，在最低水位时的淹没深度一般不宜小于1m。水体封冻或取水量少时，可适当降低管端的淹没深度至0.5m（上述数据在封冻情况下应从冰层下缘起算）。

进水口淹没水深不足时，会形成漩涡，带进大量空气和漂浮物，使取水量大大减少。另外，在通航区应注意船舶通过时引起波浪的影响以及满足船舶航行的要求。进水孔处需设格栅，过栅流速及栅条净距等与集水井中进水格栅相同。

（4）进水管。

1）进水管设计的一般要求。为了提高进水的安全性和便于清洗、检修，进水管一般不少于两根。当一根停止工作时，其余管仍能保证70%的设计流量。进水管的管径应按正常供水的设计流量和流速计算。管内流速应不低于泥沙的不淤流速，即不小于0.6m/s，同时应不超过经济流速，以免水头损失过大，增加集水井和泵房的深度。进水管内易产生淤积，设计流速一般采用1～1.5m/s，水量大、含沙量大、进水管短时，可采用较大值。当一条管冲洗或检修时，管中流速允许达到1.5～2m/s。

2）进水管类型。进水管有自流管和虹吸管两种。自流管一般采用钢管、铸铁管或钢筋混凝土管。钢管应有防腐措施，铸铁管内应有水泥砂浆衬涂，大型取水工程如条件允许，可采用钢筋混凝土暗渠。自流管管顶应在河床冲刷深度以下0.25～0.3m；不易冲刷的河床，管顶最小埋深应在河床以下 0.5m。另外，考虑放空检修时管道不致因减少重量而上浮，埋设深度须满足抗浮要求。虹吸管宜采用钢管，以保证密封不漏气；埋在地下部分的管道也可用铸铁管。虹吸管应有能迅速形成真空的抽气系统（多采用真空泵），且每条管线设单独的抽真空系统，以免相互影响。虹吸管的进水端设计最低水位下的淹没深度应不小于 1m，出水端应伸入集水井最低动水位以下 1m。虹吸管应向集水井方向上升，其坡度一般为 0.001～0.005，虹吸管高度可采用 4～6m，最大不超过 7m。

3）进水管的冲洗。因管中流速变缓或管道长期停用及漂浮物进入等原因，可能造成进水管泥沙淤积和漂浮物堵塞，故应对进水管进行冲洗，其冲洗有正向和反向冲洗两种。正向冲洗指冲洗时管内水流方向与正常运行时的水流方向相同，反向冲洗时恰好相反，即泥沙正好流向河床。

（二）移动式取水构筑物

在水源水位变幅大、供水要求急和取水量不大时可采用移动式取水构筑物，分为浮船式和缆车式。

1. 浮船式取水构筑物

浮船式取水构筑物是将取水设备直接安置在浮船上（图 6-30）。浮船随水位涨落而升降，随河流主航道的变迁而移动，构造简单，无大量的水下施工作业和土石方工程，有较大的适应性和灵活性，投资少、建设快、易于施工，且常能取得含沙量少的表层水等优点，在我国西南、中南等地区得到了广泛使用。但浮船式取水需随水位的涨落拆换接头、移动船位、紧固缆绳、收放电线电缆，尤其在水位变化幅度大的洪水期，操作管理更为频繁；浮船必须定期维护，且工作量较大；浮船在改换接头时，也需暂停供水，且船体怕碰撞，受风浪、航运、漂木及浮筏、河流流量、水位的急剧变化影响大，安全可靠性较差。

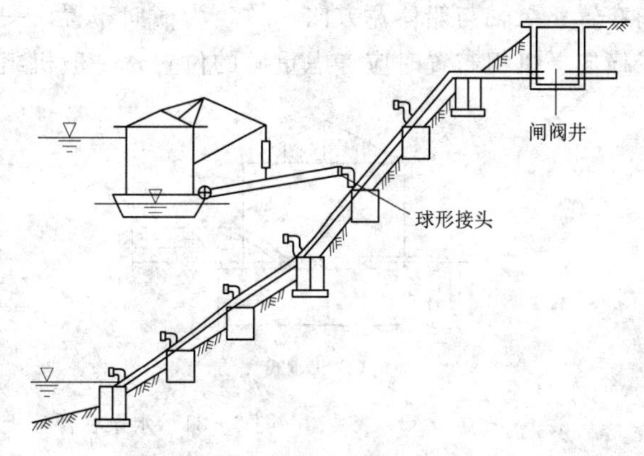

图 6-30 浮船式取水构筑物

浮船式取水构筑物又分为自航式和非自航式。自航式配备有航行动力设备，可根据需要自行启航至最佳取水位置；非自航式取水构筑物无自航动力，只能借助外力来移动。后者因其所需设备少，构造简单，施工便利，造价低，在浮船取水中广为应用。

浮船式取水构筑物的适用条件为河床稳定，岸坡适宜，有适当倾角（阶梯式 20°～30°，摇臂式 45°），河流水位变幅在 10～35m，河水涨落速度不大于 2m/h，枯水期水深不小于 1.5m；水流平稳、流速和风浪较小，停泊条件好（无漂浮物、船筏及冰凌等影响）的河段。

（1）浮船式取水构筑物位置选择。除符合有关地表水取水构筑物位置选择的基本要求外，还应注意：因岸坡过于平缓不仅会增长联络管，且移船不方便，易于搁浅，故河岸要有适宜的坡度（摇臂式连接岸坡宜陡些）；浮船设在水流平缓、风浪小的地方，便于锚固和减少颠簸，在水流湍急的河流上，浮船位置应避开急流和大回流区，并与航道保持一定距离；尽量避开河漫滩和浅滩地段。

（2）浮船式取水构筑物的构造。浮船式取水构筑物由浮船、锚固设备、联络管、输水斜管及船与岸间的交通联络设备等组成。浮船可采用木船、钢板船、钢网水泥船等，一般造成平底围船式，平面为矩形，横截面可为矩形或梯形，尺寸根据设备及管路布置、操作及检修要求、浮船的稳定性等因素来定。目前一般船宽多在5～6m，船长与船宽比为2：1～3：1，吃水深0.5～1m，船体深1.2～1.5m，船首尾长2～3m。

考虑供水规模、安全程度等因素，浮船的数量一般不少于两只，若可间断供水或有足够容积的调节水池时，可考虑设置一只。另外，还应特别注意浮船的稳定性，并应使布置紧凑，操作维修方便。

水泵在浮船上的竖向布置可为上承式和下承式（图6-31）。上承式的水泵机组安装在甲板上，设备安装和操作方便，船体结构简单，通风条件较好，可适于各种船体，但重心偏高，不利于船的稳定；下承式水泵机组安装在甲板以下的船体骨架上，其重心低且稳定性好，可降低水泵的吸水高度，但通风条件差，操作管理不便，船体结构也较复杂，只适于钢结构船体。水泵机组布置形式有纵向和横向布置。若泵轴与船体长方向一致，为纵向布置；泵轴与船体宽方向一致，为横向布置。一般双吸泵多布置成纵向，单吸泵多布置成横向。机组布置时应考虑重心的位置，一般机组布置重心偏于吸水侧。

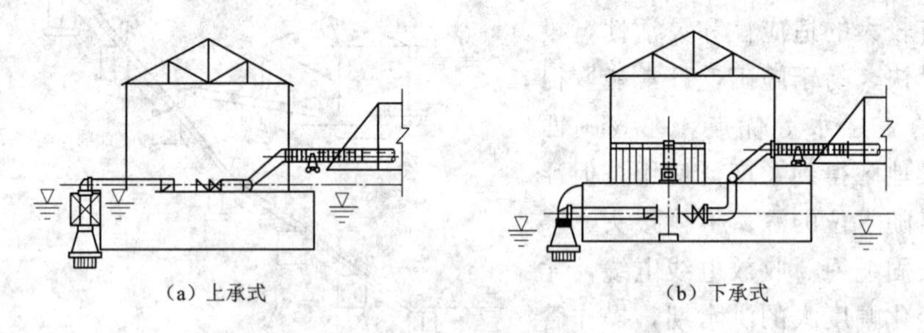

(a) 上承式　　(b) 下承式

图6-31　水泵在浮船上的竖向布置

水泵的选择应考虑水位变化的影响，选择在较大扬程范围内仍处于高效运行状态的水泵，一般可选 $Q-H$ 曲线较陡的水泵。

（3）浮船的平衡与稳定。为保证供水的安全可靠性，浮船应在正常运转、风浪作用、浮船及设备移动等情况下，均能保持平衡与稳定，这与设备的布置、船体的宽度、风浪等因素的作用有关。在设计与运行时，应特别注意设备的重量在浮船工作面上的分配和设备的固定，必要时可专门设置平衡水箱和重物调整平衡。为保证浮船不发生沉船事故，应在船体设置水密隔舱。

（4）联络管和输水管。浮船随河水涨落而升降、随风浪而摇摆，故船上的水泵压水管与岸边的输水管间采用的联络管应转动灵活，常用连接方式有阶梯式和摇臂式。

1）阶梯式连接：按连接管材的不同，又分为柔性连接和刚性连接（图6-32）。

柔性联络管连接：采用两端带有法兰接口的橡胶软管作联络管，管长一般6～8m。橡胶软管使用灵活，接口方便，但承压一般不大于490kPa，使用寿命较短，管径较小（一般在350mm以下），故适宜在水压和水量不大时使用。

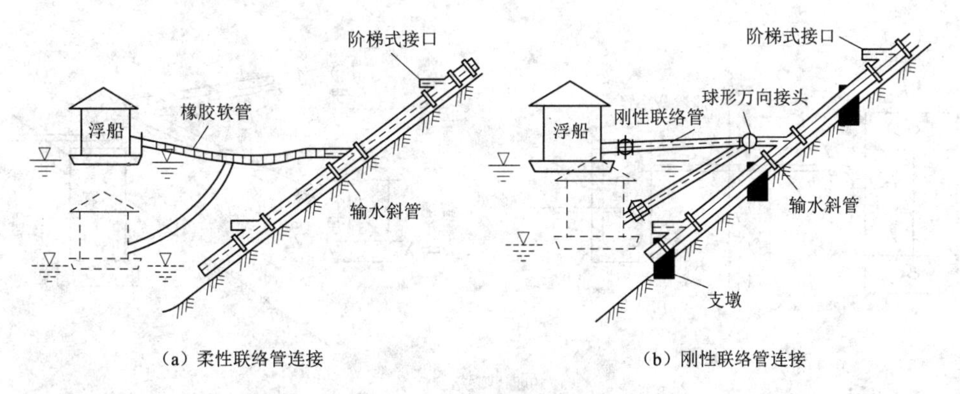

图 6-32 阶梯式连接

刚性联络管连接：采用两端各有一个球形万向接头（图 6-33）的焊接钢管作联络管，管径一般在 350mm 以下，管长一般为 8～12m。钢管承压高，使用年限长，球形万向接头转动灵活，使用方便，转角一般为 11°～15°，但制造较复杂。

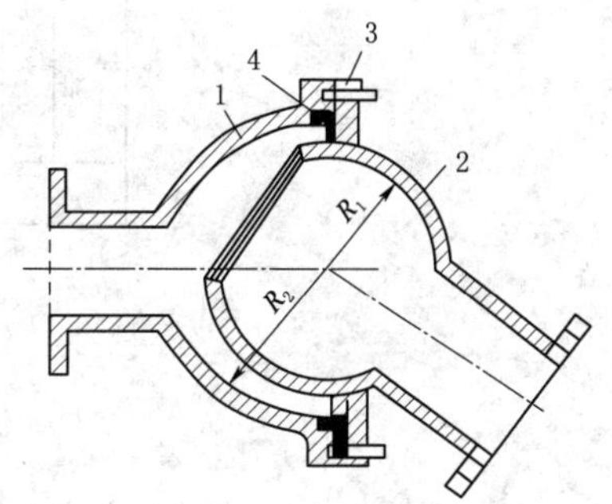

图 6-33 球形万向接头

1—外壳；2—球心；3—压盖；4—油麻填料

阶梯式连接因受联络管长度和球形接头转角限制，在水位涨落超过一定范围时，就需移船和换接头，操作麻烦，且需短时停水，但船靠岸较近，连接方便，可在水位变幅较大的河流上采用。

2）摇臂式连接：又称套筒式，联络管由钢管和几个套筒旋转接头组成。水位涨落时，联络管可围绕岸边支墩上的固定接头转动。该连接优点是无须拆换接头和经常移船，能适应河水位的猛涨猛落，管理方便，不中断供水，采用较广泛（目前已用于水位变幅达 20m 的河流）。但洪水时浮船离岸较远，上下交通不便。

因套筒接头只能沿轴心旋转，即一个套筒接头只能在一个平面上转动，故一根联络管上需设置 5 个或 7 个套筒接头，才能适应浮船上下、左右摇摆运动。图 6-34（a）为由 5 个套筒接头组成的摇臂联络管，因联络管偏心，致使两端套筒接头受较大扭力，接头填料易磨损漏水，从而降低了接头转动的灵活性与严密性。这种接头适宜在水压较低、联络管重量不大的情况；图 6-34（b）为由 7 个套筒接头组成的摇臂联络管，因套筒接头处受力较均匀，增加了接头转动的灵活性和严密性，故能适应较高水压和较大水量的要求，并能使船体在远离岸边时做水平位移，以避开洪水主流及航运、原木等的冲撞。

摇臂联络管的岸边支墩接口应高出平均水位，使洪水期联络管的上仰角略小于枯水期的下俯角。联络管上下转动的最大夹角不宜超过 70°，联络管长度一般在 20～25m 以内。

输水管一般沿岸边铺设，当采用阶梯式连接时，输水管上每隔一定距离设置叉管。叉管垂直高差取决于输水管的坡度、联络管长度、活动接头的有效转角等因素，一般在 1.5～2m。在常年低水位处布置第一个叉管，然后按高差布置其余叉管。当有两条以上输水管时，各条输水管上的叉管在高程上应交错布置，以便浮船交错位移。

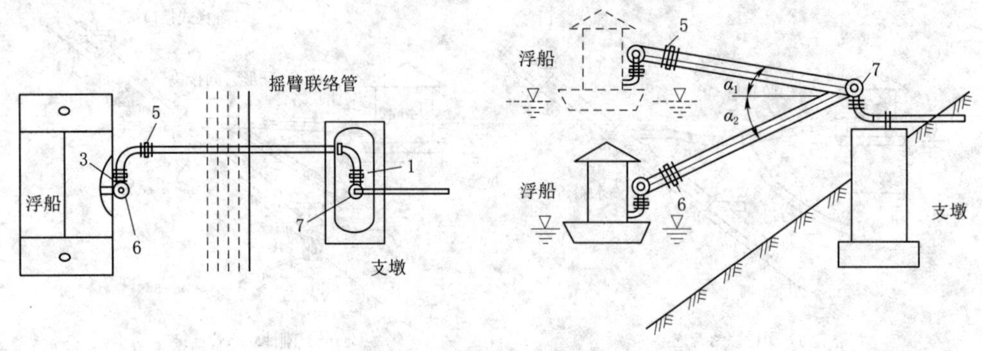

（a）单摇臂联络管连接

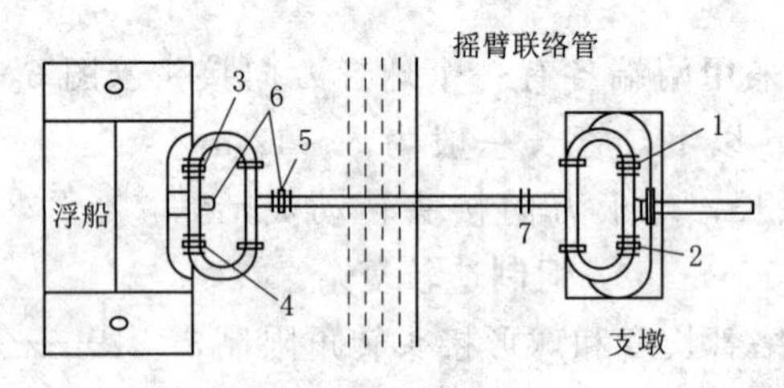

（b）双摇臂联络管连接

图 6-34　套筒式连接

1～7—套筒

（5）浮船式取水构筑物的锚固。浮船需用系缆索、支撑杆、锚链等锚固（图 6-35），锚固方式应根据浮船停靠位置的具体条件决定。用系系缆索和支撑杆将船固定在岸边，适宜在岸坡较陡、江面较窄、航运频繁、浮船靠近岸边时采用。在船首尾抛锚与岸边系留相结合的形式，锚固更为可靠，同时还便于浮船移动，适用于岸坡较陡、河面较宽、航运较少的河段。在水流急、风浪大、浮船离岸较远时，除首尾抛锚外，尚需增设角锚。

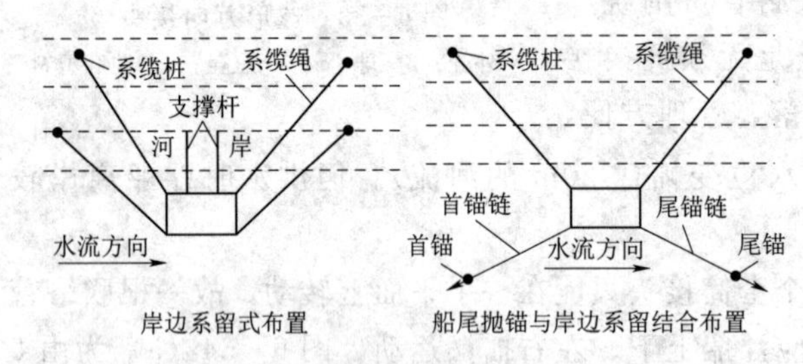

图 6-35　浮船式取水构筑物的锚固

2. 缆车式取水构筑物

缆车式取水构筑物是建造于岸坡截取河流表层水的取水构筑物，由泵车（安装水泵机组的车辆）、泵车轨道、输水斜管和牵引设备等组成（图 6-36）。特点是泵车随着江河水位的涨落，通过牵引设备沿岸坡轨道上下移动，受风浪的影响较小，能取得较好水质的水。

缆车式取水构筑物具有施工简单、水下工程量小、基建费用低、供水安全可靠等优点，广泛应用于河流水位变幅在 10～35m，枯水位时能保证一定的水深，涨落速度小于 2m/h，同时河岸岸坡稳定、地质条件好、岸坡倾角为 10°～28°，河流中冰凌和漂浮物较少的情况。如果河岸太陡，所需牵引设备过大，移车较困难；如果河岸太缓，则吸水管架太长，容易发生事故。

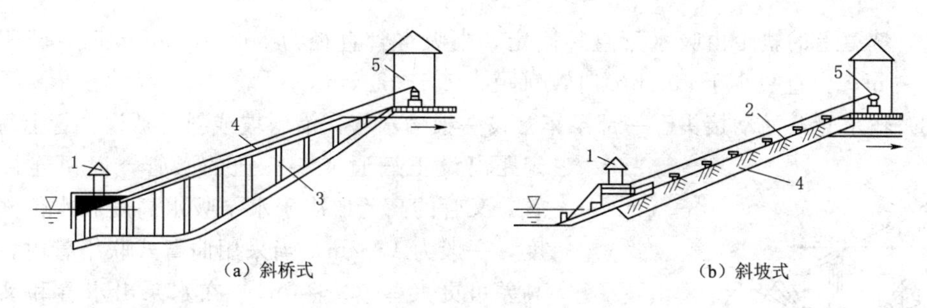

图 6-36 缆车式取水构筑物

1—泵车；2—坡道；3—支墩；4—输水斜管；5—绞车房

(1) 泵车与水泵。泵车数量和水泵台数与供水水量及供水安全可靠性要求有关。当取水量不大、允许中断供水时，可考虑采用一部泵车，水泵台数按流量变化要求选取；对供水量较大、可靠性要求较高时，应考虑选用两部或两部以上的泵车，每部泵车选用 2～3 台水泵，若有水泵突然因事故停泵或损坏，以及泵车更换接口时，可启动备用水泵供水。选用的水泵要求吸水高度不小于 4m 且 $Q-H$ 特性曲线较陡。

泵车上部为钢木混合的车厢，用来布置水泵机组；下部为型钢组成的空间桁架结构的车架，在主桁架的下节点处装有 2～6 对滚轮，可沿坡道移动。车厢的净高在无起吊设备时，采用 2.5～3m；当设备重 0.5t 以上，设置手动吊车时，采用 4～4.5m。泵车的平面布置主要是机组与管路的布置，因受坡道的倾角、轨距的影响，泵车尺寸不宜过大，小型泵车的面积为 10～20m^2，大、中型泵车面积为 20～40m^2。泵车上水泵机组的布置除满足紧凑、操作检修方便外，还应特别注意泵车的稳定和振动问题。为减少振动，设备应尽量对称布置，使机组与泵车重心在轴线上重合；为降低重心，增加泵车的稳定性，减少桁架腹杆的长度，泵车在竖向上可布置成阶梯式。

根据水泵类型、泵轴旋转方向及泵车构造可将水泵机组布置成各种形式（图 6-37）。中、小型泵车适于水泵平行布置，将机组直接布置在泵车桁架上，使机组重心与泵车轴线重合，受力好，运转时振动小、稳定性高；大、中型泵车适于垂直布置，机组重心落在两桁架间，机组放在短腹杆处，振动较小。

(2) 坡道。坡道形式有斜坡式和斜桥式，当岸边地质条件较好，坡度适宜时，可采用斜坡式坡道；当岸坡较陡或河岸地质条件较差时，可采用斜桥式坡道。斜桥式坡道基础可做成整体式、框式挡土墙和钢筋混凝土框格式，一般采用钢筋混凝土多跨连续梁结构。坡道坡度一般为 10°～25°，顶面应高出地面 0.5m 左右，以免积泥，如有泥沙淤积，应在尾车上设置冲沙管及喷嘴。坡道上设有供缆车升降的轨道，以及输水斜管、安全挂钩座、电缆沟、接管平台及人行道等。坡道的面宽应根据缆车宽度及上述坡道设施布

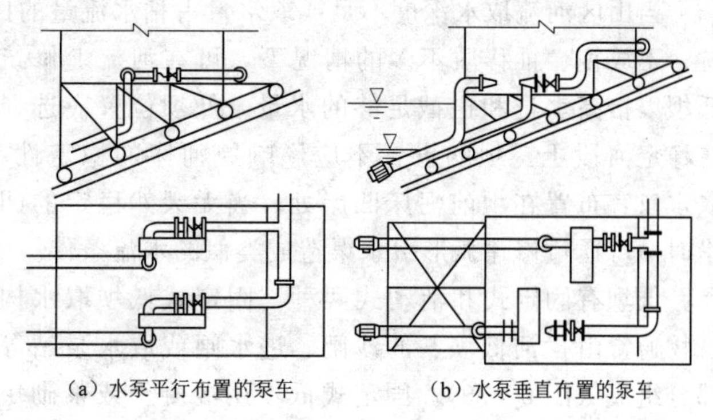

图 6-37 泵车上水泵机组的布置

置确定；坡道上的轨距由吸水管直径确定，当吸水管直径为 300～500mm 时，轨距一般为 2.5～4m；当直径小于 300mm 时，轨距为 1.5～2.5m。

（3）输水管及活动接头。一部泵车常设一根输水管，沿斜坡或斜桥敷设，管上每隔一定距离设正三通或斜三通的叉管，以便连接联络管。叉管的高差取决于水泵吸水高度和水位涨落速度，一般为 1～2m，当采用曲臂式联络管时，叉管高差可更大些（2～4m）。在水泵出水管和叉管间的联络管上需设置活动接头，以便移车时接口易对准，活动接头有橡胶软管、球形万向接头、套筒旋转接头和曲臂式活动接头等。橡胶软管使用灵活，但使用寿命较短，一般用于管径 300mm 以下；套筒接头由 1～3 个旋转套筒组成（图 6-38），装拆接口方便，使用寿命较长，应用较广。

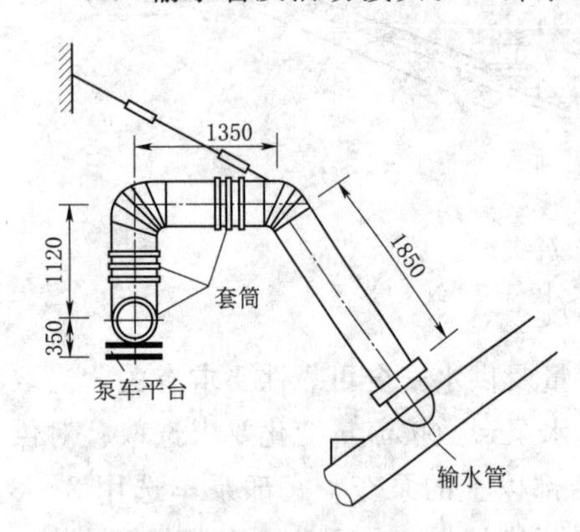

图 6-38　套筒接头连接

（4）牵引设备及安全装置。缆车取水多采用电动滚筒式卷扬机作为牵引设备，一般由绞车及连接泵车和绞车的钢丝绳组成。绞车一般设置在洪水位以上、正对缆车轨道的岸边绞车房内。缆车应设安全可靠的制动装置，绞车制动装置有电磁制动车和手制动器，以两者并用较为安全。泵车在固定时，一般采用钢杆安全挂钩（大中型泵车）和螺栓夹板式保险卡（小型泵车）作为安全装置；泵车在移动时，一般采用钢丝绳套挂钩作为安全装置。

（三）山区浅水河流取水构筑物

山区浅水河流两岸多为陡峻的山崖，河谷狭窄，河床常由砂砾、卵石等组成，河床坡度陡、比降大；径流多由降雨补给，洪水期与枯水期流量、水位及水质悬殊。山洪暴发时，来势猛、历时短，水位骤增、水流湍急，泥沙含量高、粒径大，甚至会发生泥石流；而枯水期流量小、水很浅，甚至出现断流。山区取水量占河水枯水径流量的比重很大，取水深度往往不足；此外，洪水期推移质多，容易造成取水构筑物淤塞和冲击。

根据山区河流取水特点，为确保取水构筑物安全，可靠地取到满足一定水量和水质要求的水，常用的取水构筑物形式有低坝式取水、底栏栅取水、渗渠取水及开渠引水等。

1. 低坝式取水

当山区河流取水深度不足或取水量占枯水流量的比重较大（30%～50%）时，在不通航、不放筏、推移质不多的情况下，可在河流上修筑低坝以抬高水位和拦截足够的水量。低坝位置应选择在稳定河段上，坝的设置不应影响原河床的稳定性，取水口宜布置在坝前河床凹岸处。当无天然稳定的凹岸时，可通过修建弧形引水渠造成类似的水流条件。

低坝有固定式和活动式两种。固定式低坝取水构筑物通常由拦河低坝、冲沙闸、进水闸或取水泵站等部分组成（图 6-39）。固定式低坝用混凝土或浆砌块石做成溢流坝形式，坝高应满足取水深度的要求，通

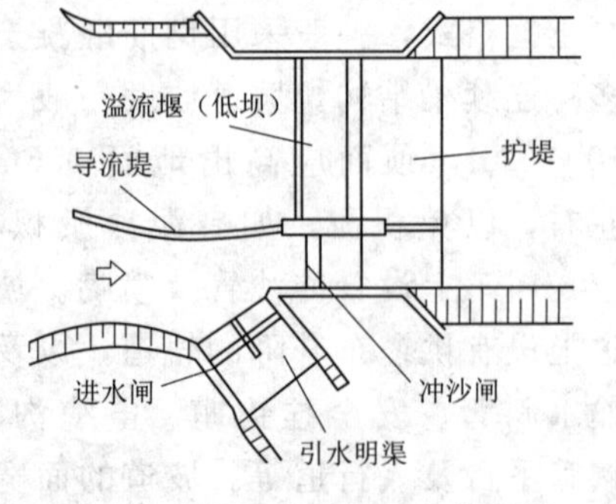

图 6-39　固定式低坝取水构筑物

常为1～2m。因筑低坝抬高了上游水位，水流速度变小，坝前常发生泥沙淤积，威胁取水安全，故在靠近取水口进水闸处设置冲沙闸，并根据河道情况，修建导流整治设施，利用上下游的水位差，将坝上游沉积的泥沙排至下游，以保证取水构筑物附近不淤积。进水闸的轴线宜与冲沙闸轴线成较小的夹角（30°～60°），使含沙量较少的表层水从正面进入进水闸，含泥沙较多的底层水从侧面由冲沙闸排至下游，从而取得水质较好的水。为防止河床受冲刷，保证坝基安全稳定，一般在溢流坝、冲沙闸下游一定范围内需用混凝土或块石铺砌护坦，护坦上设消力墩、齿槛等消能设施；筑坝时应清除河床中的砂卵石，使坝身直接落在不透水的基岩上，以防止水流从上游坝下向下游渗透。如果砂卵石太厚难以清除，则需在坝上游的河床内用黏土或混凝土做防渗铺盖。黏土铺盖上需设置厚30～50cm的砌石层加以保护。活动式低坝是新型的水工构筑物，枯水期能挡水和抬高上游的水位，洪水期可以开启，减少上游淹没的面积，并能冲走坝前沉积的泥沙，因此采用较多，但维护管理较复杂。近些年来广泛采用的新型活动坝有橡胶坝、浮体闸、水力自动翻板闸等。橡胶坝用表面塑以橡胶的合成纤维（锦纶、维纶等）制成袋形或片状，锚固在闸底板和闸墙上。封闭的袋形橡胶坝，在充水或充气时胀高形成坝体，拦截河水而使水位升高；当需泄水时，只要排出气体或水即可。橡胶坝坝体重量轻，施工安装方便，工期短、投资省，止水效果好，操作灵活简便，可根据需要随时调节坝高，抗震性能好，但其坚固性及耐久性差，易损坏，寿命短。浮体闸有一块可绕底部固定铰旋转的空心主闸板，在水的浮力作用下可上浮一定高度起到拦水作用。另外，还有两块副闸板相互铰接，可折叠，并同时与主闸板铰接起来。当闸腔内充水时，主闸板上浮，低坝形成；当闸腔内的水放出时，主闸板回落，以便泄水。

2. 底栏栅式取水

在河床较窄、水深较浅、河床纵坡降较大（一般 $i \geqslant 0.02$）、大粒径推移质较多、取水百分比较大的山区河流取水，宜采用底栏栅式取水构筑物。底栏栅式取水是通过溢流坝抬高水位，并使水从底栏栅顶部流入引水廊道，再流经沉沙池去除粗颗粒泥沙后至取水泵房，其余河水经坝顶溢流，并将大粒径推移质、漂浮物及冰凌带到下游。

底栏栅式取水构筑物由拦河低坝、底栏栅、引水廊道、沉沙池、取水泵站等部分组成（图6-40）。拦河低坝用以抬高水位，坝与水流方向垂直，坝身一般用混凝土或浆砌块石筑成。在拦河低坝的一段筑有引水廊道，廊道顶盖有栏栅。栏栅用于拦截水流中大颗粒推移质及树枝、冰凌等漂浮物，其堰顶一般高于河床0.5m，如需抬高水位，可建1.2～2.5m高的壅水坝；在河流水力坡降大、推移质泥沙多、河坡变缓处的上游，栏栅的堰顶可高出河床1～1.5m。为了在枯水期及一般平水季节使水流全部从底栏栅上通过，坝身的其他部分可高于栏栅坝段0.3～0.5m。引水廊道则汇集流进栏栅的水并引至岸边引水渠或沉沙池，沉沙池用于去除粒径大

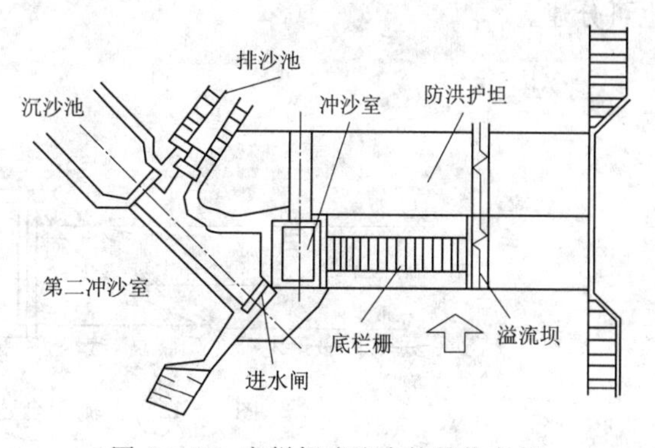

图6-40　底栏栅式取水构筑物布置

于0.25mm的泥沙，进水闸用以在栏栅及引水廊道检修时或冬季河水较清时进水。当取水量较大、推移质较多时，可在底栏栅一侧设冲沙室，用以排泄坝上游沉积的泥沙。为了防止冲刷，应在坝的下游用浆砌块石、混凝土等砌筑陡坡、护坦及消能设施。若河床有透水性好的砂卵石时，应清基或进行防渗的“铺盖”处理。

（四）湖泊和水库取水构筑物

1. 湖泊、水库取水的特点及取水构筑物的位置选择

水位与蓄水量有关，具有季节性特点，夏秋水位高、冬末春初出现最低水位，甚至干旱地区完全干涸；因湖泊、水库水流动相对缓慢，阳光照射使水面表层温度较高，有利于水生生物的生长，有浮游、漂浮生物及水底生物、易使水体产生色、嗅和味；具有良好的沉淀作用，水中泥沙含量低，浊度变化不大；水质与补给源的水质、流入与流出水量的平衡关系、蒸发量、蓄水构造的岩性等有关；在风的作用下会产生较大的浪涌现象。基于上述特点，取水构筑物选址应注意：避开湖岸芦苇丛生处附近、夏季主风向的向风面的凹岸处，为防止泥沙淤积取水头部，取水位置应远离支流的汇入口，选在靠近大坝附近；取水构筑物应建在坡度较小，岸高不大的基岩上或植被完整的湖边、水库边。

2. 湖泊、水库取水构筑物类型

（1）隧洞式取水和引水明渠取水。在水深大于10m的湖泊或水库中取水常采用引水隧洞或引水明渠。隧洞式取水构筑物可采用水下岩塞爆破法施工，在选定的取水隧洞下游端，先挖掘修建引水隧洞，在接近湖或库底的地方预留一定厚度的岩石——岩塞，最后采用水下爆破一次性炸掉，从而形成取水口（图6-41）。

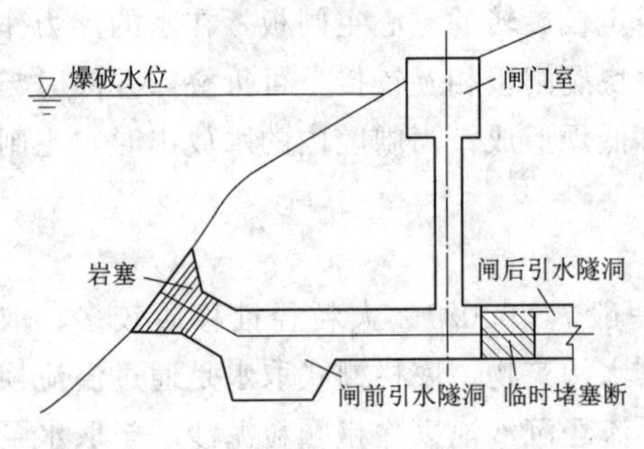

图6-41 岩塞爆破法示意

（2）分层取水。在不同季节、不同水深，深水湖泊或水库水质相差较大，为避免水生生物及泥沙的影响，应在取水构筑物不同高度设置取水窗，采用分层取水的方式，可根据不同水深的水质情况，取得低浊度、低色度、无嗅的水。

（3）自流管式取水。在浅水湖泊和水库取水，一般采用自流管或虹吸管把水引入岸边深挖的吸水井内，水泵的吸水管直接从吸水井内抽水，泵房与吸水管可合建（图6-42），也可分建。

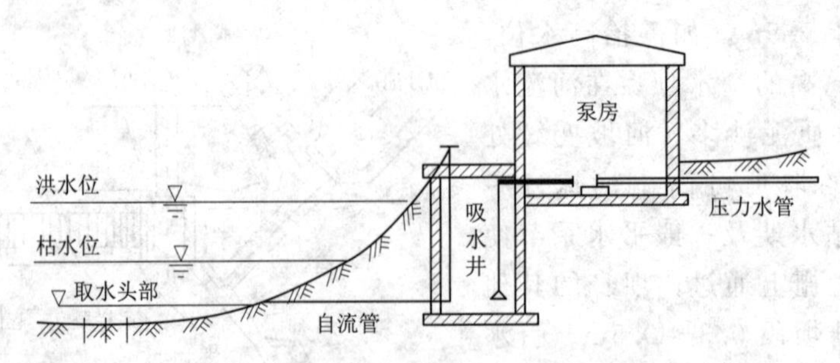

图6-42 自流管合建式取水构筑物

（五）海水取水构筑物

1. 海水取水的特点及取水构筑物的设计

因淡水资源日益匮乏，很多沿海城市已采用海水作为工业冷却用水的水源。海水含盐量高、腐蚀性强，需用青铜、镍铜材质管道、管件、阀、泵体、叶轮等耐腐蚀材料和设备，并且表面涂敷防护，采用阴极保护等；海生生物常会造成取水构筑物的堵塞，不易清除，对取水安全可靠性构成极大威胁，可采用加氯法等防腐和抑制海水生物繁殖的措施；潮汐和海浪不仅会引起水位大幅度变化，还会对取水构筑物产生巨大的冲击力，故取水构筑物应设在避风的位置，对潮汐和海浪的破坏力给予充分考虑；此外，在海滨地区，尤其泥质海滩地区，潮汐运动常使泥沙移动和淤积，故取水口应避开泥沙可能淤积处，最好设在岩石海岸、海湾或防波堤内。

2. 海水取水构筑物类型

（1）引水管渠取水。海滩较平缓时采用，如图 6-43 和图 6-44 所示。

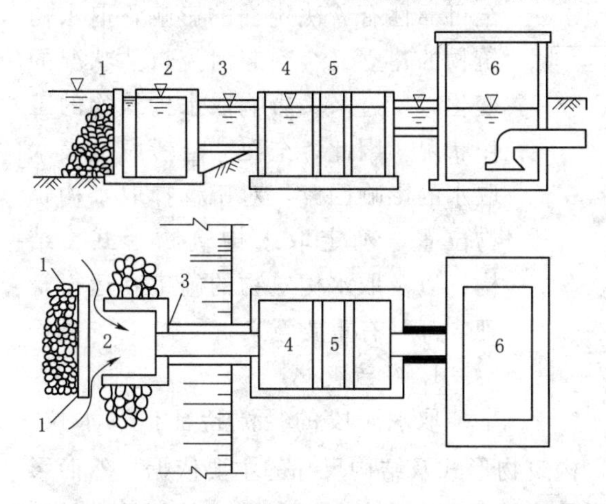

图 6-43　引水管渠海水取水构筑物

1—防浪墙；2—进水斗；3—引水渠；4—沉淀池；5—滤网；6—泵房

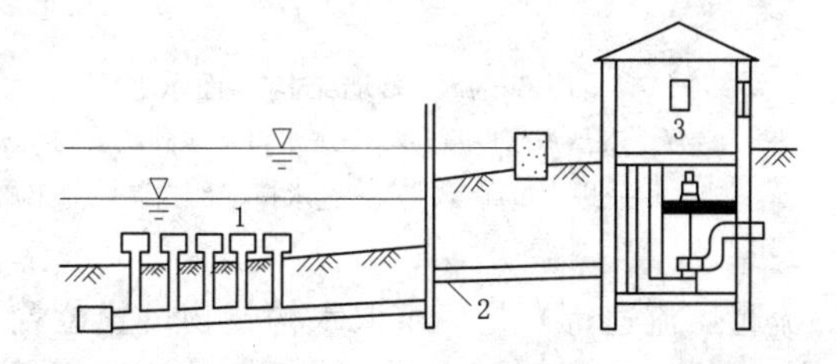

图 6-44　海底引水的自流管式海水取水构筑物

1—取水口；2—自流管；3—泵房

（2）潮汐式取水。如图 6-45 所示，在海边围堤修建蓄水池，在靠海岸的池壁上设置若干潮门。涨潮时海水推开潮门，进入蓄水池；退潮时，潮门自动关闭，泵站从蓄水池取水；利用潮汐蓄水可节省投资和电耗。

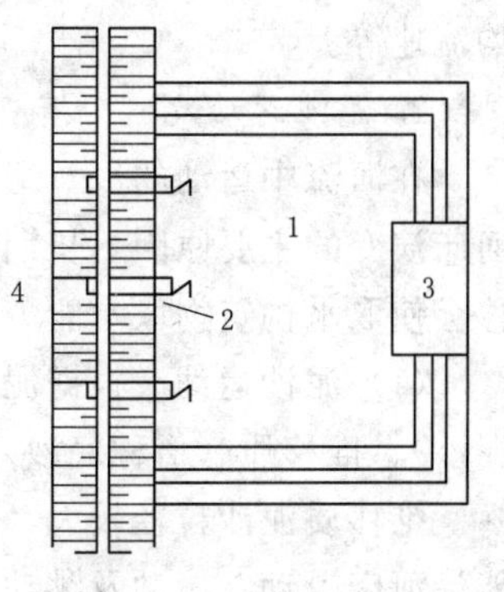

图 6-45　潮汐式取水构筑物

1—蓄水池；2—潮门；3—泵房；4—海湾

（3）幕墙式取水。幕墙式取水构筑物是在海岸线的外侧修建幕墙，海水可通过幕墙进入取水口（图 6-46 和图 6-47）。

（4）岸边式取水。在深水海岸，地质条件及水质良好时，可从海岸边取水或用水泵吸水管直接伸入海岸边取水。为防止海浪影响及使泥沙沉淀，还可采用斗槽式取水。

二、影响地表水取水构筑物运行的主要因素

河流的径流变化、泥沙运动、河床演变、冰冻情况、水

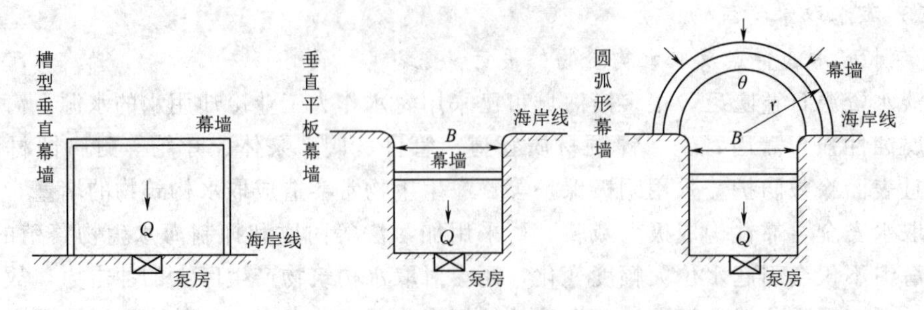

图 6-46　幕墙式取水口平面布置

r—圆弧幕墙半径；θ—圆弧幕墙中心角；B—幕墙宽度；Q—取水量

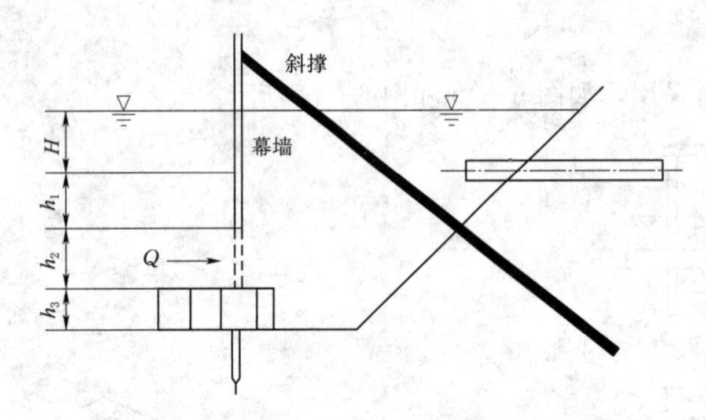

图 6-47　幕墙结构端面示意图

H—表层海水厚度；h_1—进水口上端到跃层的距离；h_2—进水口高度；h_3—进水口下端到海底的距离

质、河床地质与地形等一系列因素对取水构筑物的正常工作及其取水的安全可靠性有着决定性的影响，取水构筑物的建立又会引起河流自然状况的变化，反过来又影响取水构筑物的工作状况。因此，全面综合考虑地表水取水的影响因素，对于选择取水构筑物位置，确定取水构筑物形式、结构，以及取水构筑物的施工和运行管理，都具有重要意义。

1. 径流变化

取水河段的径流特征值（水位、流量、流速等）是确定取水构筑物设置位置、构筑物形式及结构尺寸的主要依据，然而影响河流径流的因素很多，如气候、地质、地形及流域面积、形状等，且径流特征具有随机性。因此，在设计江河取水构筑物时，应根据河道径流的长期观测资料，用河流水文计算方法，确定河流在一定保证率下的各种径流特征值。必须掌握的径流特征值有：江河历年最高和最低水位、逐月平均水位和正常水位；历年最大和最小流量；历年最大、最小和平均流速等。

2. 泥沙运动及河床演变

在河流中运动的以及组成河床的静止粗细泥沙、大小石砾都称为河流泥沙，它是引起河床演变的主要原因，长期的冲刷和淤积，轻者使河床变形，重者将使河流改道。泥沙运移会使取水构筑物取水能力下降，甚至完全报废。

（1）泥沙运动。根据泥沙在水中的运动状态，可将其分为床沙（组成河床表面的静止泥沙）、推移质（俗称底沙）及悬移质（俗称轻沙）三类。

推移质泥沙粒径较大，沉降速度比水流的垂向脉动速度大得多，不能悬浮在水中，只能沿河床滑动、滚动及跳动前进，其运动范围在床面附近 2～3 倍粒径的区域，只占河流总挟沙量的 5%～10%。推移质运动具有明显的间歇性，沙波运动是其主要形态，如沙波推移到取水构筑物附近，就有可能造成堵塞。悬移质粒径较小，沉降速度比水流的垂向脉动速度小，在紊动扩散作用下可悬浮在水中，被水流挟带前进，远离床面，其运动速度与水流基本一致，运动直接影响河水含沙量。对于悬移质运动，与取水最为密切的问题是含沙量沿水深的分布和水流的挟沙能力。

决定泥沙运动状态的因素除泥沙粒径外，还与水流速度有关。河流中水流的运动包括在重力作用下不断向下游流动的纵向运动和受到惯性离心力、机械摩擦力等作用的各种环流运动。纵向水流和环流交织在一起，沿着流程不断与河床接触，并伴随着泥沙的运动。泥沙运动使得河床发生冲刷和淤积，不仅影响河水含沙量，而且使河床形态发生变化。纵向水流使河床沿纵深方向发生变化，而天然河床的纵断面总是有深有浅，因而沿着流程，自由水面的纵坡降不断发生变化，引起纵向流速的改变，流速的变化又直接影响水流的挟沙能力。当水面坡降变小时，河床的冲刷减少甚至发生淤积；水面坡降增大时，淤积减少甚至发生冲刷。河道中的环流运动是环绕一定的旋转轴往复进行的水流运动，它不是由河床纵坡降的总趋势决定的，而是由纵坡降以外的其他因素促成的。环流对泥沙运动和河床演变有重要的影响：当水流在河道的弯段上做曲线运动时，由于离心力的作用，水面发生倾斜，凹岸水面高于凸岸水面，产生横向水面坡降，使得凹岸水流下降，凸岸水流上升，形成横向环流，在其作用下，凹岸受到冲刷成为深槽，而凸岸产生淤积形成边滩。当河床中存在心滩时，水流流经心滩的现象与弯段相似，会形成两个方向相反的横向环流，促使心滩向上增长。水流中常包含各种形态的环流运动，其横坡降引起的横向环流是河床冲刷和淤积的主要原因之一。天然河床在平面上呈现的直、曲及广、狭状况常使水流产生横坡降和横向环流，引起横向输沙不平衡，从而导致河道的横向变形。

(2) 河床演变。河床演变是水流与河床相互作用的结果，通过泥沙运动来体现，因河流的径流情况和水力条件随时空不断发生变化，故挟沙能力也在不断变化，一旦水流处于输沙不平衡状态，河床就会产生冲刷和淤积，从而引起河床形状的变化，进而对取水构筑物的正常运行产生重要的影响。

河床变形分为单向变形和往复变形两种。单向变形是河床长期缓慢地朝一个方向冲刷和淤积，不出现冲淤交错；往复变形是河道周期性往复发展演变的现象，洪水期河床冲刷，枯水期河床淤积。河床变形还可分为纵向变形和横向变形两种。纵向变形是在主流运行的方向上，因来沙量随时间和流程的变化、河流比降和河谷宽度的沿线变化及拦河坝等的兴建而造成输沙不平衡，从而发生冲刷或淤积，引起河床沿纵深方向的变化。这种冲淤发生在河床与流向垂直的两侧方向上，使河床平面位置产生摆动。如在河流上建立水利枢纽，枢纽上游的水流流速减小，引起淤积，而在枢纽下游则发生冲刷，引起显著的河床变形。横向变形是河床在与主流向垂直的方向上表现出河岸的冲刷或淤积，使河床平面位置发生摆动。河流横向变化是由横向环流导致的横向输沙不平衡引起的，最常见的是弯曲河段的横向环流，以及水流绕过河道中的各种沙滩或障碍物时产生的环流（图 6 - 48）。在横向环流与纵向主流作用下，河湾水流实际上呈螺旋形前进，江河弯道凹岸常会形成窄长的深槽，水较深，主流近岸，洪水期水流挟沙能力较大，河床底的泥沙由凹岸运向凸岸。因此，在弯曲河段的凹岸处取水一般有利，但该处水流冲刷强烈，对护岸工程要求较高。

3. 河床与岸坡的岩性和稳定性

从江河中取水的构筑物有的建在岸边，有的延伸到河床中，因此，河床与岸坡稳定性

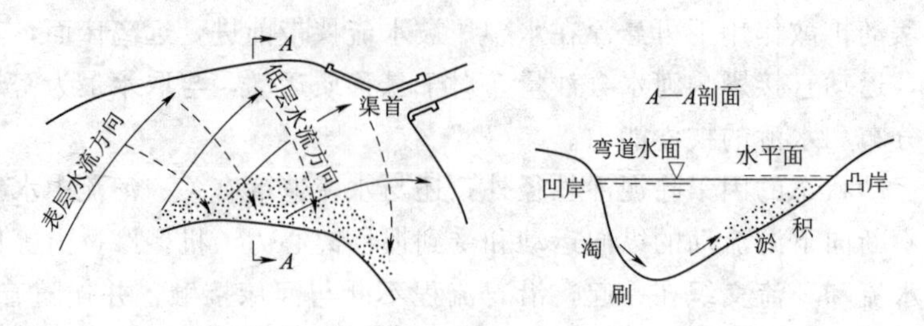

图 6-48　河流弯道横向环流示意图

对取水构筑物的位置选择有重要影响，它还是影响河床演变的重要因素。河床的地质条件不同，其抵御水流冲刷的能力不同，因而受水流侵蚀影响所发生的变形程度也不同。坚硬的岩石河床不易被冲刷，而平原上的河道，其河床边界由具有可动性的黏土、壤土或细沙组成，抗冲刷能力差，由水流侵蚀所引起的河床变形甚为显著。对于不稳定的河段，一方面河流水力冲刷会引起河岸崩塌，导致取水构筑物倾覆和沿岸滑坡，尤其河床土质疏松的地区常会发生大面积的河岸崩塌；另一方面还可能出现河道淤塞、取水口堵塞等现象。故取水构筑物的位置应选在河岸稳定、岩石露头、未风化的基岩上或地质条件较好的河床处。须防止选在不稳定的岸坡，如崩塌和滑坡的河岸，一般也不能建在淤泥、流沙层和岩溶地区，如因地区条件限制无法避免时，要采取可靠的工程措施。另外，在地震区，还要按照防震要求进行设计。选择取水构筑物位置时，应对取水河床的岩性和稳定性进行水文地质和工程地质勘察，并进行详细研究分析，慎重对待。

三、地表水取水构筑物的位置选择及设计

1. 地表水取水构筑物位置的选择

地表水取水构筑物位置的选择，不仅关系到取水构筑物能否在保证水质、水量的条件下安全可靠地供水，而且会对周围的环境产生一定的影响。因此应根据取水河段的水文、地形、地质及卫生防护、河流规划和综合利用等条件全面分析，综合考虑。

（1）取水点应设在水质较好的地段。生活污水和生产废水的排放常是河流污染的主要原因，供生活用水的取水构筑物应设在城市和工业企业的上游，距离污水排放口上游100m 以上；取水点应避开河流中的回流区和死水区，以减少水中泥沙、漂浮物；在沿海地区受潮汐影响的河流上设置取水构筑物时，应考虑咸潮的影响；避免农田污水灌溉、果园杀虫剂等有害物质污染水源；避开河流中含沙量较高的河段；电厂冷却水要求取得温度尽可能低的河水，应从底层（含沙少时）和河心取水。

（2）取水点应设在具有稳定河床、靠近主流并有足够水深的地段。取水河段的形态特征和岸形条件是选择取水口位置的重要因素。取水口位置应选在比较稳定、含沙量不太高的河段，并能适应河床的演变。对于弯曲河段，取水口宜设在凹岸，但取水点应避开凹岸主流的顶冲点（即主流最初靠近凹岸的部位），一般可设在顶冲点下游 10～15m 同时冰水分层的河段。对于顺直河段，取水点应选在主流靠近岸边、河床稳定、水深较大、流速较快的地段，通常是河流较窄处；在取水口处的水深一般要求不小于 2.5m。对于有边滩、沙洲的河段，应注意了解边滩和沙洲形成的原因、移动的趋势和速度，不宜将取水点设在可移动的边滩、沙洲的下游附近，以免被泥沙堵塞；一般应将取水点设在上游距沙洲

500m远处。对于有支流汇入的顺直河段，因干流、支流涨水的幅度和先后不同，容易在汇入口附近形成“堆积堆”，故取水口应与汇入口保持足够的距离（图6-49)；一般取水多设在汇入口干流的上游河段上。对于游荡型河段，在此类河段设置取水构筑物，特别是固定式取水构筑物较困难，应结合河床、地形、地质特点，将取水口布置在主流线密集的河段上；必要时需改变取水构筑物的形式或进行河道整治以保证取水河段的稳定性。

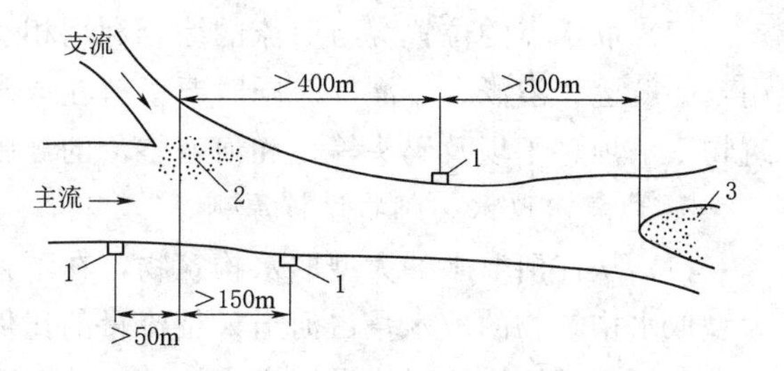

图6-49　取水口位置示意图

1—取水口；2—堆积堆；3—沙洲

(3) 取水点应有良好的地质、地形及施工条件。取水构筑物应尽量设在地质构造稳定、承载力高的地基上，不宜建在断层、流沙层、滑坡、风化严重的岩层、岩溶发育地段及有地震影响地区的陡坡或山脚下。此外，取水口应考虑选在对施工有利的地段，不仅要交通运输方便，有足够的施工场地，而且要有较少的土石方量。因水下施工困难且费用甚高，故应充分利用地形，尽量减少水下施工量，以节省投资和缩短工期。

(4) 取水点应尽量靠近主要用水区。取水点位置应与工农业布局和城市规划相适应，全面考虑整个给水系统的合理布置。在保证安全取水的前提下，尽可能靠近主要用水地区，以缩短输水管线的长度、减少输水的基建投资和运行费用。此外，应尽量减少穿越河流、铁路等障碍物。

(5) 取水点应避开人工构筑物和天然障碍物的影响。河流上的人工构筑物（如桥梁、丁坝、码头、拦河闸坝等）和天然障碍物（突出河岸的陡崖和石嘴等）会改变河流的水流条件，使河床产生冲刷或淤积，必须引起重视。河道中桥梁的上游，因桥墩收缩了水流过水断面，使上游水位壅高，流速减慢，易形成泥沙淤积；在桥墩下游，因水流通过桥墩时流速增大，使桥墩下游附近形成冲刷区；再往下，水流恢复了原来流速，又形成淤积区域。所以一般规定取水点应选在桥墩上游0.5～1km或桥墩下游1km以外的地段。丁坝是常见的河道整治构筑物，它的存在使河流主流偏向对岸，在其附近形成淤积区，故取水口应设在本岸丁坝的上游或对岸，在丁坝同岸的下游不宜设取水口。突出河岸的码头如丁坝一样，会阻滞水流，引起淤积；码头附近卫生条件也较差，水质易受污染，故应将取水口设在距码头边缘至少100m处，并征求航运部门的意见。拦河闸坝上游流速减缓，泥沙易于淤积，当取水口设在上游时，应选在闸坝附近、距坝底防渗铺砌起点100～200m处。当取水口设在闸坝下游时，因水量、水位和水质都受到闸坝调节的影响，且闸坝泄洪或排沙时，下游可能产生冲刷和泥沙涌入，故取水口不宜与闸坝靠得太近，应设在影响范围以外。突出河岸的陡崖、石嘴对河流的影响类似丁坝，在其上下游附近易出现泥沙沉积区，因此在此区内不宜设置取水口。

(6) 取水点应避免冰凌的影响。取水口应设在不受冰凌直接冲击的河段，并应使冰凌能顺畅地顺流而下；在冰冻严重的地区，取水口应选在急流、冰穴、冰洞及支流入口的上游河段；有流冰的河道，应避免将取水口设在流冰易于堆积的浅滩、沙洲、回流区和桥孔的上游附近；在流冰较多的河流取水，取水口宜设在冰水分层的河段，从冰层下取水。

(7) 取水点的位置应与河流的综合利用相适应。取水地点的选择应注意河流的综合利用，如航运、灌溉、排灌等。同时要了解在取水点的上下游附近近期内拟建的各种水工构筑物（水坝、丁坝及码头等）和河道整治的规则等。

2. 地表水取水构筑物设计原则

(1) 从江河取水的大型取水构筑物，在下列情况下应在设计前进行水工模型实验：当大型取水构筑物的取水量占河道最枯流量的比例较大时；因河道及水文条件复杂，需采取复杂的河道整治措施时；设置壅水构筑物的情况复杂时；拟建的取水构筑物对河道会产生影响，需采取相应的有效措施时。

(2) 城市供水水源的设计枯水流量保证率一般采用 90%～97%；设计最高水位一般按 1%的频率确定，设计枯水位的保证率一般可采用 90%～99%。

(3) 取水构筑物应根据水源情况，采取防止和清除漂浮物、泥沙、冰凌、冰絮和水生生物阻塞的措施，以及采取防止冰凌、木筏和船只撞击的保护措施，同时还要防止洪水冲刷、淤积、冰冻层挤压和雷击的破坏。

(4) 江河取水构筑物的防洪标准不应低于城市防洪标准，设计洪水重现期不得低于 100 年。

(5) 取水构筑物的冲刷深度应通过调查与计算确定，并应考虑汛期高含沙水流对河床的局部冲刷和“揭底”问题。

(6) 在通航河道上，应根据航运部门的要求，在取水构筑物处设置标志。

(7) 在高含沙河流下游淤积河段设置的取水构筑物，应预留设计使用年限内的总淤积高度，并考虑淤积引起的水位变化。

(8) 水源、取水点和取水量确定，应取得有关部门（如河务管理部）的同意。

第三节　跨流域调水

一、跨流域调水的理论依据与分类

1. 理论依据

跨流域调水是指修建跨越两个或两个以上流域的引水/调水工程，将水资源较丰富流域的水调到水资源紧缺的流域，以达到地区间调剂水量盈亏，促进缺水区域的经济发展和缓解流域人畜用水的矛盾。随着人口增长和经济社会的发展，水资源问题已成为制约人类生存与可持续发展的瓶颈，水资源在时间与空间上分布的不均匀性与人类社会需水的不均衡性使得跨流域调水成为合理开发利用水资源、实现水资源优化配置的有效手段。水资源优化配置是多目标决策的大系统问题，跨流域调水关系到相邻地区工农业的发展，还涉及相关流域水资源重新分配和可能引起的社会生活条件及生态环境变化。因此，必须应用大系统理论的思想，全面分析跨流域的水量平衡关系，综合协调地区间可能产生的矛盾和环境质量问题，协调好资源、社会、经济和生态环境的动态关系，确保实现可持续发展。水资源承载力是在水与区域社会、经济、生态环境相互作用关系分析基础上，全面反映水对区域社会、经济、生态环境存在与发展支持能力的一个综合性指标，是反映区域水资源丰欠状况的一个相对指标。跨流域调水系统在工程实施前，就需对调水前后的调水区与受水区水资源承载力进行对比分析，论证其可行性问题；因各区域（流域）的水资源状况及其社会、经济、生态环境状况等在工程实际运行中都会发生变化，还需通过水资源承载力分析来确定某时期系统的合理调水量或评价调水的合理性；对于已建成运用的跨流域调水系统，可根据水资源承载力分析评价有关原则，对其实际调水运行状况进行后评价，为进一步调水的规划决策提供借鉴。理论上水资源承载力是用以反映在水资源最优（最合理）配置下，区域水资源对社会经济各用水方面的支持能力，为了更直观地判断一个区域水资源承载力，可用“水资源的承载人口数”这一综合性指标来刻画水资源承载力，那么跨流域调水系统的水资源优化问题就可以表示为：如何分配有限的水资源使能承担的人口数量最大。

2. 分类

跨流域调水总体分两种类型：改变河流的流向和修建能输送大量水的大运河。按跨流域调水工程功能划分，主要有 6 类：以航运为主体的跨流域调水工程，如中国古代的京杭大运河等；以灌溉为主的跨流域灌溉工程，如中国甘肃省的引大入秦工程等；以供水为主的跨流域供水工程，如中国山东省的引黄济青工程、广东省的东深供水工程等；以水电开发为主的跨流域水电开发工程，如澳大利亚的雪山工程、中国云南省的以礼河梯级水电站开发工程等；跨流域综合开发利用工程，如中国的南水北调工程和美国的中央河谷工程等；以除害为主要目的（如防洪）的跨流域分洪工程，如江苏、山东两省的沂沭泗水系供水东调南下工程等。大型跨流域调水工程通常是发电、供水、航运、灌溉、防洪、旅游、养殖及改善生态环境等目标和用途的集合体。

二、国际上典型的大规模跨流域调水工程

据不完全统计，目前世界上（24 个国家）已建、在建和拟建的大规模、长距离跨流域调水工程不下 160 项，在世界的大江大河上几乎都能找到调水工程的影子，这些跨流域调水工程的建设目的和技术特点各有不同。

1. 美国跨流域调水工程

美国迄今已建跨流域调水工程 10 多项，主要为灌溉和供水服务，兼顾防洪与发电，年调水总量达 200 多亿 m^3，著名工程有加利福尼亚州北水南调工程、联邦中央河谷工程、阿肯色河工程、向洛杉矶供水的科罗拉多河水道工程及大汤普森工程、向纽约供水的特拉华调水工程和中央亚利桑那工程等。其中规模最大的加州北水南调工程，年调水量 52 亿 m^3，调水总扬程达 1151m，引加州北边的奥罗维尔湖水到南端的佩里斯湖，整个工程主干道占加利福尼亚州南北总长度的 2/3，越过蒂哈查皮山，流到干旱的加州南部。中央河谷工程年调水 53 亿 m^3，在水源充足的河谷北部萨克拉门托河上游兴建沙斯塔水库，将汛期多余洪水拦蓄起来，在灌溉季将水经萨克拉门托河下泄至萨克拉门托圣华金三角洲，经横渠过三角洲到南部的特雷西泵站，经该泵站将水分成两股，一股入康特拉-科斯塔渠输水到马丁内斯水库，向旧金山地区供水；另一股通过三角洲门多塔渠流入弗里恩特水库，最后通过弗里恩特-克恩渠把水调向南部更缺水的图莱里湖内陆河流域。

2. 苏联跨流域调水工程

苏联已建的大型调水工程达 15 项之多，年调水量 480 多亿 m^3，主要用于农田灌溉，有 100 多个研究所进行调水工程的方案与技术研究。较著名的工程有：卡拉库姆-列宁运

河（自东向西贯穿土库曼斯坦共和国全境，运河长1400km，被称为世界“运河之王”）、额尔齐斯-卡拉干达运河（哈萨克斯坦，运河全长458km）、伏尔加-莫斯科调水工程（长128km）等。特别是花了几十年研究和规划的“北水南调”工程，包括6条调水线路，规模宏大，计划远景最大调水总量达5620亿m^3，初期计划年调水量820亿m^3，输水线路总长达10400km，计划灌溉面积约4000万hm^2。1985年在苏联媒体上出现了关于调水工程利弊问题的大论战，致使1986年由苏共中央和部长会议决议停止了新的调水工程规划设计。众多调水工程中，备受争议的卡拉库姆运河从阿姆河引水进入沙漠，满足土库曼斯坦发展灌溉农业的需求。运河的兴建使两岸灌溉面积达到125万hm^2，扩大了3倍以上，成为苏联重要的粮棉基地，并刺激当地新兴和扩建城市50多座，出现了一派繁荣景象。但始料未及的是，调水工程造成咸海流域的生态环境严重破坏，经验教训给人们上了一堂痛苦的生态灾难课。

3. 加拿大跨流域调水工程

加拿大南方9个省共实施了60项调水工程，年调水总量为1410亿m^3。就总调水量来说，居世界第一位，但输水干渠都不长，以河道输水为主。加拿大总调水量的95%（1340亿m^3）是用于水力发电，而用于灌溉农作物的仅占5%，水出口同时电力出口。著名的调水工程有魁北克调水工程、丘吉尔河-纳尔逊河、奥果基河-尼比巩河等。1974年动工兴建的魁北克调水工程，引水流量1590m^3/s，总装机容量达1019万kW，年发电量678亿kW·h。

4. 巴基斯坦跨流域调水工程

亚洲建设调水工程最多的国家之一，现有输水干渠总长4398.8km，总引水能力6900m^3/s。巴基斯坦的西水东调工程是平原地区采用明渠自流引水的一项典型调水工程。工程从西三河（印度河、杰赫勒姆河、杰纳布河）向东三河（萨特莱杰河、比阿斯河、拉维河）调水，年调水量148亿m^3，引水流量614m^3/s，4个引水口的最大引水流量2115m^3/s，主要为灌溉服务，兼顾发电，总灌溉农田153.3万km^2。工程规模巨大，总长589km，建筑物400余座，各项工程已在1965—1975年完成，工程包括：印度河干流调水系统、杰纳布河调水系统及杰卢姆河调水系统。

5. 澳大利亚跨流域调水工程

澳大利亚为解决内陆的干旱缺水，1949—1975年间修建了第一个调水工程——雪山工程，工程位于澳大利亚东南部，运行范围包括东南部2000km^2的地域，通过大坝水库和山涧隧道网，从雪山山脉的东坡建库蓄水，将东坡斯诺伊河的一部分多余水量引向西坡的需水地区。沿途利用总落差760m发电供首都堪培拉及墨尔本、悉尼等城市民用和工业用电，总装机374万kW，同时提供灌溉用水74亿m^3。总投资9亿美元，主要工程包括16座大坝及其形成的调节水库、7座电站、2座抽水站、80km的输水管道、11条共145km压力隧道、1座泵站及510km的330kW高压电网等。该工程是澳大利亚跨州界跨流域、集发电与调水功能于一体的水利工程，也是世界上较为复杂的大型调水工程，它能对墨累—达令河流域几个州供水，取得了相当可观的经济效益。

6. 埃及跨流域调水工程

埃及政府从20世纪90年代末开始兴建西水东调和东水西调两个大型水利工程，西水东调工程是从尼罗河三角洲地区起建萨拉姆渠，引尼罗河（杜米亚特河）水向东，穿越苏伊士运河，调到西奈半岛去灌溉那里的干旱土地。调水使苏伊士运河两岸新增耕地 25 万 hm^2，为 150 万人口提供生活用水，缓解了埃及粮食的短缺状况，促进了当地的全面发展和繁荣。东水西调工程即 1997 年 1 月开工的图什卡运河工程，东起尼罗河干流上的纳赛尔湖，西至埃及西南部沙漠腹地，包括 18 个提水站、3 个备用提水站、一条 50km 长和两条各长数百千米的支渠，2003 年已竣工。整个东水西调工程将使埃及西南部大约 42 万 hm^2 的荒漠变成农田，在新开垦地区，兴建 15 座城镇，在 20 年内计划安置至少 20 万移民，以缓解尼罗河沿岸地区人口过度密集的压力。

7. 法国跨流域调水工程

为满足灌溉、发电和供水需要，法国于 1964 年动工兴建了迪朗斯-凡尔顿调水工程，1983 年建成，设计灌溉面积 6 万 hm^2，年发电量 5.75 亿 kW·h，并供 150 万人饮水。此外，法国还有勒斯特-加龙河等调水工程。

8. 印度跨流域调水工程

印度的调水始于灌溉调水，已完成的有：恒河区（在拉贾斯坦比卡尔区，1929 年竣工），灌溉面积 24 万 hm^2；北方邦拉姆刚加河拉姆刚加坝至南部各区，灌溉面积 60 万 hm^2；巴克拉至楠加尔工程，灌溉面积 160 万 hm^2；纳加尔米纳萨加尔工程，灌溉面积 80 万 hm^2；通加巴德拉工程，灌溉面积 40 万 hm^2。调水灌溉给这些地区带来了生机，产生了巨大的效益。

三、我国跨流域调水工程及相关提议

1. 我国古代调水工程

公元前 486 年（鲁哀公九年），春秋战国的吴王夫差，修建了沟通长江和淮河的邗沟工程，通过开渠挖沟，串通湖泊河道，构成了江淮间最早的水上通道，即京杭大运河的原型。后经隋（581—618 年）及元（1206—1368 年）两代扩建延伸，连通了钱塘江、长江、淮河、黄河和海河流域，1293 年全线通航，成为中国历代漕运要道，对南北方的经济和文化交流起了重大作用，从创建至今已 2500 年，当属跨流域调水的鼻祖。秦代（公元前 221—前 206 年）修建的郑国渠（位于陕西）引泾水入洛水灌溉农田，同时建成的全长 34km 的灵渠（兴安运河），距今约 2200 年，将湖南湘江和广东漓江的上游连通，将长江和珠江两大水系连接，也成为我国古运河之一。始建于 2200 年前的都江堰引水工程，引岷江水与沱江沟通，灌溉成都平原，成就了四川“天府之国”的美誉。战国秦昭王（公元前 256 年）时开始修建，历时数十年，由蜀郡守李冰及其子主持，凿离堆，开宝瓶口作堰，分岷江为内外二支，引水入内江，避水害而得灌溉之利，使用至今。引水流量为 $600m^3/s$，年引水量约 110 亿 m^3，现有干渠 2145km，灌区内小水电装机容量 8.3 万 kW。

2. 新中国成立后修建的调水工程

新中国成立后，我国跨流域调水工程得到了长足发展，以大规模、多目标、远距离为主要特点。为解决灌排问题，安徽 1958 年开工，1972 年建成淠史杭灌溉工程，灌溉面积达 66.7 万 hm^2，包括安徽、河南两省 12 县，是新中国成立后兴建的我国最大灌区；江苏 1961 年底始建，1977 年完成的江水北调工程，也是目前亚洲最大的电力排灌站——江都抽水站，自江都引水向苏北抽江水 $400m^3/s$，年抽水量 33 亿 m^3；湖北 1958 年开工，

1973年建成的丹江口水利枢纽引汉工程，是南水北调中线的前期工程。为解决重要城市供水问题，广东1964年2月动工兴建由东江向深圳、香港供水的东深引水工程，北起东莞市桥头镇，南至深圳河，经8级抽水，全程83km，扬程46m，并先后在20世纪70年代、80年代和90年代初进行了3次扩建，由明渠输水改为暗涵送水，目前年供水能力达17.43亿m^3。河北与天津以潘家口和大黑汀水库作为水源地，1982年5月开工修建引滦入津和引滦入唐工程，前者于1983年9月建成向天津市供水，全长234km，承接滦河主干流来水，库容29.3亿m^3，可供水量19.5亿m^3；后者于1984年12月建成向唐山市供水，全长52km，承接潘家口水库调节来水及洒河来水，库容3.37亿m^3，可供水2.5亿m^3，有效遏制了两市氟斑牙和氟骨症的发生。此外还有甘肃修建引大（通河）入秦（皇川）工程供水兰州地区、山东修建了引黄济青（岛）工程、河北修建了引青（龙河）济秦（皇岛）工程、辽宁修建了引碧（流河）入（大）连工程、山西修建了引黄入晋工程等。为缓解太湖流域的水体恶化，改善流域水环境，江苏兴建了引（长）江济太（湖）工程，再由太湖的太浦闸向上海、浙江等下游地区增加供水。这些工程估计由长江及黄河中下游平原地区向淮河及海河流域的年引水量约200亿m^3，成为当地农业、工业、城市及人民生活的命脉。

3. 新世纪我国的调水工程

自20世纪50年代提出“南水北调”设想，经长江委多年的勘测、规划、科研、论证及环境影响评价等工作，提出通过东、中、西三条调水线路从长江流域调水，使其与黄河、淮河、海河、长江四大江河连系，逐步构成以“四横三纵”为主体的总体布局，形成我国巨大的水网，基本覆盖黄淮海流域、胶东地区和西北内陆河部分地区，有利于实现我国水资源南北调配、东西互济的合理配置格局，具有重大的战略意义。南水北调工程是迄今为止世界上规模最大、造价最高、最具争议的复杂巨型水利工程，涉及十余个省（自治区、直辖市），输水线路长，穿越河流多，工程涉及面广，效益大，其规模及难度国内外均无先例。

东线工程：利用江苏省已有的江水北调工程，逐步扩大调水规模并延长输水线路。从长江下游扬州的江都泵站抽引长江水，利用京杭大运河及与其平行的河道逐级提水北送，并连接起调蓄作用的洪泽湖、骆马湖、南四湖及东平湖。出东平湖后分两路输水：一路向北，在山东位山附近经隧洞穿过黄河自流到天津，从长江到天津北大港水库输水主干线长约1156km，其中黄河以南646km，穿黄段17km，黄河以北493km；另一路向东，经新辟的胶东地区输水干线接引黄济青渠道，由济南输水到烟台、威海，从东平湖至威海市米山水库，全长701km，自西向东可分西段西水东调工程、中段引黄济青渠段及东段引黄济青渠道。供水范围是黄淮海平原东部和胶东地区，分为黄河以南、胶东地区和黄河以北三片；主要供水目标是解决调水线路沿线和胶东地区的城市及工业用水，改善淮北地区的农业供水条件，并在北方需要时，提供生态和农业用水，直接受益人口1亿多。主体工程由输水工程、蓄水工程、供电工程三部分组成，分三步实施：一期工程主要向江苏和山东两省供水，抽江水规模500m^3/s，多年平均抽水量89亿m^3，其中新增抽江水量39亿m^3，过黄河50m^3/s，向胶东地区供水50m^3/s；二期工程供水范围扩大至河北、天津，规模扩大到抽江水600m^3/s，过黄河100m^3/s，到天津50m^3/s，向胶东地区供水50m^3/s；三期工程增加北调水量，扩大到抽江水 800m^3/s，过黄河 200m^3/s，到天津 100m^3/s，向胶东地区供水 90m^3/s。2002 年 12 月 27 日开工建设，一期工程 2013 年 11 月 15 日正式通水，8 年来向北输水超 53 亿 m^3；2021 年 5 月 20 日 11 时，随着苏鲁省界上的南水北调东线输水干线台儿庄泵站停机，南水北调东线 2020—2021 年度工作圆满结束。

中线工程：从加坝扩容后的汉江丹江口水库陶岔渠首闸引水，沿唐白河流域西侧过长江流域与淮河流域的分水岭方城垭口后，经黄淮海平原西部边缘，在河南荥阳市王村通过隧道穿过黄河，沿京广铁路西侧北上，自流到北京颐和园的团城湖。中线调水工程总干渠长 1246km，其中黄河以南 462km，穿黄河段约 10km，黄河以北 774km，天津干渠长 144km。主要工程包括水源区工程（包括丹江口水利枢纽工程、丹江口水利枢纽续建工程、汉江中下游补偿工程）和输水工程（包括总干渠、穿黄工程），输水渠线所处位置地势较高，自流输水，覆盖面大（15.5 万 km^2）。供水范围是唐白河平原和黄淮海平原的中西部，即北京、天津、华北平原及沿线湖北、河南两省部分地区，该地区大部分城市呈条带状集中分布在输水干渠沿线，可就近向其供水，主要任务是城市生活和工业供水，兼顾农业及其他用水，输水总干渠不结合通航。年调水量 95 亿 m^3，其中河南省受水量为 37.7 亿 m^3，河北省为 34.7 亿 m^3，北京市为 12.4 亿 m^3，天津市为 10.2 亿 m^3。工程 2003 年 12 月 31 日开工建设，2014 年 9 月 29 日工程通过验收，具备通水条件。

西线工程：在长江上游通天河、支流雅砻江和大渡河上游筑坝建库，开凿穿过长江与黄河的分水岭巴颜喀拉山的输水隧洞，调长江水入黄河上游。其供水目标主要是解决涉及青海、甘肃、宁夏、内蒙古、陕西、山西 6 省（自治区）黄河上中游地区和渭河关中平原的缺水问题。结合兴建黄河干流上的骨干水利枢纽工程，还可向邻近黄河流域的甘肃河西走廊地区供水，必要时也可向黄河下游补水。规划分三期实施，工程地处青藏高原高寒地区，地质构造复杂，地震烈度大，海拔高（3000～4500m），因长江上游各引水河段的水面高程较调入黄河的水面高程低 80～450m，故西线调水工程需修建 175～300m 的高坝和开挖 30～160km 的超长隧洞，工程技术复杂，耗资巨大，现仍处于可行性研究过程中。

三条干线总长度达 4350km，规划到 2050 年调水总规模为 448 亿 m^3/a，其中东线 148 亿 m^3，中线 130 亿 m^3，西线 170 亿 m^3。工程总投资规模预计约需 5000 亿元，分期实施后可基本缓解黄淮海流域水资源严重短缺的状况，并逐步遏制因严重缺水而引发的生态环境日益恶化的局面。

南水北调工程自提出后就引发广泛的争论，反对者主要认为工程耗资巨大，涉及大量的移民问题（河南省和湖北省 33 万人搬迁），调水量太少发挥不了经济效益而调水量过多枯水期可能会使长江的水量不足，影响长江河道航运，长江口的咸潮加深，更有可能引发生态危机。对于西线工程，有人质疑：会加剧地质环境条件进一步恶化，甚至诱发工程性的地质灾害问题，比如高坝蓄水后诱发地震；我国青藏高原冰川整体呈现退缩、降雪量减少、源头径流总量不断减少，大渡河 40 年来年均径流量减少近 30%的大趋势下，在西线三江源头取水对青藏高原生态环境的影响将是灾难性的；导致四川地区电力严重紧缺的局面；大渡河流域是否还有水可调？

4. 未付诸实施的典型调水提议

（1）“海水西调，引渤入疆”提议。2010 年 11 月 5 日，在新疆乌鲁木齐市召开的

“陆海统筹、海水西调高峰论坛”上，西安交通大学教授霍有光提出将渤海水引入新疆，缓解其缺水和土地沙漠化的建议。此设想是通过大量海水填充沙漠中的干盐湖、咸水湖和封闭的构造盆地，形成人造的海水河、湖，从而镇压沙漠。同时，大量海水依靠西北丰富的太阳能自然蒸发，作为湿润北方气候的水汽供应源增加降雨，从而达到治理沙漠、沙尘暴，彻底改变华北、西北地区生态环境的目的。引海水入疆实际上有两种可能：一是通过密封的钢化玻璃管道，将海水引到新疆后进行淡化；二是在海边或内蒙古锡林浩特市将海水淡化后引到新疆。霍有光与中国地质大学教授陈昌礼是“海水西调”设想的创始人，20世纪90年代他们就提出调取渤海水改造我国北方沙漠生态环境的设想（图6-50），从而推动新疆生态，特别是煤化工产业的发展。

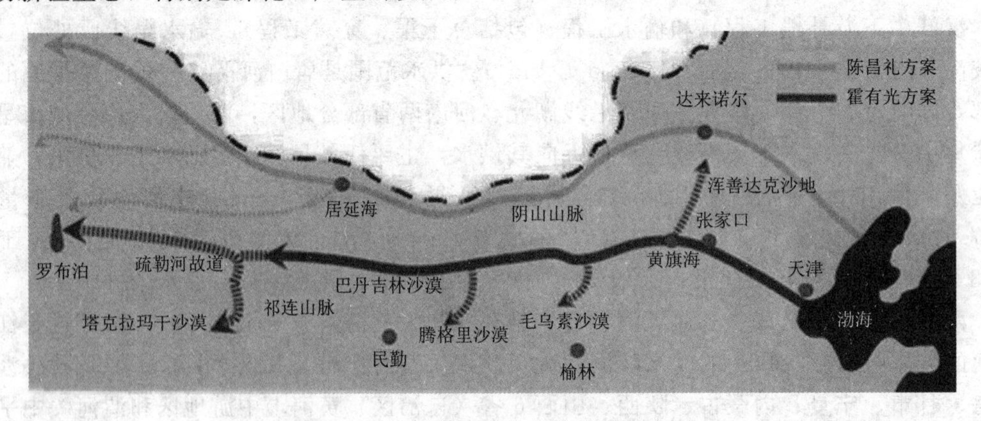

图6-50　“引渤入疆”提议线路示意图

内线调水方案：或称阴山以南的霍有光调水方案，即从天津附近的渤海口取水，通过管道分级提升到海拔1280m左右（$1m^3$水每升高200m，需1kW·h电；升高1280m，耗电6.4kW·h），进入海拔1264～1266m的黄旗海，登上我国第二个地理台阶，形成$2000km^2$的湖泊。然后修建防渗渠道，采用若干10～20m小提扬工程和长距离自流的办法，由黄旗海-库布齐沙漠-乌兰布和沙漠-巴丹吉林沙漠，至玉门镇北海拔约1300m的疏勒河，主干调水线路全长约1900km。之后利用疏勒河“自东向西流”的大约550km天然河道，不用开挖、衬砌，自流进入塔里木盆地之东缘的罗布泊。罗布泊（海拔780m）至艾丁湖（海拔－155m）的直线距离仅180km，可获得930余m的落差，用以发电来补偿渤海西调工程所耗费的部分电能。整个调水线路穿越的是比较平坦的沙漠地区或戈壁滩，从东向西依次分布有七大沙漠，年降雨量分别是：浑善达克沙地（264.6～368.7mm）、毛乌素沙漠（400～250mm）、库布齐沙漠（249mm）、乌兰布和沙漠（102.9mm）、腾格里沙漠（小于200mm）、巴丹吉林沙漠（50～120mm）、塔克拉玛干沙漠（11.05mm）。空间上它们是连续展布的，除塔克拉玛干沙漠外，其他沙漠均分布在海拔1200～1300m的我国第二个地理台阶之上。

外线调水方案：即阴山以北的陈昌礼调水方案，从渤海西北海岸提送海水到海拔1200m至内蒙古东南部，再顺北纬42°线东西方向的洼槽地表，流经燕山、阴山以北，出海拔1500～2200m的狼山，向西进入海拔820m的居延海，绕过马鬃山（主峰海拔2583m）余脉进入新疆。

这一设想看似十分美好，但仔细推敲，还是有很多问题值得商榷，计划一经报道，便引起国内不少水利专家与环保人士的争辩，成本和环保是遭受质疑的两大焦点。项目全程将穿越四条山脉、一个湖泊，涵盖中国西部八大沙漠，而内线第一方案提水1280多m海拔高度，整个过程要用直径3.2m或5.8m的玻璃钢管输送，仅从内蒙古进疆铺设2000多km管道一项，需投资700多亿元，工程总投资更达3000多亿元，核算后，从渤海引来的水在新疆的水价将达到8元/m^3左右；外线调水方案将海水输送至内蒙古锡林郭勒盟海水淡化厂尚需建造320km长的地下隧道。整个过程抽水的能耗与海水淡化成本不可小觑，有人测算输水电耗相当于三峡工程2008年全年发电量808亿kW·h的4倍，且海水淡化技术仍是一个国际难题。此外，冬季凝结、海水腐蚀及经过地震带等问题，对玻璃钢管的抗压耐蚀等方面要求严格，一旦沿途海水泄漏，将会导致当地土地盐碱化等问题，且渤海目前污染也较为严重，引去的污染又含盐量高的海水，在蒸发剧烈的西部，蒸发后遗留的盐分会改变当地的土壤结构，对西北脆弱的生态环境（如土地盐碱化和沙尘暴等）无疑是雪上加霜，最终导致调出区渤海和调入区新疆的生态都会恶化。这种人为改变气候的方案，需全方位系统考虑，进行慎重的科研论证，以防重蹈苏联为粮棉基地建设，在中亚咸海地区实施大规模输水工程和开垦活动，最终导致惨痛的全球生态灾难悲剧。

（2）东北的“北水南调”工程。即“引松济辽工程”，在松花江和辽河流域间开凿一条长874km的人工运河，北引嫩江及第二松花江水向南调入辽河，以解松辽地区特别是辽河中下游地区的缺水之危。“北水南调”是一个包含“东水西调”的全区域统一调水工程，不只是调松花江干支流的水，也包括调黑龙江水系的水。“引松入长”工程、哈达山水利枢纽工程、辽宁境内的大伙房水库及远景的鸭绿江水南调工程、大连的“引碧入连”工程及远景的“引洋入连”工程等都属于“东水西调”。“北水南调”主要水库工程有嫩江干流的尼尔基和大来、绰尔河的文得根、二松干流的哈达山和辽河干流上的石佛寺等；主要输水工程有西干线（大来水库到双辽）、东干线（哈达山水库到后八方）和西支线（太平川到他拉干水库）；运河工程有富康运河（哈达山水库到松花江干流上的上岱吉）和松辽运河（指双辽到营口）。

东北地区水资源分布特点是北多南少、东多西少，而水资源消费是南部与中部多、北部与东部少。全区水资源总量1929.9亿m^3，其中黑龙江水系和图们江流域占72.7%，辽河、鸭绿江和辽宁沿海各河占27.3%。辽河南去、松花江北流，中间是微有起伏的分水岭，辽河与松花江间的最短距离只有100多km，很早就引起各种调水构想。早在1683年（清康熙二十二年）就曾提出过沟通辽河、伊通河、松花江直至瑷珲的航运设想；《奉天通志》记载：1906年奉天将军赵尔巽曾责令农工商局，筹建辽河浚河公司，并拟定了由辽河上游开凿运河，经伊通河直达松花江、黑龙江的运河计划；孙中山在《建国方略》中，对松辽运河的意义和线路均做了精辟论述，提出过两个开凿方案的对比。真正进行规划设计是在1955—1960年间，当时主导思想是通航和灌溉，总调水量不少于65亿m^3，筹建主导工程有大来水库、哈达山水库、石佛寺水库，1961年因压缩基建而停建。中止20余年后，随着东北经济和城市化的发展，辽中南地区各城市，也包括长春市的工业和城市居民生活用水不足的矛盾日益突出，80年代中期又重新提出调水问题，根据变化了的情况，用“北水南调”代替“松辽运河”的提法，而主导思想也改为先是工业和城市用水，其次才是灌溉与航运。

东北“北水南调”现有两种方案：“松辽运河”的大调水方案和不通航的小调水方案。大调水方案，主要工程规划是自哈达山水库与嫩江上的大赉枢纽引水，两条输水渠道于后八方汇合后，在太平川附近穿越格辽分水岭，在双辽附近注入江河。渠道全部为土方工程，穿越分水岭处最大开挖深度约26m。设想在实现调水后，再建成松辽运河。为使黑龙江、松花江、松辽运河和辽河成为南北贯通的内河航线并可与海运相连接，远景还可考虑从双辽起大体平行辽河开挖运河到营口，全长约264km。该方案实施后，每年最少可调水量为70亿m^3，最大调水流量为400亿～500亿m^3，最大调水量约为嫩江和第二松花江的水量总和外加必要时从黑龙江支流呼玛河引水济嫩（江）。布西、哈达山和石佛寺等水库的兴建，可使嫩江、松花江干流和辽河干流的防洪标准，由现在的20年一遇提高到100年一遇，并可提高沿线洪涝标准，增加发电装机60万kW。

为振兴东北老工业基地和保障广阔的松辽平原及三江平原中国北部粮仓，有人认为此工程比南水北调工程还划算，因东北几条大河水质好、水量充沛且稳定、泥沙含量低、无生物污染；地势平坦，适于大量使用重型机械，达京津地区距离短，工程费用低廉，施工难度小且工期短；在目前可预见的时期内东北地区不会缺水，不会造成各方争水的局面等。随着水源调出地的用水量不断加大，松花江干流区域已出现季节性缺水现象，所以对于“大调水方案”，水源调出方的松花江干流区域反对意见很大。尽管“松辽运河”方案已经提出很久，但到现在也很难实施，而辽河流域缺水现象日趋严重，国家也只能实施不通航的小调水方案，首先保证居民的生活用水和工业用水。现在哈达山水利枢纽已经建成，国家已经从第二松花江向辽河流域调水。

(3) 大西线调水设想。我国西藏地处印度洋和太平洋气流交汇处，降水量丰沛，由雅鲁藏布江、怒江、澜沧江等组成的西南诸河流域面积占全国的10%，人口和耕地面积仅占1.5%和1.7%，而水资源量占21%，年出境水量5800多亿m^3，不仅白白流走，且每到汛期常会给下游东南亚一些国家造成水灾。如何调青藏高原这一天然大水库的水来解决我国北方地区干旱缺水问题，是新中国成立以来许多专家学者研究的热点，形成过许多调水设想。大西线调水工程是指从雅鲁藏布江上游的朔玛滩开凿到天津的运河，由西藏东南部横断山脉水系的雅鲁藏布江、怒江、澜沧江和长江上游水系的雅砻江、金沙江、大渡河向黄河调水，工程分三部分：雅黄工程从雅鲁藏布江到黄河直线距离760km，实际流程1800km；然后由青海湖向东到岱海下天津出海，以及由兰州向西入新疆，总长6600多km。不同于南水北调西线工程，它的供水范围除黄河上中游地区外，东至内蒙古乌兰浩特、天津等，西抵新疆喀什。调水路线的整个地形特点是多水的西南地势高（朔玛滩筑坝，水位抬高至海拔3588m)，缺水的西北、华北地势逐级降低（入海拔3366m的黄河），形成从西南向东北倾斜的区域间调水的有利大环境，调水线路低顺直，全部自流；施工容易，引水多，投资少，且水质非常好；走水路线都是人烟稀少的山区，淹没极少，移民仅2.5万人。设计总引水量2006亿m^3，相当于四条黄河的水量，工期5年，后期配套工程可利用黄河4600km河道把水送到西北、华北、东北、中原，经青海湖调蓄，可输水至柴达木、塔里木、准噶尔三大盆地以及河西走廊与阿拉善；经内蒙古的岱海调蓄，可输水至山西、河北、辽宁和内蒙古北部草原。

从20世纪70年代后期起，根据许多科学家的考察结果就已上报过多种方案。主要有：①黄委的“一江两河”调水方案：拟分别从长江上游支流通天河、雅砻江、大渡河上游河段分别调水100亿m^3、50亿m^3、50亿m^3，采取自流为主辅以提水方式。需建两座水库，隧洞总长449km，大渡河调水入黄河扬程458m，工程规划工作约需20年。②中科院综考会调水方案：持“借水发电、以电补水、水电循环、滚动开发”的思路。先将青海省内长达1500km的黄河大拐弯河段裁直，获得900～1200m的落差发电；从通天河中段3.99km处的治家，提水穿越巴颜喀拉山自流入黄河上游扎陵湖、鄂陵湖进行调蓄，水顺黄河干流东流；再从金沙江向澜沧江、怒江和雅鲁藏布江分期提水、调水。提水点高程在3600～4000m之间，总调水量为435亿m^3。③黄委的高线自流引水方案：从雅鲁藏布江的“派”处建坝抽水，经两座隧洞（75km和110km）进入怒江索曲口水库，再经180km的隧洞到澜沧江；在该江上游的昂曲，扎曲、子曲建三座水库，通过45km、30km、80km隧洞引水入金沙江称多水库，再经223km隧洞到雅砻江仁清里水库，又经6段总长250km隧洞输水到黄河支流在章安河口（高程3600m）进入黄河干流。总调水量为575亿m^3。④贵阳水电设计院自流为主的中线方案：雅鲁藏布江和大渡河需要提水，其余四江沿3500m高程筑坝自流调水。从四川阿坝以西过巴颜喀拉山分水岭入黄河。总调水量920亿m^3。⑤长江委的自流与扬水相结合低线方案：拟从怒江巴东（高程为3940m）-澜沧江四支流-金沙江奔达-雅砻江甘孜-大渡河-黄河贾曲、白河、洮河（高程为3450～3500m）；共建大坝24座（其中提水坝11座，最大坝高300m，最低坝高60m），开挖隧洞10条（总长180km），修渠道1000多km。规划建五级电站，装机720万kW，总调水量800亿m^3（自流520亿m^3，提水274亿m^3）。远景再考虑从雅鲁藏布江提水200亿m^3，入黄河的总调水量为1000亿m^3。⑥郭开等的全部自流低线“朔天运河”调水方案：大致沿3600～3400m等高线，把雅鲁藏布江、怒江、澜沧江、金沙江、雅砻江、大渡河六条江河的干流全部连接起来调水，至四川阿坝过巴颜喀拉山分水岭进入黄河。共需建大型水库19座，总库容2888亿m^3，凿6条隧洞，建4座水电站，总装机2120万kW，600km引水渠道，6个倒虹吸工程。设想引水入黄河总量为2006亿m^3。

各种大西线调水构想的提出，反映了社会大众对我国经济社会和环境的可持续发展问题进行了深入的思考。但所研究区域高寒缺氧、交通不便，难以大规模开展实地调研，多数设想者对青藏高原的地形、地质、水文、气象气候及生态环境等资料掌握有限，对工程的艰巨性和复杂性估计不足，多为大胆的宏观设想，离现实还有一定距离。虽然藏水北调设想为我国未来水资源的合理利用提供了参考思路，但在目前水资源宏观配置体系和科学技术条件下，不论从自然因素还是社会经济与技术层面，工程还不成熟，尚需进行深入周密的科学论证。

综上所述，不论是已付诸实施的工程，还是当前未能施行处于争论的提议，都反映出人们在水资源开发利用中，为解决所面临的严峻问题而做出的思考与探索，同时也可看出任何事物都有其两面性。在探索解决人类水资源问题的过程中，必须遵守自然规律，全面科学地做出合理论证，尽力做到兴利除害，造福人类的同时，使得自然与人类和谐共处，持续发展。

思　考　题

1. 地表水开发利用工程主要包括哪几个方面?

2. 有坝引水枢纽由哪些部件构成?

3. 水库的挡水建筑物分为哪几个大类? 各自的特点是什么? 泄水建筑物主要有哪些类型?

4. 城镇供给水管网的布置形式都有哪些? 各有什么优缺点?

5. 按取水点位置，固定式取水构筑物分为哪几类? 合建式和分建式取水构筑物的区别在哪里?

6. 固定式取水构筑物的构造有哪些? 移动式取水构筑物都有哪些类别? 各自都有哪些构造?

7. 影响地表水取水构筑物运行的主要因素都有哪些?

8. 怎样解决我国西北缺水问题? 你对跨流域调水解决区域水资源分配不均问题有何看法?

9. 我国南水北调工程格局是怎样的? 工程的利与弊都有哪些?

10. “引渤入疆”提议为何目前行不通?

11. 大西线调水工程有怎样的困难?

第七章　地下水资源开发利用

本 章 学 习 指 引

在学完地下水动力学等课程及本教材第三章内容后，对地下水资源开发利用工程的几种类型，结合实际的区域差异，须掌握其基本原理及组成等知识点。

第一节　地下水资源开发利用途径

地下水资源具有分布广、水质好、不易被污染、调蓄能力强、供水保证程度高等特点，在我国水资源开发利用中占有举足轻重的地位。地下水资源的开发利用需借助一定的取水工程来实现，即将地下水从水源地借助各种取水构筑物取出，经输配水管道送至水厂，在水处理设施中处理后供给用户使用。合理开发利用地下水，对满足人类生活与生产需求以及维持生态平衡具有重要意义，特别是我国干旱半干旱地区，地下水更是其主要甚至唯一的水源。不合理的开发利用常会引发地质、生态、环境等方面的负面效应，因此，在地下水资源开发利用前，先要查清其分布特点，进而选择适当的地下水资源开发模式。

一、地下水库开发模式

地下水库开发模式主要用于含水层厚度大、颗粒粗，地下水与地表水之间有紧密的水力联系，且地表水源补给充分的地区，或具有良好人工调蓄条件的地段，如冲洪积扇顶部和中部。冲洪积扇的中上游通常为单一潜水区，含水层分布范围广、厚度大，有巨大的存储和调蓄空间，且地下水位埋深浅、补给条件好，而扇体下游受岩相的影响，颗粒变细并构成潜伏式的天然截流坝，因此极易形成地下水库。地下水库的结构特征，决定了其具有易蓄易采的特点以及良好的调蓄功能和多年调节能力，有利于“以丰补欠”，充分利用洪水资源。目前，荷兰、德国、英国、美国以及我国诸多城市都采用地下水库开发模式。

二、傍河取水开发模式

我国北方许多城市采用傍河取水开发模式，如西安、兰州、西宁、太原、哈尔滨、郑州等。实践证明，傍河取水是保证长期稳定供水的有效途径，特别是利用地层的天然过滤和净化作用，使难以利用的多泥沙河水转化为水质良好的地下水，从而为沿岸城镇生活、工农业用水提供优质水源。在选择傍河水源地时，应遵循：在分析地表水、地下水开发利用现状的基础上，优先选择开发程度低的地区；充分考虑地表水、地下水富水程度及水质；为减少新建厂矿所排废水对大中型城市供水水源地的污染，新建水源地尽可能选择在大中型城镇上游河段；尽可能不在河流两岸布设水源地，避免长期开采条件下两岸水源地对水量、水位的相互削减。

三、井渠结合开发模式

我国北方地区，由于降水与河流径流量在年内分配不均匀，与农田灌溉需水过程不协调，易形成“春夏旱”。为解决这一问题，发展井渠结合的灌溉，可起到井渠互补、余缺相济和采补结合的作用。实行井渠统一调度，可提高灌溉保证程度和水资源利用效率，缓解或解决春夏旱的缺水问题，不仅是一项见效快的水利措施，而且也是调控潜水位、防治灌区土壤盐渍化和改善农业耕作环境的有效途径，同时减少了地表水引水量，有利于保障河流在非汛期的生态基流。

四、供排结合开发模式

采矿过程往往需要排出大量地下水，不仅增加了采矿的成本，而且造成地下水资源的浪费，如能将矿坑排水与当地城市供水结合起来，则可达到一举两得的效果，目前我国已有部分城市（如郑州、济宁、邯郸等）已将矿坑排水用于工业生产、农田灌溉，甚至生活用水等。

五、引泉模式

一些岩溶大泉及西北内陆干旱区的地下水溢出带，一般出水量稳定，水中泥沙含量低，适宜直接在泉口取水使用，或在水沟修建堤坝，拦蓄泉水，再通过管道引水，以解决城镇生活用水或农田灌溉用水。这种方式取水经济，一般不会引发生态环境问题。

以上是几种主要的地下水开发模式，实际中远不止这几种，可根据开采区的水文地质条件来选择合适的开发模式，使地下水资源开发与经济社会发展、生态环境保护相协调。

第二节 地下水取水构筑物的类型

地下水取水构筑物是地下水开发利用工程的主体，因地下水的类型、埋藏条件、含水层性质等各不相同，开采和集取地下水的方式及地下水取水构筑物的形式多种多样，综合考虑可概括为垂直系统、水平系统、联合系统和引泉工程四大类型。当地下水取水构筑物的延伸方向基本与地表面垂直时，称为垂直系统，如管井、筒井、大口井、轻型井等；当延伸方向基本与地表面平行时，称为水平系统，如截潜流工程、坎儿井、卧管井等；将垂直系统与水平系统结合在一起，或将同系统中的几种联合成整体，便称为联合系统，如辐射井、复合井等。

一、管井

管井是地下水取水构筑物中应用最广泛的一种，因其井壁和含水层中进水部分均为管状结构而得名，通常用凿井机械开凿至含水层中，用井管保护井壁，是垂直地面的直井，故俗称机井。管井的口径一般为 50～1000mm，深度为 8m～1km。通常所见的管井直径多在 500mm 上下，深度小于 200m，但随着凿井技术的发展和浅层地下水的枯竭与污染，直径在 1m 以上、井深在 1km 以上的管井已有使用。在工程实践中，常将深度在 30m 以内的管井称为浅井，深度在 30m 以上的管井称为深井；将直径小于 150mm 的管井称为小口径管井，直径大于 1m 的称为大口径管井。管井适用于含水层厚度大于 5m，底板埋藏深度大于 15m 的含水层。由于便于施工，适应性强，能适于各种岩性、埋深、含水层厚度和多层次含水层，因此被广泛用于各种类型的含水层，但习惯上多用于埋深和厚度大的含水层中，能有效集取地下水。管井按揭露含水层的类型划分为潜水井和承压井；按揭露含水层的程度即过滤器是否贯穿整个含水层，分完整井与非完整井。

1. 管井构造

管井通常由井室、井壁管、过滤器及沉沙管构成（图 7-1），但在抽取稳定基岩中地下水时，可不安装井壁管和过滤器。

（1）井室。位于最上部，安装各种设备（如水泵、电机、阀门及控制柜等）、保护井口免受污染和进行运行管理维护。井室的构造应满足室内设备的正常运行要求，故井室应有一定的采光、采暖、通风、防水、防潮设施，符合卫生防护要求；为防止积水流入井内，井口要用优质熟土或水泥等不透水材料封闭，一般不小于 3m，并高出井室地面 0.3～0.5m。

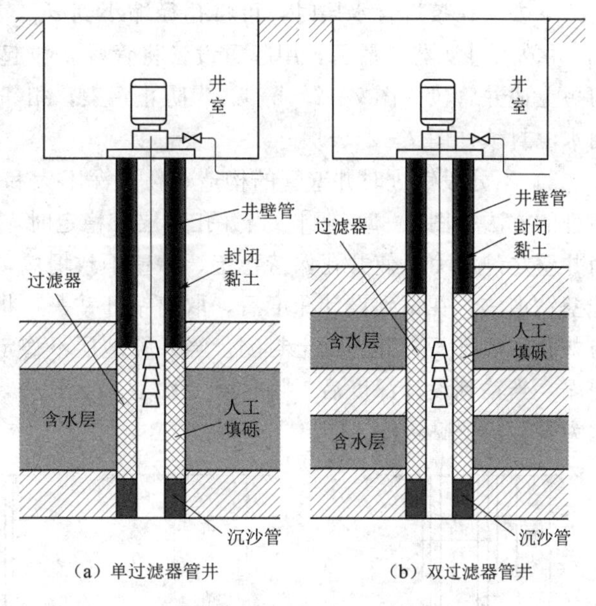

图 7-1　管井的一般构造

抽水设备是影响井室结构的主要因素，水泵的选择首先应满足供水时流量与扬程的要求，即根据井的出水量、静水位、动水位和井的构造（井深、井径）、给水系统布置方式等因素来决定。管井中常用的水泵有深井泵、潜水泵和卧式泵。深井泵流量大，不受地下水位埋深限制；潜水泵结构简单、重量轻、运转平稳、无噪声，在小流量管井中广泛应用；卧式泵受吸水高度限制，一般用于地下水位埋深不大时。井室的形式还要考虑气候、水源的卫生条件等，地面式深井泵房在维护管理、防水防潮、采光通风等方面优于地下式泵房，一般大流量深井泵站的井室采用地上式，地下式深井泵站较适宜北方寒冷地区，井室内无须采暖，潜水泵和卧式泵均为地下式。

（2）井壁管。井壁管不透水，主要安装在不进水的岩土层段（如咸水含水层段、出水少的黏性土层段等），用以加固井壁免受冲刷、防止不稳定岩层的塌落、隔绝水质不良的含水层。由于受到地层及人工填砾的侧压力，故要求它应有足够的强度，保持不弯曲且有较强的抗腐蚀性能，内壁平滑、圆整，以利于安装抽水设备和井的清洗、维修。井壁管可以是钢管、铸铁管、钢筋混凝土管、石棉水泥管、塑料管等。一般情况下，钢管适用的井深范围不受限制，但随着井深的增加应相应增大壁厚；铸铁管一般适用于井深小于 250m 的范围，均可用管箍、丝扣或法兰连接；钢筋混凝土管一般井深不得大于 150m，常用管顶预埋钢板圈焊接连接。井壁管直径应按水泵类型、吸水管外形尺寸等确定，通常大于或等于过滤器的内径，当采用深井泵或潜水泵时，井壁管内径应大于水泵井下部分最大外径 100mm。

井壁管的构造与施工方法、地层岩石稳定性有关，通常有两种情况：

1）分段钻进时的异径井壁管构造。通常称套管钻进法，即根据地质结构的需要，钻进到一定深度后，下入套管保护井壁，然后缩径继续钻进，这种方法多用于管井的深度大、岩性结构复杂、井壁岩石不稳定等情况。如图7-2开始钻进到h_1的深度，孔径为d_1，然后放入井壁套管1，这一段管也称导向管或井口管，用于保持井的垂直钻进和防止井口坍塌；然后将井孔缩小到d_2，继续钻进到h_2深度，放入井管段2。视地层厚度重复进行下去，在接近含水层时，可将孔径缩小到d_n，然后钻进到含水层底板，下入井管段n，并放入过滤器。最后，用起重设备将管段n拔起，使过滤器露出，并分别在适当部位切短上述井管段［图7-2（b）］。为防止污染，相邻两井管段应重叠3～5m，其环形空间用水泥封填［图7-2（c）］。

2）不分段钻进时井壁管的构造。在井深不大和地层比较稳定的情况下，可采用一次钻进的方法［图7-2（d）］。当井孔地层较稳定时，在钻进中一般利用泥浆或清水压力抵消井壁之静压力，使井孔保持稳定、井壁不致坍塌，前者称泥浆护壁钻进法，后者称清水护壁钻进法。在钻到设计深度后，取出钻杆钻头，将井管一次下入井孔内，然后在过滤器与井孔间填砾石，并用黏土封闭。当井孔地层不稳定时，则随钻进同时下套管，以防井孔坍塌。当钻到设计深度后，将井管一次下入套管内，并填砾石，最后拔出套管，并封闭，此为套管护壁钻进法。

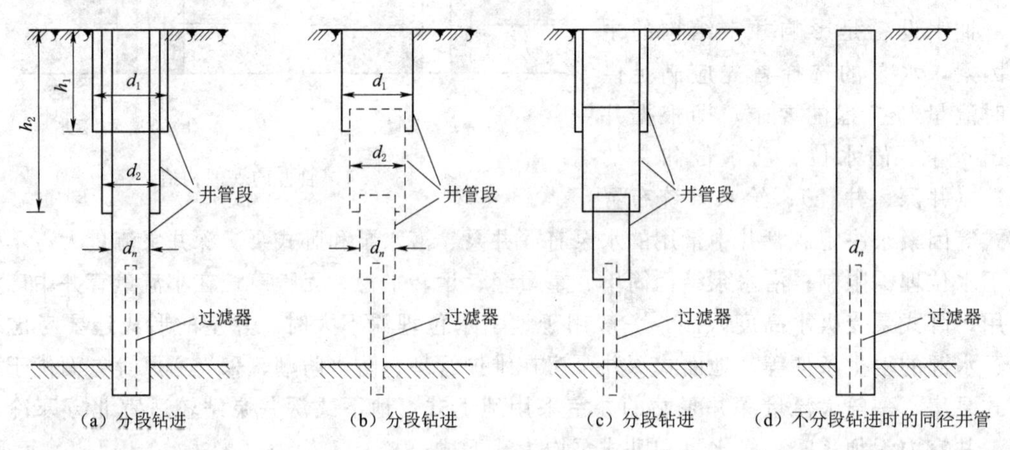

图7-2　井壁管构造

（3）过滤器。

1）过滤器的作用和组成。过滤器又称滤管，俗称花管，是带有孔眼或缝隙的管段，两端与井管连接，置于含水层中，是井管的进水部分，用以集水和保持填砾与含水层的稳定，同时防止含水层细小颗粒大量涌入井内。滤管的构造、材质、施工安装质量对管井的单位出水量、含沙量和工作年限有很大影响，所以是管井构造的核心。对过滤器的基本要求是：有足够的强度和抗蚀性；具有良好的透水性，且能有效阻挡含水层砂粒进入井中，并保持人工填砾层和含水层的渗透稳定性。

过滤器主要由过滤骨架和过滤层组成。过滤骨架起支撑作用，也可直接用作过滤器，工程上常用的过滤骨架有管型和钢筋型两种，管型按其孔眼特征又分圆孔和条孔（缝隙）

两种，当用作过滤器时，分别称为圆孔过滤器、条孔过滤器和钢筋骨架过滤器。过滤层起过滤作用，有分布于骨架外的密集缠丝、带孔眼的滤网和砾石充填层等。

过滤骨架孔眼的大小、排列、间距与管材强度、含水层的孔隙率及其粒径相关。骨架的孔隙率不应小于含水层的孔隙率，受管材强度制约，各种管材允许孔隙率为：钢管30%～35%、铸铁管18%～25%、钢筋水泥管10%～15%，塑料管10%。此外，按含水层的粒径选择适宜的孔眼尺寸能使洗井时含水层内细小颗粒通过其孔眼被冲走，而留在过滤器周围的粗颗粒形成透水性良好的天然反滤层。这对保持含水层的渗透稳定性，提高过滤器的透水性，改善管井的工作性能（如扩大实际进水面积、减小水头损失），提高管井单位出水量，延长使用年限都有很大作用。

2）过滤器类型。不同骨架和不同过滤层可组成各种过滤器，几种常用的过滤器分述如下。

a. 骨架过滤器［图7-3（a）和（b）］只由骨架组成，不带过滤层，仅用于井壁不稳定的基岩井，较多地用作其他过滤器的支撑骨架。

b. 缠丝过滤器［图7-3（c）和（d）］的过滤层由密集程度不同的缠丝构成。若为管状骨架，则在垫条上缠丝；若为钢筋骨架，则直接在其上缠丝。缠丝为金属丝或塑料丝，一般采用直径2～3mm的镀锌铁丝。在腐蚀性较强的地下水中，宜用不锈钢等抗蚀性较好的金属丝。生产实践中还曾用尼龙丝、增强塑料丝等强度高、抗蚀性强的非金属丝代替金属丝，取得较好的效果，且制作简单、经久耐用，适于中砂及更粗颗粒的岩石与各类基岩。若岩石颗粒太细，要求缠丝间距太小，加工时有困难，此时可在缠丝过滤器外充以砾石。

c. 包网过滤器［图7-3（e）］由支撑骨架和滤网构成。为发挥网的渗透性，需在骨架管上焊接纵向垫条，网再包于垫条外；网外再绕以稀疏的护丝（条），以防磨损。网材有铁、铜、不锈钢、塑料压模等。一般采用直径0.2～1mm的铜丝网，网眼大小也可根据含水层颗粒组成来确定（表7-1）。过滤器的微小铁丝，易被电化学反应腐蚀并堵塞，因此也有用不锈钢丝网或尼龙网取代的。

表7-1　过滤器的进水孔眼直径或宽度与含水层粒径关系数据

过滤器名称	进水孔眼的直径或宽度	
	岩层不均匀系数$\frac{d_{60}}{d_{10}}<2$	岩层不均匀系数$\frac{d_{60}}{d_{10}}>2$
圆孔过滤器	$(2.5\sim3)d_{50}$	$(3\sim4)d_{50}$
条孔和缠丝过滤器	$(1.25\sim1.5)d_{50}$	$(1.5\sim2)d_{50}$
包网过滤器	$(1.5\sim2)d_{50}$	$(2\sim2.5)d_{50}$

注　1. d_{60}、d_{50}和d_{10}分别指颗粒中按质量计算有60%、50%和10%粒径小于这一粒径。
2. 较细砂层取小值，较粗砂层取大值。

d. 填砾过滤器［图7-3（f）］以上述各种过滤器为骨架，围填以与含水层颗粒组成有一定级配关系的砾石层，该砾石层又称人工反滤层。因过滤器周围的天然反滤层是由含水层中的骨架颗粒的迁移而形成的，所以不是所有含水层都能形成效果良好的天然反滤层，因此，工程上常用人工反滤层取代天然反滤层。填砾过滤器通用于各类砂质含水层和砾石、卵石含水层，过滤器的进水孔尺寸等于过滤器壁上所填砾石的平均粒径，工程中应

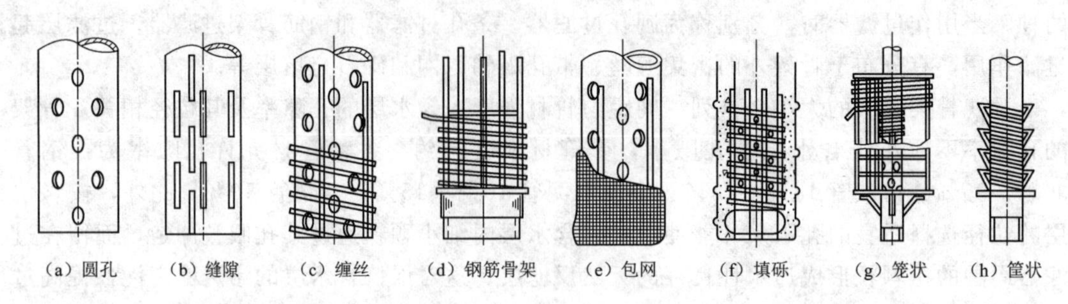

图 7-3　过滤器类型

用较广泛的是缠丝填砾过滤器。

填砾粒径和含水层粒径之比应为

$$\frac{D_{50}}{d_{50}}=6\sim8 \tag{7-1}$$

式中：D_{50} 为填砾中粒径小于 D_{50} 值的砂、砾石占总重量的 50%；d_{50} 为含水层中粒径小于 d_{50} 值的颗粒占总重量的 50%。

填砾粒径和含水层粒径之比若在上式范围内，填砾层通常能截留住含水层中的骨架颗粒，使含水层保持稳定，而细小的非骨架颗粒则随水流排走，故具有较好的渗水能力。从室内实验观察，在上式级配比范围内，填砾厚度为填砾粒径的 3～4 倍时，即能保持含水层的稳定，阻挡粉细砂大量涌入井内。生产实践中，为了扩大进水面积，增加出水量，弥补所选择填砾不完全符合要求的缺点，一般当含水层为粗砂、砾石时，填砾厚度为 150mm；当含水层为中、细、粉砂时，填砾厚度为 200mm。过滤器缠丝间距应小于填砾的粒径。

3）过滤器的直径、长度。过滤器的直径影响井的出水量，因此它是管井结构设计的关键，往往是根据井的出水量选择水泵型号，按水泵安装要求确定其直径，一般要求安装水泵的井段内径应比水泵铭牌上标定的井管内径至少大 50mm。此外，在管井运行时，若地下水流速超过含水层允许渗透速度时，含水层中某些颗粒就会被大量带走，破坏含水层的天然结构。为保持含水层的稳定性，需要对过滤器的尺寸，尤其是过滤器的外径，进行入井流速的复核计算，即

$$D\geqslant\frac{Q}{\pi Lvn} \tag{7-2}$$

式中：D 为过滤器的外径（包括填砾厚度），m；Q 为设计出水量，m^3/s；L 为过滤器有效长度（工作部分），m；n 为过滤器进水表面有效孔隙度（一般按 50%考虑）；v 为含水层的允许入井流速，m/s，可用近似计算：$v=65\sqrt[3]{k}$，其中 k 为含水层渗透系数，m/d。

根据某些生产井的实际资料验算，上式的计算结果虽比其他公式要好，但仍偏大近 1 倍，因此，还需从表 7-2 查允许入井流速。

表 7-2　　　　　　　　　　允许入井流速

含水层渗透系数/(m/d)	>122	82～122	41～82	20～41	<20
允许入井流速/(m/s)	0.03	0.025	0.02	0.015	0.01

注　如地下水对过滤器有结垢和腐蚀时，允许入井流速应减少 1/3～1/2。

过滤器的长度是根据设计出水量、含水层性质和厚度、水位降及其他技术经济因素来确定。合理确定过滤器的有效长度较为困难，根据井内测试，在细颗粒含水层中，靠近水泵吸水口部位进水多，下部进水少，70%～80%的出水量是从过滤器上部进入的；在粗颗粒含水层中，过滤器的有效长度可随动水位和出水量的加大而向深部延长，但随动水位继续增加，向深部的延长会越来越小。含水层的厚度越大、透水性越好、井径越小，这种管井中出水量的不均匀性越明显。实验资料表明，过滤器的适用长度不宜超过 30m，近年来在一些厚度很大的含水层中，常采用多井分段开采法，以提高开发利用率。

4）过滤器的安装部位。过滤器安装部位影响管井的出水量及其他经济效益。因此，应安装在主要含水层的主要进水段，并考虑井内动水位深度。过滤器一般设在厚度较大的含水层中部，可将过滤管与井管间隔排列，在含水层中分段设置，以获得较好的出水效果。对多层承压含水层，应选择含水性最强的含水段安装过滤器。潜水含水层若岩性为均质，应在含水层底部的 1/3～1/2 厚度内设过滤器。

（4）沉砂管。沉砂管接在过滤器下部，用以沉淀进入井内的细小沙粒和自地下水中析出的沉淀物，以防日后运行中因沉积物堆积而堵塞过滤器，进而影响管井出水量。其直径与过滤器一致，长度根据井深和含水层出砂量而定，通常为 2～10m（井深小于 20m 时取 2m，井深大于 90m 时取 10m）。如果采用空气扬水装置，当管井深度不够时，常用加长沉淀管来提高空气扬水装置的效率。

2. 管井施工

一般包括地面地质调查、物探以确定孔位、钻凿井孔、测井（包括电测剖面、测井径、井斜等）、冲孔、换浆、井管安装、填砾和管外封闭、洗井、抽水试验和水质检验等步骤。

（1）钻凿井孔。钻凿井孔的方法主要有冲击钻进和回转钻进，两种方法多数情况用于钻凿井深大于 20m 的管井，对 20m 以下的浅管井，可用人工挖掘法、击入法和水冲法等。

1）冲击钻进。基本原理是：钻机的动力通过传动装置带动钻具钻头在井中做上下往复运动，依靠钻头自重来冲击孔底地层，使其破碎松动，钻进一定深度（约 0.5m）后提出钻具，用抽筒捞出岩土碎块，如此反复，逐渐加深到设计井深，形成井孔。适用于松散的冲洪积地层，钻机型号可根据岩层情况、管井口径、深度及施工地点的运输和动力条件，结合钻机性能选定。钻进过程必须采用护壁措施，常用的有泥浆壁钻进和套管护壁钻进，随着冲洗井技术的进步，在水源充分、覆盖地层密实的地区多采用清水水压钻进。冲击钻进效率低、速度慢，但机器设备简单、轻便。

2）回转钻进。基本原理是：在一定的钻压下，使钻头在孔底回转，以切削、研磨破碎孔底岩层，并依靠循环冲洗系统将岩屑带上地面，如此循环钻进形成井孔。依靠回转钻机实现，又可分一般回转钻进、反循环回转钻进及岩心回转钻进。一般回转钻进的钻机用动力机通过传动装置使转盘转动，带动钻杆旋转，从而使钻头切削岩层。钻进同时，钻机上的泥浆泵不断从泥浆池吸取一定浓度的泥浆，经提引水龙头，沿钻杆内腔至钻头喷射到被切削的工作面上。泥浆与钻孔内的岩屑混合在一起，沿井孔上升到地面，流入沉淀池，在其内分离岩屑后的泥浆又重复被泥浆泵送至井下。这种泥浆循环方式又称正循环回转钻进，循环泥浆在钻进中既起清除岩屑的作用，又起加固井壁和冷却钻头的作用。反循环回转钻进克服了正循环回转钻进中因井壁有裂隙和坍塌，发生循环的漏失和流速降低，以致岩屑在井孔内沉淀而不能从井孔中排出的弊病。泥浆由沉淀池流经井孔到井底，然后经钻头、钻杆内腔、提引水龙头和泥浆泵回到泥浆沉淀池。它的特点是循环流量大，在钻杆内腔产生较高的上升流速，可将较大粒径的岩土吸出井孔，但受到泥浆泵吸出高度的限制，钻杆的长度不能太长，钻进不能太深。岩心回转钻进设备及工作情况和一般回转钻进基本相同，只是所用的是岩心钻头，只将沿井壁的岩石粉碎，保留中间部分，因此效率较高，并能将未被破碎的岩心取到地面供考察地层构造用。岩心回转钻进适用于钻凿坚硬的岩层，进尺速度高，钻进深度大，所需设备功率小。

凿井方法的选择对降低管井造价、加快工程进度、保证管井质量都有很大的影响，故在实际工作中，应结合具体情况，选择适宜的凿井方法。

(2) 成井。当钻进到预定深度后，在安装井管之前，要对钻孔取得的地层资料进行编录，必要时通过物探测井准确确定地层岩性剖面和取水层，然后按照管井构造设计要求，依据实际地层资料，对井壁管、滤水管、沉淀管进行排管，最大限度地使滤水管对准取水层，然后及时进行下管安装、填砾和封井等，形成水井。

1) 井管安装。井管安装必须保证质量，如井管偏斜和弯曲都将影响填砾质量和抽水设备的安装及正常运行。下管可采用直接提吊法、提吊加浮板（浮塞）法、钢丝绳托盘法、钻杆托盘法等。井管全部下完后，钻机仍需提吊部分重量，并使井管上部于井口，不得因井管自重而使其发生弯曲。

2) 填砾及井管外封闭。在井管安装完成后进行，填砾规格、方法及不良含水层的封闭、井口封闭等质量的优劣，都可能影响管井的水量和水质。填砾应以坚实、圆滑砾石为主，并按设计要求的粒径进行筛选和冲洗。填砾时，要随时测量砾面高度，以了解填入的砾料是否有堵塞现象。井管外封闭一般用优质黏土球，球径为 25mm 左右，湿度要适宜，要求下沉时黏土球不化解，当填至井口时要夯实。

(3) 洗井。在凿井过程中，泥浆和岩屑不仅滞留在井周围的含水层中，而且还在井壁形成一层泥浆壁。洗井就是要消除井孔及周围含水层中的泥浆和井壁上的泥浆壁，同时还要冲洗出含水层中部分细小颗粒，使井周围含水层形成天然反滤层。因此，洗井是影响水井出水能力的重要工序。洗井工作要在井管安装、填砾、止水和管外封闭工作完成并用抽筒清理井内泥浆之后立即进行，以防泥浆壁硬化，给洗井带来困难。洗井方法有活塞洗井、压缩空气洗井、水泵抽水或压水洗井、液态 CO_2 洗井、酸化 CO_2 喷洗井等。活塞洗井法是用安装在钻杆上带有活门的活塞，在井壁管内上下拉动，使过滤器周围形成反复冲洗的水流，以破坏泥浆壁并清除含水层中残留泥浆和细小颗粒。该方法洗井效果好、洗井彻底；压缩空气洗井效率较高，采用较广，但不适宜于细粉砂地层。洗井方法的选择要根据含水层特性、井孔结构、井管质量、井孔水力特征及沉砂情况综合确定，有时适宜选用多种方法联合洗井，提高洗井效果，既能按要求达到水清砂净的要求，又能增大井的出水量。当泥浆壁被破坏，出水变清，就可以结束洗井工作。

(4) 抽水试验。管井建造的最后阶段，目的是测定井的出水量，了解出水量与水位降落值的关系，为选择、安装抽水设备提供依据，同时采集水样进行分析，以评价井的水质。抽水试验前应先测出静水位，抽水时还要实时测定与出水量相应的动水位。抽水试验的最大出水量一般应达到或超过设计出水量，若设备条件有限，也不应小于设计出水量的75%。抽水试验时，水位下降次数一般为3次，至少2次，每次都应保持一定的水位降落值与出水量稳定延续时间。抽水试验过程中，除认真观测和记录有关数据外，还应在现场及时进行资料整理工作，如绘制出水量与水位降落值的关系曲线、水位和出水量与时间关系曲线以及水位恢复曲线等，以便发现问题，及时处理。

3. 维修与管理

（1）管井验收。管井竣工后，应由设计、施工和使用单位根据设计图纸及验收规范共同验收，检验井深、井径、水位、水量、水质和有关施工文件。作为饮用水水源的管井，须经当地卫生防疫部门对水质检验合格后，方可投产使用。管井验收时，施工单位应提交的资料有：

1）管井施工说明书。包括地质柱状图（岩层名称、厚度、埋藏深度等），井的结构（井径、井深、井位坐标和井口绝对标高等），过滤器规格和位置及井管和过滤器安装资料，填砾和封闭深度及施工记录，洗井和含砂量测定资料，抽水试验原始记录表及水文地质参数计算资料、水的化学及细菌分析资料等。

2）管井使用说明书。包括井的最大允许开采量，适用的抽水设备类型和规格，水井使用中可能发生的问题及使用维修方面的建议，为防止水质恶化和管井损坏所提出的维护方面的建议。

3）钻进中的岩样。分别装于木盒或塑料袋中，并附岩石名称、取样深度、详细的岩性描述及取样方法的卡片和地质编录原始记录。

（2）管井的维护管理。管井使用合理与否，使用年限长短，能否发挥最大经济效益，维护管理是关键。使用不当会出现水量衰减、堵塞、漏砂、淤砂、涌砂、咸水侵入，甚至导致过早报废。使用中应注意以下事项：

1）管井建成后，应及时修建井室，保护机井。机房四周要填高夯实，防止雨季地表积水向机房内倒灌；井室内要修建排水池和排水管道，及时排走积水；井口要高出地面0.3～0.5m，周围用黏土或水泥封闭，严防污水进入井中。

2）要依据机井的出水量和丰、枯季节水位变化情况，选择合适的抽水设备。抽水设备的出水量应小于管井的出水能力，应使管井过滤器表面进水流速小于允许进水速度，以防止出水含砂量的增加，保证滤料层和含水层的稳定性。

3）每眼管井都要建立使用档案和运行记录。确切记录抽水起始时间、水位、出水量、出水压力以及水质（主要是含盐量及含砂量）的变化情况；详细记录电机的电位、电压、耗电量、温度等和润滑油料的消耗以及水泵的运转情况等，出现异常现象应及时处理。为此，管井应安装水表及观测水位的装置。

4）严格执行管井、机泵的操作规程和维修制度。及时加注机、泵润滑油，机泵须定期检修，水井也要及时清理沉淀物，必要时进行洗井，以恢复其出水能力；井泵工作期间，操作和管理人员须严格监视电器仪表，出现异常须及时检修，对机泵易损易磨零件，要有足够的备用件。

5）对季节性供水的管井或备用井，停运期间应隔一定时间进行一次维护性的抽水，以防长期停用使电机受潮及加速井管腐蚀与沉积，尤其是地下式井室的管井和高矿化度地下水的地区。

6）管井周围应按卫生防护要求，保持良好的卫生环境并进行绿化。

4. 管井出水量计算

出水量计算是管井设计的重要环节，井的出水量与含水层的厚度、渗透系数、井中水位降落值及井的结构等因素有关。故其任务就是在查明地下水资源，已知水文地质等参数的基础上，结合开采方案和允许开采量评价，确定管井在最大允许水位降深值时的可能出水量（也称最大出水量），或在给定井的出水量条件下，计算井的最大水位降深值，为供水设备选择和井的类型、结构、井数、井距、井群布局等构造设计提供依据；有时也为预测管井的开采动态（流量与水位）及其降落漏斗的发展趋势与速度，为水资源的合理开发和管井的生产管理提供依据。

管井的水力计算可采用理论公式和经验公式。

(1）理论公式。即建立在理想化模型基础上的解析公式，有稳定井流和非稳定井流两大类（根本区别在于公式中是否含有时间变量），分别以裘布依完整井稳定井流理论和泰斯完整井非稳定井流理论为基础，结合管井不同的工作状态演化而成。方法简便但计算精度较差，在工程实际中，通常用于水源选择、供水方案的拟定或初步设计阶段。

(2）经验公式。建立在水文地质详细勘察和现场抽水试验资料基础上，结果能反映实际情况，在施工图设计阶段，用以最后确定井的形式、构造、井数和井群布置方式。在工程实践中常利用现场抽水试验，建立出水量 Q 与水位降 S_w 间的关系式，进行出水量（或水位降）计算，故称为 $Q-S_w$ 曲线法，常见的曲线有直线型、抛物线型、幂函数型及半对数型 4 种。优点在于可避免理论公式计算中遇到的种种困难，诸如边界、非均质水文地质参数等问题，因此比较符合实际情况。

出水量计算的内容，有单管井和干扰井群两类。对于大中型集中式水源工程，井群系统中井间存在互相干扰作用；对分散式水源工程及因井数少可采用较大井距的小型水源工程而言，不存在井间的互相干扰，可直接用各井的出水量之和评价总的开采量。管井的工作条件和地下水井流运动十分复杂，如管井的开采动态及地下水的井流运动有稳定型与非稳定型；地下水类型有无压水与承压水；含水层的结构有均质与非均质、等厚与非等厚；地下水的补给条件有垂向面状补给与侧向径流补给，面状补给又有面状入渗与越流补给，径流补给的边界供水条件与几何形态也各异；管井的结构有完整井与非完整井等。因此理论公式种类繁多，掌握井流基本方程，及在此基础上构造的各种理论公式的原理和应用条件，对正确选择计算公式，合理概化地下水井流运动和管井的工作条件具有重要意义。受篇幅限制，此处不再重复，详细可查阅《水文地质手册》《地下水动力学》及《数值计算方法》等相关书籍。

二、大口井

大口井因井径大而得名，广泛用于开采浅层地下水。一般井径大于 1.5m 即可视为大口井，常用井径为 3～6m，最大不宜超过 10m。井深一般在 15m 以内。大口井也有完整式和非完整式之分，完整大口井仅井壁进水，适用于含水层颗粒粗、厚度薄（5～8m）、埋深浅的含水层；在浅层含水层厚度较大（大于 10m）时，应建造不完整大口井，井壁和井底均可进水，进水范围大，集水效果好，调节能力强，是较为常用的井型。大口井不仅进水条件好（断面大），不存在腐蚀问题，且具有构造简单、取材容易、施工方便、使用年限长、对抽水设备形式限制不大、容积大能兼起调节水量的作用等优点。但大口井深度小，对潜水水位变化适应性差，在不能保证施工质量的情况下会拖延工期、增加投资，也容易产生涌砂（管涌或流砂现象）、堵塞问题。在铁含量较高的含水层中，这类问题更加严重。

1. 大口井的形式与构造

大口井主要由上部结构、井筒及进水部分组成（图 7-4）。

（1）上部结构。上部结构的布设主要取决于水泵站是与大口井分建还是合建，而这又取决于井水位（动水位与静水位）的变化幅度、单井出水量、水源供水规模及水源系统布置等因素。如果井水位的下降幅度较小、单井出水量大、井的布置分散、仅 1～2 口井即可达到供水规模要求时，可考虑泵站与井合建。当地下水位较低或井水位变化幅度大时，为避免合建泵房埋深过大，使上部结构复杂化，可考虑采用深井泵取水。泵房与大口井分建，其井口可仅设井房或只设盖板，后一种情况在低洼地带（河滩或沙洲），可经受洪水的冲刷和淹没（需设法密封）。因大口井直径大，含水层浅，易受污染，须做好井口的污染防治工作。井口应高出地表 0.5m 以上，周围设置宽度和高度均不小于 1.5m 的带有排水坡的环形夯实黏土封闭带。井口应加盖封闭，盖板上开设透气孔，雨污水及爬虫等不得进入井内，其井室的构造主要取决于地下水埋深和抽水设备的类型。当地下水埋深较大，采用卧式水泵取水时，井室一般为半埋式，将水泵安装在专门建设的泵房内，水泵吸水管伸入大口井吸水；当抽水动水位距地面不深或采用深井泵时，井室一般建成地面式，直接将抽水设备安装在井盖上，并建有井室，此时应注意泵房污水对大口井的污染，穿越井盖的管线应加设套管。

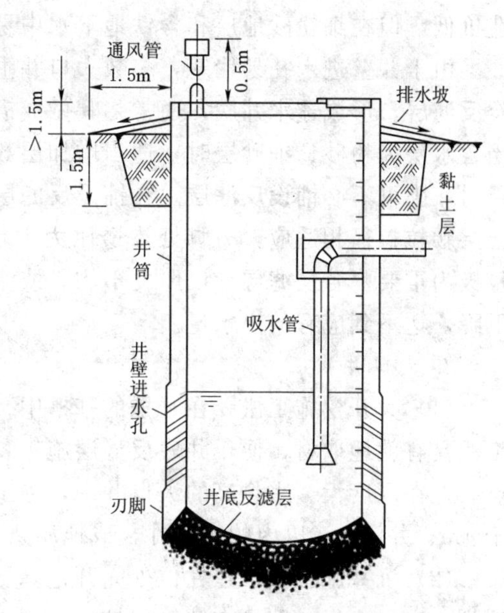

图 7-4　大口井构造

（2）井筒。井筒包括井中水面以上和水面以下两部分，用钢筋混凝土、砖、石条等砌成，是大口井的主体，用以加固井壁、防止井壁坍塌及隔离水质不良的含水层。井筒外形通常为圆筒形，易于保证垂直下沉、节省材料、受力条件好、利于进水，但下沉摩擦阻力大，为此深度较大时常采用变断面结构的阶梯状圆形井筒（图 7-4）。井筒直径应根据水量计算、允许流速校核及安装抽水设备的要求确定。采用沉井法施工时，在井筒最下端设钢筋混凝土刃脚，其外缘应凸出井筒 5～10cm，以利于下沉过程切削土层。为防止井筒下沉时受障碍物破坏，刃脚高度不小于 1.2m。

（3）进水部分。进水部分包括井壁进水孔（或透水井壁）和井底反滤层。

井壁进水孔交错布置在动水位以下的井筒部分，开设水平或向外倾斜的孔洞，并在孔洞内填入一定级配的砾石反滤层，形成滤水阻砂的进水孔，孔的两侧设置不锈钢丝网，以防滤料漏失。水平孔易于施工，应用较多，壁孔一般是直径为100～200mm的圆孔或（100mm×150mm）～（200mm×250mm）的矩形孔，孔隙率在15%左右。水平孔不易按级配分层加填滤料，为此可应用预先装好滤料的铁丝笼填入进水孔。斜形孔多为圆形，孔倾斜度不超过45°，孔径100～200mm，孔外侧设有格网。斜形孔滤料稳定，易于装填、更换，是一种较好的进水孔形式。透水井壁由无砂混凝土制成，有砌块筑成或整体浇注等形式，每隔1～2m设一道钢筋混凝土圈梁，以加强井壁强度。其结构简单、制作方便、造价低，但在细粉砂地层和含铁地下水中易堵塞。

由于井壁进水孔易堵塞，多数大口井主要依靠井底进水，即将整个井底做成透水的砾石反滤层，形成透水井底，通常将其做成锅底状，分3～4层铺设，每层厚200～300mm。当含水层为粉砂、细砂层时，适当增加层数和厚度；当含水层为均匀性较好的砾石、卵石层时，则可不必铺设反滤层。在铺设反滤层时，滤料自下向上逐渐变粗，最下层粒径应与土层颗粒粒径相适应，刃脚处渗透压力大，易涌沙，应加厚20%～30%。井底反滤层质量极为重要，若反滤层铺设厚度不均匀或滤料不合规格都可能导致堵塞和翻砂，使出水量下降，达不到应有的出水量。

2. 大口井施工

（1）大开挖施工法。在开挖的基槽中，进行井筒砌筑或浇注及铺设反滤层工作。此施工法具有就地取材，便于井底反滤层施工，可在井壁外围回填滤料层，改善进水条件的优点。但在深度大、水位高的大口井中，施工土方量大、排水费用高。故适用于建造直径小于4m、井深9m以内的大口井，或地质条件不宜采用沉井施工法的大口井。

（2）沉井施工法。在井位处先开挖基坑，然后在基坑上浇注带有刃脚的井筒，待井筒达到一定强度后，即可在井筒内挖土，利用井筒自重切土下沉。该方法优点是：在条件允许时，可利用抓斗或水力机械进行水下施工，能节省排水费用，施工安全，对含水层扰动程度轻，对周围建筑物影响小；但也存在排除故障困难、反滤层质量不容易保证等缺点。

3. 大口井出水量计算

因受施工深度的限制，大口井较多地采用不完整井，其特殊的进水方式使流向井的水流状态复杂。如果说井的互阻干扰是管井水力计算的一大特点，那么井底进水及井底和井壁同时进水是大口井出水量计算的主要特色。大口井出水量计算也有理论公式和经验公式等方法，经验公式与管井计算时相似。理论计算公式就是根据渗流理论，以典型模式解析公式的求解条件，在对含水层、含水介质、井的结构、进水方式及其水流状态进行简化后建立。其精度取决于计算公式的数学模型与实际是否一致或接近。计算时，应按大口井的类型（完整井或不完整井）、进水方式（井底进水、井壁进水、井底和井壁同时进水）、含水层水力状态（承压或无压）和厚度等选择相应的计算公式。即大口井出水量计算不仅随水文地质条件而异，还与其进水方式有关，故按三种方式分别介绍其计算方法。

（1）井壁进水的大口井。这种情况可按管井的完整井计算公式进行计算。

（2）井底进水的大口井。从井底进水分承压含水层和潜水含水层两种情况［图7-5（a）和（b）］。鉴于井底进水时承压含水层和无压含水层的水流状态基本相似，可近似

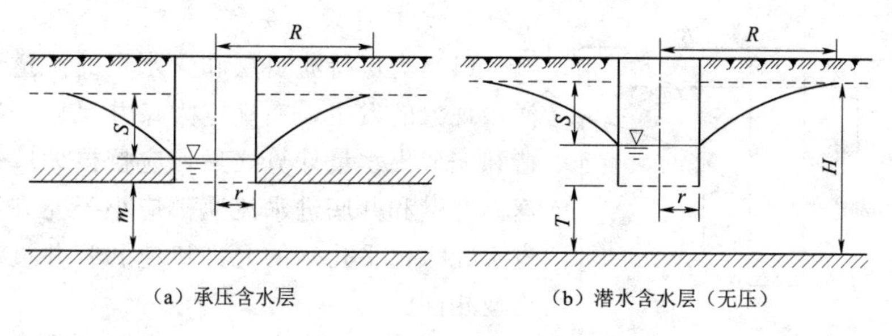

图 7-5　井底进水大口井计算简图

地用同一典型模式的公式表示。

1）当含水层很薄（承压含水层 $m<2r$；潜水含水层 $T<2r$）时：

承压含水层

$$Q=\frac{2\pi KSr}{\frac{\pi}{2}+2\arcsin\frac{r}{m+\sqrt{m^2+r^2}}+1.185\frac{r}{m}\lg\frac{R}{4m}} \tag{7-3}$$

潜水含水层

$$Q=\frac{2\pi KSr}{\frac{\pi}{2}+2\arcsin\frac{r}{T+\sqrt{T^2+r^2}}+1.185\frac{r}{T}\lg\frac{R}{4H}} \tag{7-4}$$

式中：Q 为大口井的出水量，m^3/d；S 为出水量为 Q 时井的水位降深值，m；r 为井的半径［对于方形大口井，应按 $r=0.6b$（b 为正方形边长）关系换算；对于正多边形大口井，可取多边形的内切圆半径与外接圆半径的平均值］，m；K 为渗透系数，m/d；R 为影响半径，m；m 为承压含水层厚度，m；H 为潜水（无压）含水层厚度，m；T 为潜水含水层大口井井底至不透水层的距离，m。

2）当含水层较厚（承压含水层 $2r\leqslant m\leqslant 8r$；潜水含水层 $2r\leqslant T\leqslant 8r$）时：

承压含水层

$$Q=\frac{2\pi KSr}{\frac{\pi}{2}+\frac{r}{m}\left(1+1.185\lg\frac{R}{4m}\right)} \tag{7-5}$$

潜水含水层

$$Q=\frac{2\pi KSr}{\frac{\pi}{2}+\frac{r}{T}\left(1+1.185\lg\frac{R}{4H}\right)} \tag{7-6}$$

3）当含水层很厚（承压含水层 $m>8r$；潜水含水层 $T\geqslant 8r$）时，承压含水层和潜水含水层均可用：

$$Q=4\pi Sr \tag{7-7}$$

此式简便且不包含难以确定的 R 值，对估算大口井出水量有实用意义。

（3）井壁井底同时进水的大口井。这种情况可用叠加方法计算出水量，对于无压含水层（图 7-6），井的出水量等于无压含水层井壁进水的大口井出水量和承压含水层中井底进水的大口井出水量之和，即

$$Q=\pi KS\left[\frac{2h-S}{2.3\lg\frac{R}{r}}+\frac{2r}{\frac{\pi}{2}+\frac{r}{T}\left(1+1.185\lg\frac{R}{4T}\right)}\right] \tag{7-8}$$

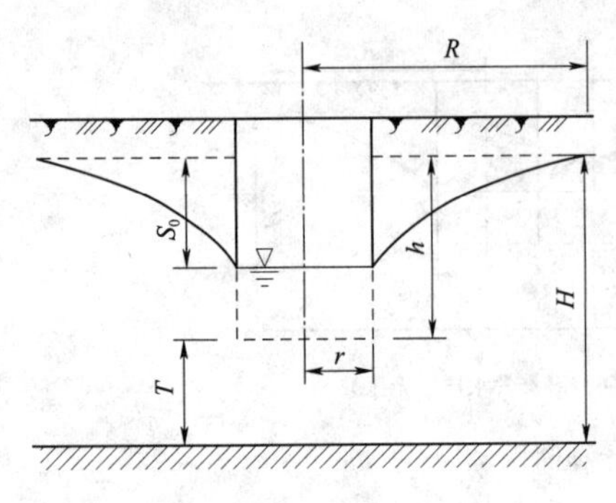

图7-6　无压含水层中井底井壁同时进水大口井计算简图

4. 大口井设计要点

(1) 为保持滤料层和含水层的渗透稳定，防止涌沙现象的发生，在确定大口井尺寸、进水部分构造和完成出水量计算之后，应校核大口井的进水流速。井壁和井底进水流速都应小于允许流速；井壁进水孔（水平孔）的允许流速和管井过滤器的允许流速相同。

(2) 大口井应选在地下水补给丰富、含水层透水性良好、埋藏浅的地段。集取河床地下水的大口井，除考虑水文地质条件外，应选在稳定的河漫滩地段或一级冲积台地上，所处河段应稳定并具有较好的水力条件。

(3) 适当增加井径是增加水井出水量的途径之一。同时，在相同的出水量条件下，采用较大直径，也可减小水位降，降低取水电耗和进水流速，延长使用年限。

(4) 由于大口井井深不大，地下水位的变化对井的出水量和抽水设备的正常运行有很大影响。对开采河床地下水的大口井，因河水位变幅大，更应注意这一情况。为此，在计算井的出水量和确定水泵安装高度时，均应以枯水期最低设计水位为准，抽水试验也以在枯水期进行为宜。此外，还应注意到地下水位区域性下降的可能性以及由此引起的影响。

(5) 大口井需考虑不受洪水冲刷和被其淹没，同时要设置密封井盖，井盖上应设密封人孔（检修孔），井应高出地面0.5～0.8m，井盖上还应设置通风管，管顶应高出地面或最高洪水位2m以上。

三、辐射井

在大口井（集水井）井壁上向外沿半径方向铺设辐射状渗入管（辐射管）组合而成（图7-7）。因其扩大了进水面积，单井出水量为各类地下水取水构筑物之首，高产的辐射井日产水量可达10万m^3以上。因此，可作为旧井改造和增大出水量的措施。

辐射井也是一种适应性较强的取水构筑物，一般不能用大口井开采的、厚度较薄的含水层，以及不能用渗渠开采的厚度薄、埋深较大的含水层，均可用辐射井开采。辐射井对开发位于咸水上部的淡水透镜体也比其他取水构筑物更为适宜。辐射井还具有管理集中、占地省、便于卫生防护等优点。但辐射管施工难度较高，施工质量和施工技术水平直接影响出水量的大小。

1. 辐射井的形式

按集水井本身取水与否，将辐射井分为集水井井底与辐射管同时进水和集水井井底封闭仅辐射管进水两种形式。前者适用于厚度较大（5～10m）的含水层，但大口井与

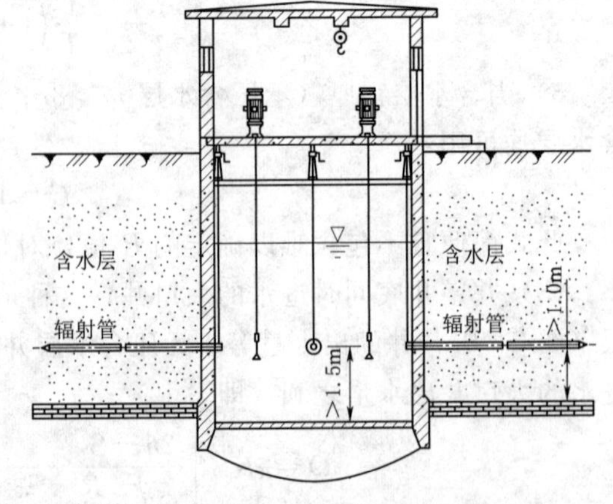

图7-7　井底封闭单层辐射管的辐射井

集水管的集水范围在高程上相近，相互干扰影响较大；后者适用于较薄（<5m）的含水层，因集水井封底，故对辐射管施工和维修都比较方便。按集取水源的不同，辐射井又分为集取一般地下水［图 7－8（a）］、集取河流或其他地表水体渗透水［图 7－8（b）、(c)］、集取岸边地下水和河床地下水［图 7－8（d）］等形式。

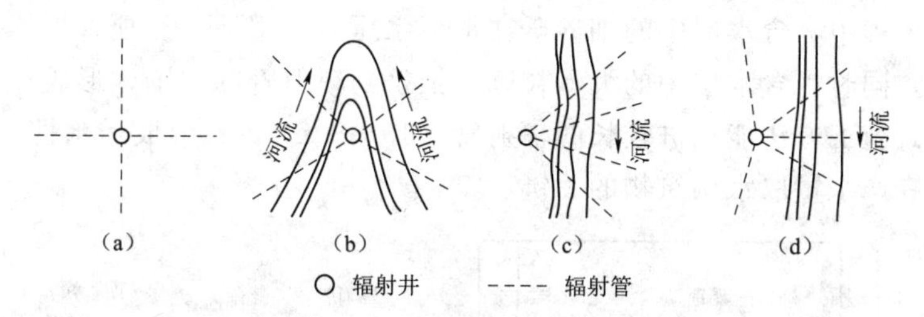

图 7－8　按补给条件与布置方式分类的辐射井

2. 辐射井的构造

(1) 集水井。又称竖井，作用是汇集从辐射管来的水，安放抽水设备、辐射管闸阀以及作为辐射管施工的场所，对于不封底的集水井还兼有取水井之作用。我国多数辐射井都采用不封底，以扩大井的出水，但不封底的集水井对辐射管施工及维护均不方便。集水井直径不应小于 3m，通常采用圆形钢筋混凝土井筒，井深视含水层的埋深条件而定，多数深度在 10～20m，也有深达 30m 的。

(2) 辐射管。按铺设方式，辐射管的配置可分单层和多层，每层依补给情况采用 4～8 根。最下层辐射管距离含水层底板应不小于 1m，以利进水，还应高于集水井的井底 1.5m，以便顶管施工。为减小互相干扰，各层应有一定间距。当辐射管直径为 100～150mm 时，层间间距采用 1～3m。为利于集水和排沙，辐射管应以一定角度向集水井倾斜。辐射管的直径和长度，视水文地质条件和施工条件而定，其直径一般为 75～100mm。当地层补给条件好、透水性强、施工条件许可时，宜采用大管径，长度一般在 30m 以内。在无压含水层中，迎地下水水流方向的辐射管宜长一些。辐射管一般采用厚壁钢管（壁厚 6～9mm），以便直接顶管施工，当采用套管施工时，亦可采用薄壁钢管、铸铁管及其他非金属管。辐射管进水孔有条形孔和圆形孔两种，其孔径或条宽应按含水层颗粒组成确定，参见管井过滤器部分（表 7－1）。圆孔交错排列、条形孔沿管轴方向错开排列，孔隙率一般为 15%～20%。为防止地下水沿集水井外壁下渗，除在井口外围夯填黏土外，在靠近井壁 2～3m 范围内的辐射管上不设进水孔。对于封底的辐射井，其辐射管在井内之出口处应设闸阀，以便于施工维修和控制水量。

3. 辐射井施工

辐射井的集水井和辐射管结构不同，施工方法和施工机械也完全不同。

(1) 集水井的施工方法。集水井的施工方法基本与大口井相似，除人工开挖法和机械开挖法外，还可用钻孔扩孔法施工。钻孔扩孔法是用大口径钻机直接成孔，或用钻机先打一口径较小的井孔，然后用较大钻头一次或数次扩孔到设计孔径为止。井孔打成之后用漂浮法下井管。此法适宜井径不是很大的集水井，目前一般小于 3m。

(2) 辐射管的施工方法。当集水井下沉到设计标高并封底后，就可开始辐射管的施工。最基本的施工方法是1934年美国工程师兰尼（L. Ranney）所创的顶进施工法，其他方法大多是在该方法基础上改进而成。基本过程如图7-9所示，带顶管帽的厚壁钢质辐射管借助水平放置的液压千斤顶或拉链起重器，将辐射管或套管逐节陆续压入含水层中。辐射管最前端的空心铸钢特制锥形管头（顶管帽）与安装在辐射管内的排沙管连接，在辐射管被顶进的过程中，含水层中的细砂砾在地下水压力作用下，经顶管帽的孔眼进入排沙管排到集水井。同时将含水层中的大颗粒砾石推挤到辐射管的周围，形成一条天然的环形砂砾反滤层。该施工方法能顶进较长的辐射管（40～80m），且形成透水性良好的反滤层，是辐射井成为高产水量取水构筑物的关键。

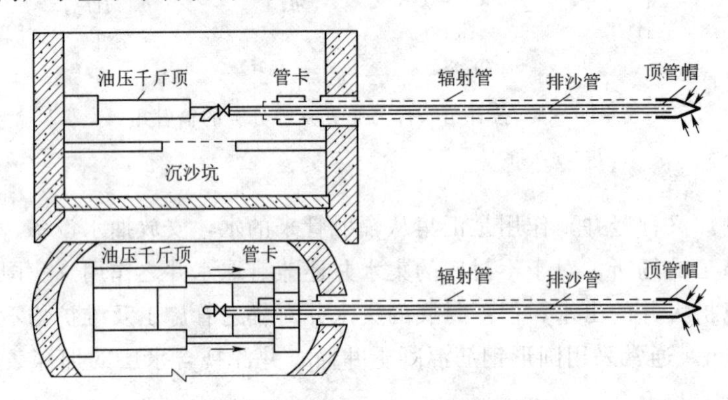

图7-9　顶进施工法基本过程

当含水层中缺乏骨架颗粒，不可能形成天然反滤层（如在中、细砂地层）时，应采用套管顶进施工法（图7-10），在辐射管周围进行人工填砾。工艺过程是：在强度较高的套管头部安装顶管帽，并与套管内安装的排沙管相连，随即用液压千斤顶将套管先行顶入含水层；然后在套管内安装辐射管，并通过送料小管用水压力将砾石冲填在套管和辐射管间的环形空间，形成人工填砾层；最后拔出套管，形成敷设有人工填砾的辐射管。因此法不同于辐射管直接顶进，可用强度较低的金属管或非金属管，宜用在有侵蚀性的地下水中。

目前我国辐射管施工中采用水射顶进法较多，它是利用千斤顶等将辐射管顶向含水层，在顶进过程中使用喷射水枪以15～30m/s的水流速冲射含水层。在冲射同时沙粒随水流沿辐射管排入井内。该方法在一定程度上扰动了含水层，也不能形成反滤层，会影响辐射管出水量。

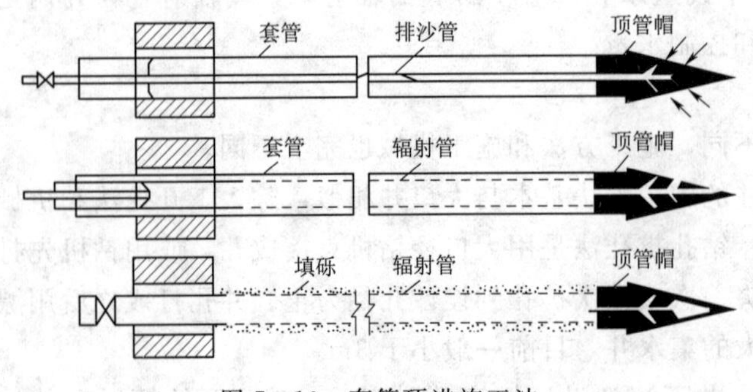

图7-10　套管顶进施工法

4. 辐射井出水量计算

因影响辐射井出水量的除了水文地质、水文等自然因素（如含水层渗透性、埋藏深度、厚度、补给条件等）外，尚有辐射井本身较复杂的工艺因素（如辐射管管径、长度、根数、布置方式等），现有的辐射井计算公式较多，但都有较大的局限性，计算结果常与实际情况有很大出入。因此，只能作为估算辐射井出水量时的参考，实际工作中需根据当地情况进行修正。

（1）集取地下水的辐射井。

1）等效“大井”法。假设在同一含水层中有一半径为 r_w 的等效大口井，出水量与计算的辐射井相等，这样就可利用已有的稳定井流公式对假设的理想大口井进行出水量近似计算。这种假设依据源自辐射井产生的人工渗流场具有统一的降落漏斗，与一般水井相似，计算时为满足等效原则，应根据辐射管的进水条件，为理想大口井构造一个具有等效作用的半径 r_w。构造 r_w 的方法很多，常见的如下：

a. 根据辐射管的长度 L 和根数 n 确定。计算公式为

$$r_w = 0.25^{\frac{1}{n}} L \tag{7-9}$$

当 $n=1$ 时，$r_w = 0.25L$，即“大井”的等效作用半径，此时仅与辐射管长度 L 有关。

b. 根据辐射管分布范围所固定的面积 A 确定。计算公式为

$$r_w = \sqrt{\frac{A}{\pi}} \tag{7-10}$$

即认为辐射管的分布范围与“大井”面积相等时具有等效的出流效果。它适用于辐射管长度有限且配置较密的情况。

计算时将上述确定的等效大井半径 r_w 代入相应的稳定井流公式即可。以位于薄层的承压含水层中，集水井为完整井或井底封闭的辐射井为例，出水量计算的公式可表示为

$$Q = \frac{2.73KMS_w}{\lg \frac{R}{r_w}} \tag{7-11}$$

式中：Q 为辐射井的出水量，m^3/d；S_w 为等效大口井的水位降深值，m；K 为渗透系数，m/d；M 为承压含水层厚度，m；R 为影响半径，m；r_w 为等效大口井半径，m。

2）辐射管互阻系数法。该法是根据辐射管的工作状况，确定单根辐射管的出水量计算公式，然后按辐射管的根数，以互阻系数近似表达辐射管间的干扰，组成整个辐射井的出水量计算公式。

以位于薄层的潜水含水层中，集水井为完整井或井底封闭的辐射井为例，出水量计算的公式可表示为

$$Q = qn\alpha \tag{7-12}$$

$$q = \frac{1.36K(H^2 - h_w^2)}{\lg \frac{R}{0.75L}} \tag{7-13}$$

当 $T_h > h_w$ 时

$$q = \frac{1.36K(H^2 - h_w^2)}{\lg \frac{R}{0.256L}} \tag{7-14}$$

$$\alpha = 1.609/n^{0.6864} \tag{7-15}$$

式中：q 为单根辐射管的出水量，m^3/d；α 为辐射管间的互阻系数；n 为辐射管的根数；H 为潜水含水层的厚度，m；h_w 为集水井外壁动水位到含水层底板的高差，m；其他符号意义同前。

（2）集取河床渗透水的辐射井。如图 7－11 所示，计算式为

$$Q = \frac{2\pi K S_0 n l}{\ln U_r + \frac{n-1}{2}\ln U_\beta} \tag{7-16}$$

$$U_r = \frac{3MZ_0 l}{r_0(M-Z)(1+\sqrt{l^2+16M^2})}；\ U_\beta = 1 + \frac{16M^2}{l^2 \sin^2\theta}$$

式中：r_0 为辐射管的半径，m；Z_0 为辐射管的埋深，m；θ 为辐射管间的夹角。

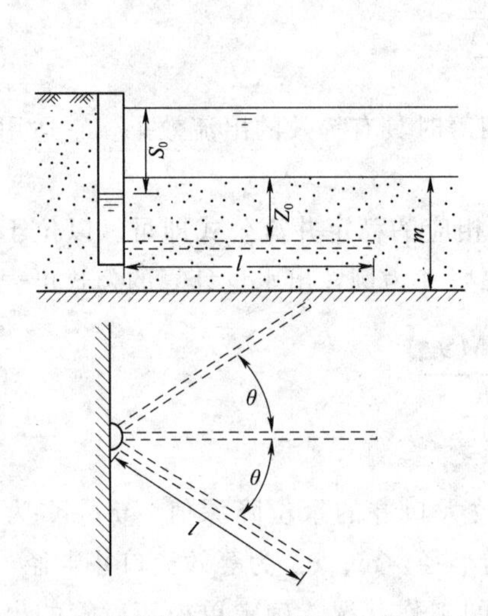

图 7－11　集取河床渗透水的辐射井出水量计算简图

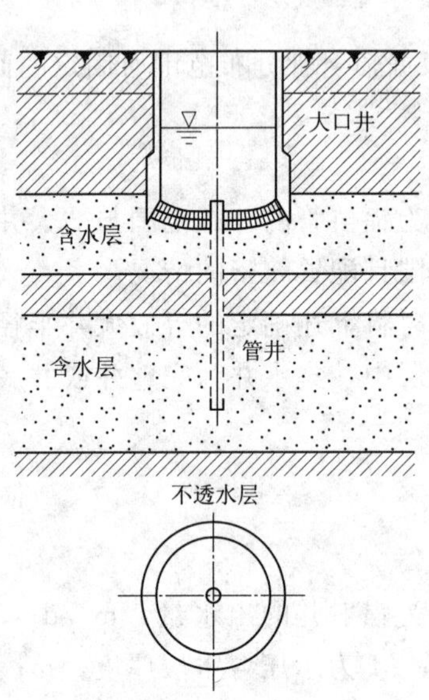

图 7－12　复合井

四、复合井

1. 复合井的形式与构造

复合井实际上是当地下水位较高、含水层厚度较大或含水层下面还有可开采利用的含水层时，为充分利用含水层，增大出水量，在非完整大口井下面设置一眼或数眼管井过滤器而组成的分层或分段取水系统（图 7－12）。复合井比大口井更能充分利用厚度较大的含水层，增加井的出水量。在水文地质条件适合的地区，比较广泛地作为城镇水源、铁路沿线给水站及工业用井，这是因为可利用大口井井筒内的空间作为“调节水池”，以适应上述系统间歇给水的特点。此外，在凿井技术较差的地区，可减少管井的开凿深度。有时，复合井也是大口井的一种挖潜措施。

复合井的大口井部分的构造和施工方法与前述大口井相同，下面的管井构造基本上与普通管井相同。模型试验资料表明，当含水层厚度大于大口井半径 3～6 倍，或含水层透

水性较差时，采用复合井出水量增加显著。为充分发挥复合井的效率，减少大口井和管井间的干扰，过滤器的直径不宜过大，一般以200～300mm为宜；当含水层较厚时，以采用非完整过滤器为宜，一般过滤器长度与含水层厚度比值应小于0.75；过滤器数目不宜超过3根。

2. 复合井出水量的计算

估算复合井出水量时，一般采用大口井和管井两者单独工作条件下的出水量之和，然后乘以干扰系数，即

$$Q=\xi(Q_1+Q_2) \tag{7-17}$$

式中：Q 为复合井出水量，m^3/d；Q_1 和 Q_2 分别为同一条件下大口井和管井单独工作时的出水量，m^3/d；ξ 为互扰系数，与过滤器的根数、完整程度及管径等有关。计算时，根据不同条件选择相应的等值计算公式，具体可查相关文献。

五、渗渠

1. 渗渠的形式与构造

主要集取浅层地下水的水平地下水取水构筑物，包括在地面开挖、集取地下水的集水廊道和水平埋设在含水层中的集水管渠。渗渠适用于开采埋深小于2m、厚度小于6m的含水层，故其埋设深度一般为4～7m，很少超过10m。渗渠主要靠加大长度增加出水量，常平行埋设于河岸或河漫滩，用以集取河流下渗水或河床潜流水，可分为完整式和不完整式。渗渠的优点是既可截取浅层地下水，也可集取河床地下水或地表渗水，渗渠水经地层的渗滤作用，悬浮物和细菌含量少，硬度和矿化度低，兼有地表水与地下水的优点；渗渠可满足北方山区季节性河段全年取水的要求；缺点是施工条件复杂、造价高、易淤塞，常有早期报废的现象，应用受到限制。

渗渠由渗水管（渠）、集水井、检查井和泵房组成（图7-13）。渗水管既是集水部分，也是向集水井输水的通道，常用有孔眼的钢筋混凝土管，也可用带缝隙的浆砌块石或装配式混凝土构件砌筑成拱形暗渠。水量较小时，可用穿孔铸铁管和塑料管。钢筋混凝土渗水管管径应根据水力计算确定，一般为600～1000mm。管上进水孔有孔径20～30mm的圆孔和宽20mm长60～100mm的条孔两种，孔眼内大外小，交错排列于渠的上1/3～1/2部分，孔眼净距满足结构强度要求，但孔隙率一般不应超过15%，管外填3～4层人工反滤层。集水井用以汇集集水管来水，安装水泵或吸水管，同时兼有调节水量和沉砂作用。一般多采用钢筋混凝土结构，常修成圆形或矩形。为便于检修、清通，应在渗水管末端、转角处和变径处，直线段每隔30～50m设置一个检查井，当渗水管管径较大时，距离还可以适当增大一些。

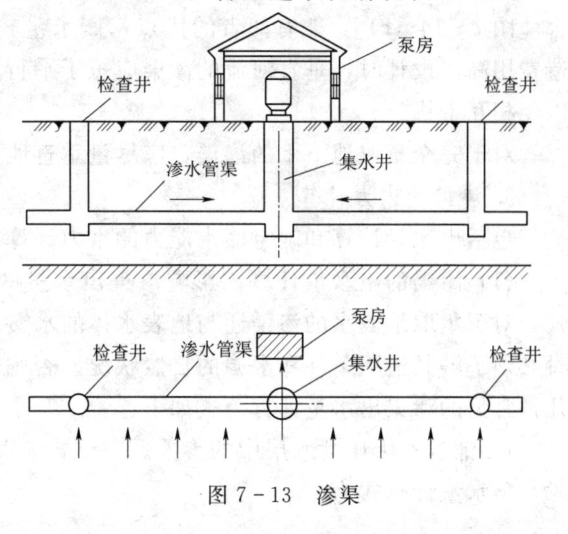

图7-13　渗渠

2. 渗渠的位置选择与布置方式

(1) 渗渠位置选择。渗渠位置关系到出水量、水质、稳定性、渗渠的使用年限及建造成本等问题，故位置应选在：水流较急、有一定冲刷力的直线河段或凹岸非淤积弯曲河段，并尽可能靠近主流；含水层较厚、颗粒较粗，不含淤泥等不透水夹层的地带；河床稳定、河水较清、水位变化较小的地段。

(2) 渗渠平面布置。

1) 平行于河流布置。当渗渠平行河流即垂直地下水流向布置［图 7－14 (a)］时，在枯水季节，地下水补给河水，渗渠可截取地下水；在丰水季节，河水补给地下水，渗渠可截取河流下渗水。故渗渠的出水量较稳定，全年产水量均衡，水量也充沛，且施工与维修也较为方便。渗渠与河流水边线的距离视含水层颗粒粗细而定，一般不宜小于 20～25m。

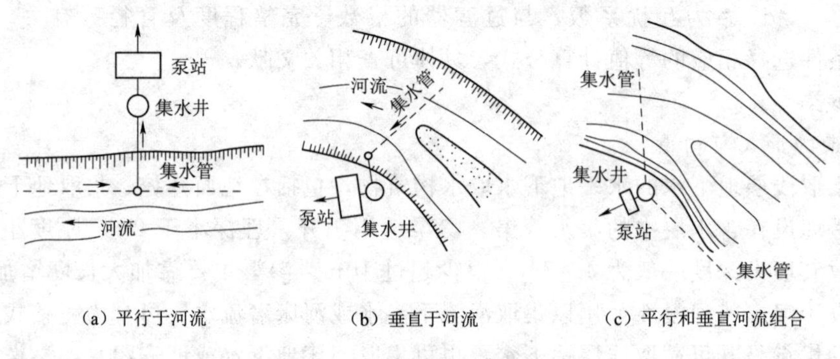

图 7－14 渗渠平面布置方式

2) 垂直于河流布置。当河流两侧地下水补给较差，枯水期河流流量小，主流摆动不定，河床冲积层较薄时，为最大限度地截取河床渗透水，将集水管横贯于河床之下［图 7－14 (b)］，平行地下水流向布置。这种布置优点是集取的水量大；缺点是施工、检修均较为困难，且出水量、水质受河流水位、水质的影响变化较大，也易于淤塞。在区域冲积平原地区，截取地下水的渗渠不宜平行地下水流向布置。

3) 平行和垂直河流组合布置。这种形式的布置实为平行和垂直地下水流向的渗渠组合［图 7－14 (c)］，兼有两者的优点，产水量较稳定，取水安全可靠，适应性强，但建造费用高。设计时，垂直河流的渗渠应短于平行河流的渗渠，两者的夹角不宜小于 120°，以免相互干扰。

对于完全集取地下水的渗渠，应尽量垂直地下水流向布置。

3. 渗渠的水力计算

包括出水量计算和确定输水能力的水力计算。

(1) 渗渠的出水量计算。影响渗渠出水量的因素不仅有水文地质条件、渗渠铺设方式，对于集取地表水的渗渠还与地表水体的水文条件、水质状况有密切关系。故选用公式时必须了解其适用条件和水源的自然状况。否则，计算结果常会与实际情况有很大差异。几种常见的渗渠出水量计算公式如下：

1) 铺设在无压含水层中的渗渠。完整式渗渠 (图 7－15)，当两侧水文地质条件相同时，出水量计算式为

$$Q=\frac{KL(H^2-h_0^2)}{R} \tag{7-18}$$

式中：Q 为渗渠出水量，m^3/d；K 为渗透系数，m/d；L 为渗渠长度，m；R 为影响半径，m；H 为对应于 R 的含水层厚度，m；h_0 为渗渠内水位到含水层底板的高度，m。

非完整式渗渠（图 7－16），当两侧水文地质条件相同，渠壁和渠底同时进水时，出水量计算式为

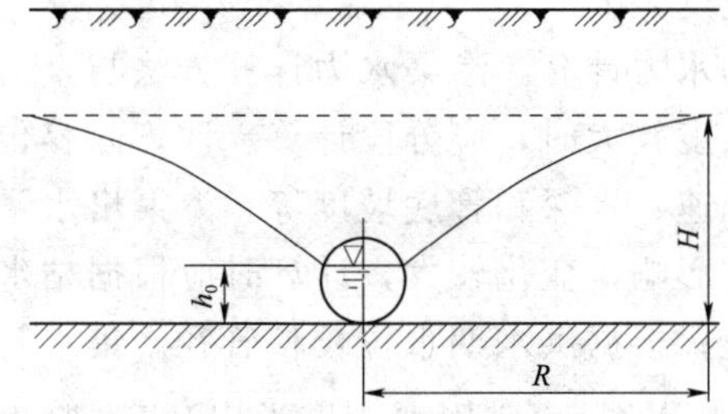

图 7－15　无压含水层完整式渗渠

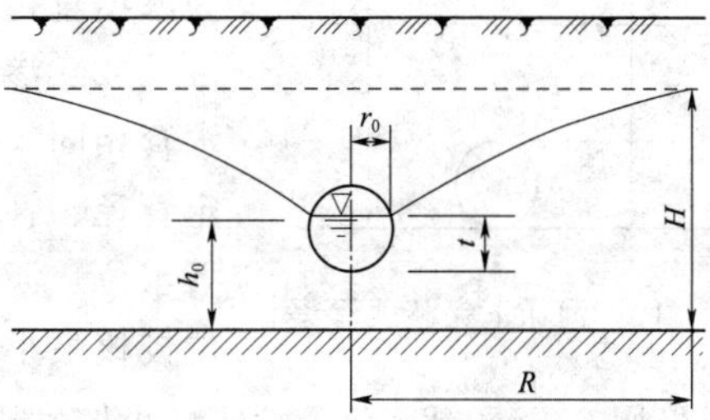

图 7－16　无压含水层非完整式渗渠

$$Q=\frac{KL(H^2-h_0^2)}{R}\left(\frac{t+0.5r_0}{h_0}\right)^{\frac{1}{2}}\left(\frac{2h_0-t}{h_0}\right)^{\frac{1}{4}} \tag{7-19}$$

式中：t 为渗渠水深，m；r_0 为渗渠半径，m；其他符号意义同前。渠底和底板距离不大时适用式（7－19）。

2）平行于河流铺设在河滩下的渗渠。这种同时集取岸边地下水和河床潜流水的完整式渗渠（图 7－17）出水量计算式为

$$Q=\frac{KL}{2L_0}(H_1^2-h_0^2)+\frac{KL}{2R}(H_2^2-h_0^2) \tag{7-20}$$

式中：H_1 为河水位距底板的高度，m；H_2 为岸边地下水位距底板的高度，m；L_0 为渗渠中心到河流水边线的水平距离，m；其他符号意义同前。

3）铺设在河床下的渗渠。这种集取河床潜流水的渗渠出水量计算式为

$$Q=\alpha KL\frac{H_Y-H_0}{A} \tag{7-21}$$

式中：α 为淤塞系数，河水浊度低时取 0.8、浊度中等时取 0.6、浊度高时取 0.3，也可根据经验选取；H_Y 为河水位到渗渠顶的距离，m；H_0 为渗渠的剩余水头，m，当渗渠内为自由水面时，$H_0=0$，一般取 $H_0=0.5\sim1$m。

对于非完整式渗渠（图 7－18），A 值为

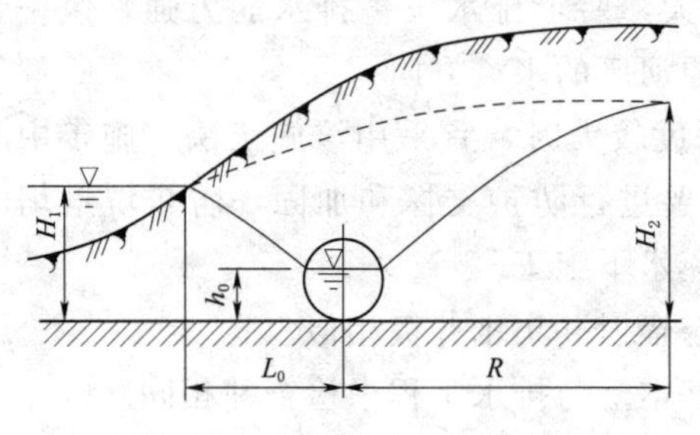

图 7－17　河滩下完整式渗渠

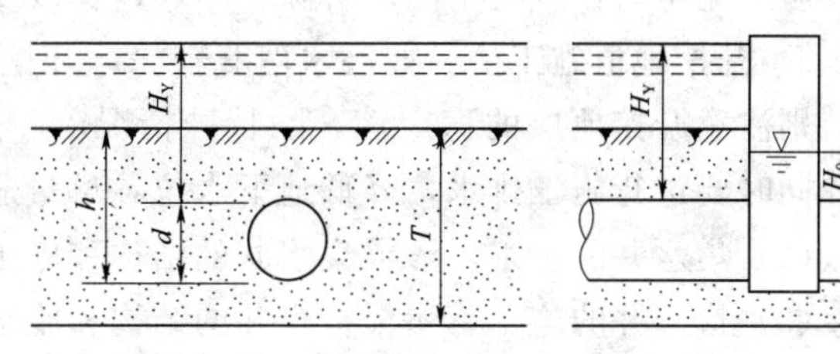

图 7－18　河床下非完整式渗渠计算简图

$$A=0.37\lg\left\{\tan\left[\frac{\pi(4h-d)}{8T}\right]\cot\left(\frac{\pi d}{8T}\right)\right\} \tag{7-22}$$

对完整式渗渠（图 7-19），A 值为

$$A=0.73\lg\left[\cot\left(\frac{\pi d}{8T}\right)\right] \tag{7-23}$$

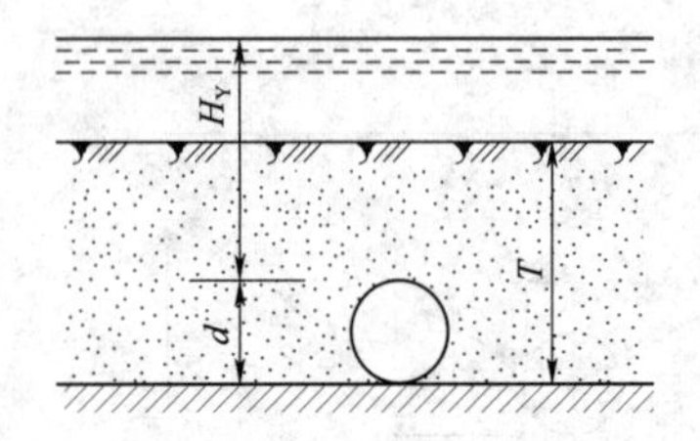

图 7-19　河床下完整式渗渠

式中：T 为含水层厚度，m；h 为床面到渠底高度，m；d 为渗渠直径或宽度，m。

（2）渗渠的水力计算。渗渠水力计算方法与重力流排水管相同，当长度较大时，应分段计算。计算内容包括确定管径、管内流速、水深和管底坡度等。渗渠出水量受地下水位、河水位影响，变化较大，计算时应根据枯水期水位校核最小流速；根据洪水期水位校核管径。集水管内流速一般采用 0.5～0.8m/s，管底最小坡度不小于 0.2%；管内充满度采用 0.5；管渠内径或短边不小于 600mm。

4. 渗渠的施工

（1）集水管（渠）的施工。

1）开槽施工法。当潜水埋藏浅、含水层厚度不大时，埋设集水管可实行明沟开挖施工方法，在开挖的基槽中敷设集水管和铺设人工反滤层。开挖断面要考虑管道的尺寸、含水层的岩性和便于施工安装。集水管（渠）最好坐落在隔水黏性土层或基岩上。如集水管必须坐落在松散地层上，基础须夯实，管径较大时，需做混凝土基础；如以基岩为基础时，必须铺设 20～30cm 厚的粗砂；当砌筑集水渠时，需做混凝土基础。如含水层为河流松散堆积物时，一定要考虑管沟边坡的稳定性，必要时要进行防护支撑和加固，以防坑壁坍塌。

施工排水和降低地下水位是施工中重要而复杂的工作。通常含水层颗粒粗，地下水水量丰富，所以排水量大，开挖前要进行排水量校核计算，排水设备的排水能力必须满足排水要求，且要有备用的排水设备。如工程量大，短期内难以完成，需跨越洪水期时，则必须考虑防洪措施，确保安全施工。施工时，应严格按设计的人工滤层级配分层铺设；回填渗渠管沟时，可使用开槽时挖出的原土，以保持原含水层的渗透性能。

2）围堰施工法。在河床下埋设集水管时，应在枯水季节施工，必须将河水导流或用黏土围堰后方能开槽施工。施工排水对施工进度影响很大，应特别注意，在河床地段施工，尤其要重视施工排水，地层渗透性强，排水量大，要求排水设备排水能力强，效率高。施工完毕后，应将土围堰拆除干净，以免改变原河床的水流方向。

3）开挖地道施工法。如潜水埋藏较深，开挖深度较大时，宜采用该施工法。施工中应特别注意开挖地层的稳定性，除特殊情况，一般要进行防护支撑和加固，防止坑道坍塌。同时要进行施工排水，降低地下水位，尽量避免水下施工。

（2）集水井的施工。渗渠集水井的结构和施工与辐射井集水井极相似。

（3）检查井的施工。渗渠检查井的结构和施工基本上与排水工程中检查井相同。

（4）渗渠清洗。渗渠施工的各项工序完成后，应和管井洗井一样，及时清除渗渠集水

管内及反滤层中的淤泥和细沙。具体方法是在集水井内安装临时抽水泵，待集水井中水位上升到可淹没渗渠反滤层0.5～1m的高度时，开始抽水，使井内水位下降到渗渠集水管管底，然后停泵，待水位再次回升到原来高度后再抽水，如此反复直到抽出的水由浑浊变为清澈为止。一般连续抽水3～5d即清洗干净。此外，当渗渠工程规模较大，从集水井内抽水量大，抽水设备不易解决时，可在检查井内安设水泵，分段清洗渗渠。

六、坎儿井

坎儿井是我国新疆地区在缺乏把各山溪地表径流由戈壁长距离引入灌区的手段，以及缺乏提水机械的情况下，根据当地自然条件、水文地质特点，创造出用暗渠引取地下潜流，进行自流灌溉的一种水平向集水隧道式特殊水利工程。

1. 坎儿井的形式与构造

按成井的水文地质条件，坎儿井可划分为三种类型：一是山前潜水补给型，此类型直接截取山体前侧渗出的地下水，集水段较短；二是山溪河流河谷潜水补给型，此类坎儿井集水段较长，出水量较大，在吐鲁番、哈密市分布较广；三是平原潜水补给型，此类坎儿井分布在灌区内，水文地质条件差，出水量也较小。

坎儿井常布设于地下水坡度较陡的山前洪积扇，地下水埋藏不深（一般不超过50m），含水层以卵砾石为主的地带。从地下水溢出带向上部开凿一条水平坑道，由浅入深、由低到高地伸入山前倾斜平原含水层，将地下水自溢流地引出地面（图7-20）。其构造由竖井、暗渠、明渠和涝坝（即小型蓄水池）四部分组成。竖井是开挖的一眼或多眼与地面垂直的井，在开挖集水坑道（暗渠）时做定位、进人、出土和通风之用，平时可做检查井。竖井间距一般上游段为60～100m，中游段为30～60m，下游段为10～30m；竖井深度一般上游段为40～70m，最深可达100m，中游段为20～40m，下游段为3～15m。每个坎儿井由数十个到上百个竖井串联而成。暗渠也称集水廊道或坑道，平行于地下水流，将竖井井底串联起来，是截取潜流和输水的通道，用木材和块石筑成，断面顶部呈拱形，洞身呈矩形。首部为集水段，在潜水位下开挖，引取地下潜流，每段长5～100m。位于冲积扇上部的坎儿井，因土层多砂砾石，含水层较丰富，集水段较短；而冲积扇中部以下的坎儿井，集水段较长。集水段以下的暗渠为输水部分，一般在潜水位上的土层内开挖。暗渠的纵坡比当地潜水位的纵坡要平缓，故在集水段延伸一定距离后，可高出潜水位。暗渠的总长度视潜水位埋藏深度、暗渠纵坡和地面坡降而定，一般3～5km，最长的超过10km。暗渠断面，除了满足引水流量的需要外，主要根据开挖操作的要求来设计，通常采用窄深式，宽0.5～0.8m，高1.4～1.7m。明渠与一般渠道设计基本相同，横断面多为梯形，坡度小、流速慢。暗渠和明渠相接处称龙口。因所引潜水位较高，一般均可自流灌溉。涝坝又称蓄水池，用以调节水量，缩短灌溉时间，减少输水损失，面积通常为$600\sim1300m^2$，水深1.5～2m。

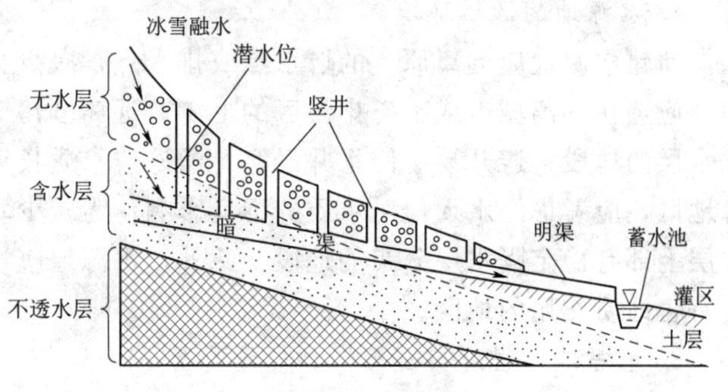

图7-20　坎儿井

2. 坎儿井的施工

基本上仍采取传统开挖工艺，首先根据耕地或拟垦荒地位置，向上游寻找水源并估计潜流水位的埋深，确定坎儿井的布置，根据可能穿过的土层性质，考虑暗渠的适宜纵坡；其次开挖暗渠，一般从下游开始，先挖明渠的首段和坎儿井的龙口，再向上游逐段布置竖井开挖，每挖好一个竖井，即从竖井的底部向上游或下游单向或双向逐段挖通暗渠；最后从头至尾修正暗渠的纵坡。挖暗渠和竖井所使用的工具，主要为镢头和刨锤。出土时，用土筐从竖井上使用辘轳起吊，一般用人力拉，在上游较深的竖井则用牛力拉。挖暗渠时因工作面较窄，一处只能容一人挖，又在黑暗中摸索进行，仅靠油灯照明，其定向方法主要是在竖井内垂挂两个泊灯，从这两个灯的方向和高低，可校正暗渠的方向和纵坡。一般先挖暗渠的底部，后挖顶部。

第三节 地下水水源地的选择

水源地的选择，对大中型集中供水关键是确定取水地段的位置与范围，而对小型分散供水则是确定水井的井位。水源地选择正确与否不仅关系到水源地建设的投资，而且关系到是否能保证水源地长期经济、安全地运转及避免产生各种不良环境地质作用。这项工作是在地下水勘察基础上，由有关部门批准后确定。

一、集中式供水水源地的选择

在选择集中供水水源地的位置时，既要充分考虑其能否满足长期持续稳定开采的需水要求，也要考虑它的地质环境和利用条件。

1. 水源地的水文地质条件

取水地段含水层的富水性与补给条件是地下水水源地的首选条件，因此，应尽可能选择在含水层层数多、厚度大、渗透性强、分布广的地段。如冲洪积扇中、上游的砂砾石带和轴部，河流的冲积阶地和高漫滩，冲积平原的古河床，厚度较大的层状与似层状裂隙、岩溶含水层，规模较大的断裂及其他脉状基岩含水带。在此基础上，进一步考虑其补给条件。取水地段应有良好的汇水条件，可以最大限度地拦截、汇集区域地下径流，或接近地下水的集中补给、排泄区。如区域性阻水界面的迎水一侧，基岩蓄水构造的背斜倾末端、浅埋向斜的核部，松散岩层分布区的沿河岸边地段，岩溶地区和地下水主径流带、毗邻排泄区上游的汇水地段等。

2. 水源地的地质环境

新建水源地应远离原有的取水点或排水点，减少相互干扰。为保证地下水的水质，水源地应选在远离城市或工矿排污区的上游；远离已污染（或天然水质不良）的地表水体或含水层的地段；避开易于使水井淤塞、涌沙或水质长期混浊的沉砂层和岩溶充填带；在滨海地区，应考虑海水入侵对水质的不良影响；为减少垂向污水入渗的可能性，最好选在含水层上部有稳定隔水层分布的地段。此外，水源地应选在不易引发地面沉降、塌陷、地裂等有害地质作用的地区。

3. 水源地的经济、安全性和扩建前景

在满足水量、水质要求的前提下，为节省建设投资，水源地应靠近用户、少占耕地；

为降低取水成本，应选在地下水浅埋或自流地段；河谷水源地要考虑水井的淹没问题；人工开挖的大口井取水工程，要考虑井壁的稳固性。当有多个水源地方案可供比较时，未来扩大开采的前景条件也是必须考虑的因素之一。

二、小型分散式供水水源地的选择

集中式供水水源地的选择原则，对基岩山区裂隙水小型水源地的选择也是适合的。但在基岩山区，由于地下水分布极不均匀，水井布置还取决于强含水裂隙带及强岩溶发育带的分布位置。此外，布井地段的地下水埋深及上游有无较大的汇水补给面积，也是必须考虑的条件。

第四节　地下水取水构筑物的选择和布局

一、地下水取水构筑物的选择

因水文地质条件的差异，开发利用地下水的形式和适用条件均有较大的差异：管井适用于开采深层地下水，井深一般在 300m 以内，最大开采深度可达 1km 以上；大口井广泛用于集取井深 20m 以内的浅层地下水；渗渠主要用于地下水埋深小于 2m 的浅层地下水，或集取河床下地下水；辐射井一般用于集取地下水埋藏较深、含水层较薄的浅层地下水，它由集水井和若干向外铺设的辐射形集水管组成，可克服上述条件下大口井效率低、渗渠施工困难等不足；复合井常用于同时集取上部孔隙潜水和下部厚层高水位承压水，以增加出水量和改良水质。具体类型的选择有赖于含水层埋深、厚度、富水性及地下水位埋深等因素并结合技术经济条件（表 7－3）。

表 7－3　　地下水取水构筑物的种类和适用范围

种类	形式	尺寸	深度	水文地质条件			出水量
				地下水埋深	含水层厚度	水文地质特征	
垂直取水	管井	井径 50～1000mm，常用 150～600mm	井深 20m～1km，常用 300m 以内	在抽水设备能力条件下不受限制	厚度一般在 5m 以上或有几层含水层	适用于任何砂、卵、砾石层，构造裂隙、岩溶裂隙	单井出水量一般在 0.05 万～0.6 万 m^3/d，最大为 2 万～3 万 m^3/d
	大口井	井径 2～10m，常用 4～8m	井深 30m 以内，常用 6～20m	埋深较浅，一般在 12m 以内	厚度一般在 5～20m	补给条件良好，渗透系数最好在 20m/d 以上，适用于任何砂、卵和砾石层	单井出水量一般在 0.05 万～1 万 m^3/d，最大为 2 万～3 万 m^3/d
水平取水	渗渠	管径 0.45～1.5m，常用 0.6～1m	埋深在 10m 以内，常用 4～7m	埋深较浅，一般在 2m 以内	厚度较薄，一般为 1～6m	补给条件良好，渗透性较好，适用于中砂、粗砂、砾石和卵石层	单井出水量一般在 15～30$m^3/(d·m)$，最大为 50～100$m^3/(d·m)$

续表

种类	形式	尺寸	深度	水文地质条件			出水量
				地下水埋深	含水层厚度	水文地质特征	
水平取水	坎儿井	井径0.5～1.5m，常用0.8～1.2m	埋深在100m以内，常用5～30m	埋深较浅，一般在10m以内	较薄	冲积扇上部、丘陵地区、砂、砾石直径1～20mm，砾石含量60%～70%	
联合集水	辐射井	集水井直径2～12m，常用4～8m；辐射管直径50～300mm，常用75～150mm	集水井井深在30m以内，常用6～20m	埋深较浅，一般在12m以内；辐射管距地面应大于1.5m	厚度一般在5m以上	补给条件良好，含水层最好是中粗砂或砾石层，不含漂石	单井出水量一般在0.5万～5万m^3/d

我国地域辽阔，水资源状况悬殊，地下水类型、埋藏深度、含水层性质等取水条件以及取材、施工条件和供水要求各不相同，开采地下水的方法和取水构筑物的选择必须因地制宜。管井具有对含水层的适应能力强，施工机械化程度和效率高、成本低等优点，在我国应用最广；其次是大口井；辐射井适应性虽强，但施工难度大；复合井在一些水资源不是很充裕的中小城镇和不连续供水的铁路供水站中被较多地应用；渗渠在东北、西北一些季节性河流的山区及山前地区应用较多。此外，在我国一些严重缺水的山区，当地人们创造了很多特殊而有效的开采和集取地下水的方法，如在岩溶缺水山区修建规模巨大、探采结合的取水斜井等。

二、地下水取水构筑物的合理布局

取水构筑物的合理布局是指在确定水源地的允许开采量和取水范围后，进而明确在采取何种工程技术和经济承受能力下的取水构筑物布置方案，才能最有效地开采地下水并尽可能地减少工程所带来的负面作用。

1. 水井的平面布局

水井的平面布局主要决定于地下水的运动形式和可开采量的组成性质。

在地下径流条件良好的地区，为充分拦截地下径流，水井应布置成垂直地下水流向的并排形式或扇形，视断面地下径流量的多少，可布置一个至数个井排。例如，在我国许多山前冲洪积扇上，其水源地主要是靠上游地下径流补给的河谷水源地，一些巨大阻水界面所形成的裂隙-岩溶水源地，则多采用此种水井布置形式。在某些情况下，当预计某种地表水体将构成水源地的主要补给源时，则开采井应按线形平行于这些水体的延长方向分布；当含水层四周为环形透水边界包围时，开采井也可布置成环形、三角形、矩形等布局形式。

在地下径流滞缓的平原区，当开采量以含水层存储量或垂向渗入补给量为主时，开采井群一般应布置成网格状、梅花形或圆形的平面布局形式。在以大气降水或河流季节补给为主、纵向坡度很缓的河谷潜水区，开采井则应沿着河谷方向布置，视河谷宽度布置一到数个纵向井排。

在岩层导、储水性能分布极不均匀的基岩裂隙水分布区，水井的平面布局主要受富水带分布位置的限制，应把水井布置在补给条件最好的强含水裂隙带，而不必拘束于规则的布置形式。

2. 水井的垂向布局

对于厚度不大（小于30m）的孔隙含水层和多数的基岩含水层（主要含水裂隙段的厚度亦不大），一般均采用完整井形式取水，因此不存在水井在垂向上的多种布局问题。而对于大厚度（大于30m）的含水层或多层含水组，是采用完整井取水，还是采用非完整井井组分段取水，两者在技术和经济上的合理性则需要深入讨论。相关实验表明，在大厚度含水层中取水时，可采用非完整井形式，对出水量没有大的影响；同时，为充分吸取大厚度含水层整个厚度上的水资源，可在含水层不同深度上采取分段（或分层）取水的方式。大厚度含水层中的分段取水一般是采用井组形式，每个井组的井数决定于分段（或分层）取水数目。一般由2～3口水井组成，水井可布置成直线形或三角形。由于分段取水时在水平方向的井间干扰作用甚微，所以井间距离一般采用3～5m即可；当含水层颗粒较细或水井封填质量不好时，为防止出现深、浅水井间的水流串通，可把孔距增大到5～10m（图7-21）。分段取水设计时，应正确给定相邻取水段之间的垂向间距（图7-21中的a段），取值原则是：既要减少垂向上的干扰强度，又能充分汲取整个含水层厚度上的地下水资源。表7-4列出了在不同水文地质条件下分段取水时，垂向间距a的经验数据。如果要确定a的可靠值，则应通过井组分段（层）取水干扰抽水实验确定。许多分段取水的实证材料表明，上、下滤水管的垂向间距a在5～10m的情况下，其垂向水量干扰系数一般都小于25%，完全可满足供水管井设计的要求。

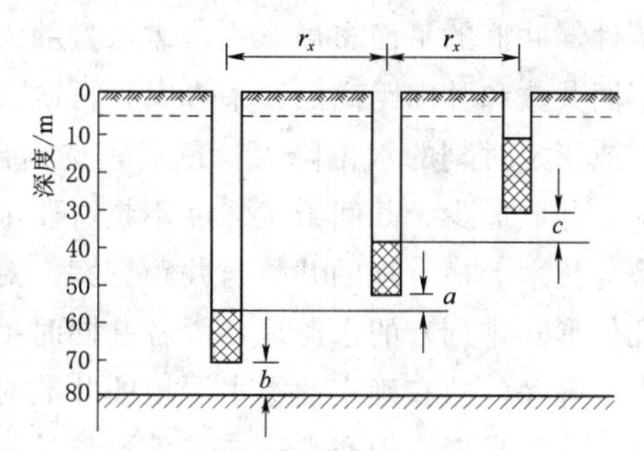

图7-21　分段取水井组布置示意图

表7-4　　分段（层）取水井组配置参数

含水层厚度/m	井组配置数据			
	管井数/个	滤水管长/m	水平间距/m	垂直间距/m
30～40	1	20～30		
40～60	1～2	20～30	5～10	>5
60～100	2～3	20～25	5～10	≥5
>100	3	20～25	5～10	>5

大量事实说明，在透水性较好（中砂以上）的大厚度含水层中分段（层）取水，既可有效开发地下水资源，提高单位面积产水量，又可节省建井投资（不用扩建或新建水源地），并减轻浅部含水层开采强度。据北京、西安、兰州等市20多个水源地统计，因采用了井组分段（层）取水方法，水源地的开采量都获得了成倍增加。当然，井组分段（层）取水也有一定的条件，如采用分段取水又不相应地加大井组间的距离，将大大增加单位面积上的取水强度，从而加大含水层的水位降深或加剧区域地下水位的下降速度。故对补给

条件不太好的水源地要慎重采用。

3. 井数和井间距离的确定

水井平面和垂向布局明确之后，在满足设计需水量的前提下，本着技术可行且经济合理的原则，确定水井的数量与井距是取水构筑物合理布局要解决的最后一个问题。因集中式供水和分散式农田灌溉供水在水井布局上有很大差别，故其井数与井距确定的方法也不同。

(1) 集中式供水井数和井间距离的确定。集中式供水井数与井距一般是通过解析法井流公式和数值法计算而确定。解析法仅适用于均质各向同性，且边界条件规则的情况下。为接近实际，在勘探的基础上，最好采用数值模拟技术来确定井数与井间距离。一般工作程序：首先，在勘探基础上，概化水文地质概念模型，建立地下水流数学模型（必要时要建立水质模型），对所建的数学模型进行参数率定与验证；其次，根据水源地的水文地质条件、井群的平面布局形式、需水量的大小、设计的允许水位降深等给定条件，拟订几个不同井数和井间距离的开采方案；再次，分别计算每一布井方案下的水井总出水量和指定点或指定时刻的水位降深；最后，选出出水量和指定点（时刻）水位降深均满足设计要求、井数最少、井间干扰强度不超过要求、建设投资和开采成本最低的布井方案，即为经济与技术上最合理的井数与井距方案。对于水井呈面状分布（多个井排或在平面上按其他几何形式排列）的水源地，因各井同时工作时，将在井群分布的中心部位产生最大的干扰水位降深，故在确定此类水源地的井数时，除考虑所选用的布井方案能否满足设计需水量外，主要是考虑中心点（或其他预计的强干扰点）的水位是否超过设计上允许的降深值。

(2) 分散灌溉水井的井间距和井数确定。为灌溉目的开发地下水，一般要求开采井分散式布局，如均匀布井、棋盘格式布井。因某一灌区内应布置的井数主要决定于单井灌溉面积，故灌溉水井的布局主要是确定合理的井距。确定井距时，涉及的因素较多，除了与单井出水量和影响半径有关外，还与灌溉定额、灌溉制度、每日浇地时间长短、土地利用情况、土质、灌溉技术有关。确定灌溉水井的合理间距时，应以单位面积上的灌溉需水量与该范围内地下水的可采量相平衡为原则。

1) 单井灌溉面积法。当地下水补给充足且地下水资源能满足灌溉需求时，则可根据需水量来确定井数与井距。首先计算出单井可控制的灌溉面积 F，即

$$F=\frac{QTt\eta}{W} \tag{7-24}$$

式中：Q 为单井的稳定出水量，m^3/h；T 为一次灌溉所需的天数，d；t 为每天抽水时间，h；W 为灌水定额，m^3/亩；η 为渠系水有效利用系数。

如果水井按正方形网状布置，则水井间的距离 D 为

$$D=\sqrt{667F} \tag{7-25}$$

如果水井按等边三角形排列，则水井间的距离 D 为

$$D=\sqrt{\frac{2F}{\sqrt{3}}} \tag{7-26}$$

整个灌区内应布置的水井数 n 为

$$n=\frac{S\beta}{F} \tag{7-27}$$

式中：S 为灌区总面积，亩；β 为土地利用率，%；F 为单井控制的灌溉面积，亩。

从以上各式可知，在灌区面积一定的条件下，井数主要决定于单井可控制的灌溉面积，而单井所控制的灌溉面积（或井距），在单井出水量一定的条件下，又主要取决于灌溉定额。因此，应从平整土地、减少渠道渗漏、采用先进灌溉技术等方面来降低灌溉定额，以达到加大井距、减少井数、提高灌溉效益的目的。

2）考虑井间干扰时的井距确定方法。严格地说，均匀分布的灌溉水井同时工作时，井间的干扰作用是不可避免的。当井距比较小时，这种干扰作用使单井出水量削减更是不可忽略。因此，考虑井间干扰作用的井距计算方法比前一种方法可靠，但比较复杂。这种计算方法的思路是：首先提出几种可能的设计水位降深和井距方案，分别计算出不同降深、不同井距条件下的单井干扰出水量，然后通过干扰水井的实际可灌溉面积与理论上应控制灌溉面积的对比试算确定出合理的井距。

以井灌工程设计中常见的等边三角形均匀布井（图7-22）为例，来说明其井距的计算过程：

第一步，把农田供水勘探阶段的多口干扰井的单井抽水实验所得的出水量 Q、水位削减值 t，按相应的涌水量经验公式和水力削减法公式，换算成设计水位降深和不同井距方案条件下的数值。

第二步，计算水井在不同水位降深和不同井距条件下的干扰出水量 Q'。为此，应先计算某一水井在其影响半径（图7-22中的 R 值）范围内，其他所有水井（图7-22中有6口水井）对该井所产生的总水位削减值 $\sum t$ 及出水量减少系数 $\sum \alpha$。并把计算结果绘制成井距、设计降深与水位削减值（或水量减少系数）的关系曲线，以及降深与水井干扰和非干扰涌水量关系曲线。根据这些曲线，按照水量减少系数不大于15%～20%的管井设计原则和考虑单井出水量可能灌溉的范围，初步选出一个合适的井距方案。

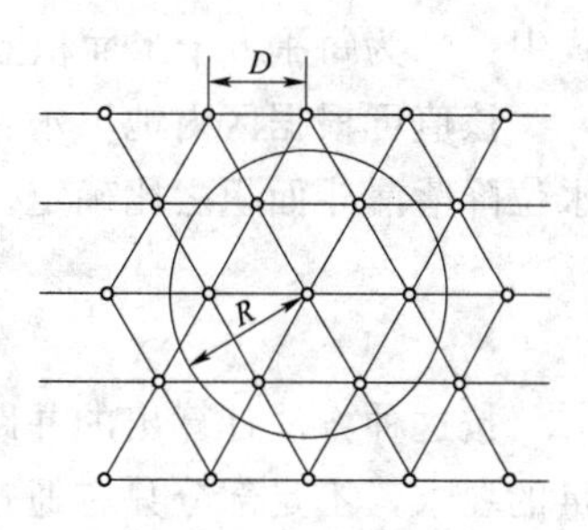

图7-22　水井按等边三角形均匀布置的井网平面

第三步，根据单井的干扰出水量和应控制范围的灌溉需水量对比计算确定出合理的井距。

从上述计算结果或关系曲线可知，井距越大，干扰越小，机井出水量越大，单井控制灌溉面积亦越大；但是，随着灌溉面积的增大，灌溉需水量亦相应增加。因此，初步选定的井距是否合适，尚需通过水井实际干扰出水量 Q' 可否满足该井距条件下的灌溉需水量的试算来求证：首先计算在某一选定井距条件下，干扰出水量为 Q' 时的单井实际灌溉面积 F'：

$$F'=\frac{QTt\eta}{W}$$

再计算出在同一设计井距条件下，单井理论上负担（或控制）的灌溉面积 F（在本例所采用的等边三角形均匀布井条件下）：

$$F=\frac{\sqrt{3}}{2}D^2 \tag{7-28}$$

式中：D 为按等边三角形布井时三角形的边长（即井距）。

根据单井实际灌溉面积下与理论上应负担的灌溉面积 F 的对比，可做如下分析：若 $F'/F>1$，说明所选用井距偏小，机井偏多，故应加大井距，减少井数；若 $F'/F<1$，说明机井实际出水量满足不了应负担灌溉面积需水量的要求，应缩小井距，加密水井或调入其他水源以满足需水要求（也可考虑改用更大水位降深来增加单井出水量）；若 $F'/F\approx 1$，说明水井实际出水量正好满足应负担灌溉面积的需水量要求，即为最优井距方案。

3）根据允许开采模数确定井数和井间距离。前提条件是计划的开采量应等于地下水的允许开采量，以保持灌区内地下水量的收支平衡。首先按下式计算每平方千米范围内的井数：

$$N=\frac{M_b}{QtT} \tag{7-29}$$

式中：N 为每平方千米面积上的平均井数；M_b 为含水层的允许开采模数，$m^3/(km^2 \cdot a)$。

该值可根据区内地下水补给量与含水层面积之比，或类似井灌区开采量与稳定的开采水位降落漏斗面积之比确定。当允许开采模数已知时，也可按下式求得合理的井距 D：

$$D=\frac{100}{\sqrt{N}} \tag{7-30}$$

按这种方法计算出的井距可保证地下水收支平衡，但不能保证满足全部土地灌溉需水量的要求，不足部分只有通过其他方法解决。

思　考　题

1. 开采地下水资源都有哪些优点和缺点？
2. 地下水取水构筑物有哪些类型？
3. 管井和大口井、辐射井和复合井、渗渠和坎儿井都有什么区别？
4. 地下水水源地选择时应注意哪些方面？

第八章　非常规水资源利用及水电能资源开发利用

本章学习指引

结合国内外非常规水资源的利用及水力发电等实际工程的参观，辅以网络视频资源的观看，本章的学习效果会更好。

第一节　非常规水资源利用

传统水资源的供需矛盾已成为当今世界许多国家的共性问题，制约着经济社会的可持续发展，并随着人口增长、人们生活水平的不断提高和工农业生产的持续快速发展，致使许多区域内传统水资源开发利用的潜力已达极限甚至到了枯竭的境地。开发利用再生水（经再生处理的污废水）、海水、空中水、矿井水、苦咸水、雨水等各具特点和优势的非传统水资源，可在一定程度上替代常规水资源，有效缓解一些缺水地区水资源短缺的状况，减轻压力，优化区域水资源利用结构、改善水生态环境，使有限的水资源发挥出更大的效用。

一、再生水利用

再生水是指废水或雨水经适当处理后，达到一定的水质指标，满足某种使用要求，可以进行有益使用的水。再生水水量大、水质稳定、受季节和气候影响小，是一种十分宝贵的水资源。它的使用方式很多，按与用户的关系可分为直接使用与间接使用，直接使用又分为就地使用与集中使用。根据再生水利用途径，主要分回灌地下水，工业冷却、洗涤和锅炉等用水，农、林、牧业用水，城市非饮用水，景观环境用水等五类，此外，还有消防、空调和水冲厕等市政杂用。与海水淡化、跨流域调水相比，再生水具有明显的优势：从经济角度看，再生水成本最低；从环保角度看，污水再生利用有助于改善生态环境，实现水生态的良性循环。污水资源化或称污水回用的主要措施有土地处理法和工厂处理法，后者按原理可分为物理处理法（筛滤截留、重力分离和离心分离）、化学处理法（中和、氧化还原、混凝、萃取、离子交换、电渗析）和生物处理法（需氧生物处理的有活性污泥、生物滤池、养鱼塘法及厌氧生物处理）等。城市污水经处理设施深度净化处理后的水统称“中水”，包括污水处理厂经二级处理再进行深化处理后的水和大型建筑物、生活社区的洗浴水、洗菜水等集中处理后的水，水质介于自来水（上水）与排入管道内的污水（下水）间。美国、日本、以色列等国在厕所冲洗、园林和农田灌溉、道路保洁、洗车、城市喷泉、冷却设备补充用水等，都大量使用中水。我国是一个水资源贫乏、水污染严重的国家，但目前再生水利用率较低，各城市的中水利用量是根据其缺水程度不同而定。

二、海水利用

海水在世界总水量中约占97%，随着人类社会发展和淡水供应的日益紧张，开发利用海水或咸水作为淡水资源的替代与增量技术，越来越受到世界上许多沿海国家的重视。目前，海水主要应用于三个方面：海水直接利用、海水淡化和海水化学元素的提取。海水直接利用老的方式主要是用作工业冷却水，而新的方式主要是沿海地区冲洗、除尘等的生活杂用水，以及耐盐作物的灌溉等。就工业冷却水，全球每年海水总用量约6000亿m^3，替代了大量宝贵的淡水资源。直接利用过程需解决好诸如防腐材料、防止海洋生物黏附、海水冷却方式、除垢及取水方式等方面的技术问题。除去海水中的盐分以获得淡水的工艺过程称为海水淡化，亦称海水脱盐，其方法技术已有20余种，基本上分为两大类：一是从海水中取淡水，有蒸馏法、反渗透法、水合物法、溶剂萃取法和冰冻法；二是除去海水中的盐分，有电渗析法、离子交换法和压渗法。目前达到工业规模的生产应用有蒸馏法、电渗析法和反渗透法。

全球海水淡化厂1.4万多座，淡化日产量约3600万m^3，其中80%用于饮用水，解决了1亿多人的供水问题，海水淡化已遍及全世界125个国家和地区，淡化水大约养活世界5%的人口。但海水淡化需大量能量，所以在不富裕的国家经济效益并不高。全世界每年从海洋中提盐5000万t、镁及氧化镁260多万t、溴20万t等。我国有1.84万km长的陆地海岸线、1.4万km长的岛屿海岸线，12个沿海省（自治区、直辖市），城市数占全国46%，其中大中城市占全国一半以上，城市密度高出全国平均水平2倍左右，而这些沿海城市淡水资源严重不足，供需矛盾日益突出。自青岛电厂1936年开始利用海水作工业冷却水至今，我国沿海城市直接利用海水已有近90年历史，目前已有近百家沿海企业直接利用海水，年取海水50亿t左右，主要分布在山东省、浙江省、辽宁省、河北省、天津市及广东省，其中最大规模的海水淡化装置产量达到10万t/d。在这些装置中，反渗透法以77.16万t/d的产水量排在第一位，约占总产水能力的68.3%；低温多效蒸馏法产水量35.1万t/d排在第二位，约占总产水能力的31%；从已建成投产的装置数看，反渗透法75套，约占84.27%，低温多效蒸馏法10套，约占11.24%。

苦咸水是在漫长的地质历史时期和复杂的地理环境中，由多种因素综合作用形成与演变而成，其中古地理环境、古气候条件、海侵活动、地质构造和水文地质条件等起了重要作用。浅层地下苦咸水主要是在大陆演化过程中，由地下水中盐分的蒸发浓缩形成；人类不适当的经济活动造成海水入侵，不合理的灌溉、排水、改良盐碱地等活动也会使地下水变咸。水文地质学上把矿化度大于1g/L的水划分为苦咸水，又将矿化度在1～3g/L的水划分为微咸水、3～10g/L的为咸水、10～50g/L的为卤水。苦咸水淡化方法主要有蒸馏法、电渗析法和反渗透法。蒸馏法主要有多效蒸馏（ME）、多级闪蒸（MSF）、压汽蒸馏（VC）和膜蒸馏（MD）等；电渗析法利用离子交换膜在电场作用下，分离盐水中的阴、阳离子，从而使淡水室中盐分浓度降低而得到淡水的一种膜分离技术，主要有电渗析（ED）和频繁倒极电渗析（EDR）。反渗透（RO）是在浓溶液一边加上比自然渗透更高的压力，扭转自然渗透方向，把溶液中的离子压到半透膜的另一边，这与自然界的正常渗透过程相反。我国微咸水和半咸水主要分布在北方地区，微咸水分布最多的4个省级行政区是山东省、西藏自治区、河北省和内蒙古自治区，合计占全国微咸水天然补给资源量的67.12%。全国地下水中微咸水可开采资源山东省最多，占全国微咸水可开采资源量的39%。

三、雨水利用

雨水利用是一种综合考虑雨水径流污染控制、城市防洪以及生态环境改善等要求，建立包括屋面雨水集蓄系统、雨水截污与渗透系统、生态小区雨水利用系统等，将雨水用作喷洒路面、灌溉绿地、蓄水冲厕等城市杂用水的技术手段。雨水利用粗略地可分为农业利用和城市利用。雨水农业利用形式包括：雨水的当时和就地利用、水土保持措施、拦截雨洪进行淤灌或补给地下水、微集雨（利用作物或树木间的空间富集雨水，增加作物区或树木生长区根系水分）及雨水集蓄利用（人工措施高效收集雨水，进行蓄存和调节利用的微型水利工程）。我国开展雨水集蓄利用主要涉及13个省（自治区、直辖市）、700多个县，国土面积200多万km^2，人口2.6亿，主要分布于西北黄土高原丘陵沟壑区、华北半干旱山区、西南季节性缺水山区、川陕干旱丘陵山区及沿海和海岛淡水缺乏区。城市雨水利用的方式主要有：屋面雨水集蓄利用（用作家庭、公共和工业等非饮用水）、屋顶绿化雨水利用、园区雨水集蓄利用及雨水回灌地下水。

随着人类活动的加剧和对环境的破坏以及气候变化等影响，近些年水害灾害频发，人们开始探索对洪水资源加以利用，对气候进行干预，通过人工增雨等措施减小干旱灾害对人类生产生活的影响。洪水资源化的主要途径有：通过水库等工程调蓄，将汛期洪水转化为非汛期供水；利用洪水输送水库及河道中的泥沙和污染物，将洪水作为调沙和驱污用水以及引洪灌溉等。人工降水是在云中产生降水的条件还不满足的情况下，人为地补充降水所必需的条件，促使水滴形成，从而发生降水。这不仅可在干旱季节利用空中云雨达到减轻或消除农业上的旱灾、森林火灾的目的，而且可在必要时采用催化雨云提前降水，保障某一时刻的军事活动、露天运动会或重要集会有晴朗的天气。

四、矿井水利用

我国矿产以井工开采为主，为确保井下安全生产，必须排出大量的矿井水，它是矿井开采过程中产生的地下涌水，来源于地面渗透水和岩石裂隙水等，在开采过程中会受到粉尘和岩尘的污染，是煤矿及其他矿山具有行业特点的废水，对其进行处理并加以利用，不但可防止水资源流失，避免对水环境造成污染，而且对于缓解矿区供水不足、改善矿区生态环境、最大限度地满足生产和生活需水具有重要意义。据统计，目前全国煤矿矿井水排放量约为42亿m^3，约占整个采矿业（有色冶金、黄金、化工等矿山）的80%，而利用率约为26%。矿井水的特性取决于成煤的地质环境和煤系地层矿物化学成分，其中井田水文地质条件及充水因素对矿井水的水质、水量有决定性的影响。按水质分，矿井水主要可分为五类：洁净矿井水、含悬浮物矿井水、高矿化度矿井水、酸性矿井水和特殊污染型矿井水。不同水质的矿井水只要经过相应的工艺处理，都可达到生活饮用水和工业用水的标准，用于以下几个方面：矿区生产、绿化、防尘等用水；矿区周边企业的工业补充用水；矿区周边农田灌溉用水；居民生活用水。

1. 洁净矿井水

这类水是未受污染的地下水，水质好且呈中性，不含有毒、有害离子，浊度低，可直接用于生活和生产。一般采用井下清污分流方式，即利用各自单设的排水系统，将洁净矿井水和已被污染的矿井水分而排之。洁净矿井水经简单处理后作为某些工业用水，或经消毒处理后供生活饮用；有的洁净矿井水含有多种微量元素，可开发为矿泉水。

2. 含悬浮物矿井水

大多数矿井排水属于此类型，悬浮物含量高，主要是地下水受开采影响而带入的煤尘和岩粉，除悬浮物和细菌外，其余物理化学及毒理指标都符合生活饮用水标准。此类矿井水经井下水仓初沉后排至地面，采用混凝、沉淀、过滤、消毒等常规水处理工艺即可达标。

3. 高矿化度矿井水

此类水也称含盐矿井水，主要含有 SO_4^{2-}、Cl^-、Ca^{2+}、Mg^{2+}、K^+、Na^+、HCO_3^- 等离子，可溶性固体总含量大于1g/L，水质多数呈中性和偏碱性，且带苦涩味，故也称苦咸水，因含盐量高而不宜饮用。处理此类矿井水时，除了要进行混凝、沉淀、消毒等传统预处理工艺外，关键步骤是脱盐。脱盐的方法主要有离子交换法、蒸馏法、电渗析法和反渗透法等。其电渗析法是目前处理矿井水较为成熟也较为经济的一种方法，是我国目前处理高矿化度矿井水的主要方法。

4. 酸性矿井水

矿山废水中，酸性水的危害程度最大。目前，国内煤矿酸性水的处理方法主要是中和法，一般多采用石灰石或石灰为中和剂进行处理，但处理后生成的硫酸钙渣较多，且脱水难，堆存处理易造成水系统流域的二次污染。因此，近年来新兴起生物化学处理方法和人工湿地法，前者原理是利用氧化亚铁硫杆菌在酸性条件下将水中的 Fe^{2+} 氧化成 Fe^{3+}，以实现酸性矿井水的除铁；后者是通过湿地植物、泥炭基质以及细菌对酸性水中的 Fe^{2+}、Mn^{2+} 等金属离子进行吸附、交换、络合和氧化还原作用，在酸性水中和的同时除去金属离子。

5. 特殊矿井水

含有特殊污染物（如含氟、铁、重金属离子，油及放射性物质）的一类矿井水，目前这类矿井水发现量尚不多。根据所含污染物的不同，分别有与其对应的处理方法，如含氟矿井水可采用离子交换法、吸附、膜处理、电渗析、反渗透等方法处理，含油矿井水可采用气浮法处理。

如今人类已清醒地认识到：再不能以耗竭水资源和破坏生态环境为代价，获取经济社会的发展。在水资源开发利用过程中必须走水资源合理配置的可持续发展道路，即实行开源节流的技术路线。所谓开源就是除跨流域调水技术外，主要发展污水处理、海水淡化、雨洪水利用、人工催雨和新能源等技术；所谓节流就是发展节水节能新技术，建设节约型社会，即发展节水农业、调整产业布局、降低工业耗水、建设节水城镇、制定相关水法和降低能耗等技术。

第二节　水电能资源开发利用

水能资源指水体的动能、势能和压能等，广义水能资源包括河流、潮汐水能及波浪能、海流能等能量资源；狭义水能资源仅指河流水能。实际上，水能资源包括水热能资源、水力能资源、水电能资源和海水能资源。人类利用水能的历史悠久，但早期仅将水能转化为机械能，直到高压输电技术发展、水力交流发电机发明后，水能才被大规模开发利用。当代水能资源开发利用主要是水电能资源，即利用江河水流具有的势能和动能下泄做功，推动水轮发电机转动发电产生电能。目前水力发电几乎为水能利用的唯一方式，故通常把水电作为水能的代名词。

一、水电能资源概况

水电能源是一种可再生、清洁廉价、便于调峰、能修复生态环境、兼有一次与二次能源双重功能、极大促进地区社会经济可持续发展、具有防洪航运旅游等综合效益的电能资源。但水电开发需修建水库，会改变局部地区的生态环境，一方面要淹没部分土地，造成移民搬迁；另一方面，它可修复地区小气候，形成新的水域生态环境，有利于生物生存及人类进行防洪、灌溉、旅游和发展航运。因此，在水电工程规划中，要统筹考虑，把对生态环境的不利影响降到最低程度。水能资源丰富程度的衡量标准是落差和径流量，因其沿河分布，采用人工方法集中流量和落差开发水电能资源是必要的途径，一般有筑坝式开发、引水式开发、混合式开发、梯级开发等基本方式及潮汐式和抽水蓄能式开发两种特殊形式。

1. 筑坝式开发

在河流狭窄处，拦河筑坝或闸，坝前壅水，在坝址处形成集中落差，这种水能开发方式称为坝式开发。按大坝和水电站相对位置不同可分为坝后式、河床式、溢流式和坝内式（图 8－1）。坝后式水电站是指厂房布置在坝体下游侧，并通过坝体引水发电，厂房本身不承受上游水压力的水电站。河床式水电站是指水电站厂房和坝、溢洪道等建筑物均建造在河床中，厂房本身承受上游水压力，成为水库挡水建筑物的一部分，从而节省水电站挡水建筑物的总造价，适用于水头低于 30～40m 的低坝开发。当厂房高度相对来说很小时往往采取溢流式厂房布置形式；而当坝的高度和宽度都较大或河谷狭窄洪水又很大时，往往将厂房布置在坝内。坝式水电站适于河道坡度较缓、有筑坝建库条件的河段。其中坝后式水电站的坝上游有较大容量的蓄水库可调节流量，有利于加大电站的装机容量，适应电力系统的调峰要求，能充分利用水能，综合利用效益高，既可发挥防洪作用，又满足其他兴利要求。缺点是水库有淹没损失和城乡居民搬迁安置的困难，故高坝大库的坝后式水电站仅适于建造在高山峡谷、淹没较小的地区。河床式水电站只建有低坝，水库容量和调节能力均较小，主要依靠河流的天然流量发电，故又称径流式水电站。因弃水较多，水能利用和综合效益相对较小，但淹没损失和移民安置的困难较小，适于建造在平原或丘陵地区，河道坡度较缓，而抬高水位会显著增加两岸城乡淹没损失的河段上。

2. 引水式开发

引水式水电站是自河流坡降较陡、落差比较集中的河段，以及河湾或相邻两河河床高

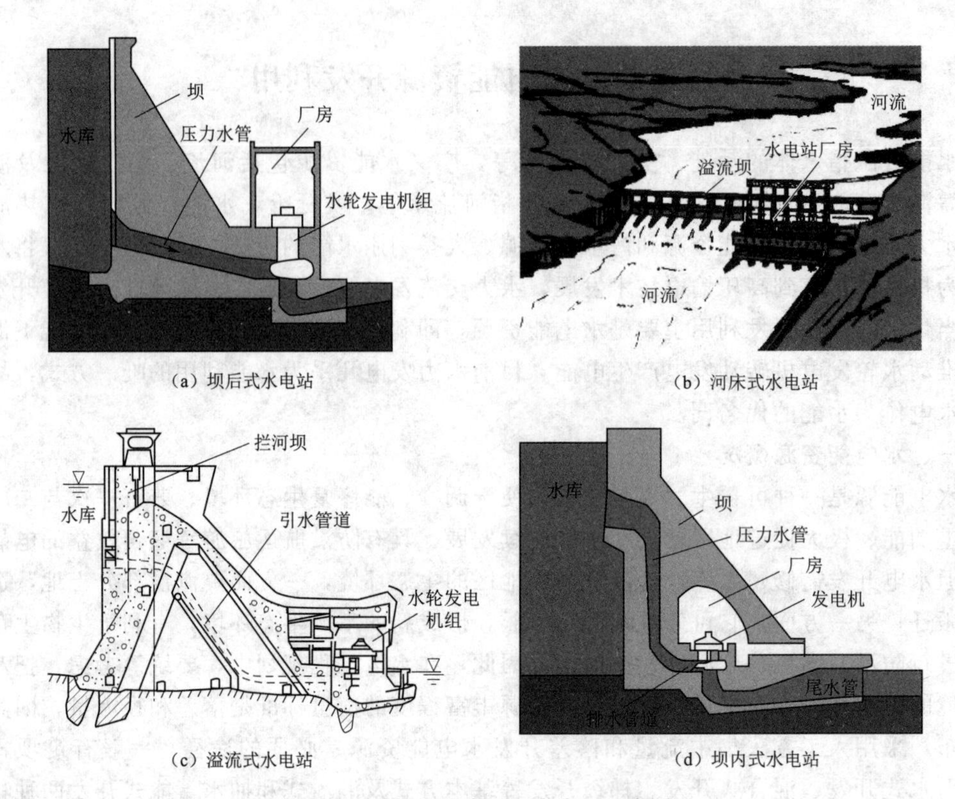

(a) 坝后式水电站　(b) 河床式水电站

(c) 溢流式水电站　(d) 坝内式水电站

图 8-1 筑坝式水电开发类型示意图

差较大的地方，利用坡降平缓的引水道引水而与天然水面形成符合要求的落差（水头）发电的水电站。该水电站可分为有压引水式水电站［图 8-2 (a)］和无压引水式水电站［图 8-2 (b)］，前者引水道一般多为压力隧洞、压力管道等，而后者的引水道为明渠、无压隧洞、渡槽等。

引水式水电站的主要建筑物分首部枢纽建筑物、引水道及其辅助建筑物、厂房枢纽三部分。在河流比降较大、流量相对较小的山区或丘陵地区的河流上，当在较短的河段中能以较小尺寸的引水道取得较大的水头和相应的发电功率时，建设引水式水电站常是经济合理的，有时可采用裁弯取直引水或跨流域引水来建造。在丘陵地区，引水道上下游的水位相差较小，常采用无压引水式水电站；在高山峡谷地区，引水道上下游的水位相差很大，常建造有压引水式水电站。与坝式水电站相比，引水式水电站引用的流量常较小，又无蓄水库调节径流，水量利用率较差，综合利用效益较小；但引水式水电站具有无水库淹没损失、工程量较小、单位造价较低的优点。

3. 混合式开发

由坝和引水道两种建筑物共同形成发电水头的水电站，即发电水头一部分靠拦河坝壅高水位取得，另一部分靠引水道集中落差取得。混合式水电站可充分利用河流有利的天然条件，在坡降平缓河段上筑坝形成水库，以利径流调节，在其下游坡降很陡或落差集中的河段采用引水方式得到大的水头。这种水电站通常兼有坝式水电站和引水式水电站的优点和工程特点，适用于上游有良好坝址，适宜建库，而紧邻水库的下游河道突然变陡或河流

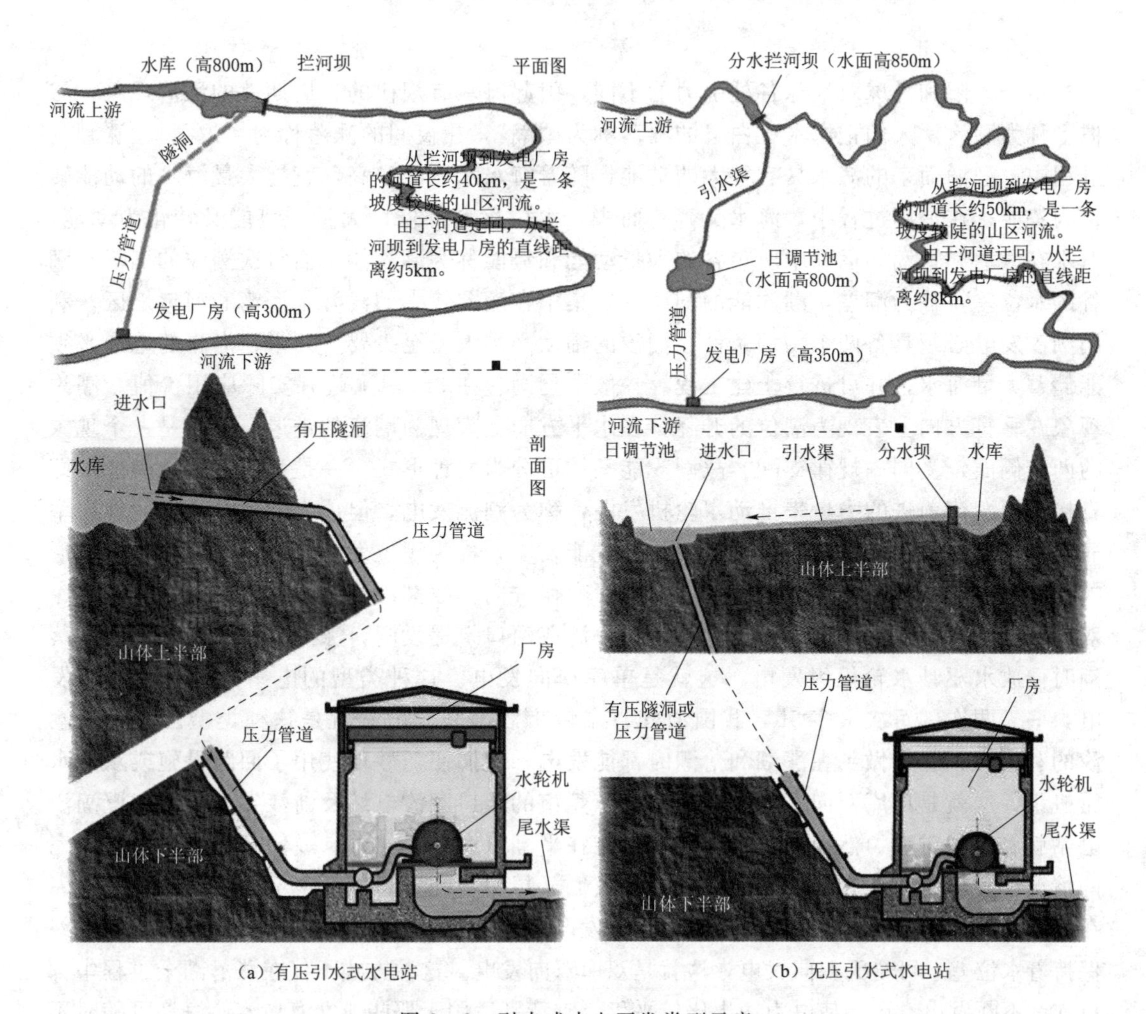

(a) 有压引水式水电站　　(b) 无压引水式水电站

图 8-2　引水式水电开发类型示意

有较大转弯的情况。混合式水电站和引水式水电站之间没有明确的分界线。严格说来，混合式水电站的水头是由坝河引水建筑物共同形成的，且坝一般构成水库；而引水式水电站的水头，只由引水建筑物形成，坝只起到抬高上游水位的作用。在工程实际中常将具有一定长度引水建筑的混合式电站统称为引水式电站，而较少采用混合式水电站这个名称。

4. 梯级开发

从河流或河段的上游到下游，呈阶梯形地修建一系列水电站，以充分利用水能资源的开发方式；通过梯级开发方式所建成的一连串的水电站，称为梯级式水电站。实际生活中常说的梯级水电站，着重指水能资源开发中，相邻联系较紧密、互相影响较显著、地理位置相对比较靠近的水电站群。河流梯级电站的原则是：在地形、地质和淹没条件限制等条件许可时，尽可能使各枢纽首尾衔接，以充分利用落差；不允许淹没的河段，尽可能采用低坝河床或引水式开发；最上游一般要有较大的水库，以提高调节控制性能；优先建设关键且开发条件较优的工程，如河流中上游有修较大水库的条件时，最好首先建设，这样对下游工程的施工和运行管理有利。

5. 潮汐式开发

由于太阳和月球对地球各处引力的不同，引起海水有规律的、周期性的涨落现象，习惯上称为潮汐。人们把海水在白昼的涨落称为“潮”，在夜间的涨落称为“汐”。在涨潮的过程中，汹涌而来的海水具有很大的动能，随着海水水位的升高，就把大量海水的动能转化为势能；在退潮过程中，海水又奔腾而去，水位逐渐降低，大量的势能又转化为动能。海水在涨潮和退潮的运动中所包含的大量动能和势能称为潮汐能，而每次潮汐的潮峰与潮谷的水位差，称为潮差，潮汐能的利用主要集中在潮差较大的浅海、海湾和河口地区，利用潮汐发电必须具备两个物理条件：潮汐的幅度必须大，至少要有几米；海岸的地形必须能储蓄大量海水，并可进行土建工程。一般平均潮差在3m以上就有实际应用价值。潮汐现象在垂直方向上表现为潮位的升降，在水平方向上表现为潮流的进退，两者是一个现象的两个侧面，受同一规律支配。故潮汐能利用可分为两种形式：一是利用潮汐的动能，即直接利用潮流前进的力量来推动水轮机发电，称为潮流发电，但该方式对潮汐能的利用率非常低，目前应用较少；二是利用潮汐的位能发电，称为潮位发电，是目前应用较多的形式。潮水的流动不同于河水的流动，它不断变换方向，故潮汐发电有单库单向发电、单库双向发电、双库双向发电三种形式。先在海湾或河口筑堤设闸，涨潮时开闸引水入库，落潮时便放水驱动水轮机组发电，这就是单库单向发电。这种类型的电站只能在落潮时发电，一天两次，每次最多5h，我国浙江省温岭市沙山潮汐电站就是这种类型。为提高潮汐的利用率，尽量做到在涨潮和落潮时都能发电，人们便巧妙地使用了回路设施或双向水轮机组，这就是单库双向发电，像广东省东莞市的镇口潮汐电站及浙江省温岭市江厦潮汐电站就属这种类型。然而这两种类型都不能在平潮（没有水位差）或停潮时水库中水放完的情况下发出电压比较平稳的电力，于是人们又想出了配置高低两个不同的水库，上水库在涨潮时进水，下水库在落潮时放水，水轮发电机组放在两水库之间的隔坝内，两水库始终保持着水位差，可全天双向发电，这就是双库双向发电。这种方式不仅在涨落潮全过程中都可连续不断发电，还能使电力输出比较平稳，它特别适用于那些孤立海岛，使海岛可随时不间断地得到平稳的电力供应，像浙江省玉环市茅埏岛上的海山潮汐电站就属这种类型。

全球的潮汐能发电储量约有2000亿kW·h，而目前实际用来发电的只有6亿kW·h左右；我国有漫长曲折的海岸线，蕴藏着十分丰富的潮汐能资源，理论蕴藏量达1.1亿kW，可开发利用量约2100万kW，其中浙江、福建两省蕴藏量最大。

6. 抽水蓄能式开发

抽水蓄能电站是利用电力负荷低谷时的过剩电能抽水至上水库，在电力负荷高峰期再放水至下水库发电的水电站。它不仅可将电网负荷低时的多余电能转变为电网高峰时期的高价值电能，还适于调频、调相，稳定电力系统的周波和电压，且宜为事故备用，还可提高系统中火电站和核电站的效率。抽水蓄能电站按电站有无天然径流分为纯抽水蓄能电站（没有或只有少量的天然来水进入上水库以补充蒸发、渗漏损失，而作为能量载体的水体基本保持一个定量，只是在一个周期内，在上、下水库间往复利用，厂房内安装的全部是抽水蓄能机组）和混合式抽水蓄能电站（上水库有天然径流汇入，来水流量已达到能安装常规水轮发电机组来承担系统的负荷，电站厂房内安装的机组既有常规水轮发电机组又有抽水蓄能机组）；按水库调节性能分为日、周和季调节抽水蓄能电站；按站内安装的抽水蓄能机组类型分为四机分置式（水泵和水轮机分别配有电动机和发电机，形成两套机组，已不采用）、三机串联式（水泵、水轮机和发电电动机三者通过联轴器连接在同一轴上，有横轴和竖轴两种布置方式）和二机可逆式（机组由可逆水泵水轮机和发电电动机组成，为主流结构）；按布置特点分为首部式（厂房位于输水道的上游侧）、中部式和尾部式；按运行工况分为静止、发电、抽水、发电调相和抽水调相工况；按启动方式分为静止变频（SFC）和背靠背（BTB）启动。

我国抽水蓄能电站的建设起步较晚，但因后发效应，起点却较高，近年建设的几座大型抽水蓄能电站技术已处于世界先进水平。截至 2017 年年底，我国抽水蓄能电站装机容量已居世界第一，在运规模 2849 万 kW，在建规模达 3871 万 kW。

二、世界水电能资源开发概况

全球水电资源的蕴藏量十分可观，据有关资料，目前已估算出的水电资源的理论蕴藏量为 4 万～5 万 TW·h/a，其中 1.3 万～1.4 万 TW·h/a 技术上具有开发的可行性。全世界江河的水电能资源蕴藏量总计为 50.5 亿 kW，年发电量可达 44.28 万亿 kW·h，技术可开发的水电能资源为 22.6 亿 kW，年发电量可达 9.8 万亿 kW·h。1878 年法国建成世界上第一座水力发电站，装机 25kW，迄今为止，全球大约 20%的电力来自水电，其装机容量已超过 7.6 亿 kW，年发电量达 3 万亿 kW·h，它已是一种技术上成熟、可大规模开发的可再生能源。因其优点，现在世界各国都采取优先开发水电的政策，具备水能资源条件的发达国家，水电平均开发度已在 60%以上，其中美国已开发约 82%，日本约 84%，加拿大约 65%，德国约 73%，法国、挪威、瑞士均在 80%以上。世界水资源分布主要集中在巴西、俄罗斯、加拿大、美国、印度尼西亚和中国等地，其水电资源开发量较多、开发程度较高或水电比重较大的国家主要有中国、加拿大、美国、巴西、挪威等。水能资源蕴藏量是通过河流多年平均流量和全部落差经逐段计算的理论平均出力。一个国家水能资源蕴藏量之大小，与其国土面积、河川径流量和地形高差有关。

1. 美国水电开发

美国国土面积 937.26 万 km^2，全国年均降水量 760mm，河流年均径流总量 3.056 万亿 m^3，技术可开发水电装机容量 1467 万 TW，发电量 528.5TW·h/a，经济可开发量 376TW·h/a。美国拥有充足的水资源，且已开发了大部分，水电开发已有 100 多年历史，但水能资源分布很不均匀，太平洋沿岸及哥伦比亚河流域共 5 个州的水能资源占全国总量的 55%，其余 46 个州只占 45%。美国水电开发最集中的哥伦比亚河干流上游在加拿大，中下游在美国境内，境内干流上已建成 11 座大型水电站，总装机容量为 19.85GW；在各支流上已建成水电站 242 座，总装机容量为 11.07GW，干、支流合计装机容量占全国水电总容量的 33%。美国已建成 1GW 以上的大型常规水电站 11 座，其中 6 座在哥伦比亚河支流上。

2. 加拿大水电开发

加拿大国土面积 997.6 万 km^2，河流年均径流总量 3.122 万亿 m^3，理论上的水力发电蕴藏量有 1332TW·h/a，其中技术上可行的蕴藏量约有 981TW·h/a，经济上可行的蕴藏量约 536TW·h/a，人均相当于全世界人均 2400kW·h/a 的 14 倍，技术上可行且尚未开发的蕴藏量有 118GW。加拿大水电开发较早，是世界上最大的水电生产国，年水力发电量约为350TW·h，接近国家总发电的60%，占全世界水电总量的13%以上。水能资源以东部的魁北克省和西部的不列颠哥伦亚省最多，拥有的可开发水能资源分别占全国的41.7%和16.8%，已建水电3258万kW和1157万kW，水电比重分别达93%和86%，它们与美国相邻地区联网，并向其售电。

3. 巴西水电开发

巴西国土面积854.74万km^2，年均降水量1954mm，河流年均径流总量6.95万亿m^3，居世界各国之冠，水电潜能居世界第三位，仅次于俄罗斯和中国，全国理论水能蕴藏量3020.4TW·h/a，技术可开发量1300TW·h/a，经济可开发量763.5TW·h/a，作为南美洲水电资源最为丰富的国家，其电力大约90%都来自水电。巴西水能资源主要分布在三大水系：北部的亚马孙地区占46.3%；东南的巴拉那河水系占27.2%；东北的圣弗朗西斯科河水系占8.6%；其他小支流占17.9%。巴西1950年仅有水电装机容量1540MW，居世界第12位；截至2017年年底，大型水电发电容量为8600万kW，共计158座在运，9座在建以及26座水电站计划建设。

4. 挪威水电开发

挪威国土面积38.69万km^2，年均降水量1380mm，降雪较多；山地和高原面积占全国国土面积的2/3，高原湖泊众多，地形高差大，水能资源较丰富。理论水能蕴藏量560TW·h/a，技术可开发水能资源200TW·h/a，经济可开发量179.6TW·h/a，人均相当于全世界人均的19倍。1885年建成第1座小水电站，1985年前大型水电站已基本开发完毕，水能资源开发利用程度达58.2%，人均消费电量是美国的2倍多，日本的3倍多。因挪威99%以上的电力为水电，枯水季节电力供应不足，就与周边火电较多的国家联网，在丰水期出口电力，在枯水期进口电力。

5. 俄罗斯水电开发

俄罗斯国土面积1707.54万km^2，年降水量600～800mm，河流年均径流总量4.262万亿m^3，技术可开发水能资源1670TW·h/a，其中亚洲部分1490TW·h/a，水电装机容量与水电年发电量分别居世界第6位和第5位。俄罗斯在欧洲部分主要开发伏尔加河及其支流卡马河，已建梯级水电站11座，装机容量共11.32GW；在亚洲部分主要开发叶尼塞河及其支流安加拉河、汉泰河，已建大型水电站7座，装机容量共22.97GW。

6. 日本水电开发

日本国土面积37.78万km^2，年均降水量1400mm，河流年均径流总量5470亿m^3，河流坡陡流急，水能资源比较丰富，技术可开发水能资源135.6TW·h/a，经济可开发量114.3TW·h/a。日本煤、油、气等燃料资源贫乏，水能资源是其主要能源，开发利用程度已达75.5%。日本没大河流，而中小河流很多，水电开发以10～200MW的中型水电站为主，10MW以下的小型水电站也不少，最大的常规水电站装机容量为380MW，其抽水蓄能电站目前居于世界前列。日本初期所建的水电站大多为引水式径流电站，20世纪50年代以来才修建具有水库调节性能的较大水电站，但大多在山区河流的深山峡谷中建坝，所得库容不大。

7. 瑞士水电开发

瑞士国土面积4.13万km^2，境内多高山，地形高差很大。山区年降水量高达2000～

3000mm，谷地600～700mm，平均1470mm，河流年均径流总量535亿m^3，技术可开发水能资源为41TW·h/a，是世界上水能资源最集中的国家，水能资源开发利用程度高达84.1%。不论河流大小和落差高低，瑞士都精打细算和千方百计地加以利用，并常跨流域引水取得更大的水头。

三、我国水电能资源开发概况

我国国土面积960万km^2，地形复杂多样，地势高差很大，年降水量自东南2500～4000mm向西北50～500mm递减，河流众多，是世界上水电能资源最丰富的国家之一。据最新的水能资源普查结果：全国大陆水能蕴藏量在1万kW及以上的河流共3886条，江河水能资源理论蕴藏量6.94亿kW、理论发电量6.08万亿kW·h/a，技术可开发量5.42亿kW、发电量2.47万亿kW·h/a，经济可开发量为4.02亿kW、发电量1.75万亿kW·h/a，均名列世界第一。我国水电能资源地区分布极为不均，西南约占67.8%，中南约15.4%；已开发利用量仅占总量的26%左右，开发潜力很大。为实现我国流域水电梯级滚动开发，实行资源优化配置，带动西部经济发展，提出了世界级巨型水电站建设"十三大水电基地规划"，基地资源量超过全国一半，工程总投资2万亿元以上，工程期限1989—2050年，基地建设在水电建设中居重要地位。

1. 金沙江水电基地

金沙江是长江上游干流河段，发源于唐古拉山脉中段各拉丹冬雪山的姜根迪如峰的南侧冰川，汇合北侧冰川成为东支支流，后与来自尕恰迪如岗雪山的两支支流汇合后称纳钦曲，与切美苏曲汇合后称沱沱河，从源头至此长约263km，落差930m；至囊极巴陇，当曲河由南岸汇入后称通天河，长约808km，落差933m；通天河过玉树市的巴塘河口始称金沙江。金沙江干流具有径流丰沛且较稳定、河道落差大、水能资源丰富、开发条件较好等特点，是我国最大的水电基地，排在"十三大水电基地规划"首位，是"西电东送"主力。多年平均流量为4920m^3/s、年产水量1550亿m^3，为长江总水量的16%，为黄河的2.5倍。它流经云贵高原西北部、川西南山地，到四川盆地西南部的宜宾接纳岷江为止，河道全长3451km，流域面积47.3万km^2，占长江流域面积的27%，天然落差达5100m，占长江干流总落差的95%，水能资源蕴藏量达1.124亿kW（约占全国的16.7%），技术可开发水能资源达8891万kW，发电量5041亿kW·h/a，富集程度居世界之最。

长江上游直门达（巴塘河口）至四川宜宾段长约2326km，落差3280m，习惯上分成上、中、下游三个河段，云南石鼓以上为上游，长约994km，落差1722m；石鼓至四川攀枝花雅砻江口为中游，长约564km，落差838m；攀枝花以下至宜宾为下游，长约768km，落差719m。上游川藏河段指卓克沟口的果通至莫曲河口的昌波河段，是四川和西藏界河，全长546km，落差约1030m，多年平均流量520～1000m^3/s，该段共布置8个梯级水电站：岗托（110万kW）、岩比（30万kW）、波罗（96万kW）、叶巴滩（198万kW）、拉哇（168万kW）、巴塘（74万kW）、苏哇龙（116万kW）和昌波（106万kW）。中游西起云南丽江石鼓镇，东至攀枝花市的雅砻江口，长564km，落差838m。1999年昆明勘测设计研究院和中南勘测设计研究院编写的《金沙江中游河段水电规划报告》，推荐以上虎跳峡水库正常蓄水位1950m为代表的一库八级开发方案：龙盘（420万kW）、两家人（300万kW）、梨园（240万kW）、阿海（200万kW）、金安桥（240万kW）、龙开口（180万kW）、鲁地拉（216万kW）和观音岩（300万kW）共8座巨型梯级水电站，相当于1.1个三峡水电站，总投资累计高达1500亿元，电站总装机容量为2058万kW。下游从四川省新市镇至宜宾市岷江口，河长106km，落差185m左右。1981年成都勘测设计研究院编写的《金沙江渡口宜宾河段规划报告》，推荐四级开发方案：乌东德、白鹤滩、溪洛渡和向家坝4座梯级水电站，规划总装机容量4210万kW，年发电量1843亿kW·h，规模相当于2个三峡电站。工程分两期开发：一期工程溪洛渡和向家坝水电站已基本完工，前者总投资675亿元，装机容量1400万kW，年均发电量571亿kW·h，已于2005年12月26日正式开工，2007年11月8日截流，2015年完工；后者总投资542亿元，装机容量640万kW，发电量308亿kW·h/a，已于2006年12月26日正式开工，2008年12月28日截流，2013年完工。二期工程乌东德和白鹤滩水电站还在紧张有序地开展前期工作，前者总投资413亿元，装机容量870万kW，发电量395亿kW·h/a，工程筹建3年，施工8年半；后者总投资878亿元，装机容量1305万kW，发电量569亿kW·h/a，工程筹建3年半，施工8年10个月。

2. 雅砻江水电基地

雅砻江位于四川省西部，是金沙江的最大支流，发源于青海省巴颜喀喇山尼彦纳玛克山与冬拉冈岭之间，在青海省境称扎曲，又称清水河，至四川省石渠县境后始称雅砻江，在攀枝花市雅江桥下汇入金沙江。干流全长1571km，天然落差3830m，流域面积近13万km^2，多年平均流量1870m^3/s，多年平均径流量591亿m^3。雅砻江除上游为高原宽谷外，中、下游下切剧烈，谷狭坡陡，滩多水急，水量丰沛，落差集中，水能理论蕴藏量为3372万kW，其中干流2200万kW，支流1144万kW，全流域可开发水能资源3000万kW。

雅砻江干流规划开发21个大中型结合、水库调节性能良好的梯级水电站，装机容量2856万kW，发电量1516.36亿kW·h/a，分三个河段开发。上游从呷衣寺至两河口，河段长688km，拟定水电站有：温波寺（15万kW）、仁青岭（30万kW）、热巴（25万kW）、阿达（25万kW）、格尼（20万kW）、通哈（20万kW）、英达（50万kW）、新龙（50万kW）、共科（40万kW）、龚坝沟（50万kW）10个梯级电站，装机约325万kW；中游从两河口至卡拉，河段长268km，拟定水电站有：两河口（300万kW）、牙根（150万kW）、楞古（230万kW）、孟底沟（170万kW）、杨房沟（220万kW）、卡拉（106万kW）6个梯级电站，总装机1126万kW，其中两河口梯级电站为中游控制性“龙头”水库；下游从卡拉至江口段长412km，天然落差930m，该段区域地质构造稳定性较好，水库淹没损失小，开发目标单一，为近期重点开发河段，拟定水电站有：锦屏一级（360万kW）、锦屏二级（480万kW）、官地（240万kW）、二滩（330万kW，已建成，是20世纪中国建成的最大水电站，年发电170亿kW·h）、桐子林（60万kW）5级开发方案，装机容量1470万kW，年发电量696.9亿kW·h。

3. 大渡河水电基地

大渡河是岷江的最大支流，全长1062km，流域面积7.74万km^2（不包括青衣江），从河源至河口天然落差4175m，水能资源蕴藏量3132万kW，可开发装机容量2348万kW。大渡河的水能资源主要蕴藏在双江口至铜街子河段，该段河道长593km，天然落差1837m，水能资源蕴藏量 1748 万 kW，铜街子水文站多年平均流量 1490m^3/s，年水量近 470 亿 m^3。

大渡河干流规划河段总装机容量 2340 万 kW，发电量 1123.6 亿 kW·h/a，水电开发格局为 3 库 22 级：下尔呷水库为规划河段的“龙头”水库，双江口水库和瀑布沟水库分别为上游和下游控制性水库；水电站有下尔呷（54 万 kW）、巴拉（70 万 kW）、达维（27 万 kW）、卜寺沟（36 万 kW）、双江口（200 万 kW）、金川（86 万 kW）、巴底（78 万 kW）、丹巴（200 万 kW）、猴子岩（170 万 kW）、长河坝（260 万 kW）、黄金坪（85 万 kW）、泸定（92 万 kW）、硬梁包（120 万 kW）、大岗山（260 万 kW）、龙头石（17.5 万 kW）、老鹰岩（64 万 kW）、瀑布沟（426 万 kW）、深溪沟（66 万 kW）、枕头坝（95 万 kW）、沙坪（16.2 万 kW）、龚嘴（70 万 kW）及铜街子（60 万 kW），目前龚嘴和铜街子水电站已建成，总装机 132 万 kW。

4. 乌江水电基地

乌江是长江上游右岸最大的一条支流，流域面积约 8.79 万 km^2；有南北两源，南源至河口全长 1037km，天然落差 2124m，河口多年平均流量 1690m^3/s，年径流量 534 亿 m^3。全流域水能资源理论蕴藏量 1043 万 kW，其中干流 580 万 kW。

1988 年 8 月审查通过的《乌江干流规划报告》拟定了北源洪家渡（60 万 kW）及南源普定（7.5 万 kW）、引子渡（36 万 kW），两源汇口以下东风（51 万 kW）、索风营（60 万 kW）、乌江渡（63 万 kW）、构皮滩（300 万 kW）、思林（105 万 kW）、沙沱（100 万 kW）、彭水（175 万 kW）、银盘（60 万 kW）、白马（330 万 kW）11 级开发方案，总装机容量 867.5 万 kW，保证出力 323.74 万 kW，年发电量 418.38 亿 kW·h。其中，乌江渡水电站已于 1982 年建成，待上游洪家渡和东风水电站建成后可扩建到 105 万 kW；洪家渡水库总库容 45.89 亿 m^3，具有多年调节性能，是全河干流的“龙头”水库，对下游梯级电站进行补偿调节后，可大幅度增加发电效益；构皮滩水电站是喀斯特地区世界最高的薄拱坝，施工总工期 9 年 2 个月，2003 年 12 月正式开工，2004 年实现大江截流，2009 年首台机组发电，2011 年完建。

5. 长江上游水电基地

长江上游宜宾至宜昌段（通称川江），全长 1040km，宜昌以上流域面积约 100 万 km^2，多年平均流量 1.43 万 m^3/s，多年平均径流量 4510 亿 m^3/a；本河段总落差 220m，设计规划装机容量 3200kW。据规划，长江干流宜宾至宜昌段拟分石硼（213 万 kW）、朱杨溪（300 万 kW）、小南海（176.4 万 kW）、三峡（地上 1820 万 kW，地下 430 万 kW）、葛洲坝（271.5 万 kW）水电站 5 级开发，总装机容量 3200 万 kW，保证出力 743.8 万 kW，年发电量 1275 亿 kW·h。其中三峡工程位于湖北省宜昌境内，是本河段的重点工程，按正常蓄水位 175m 方案，装机容量 2240 万 kW，保证出力 499 万 kW，年发电量 1000 亿 kW·h，并有防洪和航运效益；水库总库容 393 亿 m^3，淹没耕地 35.69 万亩，迁移人口 72.55 万；葛洲坝水利枢纽装机容量 271.5 万 kW，保证出力 76.8 万 kW，年发电量 157 亿 kW·h，还可起航运反调节枢纽作用；小南海水电站因涉及长江上游特有珍稀鱼类的保护问题，至今搁置未建。

6. 南盘江、红水河水电基地

南盘江全长927km，总落差1854m，流域面积5.49万km^2，其中天生桥至纳贡段河长仅18.4km，集中落差达184m。红水河为珠江水系西江上游干流，其上源南盘江在贵州省蔗香与北盘江汇合后称红水河，全长659km，落差254m，流域面积13.1万km^2；红水河干流在广西石龙三江口与柳江汇合后称黔江，全长123km，大藤峡以上流域面积19.04万km^2，年水量1300亿m^3。规划拟重点开发兴义至桂平河段，长1143km，落差692m，水能蕴藏量约860万kW。由国家能源委员会和计划委员会主持审查通过的《红水河综合利用规划报告》提出全河段按天生桥一级（坝盘高坝，120万kW）、天生桥二级（坝索低坝，132万kW）、平班（已建，40.5万kW）、龙滩（已建，630万kW）、岩滩（已建，121万kW）、大化（已建，40万kW）、百龙滩（已建，19.2万kW）、恶滩（60万kW）、桥巩（45.6万kW）和大藤峡（160万kW）10级开发方案，总装机容量1252万kW，保证出力338.82万kW，发电量504.1亿kW·h/a。

7. 澜沧江干流水电基地

澜沧江发源于青海省，流经西藏后入云南，在西双版纳州南腊河口处流出国境后称湄公河。在我国境内长2000km，落差约5000m，流域面积17.4万km^2，水能资源蕴藏量约3656万kW，其中干流约2545万kW，从布衣至南腊河口全长1240km，落差1780m，流域面积9.1万km^2，出境处多年平均流量2180m^3/s，年径流量688亿m^3，水能蕴藏量约1800万kW。

澜沧江干流梯级水电站除满足云南全省用电需求外，还可向广东省供电。最终规划为15级开发，总装机容量约2600万kW：上游（布衣—铁门坎）水电站分古水（260万kW）、乌弄龙（99万kW）、里底（42万kW）、托巴（125万kW）、黄登（190万kW）、大华桥（90万kW）和苗尾（140万kW）7级开发；中、下游（铁门坎—临沧江桥—南腊河口）1986年完成并经部、省联合审查通过的规划报告推荐按功果桥（90万kW）、小湾（420万kW，梯级中的“龙头”水库，澜沧江开发的关键工程）、漫湾（155万kW）、大朝山（135万kW）、糯扎渡（585万kW）、景洪（175万kW）、橄榄坝（15.5万kW）和勐松（60万kW）8级方案开发。

8. 黄河上游水电基地

黄河上游龙羊峡至青铜峡河段，全长1023km，龙羊峡以上和青铜峡以上流域面积分别为13.14万km^2和27.05万km^2，总落差1465m，多年平均流量龙羊峡断面为650m^3/s，青铜峡断面为1050m^3/s，水能资源蕴藏量1133万kW。开发规划水电站分龙羊峡（128万kW）、拉西瓦（420万kW）、李家峡（200万kW）、公伯峡（150万kW）、积石峡（102万kW）、寺沟峡（24万kW）、刘家峡（122.5万kW）、盐锅峡（44万kW）、八盘峡（18万kW）、小峡（23万kW）、大峡（30万kW）、乌金峡（14万kW）、小观音（40万kW）、大柳树（200万kW）、沙坡头（12.03万kW）、青铜峡（27.2万kW）16个梯级（如取大柳树高坝方案则为15级）开发，总利用水头111.8m，装机容量1415.48万kW，年发电量507.93亿kW·h。

9. 黄河中游水电基地

黄河中游北干流指托克托县河口镇至禹门口（龙门）干流河段，通常又称托龙段，全长725km，是黄河干流最长的峡谷段，具有建高坝大库的地形、地质条件，且淹没损失较小。该河段总落差约600m，实测多年平均径流量250亿（河口镇）～320亿m^3（龙门），水能资源比较丰富，初步规划装机容量609.2万kW，保证出力125.8万kW，年发电量192.9亿kW·h。

本河段开发经长期研究和多方案比较，拟采用高坝大库与低水头电站相间的布置方案，自上而下安排万家寨（108万kW）、龙口（42万kW）、天桥（已建，12.8万kW）、碛口（180万kW）、古贤（210万kW）、甘泽坡（44万kW）6个梯级。

10. 湘西水电基地

湘西水电基地包括湖南省西部沅水、资水和澧水流域，流域面积总计13.7万km^2，其中湖南省境内约10万km^2，水能资源蕴藏量总计1000万kW，其中湖南省境内有896万kW。

沅水流域面积9万km^2，全长1050km，湖南省境内干流长539km，落差171m，河口平均流量2400m^3/s。沅水有酉水、湃水等7条支流，干支流水能资源蕴藏量达538万kW，湖南省境内可开发的部分约460万kW，年发电量207亿kW·h，其中60%集中在干流，40%在支流（其中酉水所占比重最大）。沅江干流拟分托口、洪江、安江、虎皮溪、大伏潭、五强溪、凌津滩等7级开发，总装机容量2280MW；支流上装机在25MW以上的有9处，总装机容量1205MW。沅江流域100MW以上的水电站共9座，即三板溪（1000MW）、托口（240MW）、洪江（140MW）、安江（140MW）、虎皮溪（200MW）、五强溪（1200MW）、凌津滩（270MW）、碗米坡（240MW）、风滩（400MW）。

资水全长674km，流域面积2.9万km^2，多年平均流量780m^3/s，水能资源蕴藏量184万kW，可开发的大中型水电站总装机容量107万kW，年发电量53亿kW·h。资水的开发方案是：柘溪（44.75万kW）以上主要梯级水电站有犬木塘、洞口塘、筱溪3处，总装机容量16.6万kW，年发电量7.92亿kW。柘溪以下有敷溪口、金塘冲、马迹塘、白竹州、修山等5级水电站，总装机容量46.5万kW，年发电量22.3亿kW·h。柘溪和马迹塘两水电站已建成。

澧水全长389km，落差1439m，流域面积1.8万km^2，绝大部分位于湖南省境内，主要支流有渫水和溇水。澧水干流拟分凉水口、鱼潭、花岩、木龙滩、宜冲桥、岩泊渡、茶林河、三江口、艳洲9级开发，总装机容量45.42万kW，保证出力8.22万kW，年发电量16.71亿kW·h，其中三江口水电站已建成。支流溇水分淋溪河、江垭、关门岩、长潭河4级开发，电站总装机容量129.4万kW，保证出力30万kW，年发电量29.19亿kW·h；支流渫水分黄虎港、新街、中军渡、皂市4级开发，电站总装机容量35.1万kW，保证出力5.01万kW，年发电量7.45亿kW·h。沅、澧、资“三水”梯级开发方案，规划总装机容量661.3万kW，保证出力170.16万kW，年发电量265.61亿kW·h。

11. 闽、浙、赣水电基地

该水电基地水能资源理论蕴藏量约2330万kW，可开发装机容量约1680万kW。

福建省水能资源理论蕴藏量1046万kW，可开发装机容量705万kW，其中60%以上集中在闽江水系，其次是韩江、九龙江及交溪等水系。闽江干流全长577km，流域面积6万多km^2，约占全省土地面积的一半，水能资源可开发装机容量463万kW，其中干支流建溪、沙溪、大樟溪、尤溪等及韩江上游的汀江、交溪支流穆阳溪的水能资源开发条件均较好。按初步开发方案，可开发大中型水电站59座，总装机容量616万kW，其中已建成的主要电站有古田溪4个梯级水电站、安砂、池潭、沙溪口、范盾、水口、良浅、万安、水东（5.1万kW）等；待开发且条件较优越的水电站有汀江上的永定（棉花滩）水电站，总库容22.14亿m^3，装机容量60万kW，保证出力8.8万kW，年发电量15.1亿kW·h，是闽西南地区唯一具有良好调蓄能力的水电站，可担任该地区和粤东地区的供电及调峰任务，并可减轻潮汕平原的洪水灾害。

浙江省水能资源理论蕴藏量606万kW，可开发装机容量466万kW。境内水系以钱塘江为最大，干流全长424km，流域面积4.2万km^2，全流域水能资源可开发装机容量193万kW；其次是瓯江，干流全长376km，流域面积1.8万km^2，水能资源可开发装机容量167万kW；发源于浙、闽交界洞宫山的飞云江，水能资源可开发装机容量约40万kW，开发条件也较优越。按初步开发方案，浙江省可开发大中型水电站22座，装机容量431万kW，其中已建成的主要水电站有新安江、富春江、湖南镇、黄坛口、紧水滩、石塘和枫树岭。由于钱塘江水系的主要电站已开发，今后的开发重点仍在瓯江，瓯江全河规划电站装机容量146万kW，各梯级电站向省网和华东电网供电，输电距离较近。

江西省水能资源理论蕴藏量约682万kW，可开发装机容量511万kW。赣江纵贯江西省中部，河长769km，流域面积8.35万km^2，水能资源可开发装机容量220万kW，是江西省水能资源最丰富的河流；其次如修水、章水支流上犹江、抚河也有一些较好的水力坝址。按初步开发方案，江西省可开发大中型水电站37座，装机容量370万kW，其中已建成的主要水电站有柘林、上犹江和万安，今后开发的重点是修水和赣江，修水支流的东津电站，装机容量6万kW，保证出力1.05万kW，年发电量1.16亿kW·h，水库的总库容7.95亿m^3，1988年已进一步优化设计，综合效益好，是修水的“龙头”电站。根据径流电站补偿的需要，柘林水电站拟扩建20万kW。根据1990年10月国家计委批复的《江西省赣江流域规划报告》，赣江中下游干流河段按万安、泰和、石虎塘、峡江、永泰、龙头山6个梯级进行开发。

12. 东北水电基地

东北水电基地包括黑龙江干流界河段、牡丹江干流、第二松花江上游、鸭绿江流域（含浑江干流）和嫩江流域，规划总装机容量1131.55万kW，年发电量308.68亿kW·h。

黑龙江干流系中俄两国界河，故资源按1/2计算，干流全长2890km，天然落差313m，水能资源蕴藏量（640/2）万kW。黑龙江的水电蕴藏量主要集中在上游，而中下游的水量虽大，但落差并不理想，特别是河水冲出小兴安岭山脉之后的1500km河段，落差只有80m，水电开发的空间有限。黑龙江上、中游全长1890km，上游自洛古村至结雅河口，全长895km，集中了黑龙江的大部分落差，本界河段的大多数电站坝址均在上游；中游从结雅河口至抚远（乌苏里江口）全长995km，只在太平沟峡谷出口附近的太平沟具有修建水电站的有利条件，峡谷出口处太平沟以上控制流域面积86.6万km^2，多年平均流量4720m^3/s。目前，中方就黑龙江上、中游具有开发条件的8个坝段，组成了9个梯级开发比较方案，初步规划的总装机容量为（820/2）万kW，保证出力（187.4/2）万kW，年发电量（270.88/2）亿kW·h。

牡丹江为松花江下游右岸一大支流，控制流域面积3.9万km^2，全长705km，天然落差869m，水能资源蕴藏量51.68万kW，可开发水能资源总装机容量107.1万kW，现已开发13.2万kW（其中包括镜泊湖水电站9.6万kW，另有几座小型水电站）。牡丹江下游柴河至长江屯之间，水能资源丰富，两岸山体高峻连绵，河谷狭窄，有修建水电站的良好条件，规划推荐莲花、二道沟、长江屯三级开发方案，莲花为第一期工程。这三座水电站总装机容量82万kW，占待开发资源93.9万kW的87%。牡丹江流域地处黑龙江省东部电网的中部，靠近用电负荷中心，交通网纵贯全区，交通运输十分方便。

第二松花江河道总长803km，天然落差1556m，可利用落差613.7m，流域面积7.43万多km^2，其中丰满水电站以上控制的流域面积占58%，河口处多年平均流量538m^3/s。流域的水能资源理论蕴藏量138.16万kW，可开发的水电站有58个，装机容量381.24万kW，年发电量70.93亿kW·h；现已开发水电站13座，装机容量246.33万kW，规模较大的有干流上的丰满、红石、白山3座水电站，共装机242.4万kW（含丰满扩机17万kW），占已开发装机容量的98%。

鸭绿江干流为中朝两国界河，全长800余km，从长白县至入海口落差约680m，流域面积5.9万多km^2，中国侧占3.2万km^2，干流水能资源蕴藏量约212.5/2万kW。干流从长白县至入海口经中朝双方共同规划，目前共有12个梯级：南尖头、上崴子、十三道沟、十二道湾、九道沟、临江、云峰、黄柏、渭源、水丰、太平湾、义州，电站总装机容量253.3/2万kW，年发电量100/2亿kW·h。其中已建成的大中型水电站有云峰、渭源、太平湾、水丰4座；进行初步设计的有临江和义州2座水电站，6座水电站总计装机228/2万kW，年发电量91.2/2亿kW·h。

嫩江为松花江上源，从发源地至三岔河口全长1106km，流域面积26万多km^2。水能资源主要分布在干流及右侧支流（甘河、诺敏河、绰尔河、洮儿河），初步规划可开发3万～25万kW的梯级水电站15座，总装机容量126.6万kW，保证出力26.45万kW，年发电量34.28亿kW·h。

13. 怒江水电基地

怒江古称黑水，汉代称泸水，是云南省五大干流之一，发源于青藏边境唐古拉山南麓，由西北向东南斜贯西藏自治区东部，入云南省折向南流，经怒江傈僳族自治州、保山地区和德宏傣族景颇族自治州注入缅甸后改称萨尔温江，最后流入印度洋孟加拉湾。从河源至入海口全长3240km，中国部分2013km；总流域面积32.5万km^2，中国部分13.78万km^2。

怒江中下游干流河段是我国重要的水电基地之一，与前十二大水电基地相比，其技术可开发容量居第六位，待开发的容量居第二位；开发怒江干流中下游丰富的水能资源是我国能源资源优化配置的需要，是西部大开发、"两电东送"的需要。怒江中下游（干流松塔以下至中缅边界）共规划11级电站，装机容量2132万kW，年发电量1029.6亿kW·h。

思　考　题

1. 非常规水资源都包括哪些类型？

2. 衡量一个地区水能资源丰富程度的指标是什么？水电能资源开发利用的方式都有哪几类？

第九章　水资源保护

本章学习指引

本章的学习需要有环境科学、环境法律法规、水资源规划与管理等相关学科理论基础。

水资源保护是指为防止因水资源不恰当利用造成水源污染和破坏，从而采取的法律、行政、经济、技术、工程、教育等措施，合理安排水资源开发利用，对影响水资源及其环境的各种行为进行干预，保护水资源的质、量和供应，防止水源枯竭、水污染、水流阻塞和水土流失等，尽可能地满足经济社会可持续发展对水资源的需求。水资源保护不是以恢复或保持地表水、地下水天然状态为目的的活动，而是一种积极促进水资源开发利用更合理、更科学的问题。水资源保护主要是“开源节流”、防治和控制水源污染，包括水量和水质两方面：水量保护方面主要是对水资源统筹规划，涵养水源、调节水量，科学地节约用水；水质保护方面主要是制定水质标准和规划，进行监测与评价，研究污染物迁移和转化、降解等规律，提出管理和防治措施。

第一节　水体污染理论基础

水体是一个自然生态综合体，分陆地水体和海洋水体，前者又分地表水体和地下水体。在环境科学领域，水体不仅包括自身，还包括水环境，即江河、湖泊、沼泽、水库、地下水以及海洋等储水体的总称，它包括水、水中的悬浮物、溶解物、底泥甚至水生生物等，是一个完整的生态系统。作为一个开放系统，在其形成和演变的过程中与外界发生着复杂的物质和能量交换作用，不断改变自身的状态和环境特征。水中的溶解物质在随水迁移的过程中，受水热条件和物理化学环境的制约，还伴随着溶解和沉淀、胶溶和凝聚、氧化与还原及吸附和离子交换等物理化学作用，以及生物的吸收、代谢分解等生物化学作用，使水质在时间和空间上进行演变。

一、水体污染及其特征

当进入水体的污染物质超过了水体的环境容量或自净能力，使水质变坏，破坏了水体的原有价值和作用的现象，称为水体污染。水体污染的原因有两类：一是自然的，特殊的地质条件使某种化学元素大量富集、天然植物在腐烂时产生某些有害物质、雨水降到地面后挟带各种物质流入水体等造成的水体污染，都属于自然污染；二是人为的，指人类生活和生产活动中产生的废物对水体的污染。重金属污染物因易从水中转移到底泥里，水中的重金属含量一般都不高，如着眼于水，似乎水污染并不严重，但从整个水体看，污染可能很严重，故水体污染不仅仅是水污染，还包括底泥污染和水生生物污染等。此外，地面水体和地下水体由于储存、分布条件和环境上的差异，表现出不同的污染特征。地面水体污染可视性强，易于发现；循环周期短，易于净化和水质恢复。地下水因储存于地表以下一定深度处，缓慢运移于多孔介质之中，上部有一定厚度的包气带土层作为天然屏障，地面污染物在进入地下含水层之前，须首先经过包气带土层，故使得地下水污染有难以逆转、隐蔽性、延迟性等特征。

二、水体污染三要素及污染机制

（一）水体污染三要素

1. 污染源

凡能向水体释放或排放污染物并引起水体污染的场所、设备和装置等均称为水体污染源。污染源的分类有：按受污染的水体分为地面水、地下水和海洋污染源；按污染源的分布特征分为点污染源（如城市污水、工矿企业排放口和排污的船舶等，它的特点是排污经常，变化规律服从工业生产废水和城市生活污水的排放规律，其量可直接测定或定量化，影响可直接评价）、面污染源（雨污水的地面径流，含有农药、肥料的农田大面积排水以及水土流失等，以扩散方式进行，时断时续，并与气象因素有联系）和扩散污染源（随大气扩散的污染物通过沉降或降水等途径进入水体，如酸雨、放射性沉降物等）；按污染源释放的有害物种类分为物理性（指水的浑浊度、温度和颜色发生改变，水面的漂浮油膜、泡沫及水中含有的放射性物质增加等）、化学性（无机物或有机物，如水中溶解氧减少，溶解盐类增加，水的硬度变大，酸碱度发生变化或水中含有某种有毒化学物质等）和生物性（如细菌或霉素）污染源；按污染物相态分为固体、气体和液体污染源；按稳定性分为固定和移动污染源；按排放时间分为连续、间断和瞬时污染源；从对环境的污染途径可分为直接污染和间接污染或转化污染的污染源；按污染物产生的来源分为工业废水、农田排水、城市污水、大气降落物、工矿废渣及城市垃圾等污染源。水体污染最初主要是自然因素造成的，如地面水渗漏和地下水流动将地层中某些矿物质溶解，使水中的盐分、微量元素或放射性物质浓度偏高而使水质恶化；在当前条件下，工农业和交通运输业高度发展，人口大量集中于城市，由人类的生产、生活活动所形成的污染源成为水体污染的主要部分。故按污染形成原因污染源可分为自然污染源和人为污染源两大类，而人为污染源主要包括工业污染源、农业污染源和城市污染源。

（1）工业污染源。工业污染源是水体的主要污染源，特别是未经处理的污水和废渣，直接流入或渗入地表、地下水体，造成严重的水体污染。工业废水量大、面广，含污染物多，成分复杂，在水中不易净化，处理也比较困难。因工业类型、原料、生产工艺及用水水质和管理水平等不同，各种工业废水的成分和性质差别很大。工业废水主要特性有：悬浮物质含量高；需氧量高，有机物一般难于降解，对微生物具有毒害作用；pH 值变化幅度大；温度较高；易燃（常含有低燃点的挥发性液体，如汽油、苯、甲醇、乙醇等）；多种多样的有害成分（如硫化物、汞、镉、铬、砷等）。根据所含成分不同，将工业废水分为三类：第一类，主要是含无机物的废水，包括冶金、建材等工业排出的废水和氯、碱、无机酸和漂白粉等制造业的一些化学工业废水；第二类，主要是含有机物的废水，包括食品、塑料、石油化工、制革等工业废水；第三类，同时含有有机物和无机物的废水，如炼焦厂、氮肥厂、合成橡胶厂和制药厂等化学工业的废水，以及洗毛厂、人造纤维厂和皮革厂等轻工业的废水等。

工业废渣及污水处理厂的污泥中含有各种有毒有害污染物，如果露天堆放或填坑，当受到雨水及废水淋洗便会进入地表、地下水体。工业物品储存装置及运输管道的渗漏也常会造成水体污染，比如油船漏油、排污钻孔套管断裂等突发性事故。此外，大气中的污染物种类多、成分复杂，有水溶性和不溶性成分、无机物和有机物等，它们主要来自矿物燃烧和工业生产时产生的二氧化硫、氮氧化物、碳氢化合物以及生产过程排出的有害、有毒气体和粉尘等物质。这些污染物质可以自然降落或在降水过程中溶于水中被降水挟带到地面水体内，造成水体污染。

(2) 农业污染源。农业污染面广、分散、治理难。污染物主要是牲畜粪便、污水、污物、农药、化肥、用于灌溉的城市污水、工业废水及由城市汇集于城市下游的地面径流污水等。与其他污染源相比，农业污染源具有两个显著特点：有机质、植物营养物及病原微生物含量高；化肥和农药含量高。研究表明，施用的农药、化肥的80%～90%进入了水体，它们有的半衰期很长，比如有机氯农药半衰期约为15年，故参与了水文循环，形成全球性污染。

(3) 城市污染源。由居民生活而产生的水体污染物主要来自人体的排泄物和肥皂、洗涤剂、腐烂的食物等；科研文教单位实验室排出的废水成分复杂，常含有各种有毒物质；医疗卫生部门的污水中则含有大量细菌和病毒。因此城市生活污水的特点有：①含氮、磷、硫高：一般城市居民每人每天排放污水中的氮约50g，大量的氮、磷、硫物质随生活污水排放到环境中，易引起水体富营养化，目前判断水体富营养化采用的指标是：总磷（$20mg/m^3$）和无机氮（$300mg/m^3$）；②含有机物质多：主要有纤维素、淀粉、糖类、脂肪和蛋白质等，它们大多呈胶体状态，在厌氧细菌作用下，易产生恶臭物质；③含大量合成洗涤剂：主要成分是表面活性剂和助洗剂，其中三聚磷酸钠、硫酸钠约占合成洗涤剂用量的70%；④含多种微生物：每毫升污水中可含几百万个细菌。

一般生活污水相当混浊，温度高于自然水温1～2℃，pH值在7以上（软水区为6.5～7.5，硬水区为7.5～8.5），BOD为100～700mg/L。生活污水与工业废水的主要不同点是：生活污水中的生物可分解的有机物大部分呈胶体状态，而工业废水中的有机物则大部分呈溶解状态；生活污水中生物难分解的物质含量少，微生物含量多。

2. 污染物

水体污染物指造成水体水质、水中生物群落及水体底泥质量恶化的各种有害物质或能量。化学角度可分无机有害物、无机有毒物、有机有害物、有机有毒物4类；从环境科学角度可分为病原体、植物营养物质、需氧化物、石油、放射性物质、有毒化学品、酸碱盐类及热能8类。

(1) 有害物：无机的如砂、土等颗粒状的污染物，它们一般和有机颗粒性污染物混合在一起，统称为悬浮物（SS）或悬浮固体，使水变浑浊。此外还有酸、碱、无机盐类物质，氮、磷等营养物质。有机的如生活及食品工业污水中所含的碳水化合物、蛋白质、脂肪等。

(2) 有毒物：无机的主要有非金属无机毒性物质如氰化物（CN）、砷（As）；金属毒性物质如汞（Hg）、铬（Cr）、镉（Cd）、铜（Cu）、镍（Ni）等。长期饮用被汞、铬、铅及非金属砷污染的水，会使人发生急、慢性中毒或导致机体癌变。有机的多属人工合成的有机物质如农药DDT、六六六等，有机含氯化合物、醛、酮、酚、多氯联苯（PCB）和芳香族氨基化合物、高分子聚合物（塑料、合成橡胶、人造纤维）、染料等。有机污染物因须通过微生物的生化作用分解和氧化，故要大量消耗水中的氧气，使水质变黑发臭，致使水中鱼类及其他水生生物死亡。

(3) 病原体污染物：主要指病毒、病菌、寄生虫等，危害主要是传播疾病，如病菌可引起痢疾、伤寒、霍乱等；病毒可引起病毒性肝炎、小儿麻痹等；寄生虫可引起血吸虫病、钩端旋体病等。

(4) 植物营养物：主要指氮、磷、钾、硫等植物生长发育所需要的养料，进入水体会造成水体富营养化，藻类大量繁殖，耗去水中溶解氧，造成水中鱼类窒息而无法生存、水产资源遭到破坏。水中氮化合物的增加，对人畜健康带来很大危害，亚硝酸根与人体内血红蛋白反应，生成高铁血红蛋白，使血红蛋白丧失输氧能力，导致人体中毒。硝酸盐和亚硝酸盐等是形成亚硝胺的物质，而亚硝胺是致癌物质，在人体消化系统中可诱发食道癌、胃癌等。

(5) 石油污染：指在开发、炼制、储运和使用中，原油或石油制品因泄漏、渗透而进入水体。它的危害在于原油或其他油类在水面形成油膜，隔绝氧气与水体的气体交换，在漫长的氧化分解过程中会消耗大量的水中溶解氧，堵塞鱼类等动物的呼吸器官，黏附在水生植物或浮游生物上导致大量水鸟和水生生物的死亡，甚至引发水面火灾等。

(6) 热污染：指现代工业生产和生活中排放的废热造成大气和水体等环境的污染。火力发电厂、核电站和钢铁厂的冷却系统排出的热水，以及石油、化工、造纸等工厂排出的生产性废水中均含有大量废热，直排可引起水温上升，造成水中溶解氧的减少，甚至降至零，还会使水体中某些毒物的毒性升高；水温的升高对鱼类的影响最大，会引起鱼的死亡或水生物种群的改变。

3. 污染途径

地表水体的污染途径相对简单，主要为连续注入或间歇注入式，前者如工矿企业、城镇生活的污废水、固体废弃物直接倾注于地面水体，造成地表水体的污染；后者如农田排水、固体废弃物存放地降水淋滤液对地表水体的污染。相对各种地表水体，地下水污染的途径要复杂得多，其决定因素有埋藏条件、污染源的相对位置、地质构造条件、岩性特征、人为因素和污染原因及规模等。从污染方式上可分直接污染和间接污染，前者指地下水中的污染组分直接来源于污染源，且污染组分在迁移过程中化学性质没有任何改变，由于地下水污染组分与污染源组分的一致性，因此较易查明其污染源及污染途径，这是地下水污染的主要方式；后者指地下水中的污染组分在污染源中的含量并不高或低于附近的地下水，或该污染组分在污染源里根本不存在，它是污水或固体废物淋滤液在地下迁移过程中经复杂的物理、化学及生物反应后的产物。

除少部分气体和液体污染物可直接通过岩石空隙进入地下水外，大部分污染物都是随着补给地下水的水源通道进入地下水中，因此地下水的污染途径与地下水的补给来源密切相关，按水力学特点可将其大致分为四类（表 9－1）。

表 9－1　　地下水污染途径分类表（引自林年丰等《环境水文地质学》并经修改）

类型		污染途径	污染来源	特　点	被污染含水层
Ⅰ间歇入渗型	I_1	降水对固态废物的淋滤	工业和生活固态废物	污染物经淋滤周期性地从污染源通过包气带渗入含水层，地下水受污染的程度与污染物种类（固体或液体）和性质（可溶性）、下渗水多少、包气带岩层厚度和岩性等因素有关	潜水
	I_2	矿区疏干地带的淋滤和溶解	疏干地带的易溶矿物		
	I_3	灌溉水及降水对农田的淋滤	农田表层土壤残留的农药、化肥和易溶盐		
Ⅱ连续入渗型	II_1	渠、坑等污水的渗漏	各种污水和化学液体	污染液随污水不断渗入含水层，受地层过滤吸附等自净作用影响，污染物浓度会随入渗深度发生变化。故这种污染途径污染的程度受包气带岩层厚度和岩性等的控制	潜水
	II_2	受污染地表水的渗漏	受污染的地表污水		
	II_3	地下排污管道的渗漏	各种污水		
Ⅲ越流型	III_1	地下水开采引起的层间越流	受污染的含水层或天然咸水等	污染物以越流形式转入其他含水层，污染来源可能是地下水环境本身的，也可能是外来的	潜水或承压水
	III_2	水文地质天窗的越流			
	III_3	经结构不合理的井管及破损的老井管等的越流			
Ⅳ径流型	IV_1	通过岩溶发育通道的径流	各种污水或被污染的地表水	污染影响带仅限于地表水体的附近呈带状或环状分布，污染程度取决于地表水污染程度、沿岸岩石的地质结构、水动力条件及水源地距岸边的距离	潜水
	IV_2	通过废水处理井的径流	各种污水		潜水或承压水
	IV_3	盐水入侵	海水或地下咸水		

（二）水体污染机理及自净作用

通常水体是同时受到多种性质的污染，并且各种污染互相影响，不断地发生着分解、化合或生物沉淀作用。不同污染物在水体中的环境水文地球化学特征不同，对污染物迁移的作用可能存在两种效应：阻止迁移效应（或称净化效应）和增强迁移效应。前者是在水体的自净作用下某些污染物浓度降低，最终恢复到原来的水质状态；而后者是某些作用会增加污染物的迁移性能，使其浓度增加，或从一种污染物转化为另一种污染物，从而增加了对环境的危害。

1. 水体污染机制

水体污染的发生与发展，取决于水体污染和水体自净两相反过程的强度，在物理、化学及生物等因素的作用下，它们随污染物的性质、污染源大小及受纳水体三个方面的对比关系而定。

（1）物理作用。水中污染物（含热能）在水力及其自身力的作用下迅速扩散，并随着分布范围的扩大，浓度相应降低，但其化学组成和性质不变，只影响水体的物理性质、状态和分布。主要的物理作用包括水流的对流作用、污染物的扩散作用、水流的冲刷作用等。在这些物理作用下，污染物质不断扩大污染的范围，并伴随着发生稀释、混合、沉淀、挥发等过程，使污染水体得以自净。

(2) 化学及物理化学作用。污染物质在水中多以离子或分子形式随水流移动，同时因介质条件的变化，各种成分间以及与水体的原有成分之间发生着各种化学作用，比如酸化、碱化、中和、氧化-还原、分解-化合、沉淀-溶解等。这种作用不仅可使污染空间扩大，而且也能改变污染物质的迁移、转化能力、污染物的毒性及水环境化学的反应条件，使水体污染加重。此外，进入水体的污染物随水流迁移时，会与水中如硅、铁、铅等的氢氧化物和复杂的次生黏土矿物及腐殖质等胶体物质和不少悬浮物接触，通过吸附-解吸、胶溶-凝聚等作用进行物质交换，经历水体污染与自净过程。

(3) 生物作用。污染物进入水体后，受到生物的生理、生化作用及通过食物链的传递过程，扩大水体的污染范围，使污染物毒性增大或使污染物在水中富集。生物作用包括分解、转化和富集作用。进入水体的有机物或某些矿物成分在生物分解作用下，可将有害的物质分解为无害或危害小的成分（如甲烷、硫化氢和氨气等），称为污染物的降解，可分好氧分解和厌氧分解两种。但某些生物可将水体中的一些有害物质通过形态和价态等的变化，转变为毒性更强的物质（如汞的甲基化），称为恶性转化。此外，某些农药和重金属等通过生物或生物链的累积与生物放大作用，使生物体内的某种污染物的含量大大超过水体中的浓度。微生物的恶性转化作用和食物链的富集作用，目前是水环境污染研究的重要课题之一。

2. 水体自净作用

水体的自净能力是大自然维持自身平衡的一种趋向。当污染物进入水体后，由于物理、化学、生物等作用，经过一段时间和距离后，污染物的总量减少或浓度降低，水质部分或完全得到恢复，水体的这种水质恢复功能称为水体的自净能力（或同化能力）。水体的自净能力是有限的，当水体污染超过自净能力而无法恢复时，便形成污染。

(1) 水体自净过程及其作用。污染物进入水体后就开始了水体自净过程，由弱到强直至趋于稳定，水质逐渐恢复到污染前的水平。其过程表现为：污染物浓度逐渐下降；大多数有毒物质在多种作用综合影响下，转变为低毒或无毒的化合物；溶解状态的重金属污染物被吸附或转变为不溶性的化合物而发生沉淀；复杂的有机物被微生物利用和分解，最终变为 CO_2 和 H_2O；不稳定污染物转化为稳定化合物。

以一条河流为例，当污染物排入后，首先被河水混合、稀释和扩散，比重大的颗粒物会沉降堆积在河床上；可氧化的物质被水中的氧气所氧化；有机物质通过水中微生物发生生物化学的氧化分解，还原成液体或气体的无机物；阳光还可杀死某些病原细菌。同时，河流表面又不断从大气中获得氧气，使氧化过程和微生物消耗掉的氧气得以补偿。经过一段时间，河水流到一定距离时就恢复到原来清洁的状态。这一过程沿河流水流方向大体分为四段（图 9-1）：第一段为清洁段，处于排污口的上游，河水中尚未混入污染物，溶解氧一般处于饱和状态，水质洁净；第二段为污染段，因大量污染物排入，河流水质恶化，生物分解活动剧烈，水中溶解氧大量消耗；生化需氧量很高，耗氧作用超过复氧作用，溶解氧逐渐下降，直到出现溶解氧临界点；第三段为恢复段，这一河段生化需氧量下降，溶解氧逐渐恢复，耗氧量低于复氧量，水质逐渐好转；第四段为清水段，溶解氧接近饱和，水质清洁，自净过程完成。在整个水质自净过程中溶解氧形成一条“氧垂曲线”。如果临

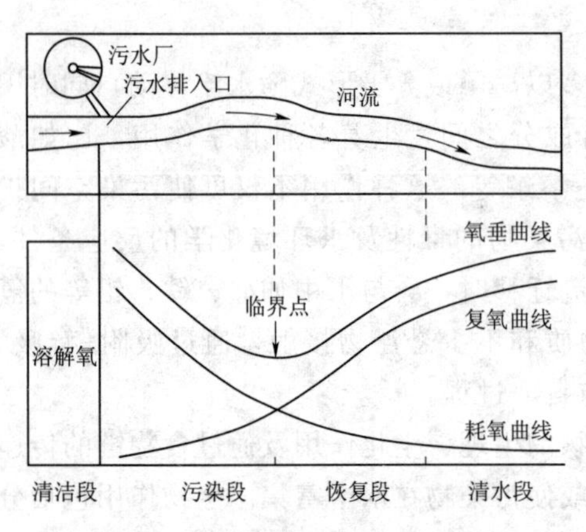

图9-1　河流水体自净过程示意

界点水体处于无氧状态，河流将出现厌氧分解，水质迅速恶化、黑臭。

按机制水体自净分：物理净化、化学及物理化学净化和生物化学净化。

1）物理净化。污染物进入水体后，通过稀释、扩散、挥发、沉降、迁移等物理作用，使水体中污染物浓度降低，从而使水体得到净化，称为物理净化。

a. 稀释与扩散。可溶性污染物进入水体后，在一定范围内相互掺混，使污染物浓度降低，称为稀释。稀释作用主要有两种运动形式：污染物随同水流质点沿流速方向（平面的横向、纵向及垂直的竖向三个方向）运动，称平流或对流；污染物在水体中产生浓度梯度场，由高浓度区向低浓度区散开，称为扩散，它包括污染物分子布朗运动引起的分子扩散、由水流流态造成的紊动扩散和由水体各水层间流速不同使污染物浓度分散的弥散。污水与天然水混合的快慢及混合后浓度的大小取决于天然水体的稀释能力，这个能力的大小与稀释比（参与混合稀释的河水流量与污水流量之比，即污径比）、河流形状、污水排放特征（排污口位置、排放方式和强度）等有关。

b. 挥发与沉降。像油类污染物进入水体后，较轻的组分经挥发进入大气并转化为非烃类物质，使水体得到净化，而有些污染物进入水体后经一定途径可向底质中沉降和累积，从而降低水中污染物的浓度。主要途径有：悬浮的固相物质在水流变缓时，因自身重力作用而沉降；水中胶体和其他微粒，可吸附某些污染物，使其粒径或比重改变而产生沉降；各种污染物间因化学作用，通过结晶、吸附、凝聚等产生沉降；水中各类污染物被水生动植物吸收利用后，通过排泄物、残体及食物链的转移，随水生生物的生命活动而产生沉降。应该注意的是，通过挥发与沉降均可使天然水体得以净化，但挥发的物质进入大气或沉降的污染物质进入底泥并可随水流迁移到下游，甚至被水流再悬浮起来，而成为次生污染源，继续危害水环境。

2）化学及物理化学净化。污染物进入天然水体后，不仅随水流发生空间位置上的改变，而且还发生化学性质或形态、价态上的转化，使污染物的毒性或浓度降低，水体得到净化。

a. 氧化还原作用。氧化还原反应在水体自净过程中起着重要的作用，具体分三种情况：氧化环境的水体中含有丰富的溶解氧而具有高度的氧化能力，有利于微生物对有机质的氧化，最终分解为水和CO_2，水体得到净化；还可使水体中的重金属（如铁、锰）离子被氧化成难溶的沉淀物，进入底泥。对不含H_2S的还原环境，多是在溶解氧含量低而有机质含量高的弱矿化水中，因厌氧微生物的分解作用使水中出现甲烷、氢气及其他化合物离子，也可使某些重金属还原成难溶化合物，沉积在底泥中，从而使水体得以净化。对含H_2S的还原环境，多是在水体底泥中，微生物利用水体中SO_4^{2-}内的氧来氧化有机质，生成大量H_2S，从而与水体中各种重金属生成难溶的硫化物沉淀（如FeS）进入底泥。氧化还原作用还可改变某些污染物的毒性。例如含铬废水，Cr^{3+}存在于还原环境，毒性小，而Cr^{6+}存在于氧化环境，毒性较强；汞的甲基化过程在还原环境中受到抑制等。

b. 酸碱作用。天然水体中因含有各种杂质，pH值常在6～8之间，具有一定的缓冲范围，当含少量酸或碱的工业废水排入后，水体pH值不致发生明显变化。例如进入水体中的无机酸可与水体中的黏土类物质、硫酸盐或硅酸盐起中和反应；进入水体的碱性物质可与水体中的硅石或碳酸氢盐或游离CO_2起中和反应，可形成难溶的沉淀物。因而天然水体对酸、碱污染物有着一定的自净能力，并控制着水体受酸、碱污染的程度和范围。

c. 吸附和凝聚。天然水体中存在大量硅、铝氧化物胶体或蒙脱石、高岭土及腐殖质胶体物质，它们有很大的比表面积，并带有电荷，能吸附各种阴、阳离子，使污染物凝聚成较大的颗粒并沉淀下来，达到净化水质的效果。当然随水环境的改变，这些污染物还会解吸出来，成为二次污染源。

3）生物化学净化。天然水体中存在各种各样的细菌、真菌、藻类、水草、原生动物、贝类、昆虫幼虫、鱼类等水生生物，通过生物的代谢作用，水中污染物数量减少、浓度下降、毒性减轻甚至消失，这就是生物净化过程。淡水生态系统中的生物净化以细菌为主，有机污染物在溶解氧充足的条件下可最终分解为如CO_2、水、硝酸盐和磷酸盐等简单的稳定无机物，使水体得到自净。水中一些特殊微生物种群和高级水生植物（如浮萍、凤眼莲、水花生等），能吸收并浓缩水中的汞、镉等重金属元素或生物难降解的人工合成有机物，经过生物固定、沉积在水体的底部沉积物中，使水逐渐得到净化。生物化学净化作用不仅使污染物的浓度在一定范围内降低，而且还可使天然水体中的污染物总量减少。某种意义上讲，该作用才能使受到污染的水体得到真正的自净。

（2）影响水体自净的因素。

1）污染物的自净种类和特性。因各类污染物本身所具有的物理、化学特性和进入水体中含量不同，对水体自净作用产生的影响也不同。故把污染物分为：易降解或难降解的污染物；易被生物化学或化学作用分解的污染物；在好氧条件下降解或在厌氧条件下降解的污染物；高浓度或低浓度污染物等。

2）水体的水情要素。主要水情要素有水温、流量、流速和含沙量等。水温可直接影响水中污染物的化学反应速度，还影响水中饱和溶解氧浓度和水中微生物的活性，从而直接或间接地影响水体的自净作用。水体的流量、流速等水文水力学条件，直接影响水体的稀释、扩散能力和水体复氧能力。因泥沙颗粒能吸附水中某些污染物，故含沙量的大小也影响污染物的迁移和转化。

3）溶解氧含量。溶解氧是维持水生生物和净化能力的基本条件，也是衡量水体自净能力的主要指标。溶解氧主要来自水体和大气之间界面的气体交换和水生植物光合作用的增氧，构成水体复氧过程。

4）水生生物。生活在水体中的生物种类和数量与水体自净关系密切，尤其是微生物的种类、数量及活跃程度是关键。同时水体中生物种群、数量及其变化也可反映水体污染自净的程度、变化趋势等。

5）其他环境因素。水体自净作用的强弱还与大气污染降尘、太阳辐射、水体本身营养物质含量和比例以及底质特征、周围地质地貌等条件有关。

第二节 水功能区划分

一、水功能区划的目的和意义

1. 确定水系重点保护水域和保护目标

水域功能区划分工作是在对水系水体进行调查研究和系统分析的基础上，确定水体的主要功能，再按水体重要性，依据高功能水域高标准保护、低功能水域低标准保护、专业用水区依专业用水标准，补给地下水水源地的水域按保证地下水使用功能标准保护的原则确定保护目标。

2. 按拟定的水域保护功能目标，科学地确定水域允许纳污量

通过正确地划分水域功能区，实现科学地确定水域允许纳污量，达到充分利用水体同化自净能力，节省污水处理费用，又能有效地保护水资源和生态环境，满足水域功能要求的目标。

3. 排污口的优化分配和综合整治

科学地划定水域功能区并计算出允许纳污量后，需制定入河排污口排污总量控制规划，对输入该水域的污染源进行优化分配和综合治理，提出入河排污口布局、限期治理和综合整治的意见，对水资源保护的目标管理落实到污染物综合整治的实处，保证水域功能水质目标的实现。

4. 科学拟订水资源保护投资和分期实施计划

科学的水资源保护投资计划是水功能区水质目标实现的保证，水功能区划分的整个过程就是在不断地科学决策水资源保护、综合整治和分期实施规划中完成的。因此，水功能区划是水资源保护规划及投资的重要依据，也是科学、经济、合理地进行水资源保护的要求。

二、水域功能区划的基本原则

1. 可持续发展的原则

水域功能区划分应结合水资源开发利用规划及社会经济发展规划，并根据水资源的可再生能力和自然环境的承载能力，科学合理地开发利用，并留有余地，保护当代和后代赖以生存的水资源和生态环境，保障人体健康和环境结构与功能，促进社会经济和生态环境的协调发展。

2. 以水域规划主导使用功能为主，结合考虑现状使用功能性和超前性原则

水功能区划要以水资源开发利用规划中确定的水资源主导使用功能为主，在人类活动和经济技术的发展对水域未提出新要求前，应保持现状使用功能。同时应体现社会发展的超前意识，结合未来发展需求，引入本领域和相关领域研究的最新成果，为将来高新技术发展留有余地，合理有效地利用环境容量。

3. 水质与水量统一考虑，综合分析、统筹兼顾、突出重点的原则

水质和水量是水资源的两个主要属性，水功能区划时必须将两者及开发利用与保护辩证统一地考虑。水功能区划还涉及上下游、左右岸、近远期，以及经济社会发展需求对水域功能的要求，应借助系统工程的理论方法，根据不同水资源分区的具体特点，选取区划

指标、建立区划体系，在优先保护饮用水水源地和生活用水前提下，统筹兼顾其他功能区的划分。

4. 分级划分水域功能区的原则

水资源开发利用涉及不同的流域和行政区，水功能区的划分应在宏观上对流域水资源的保护和利用进行总体控制，协调地区间的用水关系；在整体功能布局确定的前提下，再在重点开发利用水域内详细划分各种用途的功能类别和水域界线，协调行业间的用水关系，建立功能区之间横向的并列关系和纵向的层次体系。

5. 便于管理，可行实用的原则

水资源是人们赖以生存的重要自然资源，其质和量对地区工农业、经济社会发展起着重要的作用。为了合理利用水资源，杜绝“抢”“堵”“伤”等不正当的水资源利用现象，也为了便于管理，实现水资源利用的“平等”，水功能的分区界限应尽可能与行政区界一致；利用实际使用的、易于获取和测定的指标进行水功能区划分。区划方案的确定既要反映实际需求，又要考虑技术经济现状和发展，力求实用、可行。

三、水功能区划步骤和依据

我国江、河、湖、库水域的地理分布、空间尺度有很大差异，其自然环境、水资源特征、开发利用的方向、方式和程度等具有明显的地域性。对水域进行的功能划分能否准确反映水资源的自然、生态、社会和经济属性，主要取决于功能区划体系（结构、类型、指标）的合理性。水功能区划体系应具有良好的科学概括和解释能力，在满足通用性、规范性要求的同时，类型划分和指标值的确定与我国水资源特点相结合，是水功能区划的一项重要标准性工作。

遵照水功能区划的原则，通过对各类型水功能内涵、指标的深入研究、综合取舍，我国水功能区划采用两级体系：一级区划宏观上解决水资源开发利用与保护的问题，主要协调地区间关系，并考虑发展的需求；二级区划主要协调用水部门间的关系。一级区划在收集分析流域或区域的自然与经济社会状况、水资源综合利用规划以及各地区的水量和水质现状等资料的基础上，按照先易后难的程序，依次划分为保护区、缓冲区和开发利用区及保留区。二级区划则首先确定区划的具体范围，包括城市现状水域范围和城市规划水域范围，然后收集区域内的资料，如水质资料、取水口和排污口资料、特殊用水资料（鱼类产卵场、水上运动场）及城区规划资料，初步确定二级区的范围和工业、饮用、农业、娱乐等水功能分布，最后对功能区进行合理检查，避免出现低功能区向高功能区跃进的衔接不合理现象，协调平衡各功能区位置和长度，对不合理的功能区进行调整。

1. 水功能一级区分类及划分指标

（1）保护区。对水资源、饮用水、生态环境及珍稀濒危物种的保护具有重要意义的水域。具体区划依据有：源头水保护区以保护水资源为目的，在主要河流的源头河段划出专门涵养保护水源的区域，但个别河流源头附近若有城镇，则划分为保留区；国家级和省级自然保护区范围内的水域；已建和规划水平年内建成的跨流域、跨省区的大型调水工程水源地及其调水线路，省内重要的饮用水源地；对典型生态、自然生境保护具有重要意义的水域。

（2）缓冲区。为协调省际间、矛盾突出的地区间用水关系，协调内河功能区划与海洋功能区划关系，以及在保护区与开发利用区相接时，为满足保护区水质要求，需划定一定的水域。具体划分依据为：跨省（自治区、直辖市）行政区域河流、湖泊的边界水域；省际边界河流、湖泊的边界附近水域；用水矛盾突出地区之间水域。

（3）开发利用区。具有满足工农业生产、城镇生活、渔业、娱乐和净化水体污染等多种需水要求的水域及水污染控制、治理的重点水域。具体划分依据是：取/排水口较集中、取/排水河长较大的水域，如流域内重要城市江河段、具有一定灌溉用水量和渔业用水要求的水域等。开发利用程度采用城市人口数量、取水量、排污量、水质状况及城市经济的发展状况（工业值）等能间接反映水资源开发利用程度的指标，通过各指标排序法，选择各项指标较大的城市河段划为开发利用区。

（4）保留区。目前开发利用程度不高，为今后开发利用和保护水资源而预留的水域。区内水资源应维持现状不遭破坏。具体划分依据为：受人类活动影响较少，水资源开发利用程度较低的水域；目前不具备开发条件的水域；考虑到可持续发展的需要，为今后发展预留的水域。

2. 水功能二级区分类及划分指标

（1）饮用水源区。功能区划分指标包括人口、取水总量、取水口分布等。具体划区依据：已有的城市生活用水取水口分布较集中的水域或在规划水平年内城市发展设置的供水水源区。

（2）工业用水区。功能区划分指标包括工业产值、取水总量、取水口分布等。具体划区依据：现有的或规划水平年内需设置的工矿企业生产用水取水点集中的水域。

（3）农业用水区。功能区划分指标包括灌区面积、取水总量、取水口分布等。具体划区依据：已有的或规划水平年内需要设置的农业灌溉用水取水点集中的水域。

以上用水区的每个用水户取水量需符合水行政主管部门实施取水许可制度的细则规定。

（4）渔业用水区。具有鱼、虾、蟹、贝类产卵场、索饵场、越冬场及洄游通道功能的水域，及养殖这些水生动植物的水域。功能区划分指标：渔业生产条件及生产状况。具体划区依据：具有一定规模的主要经济鱼类的产卵场、索饵场、洄游通道，历史悠久或新辟人工放养和保护的渔业水域；水文条件良好，水交换畅通；有合适的地形、底质。

（5）景观娱乐用水区。以景观、疗养、度假和娱乐为目的的水域。功能区划分指标：景观娱乐类型及规模。具体划区依据：休闲、度假、娱乐、运动场所涉及的水域；水上运动场；风景名胜区所涉及的水域。

（6）过渡区。为使水质要求有差异的相邻功能区顺利衔接而划定的区域。功能区划分指标：水质与水量。具体划区依据：下游用水要求高于上游水质状况；有双向水流的水域，且水质要求不同的相邻功能区之间。

（7）排污控制区。接纳生活、生产污废水比较集中，接纳的污废水对水环境无重大不利影响的区域。功能区划分指标：排污量、排污口分布。具体划区依据：接纳污废水中污染物可稀释降解，水域的稀释自净能力较强，其水文、生态特性适宜作为排污区。

四、水功能区水质目标拟定

水功能区划定后，还要根据水功能区的水质现状、排污状况、不同水功能区特点及当地技术经济条件等，拟定各水功能一、二级区的水质目标值，作为相应水体水质指标的确定浓度值。

在水功能一级区中，保护区严禁进行其他开发活动，应按照《地表水环境质量标准》（GB 3838—2002）中Ⅰ、Ⅱ类水质标准来定，因自然、地质原因不满足该水质标准的，应维持水质现状；缓冲区未经有相应管理权限的水行政主管部门批准，不得在该区域进行对水质有影响的开发利用活动，应按照实际需要来制定相应水质标准，或按现状来控制；开发利用区应根据开发利用要求进行二级功能区划，并制定相应的水质标准；保留区应按现状水质类别来控制，未经有相应管理权限的水行政主管部门批准，不得在区内进行大规模的开发利用活动。

在水功能二级区中，饮用水源区应按照《地表水环境质量标准》中Ⅱ、Ⅲ类水质标准来定；工业用水区应按照《地表水环境质量标准》（GB 3838—2002）中Ⅲ、Ⅳ类水质标准来定，或不低于现状水质类别；农业用水区应按照《农田灌溉水质标准》（GB 5084—2021）及《地表水环境质量标准》（GB 3838—2002）中Ⅴ类水质标准来定；渔业用水区应按照《渔业水质标准》（GB 11607—1989），并参照《地表水环境质量标准》（GB 3838—2002）中Ⅱ、Ⅲ类水质标准来定；景观娱乐用水区应按照《城市污水再生利用景观环境用水水质》（GB/T 18921—2019），并参照《地表水环境质量标准》（GB 3838—2002）中Ⅲ、Ⅳ类水质标准来定；过渡区和排污控制区应按照出流断面水质达到相邻水功能区的水质要求选择相应的水质控制标准来定。

第三节 水资源保护措施

一、加强水资源保护的法律法规建设

水资源保护工作须有法律法规与之配套，才能确保水资源的合理开发利用与可持续发展。水资源保护法是水资源法（简称水法）中很重要的一部分，有一定的特殊性，它在调整水资源与社会关系时，更多地涉及水资源科学技术方面的问题；以保护水资源和改善水环境状况为宗旨，避免浪费和污染，约束的对象不仅是公民个人，而且包含社会团体、企事业单位及政府机关，其实施涉及经济条件和技术水平，因此执行起来比其他法律的实施更为困难和复杂。

因水对维持生命系统和社会经济发展具有极其重要的作用，涉及千家万户的切身利益，难免产生各种人与人、人与自然间的纠纷和矛盾，自古以来在许多国家和部落中就有不成文的习惯或乡规民约来处理水事关系。随着社会的发展和水事问题增多，才出现了成文的水法规。我国西汉时期就有关于灌溉管理的法规，唐代《水部法》是中国第一部较完整的水利法典。中华人民共和国成立后，1984 年颁布了《水污染防治法》，1996 年进行了修订，2000 年颁布了《水污染防治法实施细则》；1988 年召开的第六届全国人大常务委员会第 24 次会议通过了《中华人民共和国水法》（以下简称《水法》），2002 年进行了修订，成为我国在水资源方面最基本的重要法律。1989 年颁布了《中华人民共和国环境保护法》，1991 年颁布了《中华人民共和国水土保持法》等，这一系列有关水资源保护的法律文件，使得我国水资源保护工作有法可依，逐渐步入法制化的轨道。但我国现行的这几

部有关水资源保护的法律间存在关系不协调、各管理部门的职权范围不明确，从而造成流域水资源保护管理体制混乱，以致在淮河流域出现严重水污染问题时，现行制度无法发挥有效作用的现象。

吸取淮河流域水污染教训，通过立法和修订现行法律，理顺各有关法律关系，以保证各项制度能在流域水资源保护中发挥作用，保证流域水资源保护目标的顺利实现势在必行。此外，每个流域的自然和社会因素不同导致各流域保护的重点存在差异，因此对每个流域设置各自相应的保护制度也是水资源立法的发展趋势。最后，法律法规制度建立后，效果的好坏有赖于其执行，因此各部门应加强协作和执法的力度，在有法可依的基础上，做到违法必究和执法必严。

二、加强水资源保护的管理体制建设

水资源短缺的一个很大原因是管理不善，人们缺乏水资源保护的意识。故须加强水资源保护意识、认知管理，确保水功能区水质目标的实现，为社会经济可持续发展服务。水资源管理的核心是加强流域水资源统一管理和实行城乡一体化的城市水务管理体制。

1. 建立统一的行政管理机构

目前国际上公认的水资源管理模式是水权的国家所有或公共所有，并对水资源实行统一管理。统一管理在流域层面上表现为实行流域为主的体制，在行政区域上实行以城市为单元的用水过程统一管理，即城市水务局体制。

我国历史上设有水行政管理机构，新中国成立后设立水利部，农田水利、水力发电、内河航运和城市供水分别由农业部、燃料工业部、交通部和建设部负责管理，水行政管理没有统一，后来对各部门进行了重新合并，各级地方设有地方各级行政机构。除流域水资源管理机构外，从民国时期开始，中央政府在长江、黄河、淮河、太湖等各大流域陆续设立了流域管理机构。目前，全国已有长江、黄河、珠江、松辽、淮河、海河、太湖七大流域管理机构，作为水利部在各流域的派出机构，行使各自流域的水行政职责。

1988 年颁布的《水法》中规定：“国家对水资源实行统一管理与分级、分部门管理相结合的制度。”自实施以来，在推进水资源统一管理方面取得了较大进步，但在水资源的流域管理上还非常薄弱，流域性的水环境恶化事件屡屡发生，其中以淮河、辽河、海河流域性的污染、黄河的断流现象最为突出。因此，2002 年颁布的新《水法》中规定：“国家对水资源实行流域管理与行政区域管理相结合的管理体制。”国务院水行政主管部门负责全国水资源的统一管理和监督工作，国家确定的重要江河、湖泊设立的流域管理机构在所管辖的范围内行使法律、行政法规规定的和国务院水行政主管部门按照规定的权限，负责本行政区域内水资源的统一管理和监督工作，我国水行政管理日趋合理。

2. 建立统一的水务管理体制

城市化的快速发展及城市范围的不断扩大，城市化地区水资源分割管理导致的种种弊端说明必须实行城乡水务统一管理。城市作为一个区域单元，地域狭小、集雨面积小、自产水资源量少，但经济规模大、人口密集、点源污染高度集中，因此对防洪要求很高，供水保证难度大，水污染防治任务繁重。目前大部分城市水资源管理状况是“多龙管水、政出多门”“水源地不管供水、供水的不管排水、排水的不管治污、治污的不管回用”，工作交叉、责任不清、弊端甚多。导致多龙管水人为地增加市政管理的难度，也无法实现现代化的水资源网络联合调度；没有人对供需平衡负总责；政出多门难以真正节水，无法有效地控制污染，难以根治河道积累污染和地面沉降等生态、环境问题，无法建立统一的管理法规。

要解决城市可持续发展的水资源保障问题，建立以流域统一管理为指导思想的城乡水务统一管理体制是当务之急。水务局的成立可通过城市水资源规划对水资源进行优化配置，在取水阶段，要利用取水许可制度、水资源费征收管理办法、建设项目水资源论证管理办法等调控手段，加强管理；在用水阶段，要制定用水定额，大力节水，为城市居民提供合格的饮用水，充分发挥水价在用水上的杠杆作用。在开源方面，要考虑雨洪利用、中水回用、区外调水、海水淡化和水生态系统建设（包括地下水回灌、保护植被）等综合措施；在治污方面，要采用集中治污、达标处理等措施，同时充分利用污水处理费的价格调控手段；在排水方面，要综合考虑城市地面硬化对城市雨洪特性的影响，把排水与防洪、污水达标综合考虑。水务局成立能进一步理顺城乡水资源管理体制，围绕环境、生态、效益三要素，实现水资源的合理开发、高效利用和有效保护；防洪、防潮、排涝、取水、供水、用水、节水、水资源保护、污水处理等涉水事务实行统一管理，改变目前存在的“多龙管水”状况，推动水资源开发利用和保护工作。

3. 水资源保护的具体管理措施

要管理好水资源，首先必须划定水体功能，明确江、河、湖、库的水体功能和水质保护目标，之后应充分考虑水环境的容量和水环境的水质要求，制定合理、科学的水质标准，实施污染物排放的总量控制，并且加强水域水质的监测监督、预测与评价等工作，最后编制流域、区域、水域各种水资源利用和保护规划，统筹安排水资源的分配，制定水污染控制规划和措施。

三、水资源保护的经济政策

水资源是一种公共资源，具有随机性、流动性及不可替代性、功能多样性、使用广泛性等特点，世界上大多数国家（包括我国）规定水资源属国家或公共所有。我国的水权实行公有制，水资源的所有制决定着水资源的占有、分配、收益等权能的主体，同时对确定水资源保护的归责原则具有重要意义。

1. 工程水费征收

1965年水利电力部制定并经由国务院批准颁布了《水利工程水费征收使用和管理试行办法》，1985年国务院颁布了《水利工程收费核定、计收和管理办法》，这是在系统总结各地水费制度经验基础上制定的，从而改变了过去人们对水是取之不尽和不值钱的传统观念。从1988年到现在，在水费计收方面，各省（自治区、直辖市）相继颁布了计收办法和标准，有的还进行了调整。2002年我国颁布的《水法》对征收水费和水资源费做出了规定。

2. 水资源费征收制度

完善水资源有偿使用制度符合当前我国国情和水情，是水资源管理体制和运行机制适应从传统计划经济体制向社会主义市场经济体制过渡的需要。完善水资源有偿使用制度有利于克服我国人口、耕地、经济等和水资源自然条件不相匹配的特点；有利于缓解当前城乡严重缺水的局面；有利于以较小的资源代价实现经济的顺利增长；有利于水资源的有效保护和可持续利用。

当前我国现行的有偿使用水制度对管好、用好、保护好水资源有一定的作用，但从促进水资源合理开发和可持续利用、保障社会经济可持续发展的角度看，还不够健全和完善，有待改进。主要体现在：征收标准普遍偏低；实施水资源有偿使用的对象不全面（不仅要征收水资源费，还应包括水域和水能利用等的相关费用，以及污水处理费等）。水资源有偿使用制度是《水法》明确的重要水资源管理制度，是全民所有自然资源有偿使用制度和重要组成部分。1988 年颁布的《水法》规定：使用供水工程供应的水，应当按照规定向供水单位交纳水费，对城市中直接从地下水取水的单位征收水资源费；其他直接从地下或江河、湖泊取水的单位和个人，由省、市、直辖市人民政府决定征收水资源费。显然仅收取水费和水资源费还不够，收取水资源费只限定于直接取用江河、湖泊和地下水，用途也不够全面。因此 2002 年修订的《水法》中规定：国家对水资源依法实行取水许可制度和有偿使用制度。省、自治区、直辖市人民政府有关行业主管部门应当制定本行政区域内行业用水定额，报同级水行政主管部门和质量监督检验行政主管部门审核同意后，由省、自治区、直辖市人民政府公布，并报国务院水行政主管部门和国务院质量监督检验行政主管部门备案。县级以上地方人民政府发展计划主管部门会同同级水行政主管部门，根据用水定额、经济技术条件及水量分配方案确定的可供本行政区域使用的水量，制定年度用水计划，对本行政区域内的年度用水实行总量控制。直接从江河、湖泊或地下取用水资源的单位和个人，应当按照国家取水许可制度和水资源有偿使用制度的规定，向水行政主管部门或流域管理机构申请领取取水许可证，并交纳水资源费，取得取水权。

目前，我国征收的水资源费主要用于加强水资源宏观管理，如水资源的勘测、监测、评价规划及合理利用、保护水资源而开展的科学研究和采取的具体措施。

3. 排污收费制度

指国家以筹集治理污染资金为目的，按照污染物的种类、数量和浓度，依据法定的征收标准，对向环境排放污染物或超过法定排放标准排放污染物的排污者征收费用的制度。国务院 2003 年 1 月颁布的《排污费征收使用管理条例》对原排污收费制度进行了系统的总结和完善，对《征收排污费暂行办法》和《污染源治理专项资金有偿使用暂行办法》的改进体现在以下几方面。

（1）扩大了征收排污费的对象和范围：征收对象上由原来对单位排污者收费而个体排污者不收费改为只要向环境排污不论单位还是个体均要收费；在收费范围上，原主要针对超标排污收费，未超标排放不收费，而鉴于《水污染防治法》规定，新制度中对向水体排放污染物的，规定了超标加倍收费，排污费已由单一的超标收费改为排污收费和超标处罚并存。

（2）确立了排污费的“收支两条线”原则：排污者向指定的商业银行交纳排污费，再由商业银行按规定的比例将收到的排污费分解到中央国库和地方国库。排污费不再用于补助环境保护执法部门所需的行政经费，该项经费列入本部门预算，由本级财政予以保障。

（3）规定了罚则，对排污者未按规定交纳排污费、以欺骗手段骗取批准减交、免交或缓交排污费及环境保护专项资金使用者，不按照批准的用途使用环境保护专项资金等违法行为规定了处罚依据，收取排污费及其专款专用有了保障。

4. 可交易用水权和排污许可证

通过建立水资源宏观统一管理、微观水权交易体系，可有望减缓、解决中国面临的洪涝、缺水、水环境恶化三大水问题。这一治水思路是强调水资源的自然和商品属性，明晰水权，培育和发展水市场，发挥市场在水资源配置中的基础性作用。排污许可证制度是指向环境排放污染物的企事业单位，必须首先向环境保护行政主管部门申请领取排污许可证，经审查批准发证后，方可按照许可证上规定的条件排放污染物的环境法律制度。但该制度在经济效率上存在很多缺陷：许可排污量是根据区域环境目标可达性确定的，只有在偶然的情况下，才可出现许可排污水平正好位于最优产量上，通常是缺乏经济效率的；只有当所有排污者的边际控制成本相等时，总的污染控制成本才达到最小，即使各企业所确定的许可排污量都位于最优排污水平，因各企业控制成本不同，仍不能符合污染控制总成本最小的原则。因排污许可证制是指令性控制手段，要有特定的实施机构，还须从有关行业雇佣专业人员，同时排污收费制的实施还需建立预防执法者与污染者相互勾结的配套机制，这些都会导致执行费用的增加。此外，排污许可证制是针对现有排污企业进行许可排污总量的控制，对将来新建、改扩建项目污染源的排污指标分配没有设立系统的调整机制，对污染源排污许可量的频繁调整不仅带来巨大工作量和巨额行政费用，且容易使企业对政策失去信心。可交易的排污许可证制是对指令控制手段下的排污许可证制的市场化，即排污权交易制，建立排污许可证的交易市场，允许污染源及非排污者在市场上自由买卖许可证。排污权交易制的优点有：一是只要规定了整个经济活动中允许的排污量，通过市场机制的作用，企业将根据各自的控制成本曲线，确定生产与污染的协调方式，社会总控制成本的调整将趋于最低；二是与排污收费制比，排污交易权不需事先确定收费率，也无须对费率做调整，排污权的价格通过市场机制自动调整，排除了因通货膨胀影响而降低调控机制有效性的可能，能够提供良好的持续激励作用；三是污染控制部门可通过增发或收购排污权来控制排污权价格，与排污许可证制相比，可大幅减少行政费用支出；四是非排污者可参与市场发表意见，一些环保组织也可通过购买排污权达到降低污染物排放、提高环境质量的目的。

随着计划经济向市场经济体制的过渡，建立许可证交易制的市场条件逐渐成熟，新建、改扩建项目对水资源和排污许可有迫切的需求，将构成水权和排污权交易市场的庞大主体。水行政主管部门和污染控制部门应积极引导，尽快建成适应我国经济发展和环境保护需要的市场化许可证交易制，在我国经济可持续发展过程中实现经济环保效益的整体最优化。

5. 水资源保护的具体经济措施

完善和改革水资源费制度，建立水资源有偿使用机制，应进一步明确征收主体和征收对象，加强对水资源费使用的管理。改革排污收费制度，建立保护水资源的补偿机制，应将用户费［指排入城市下水道系统（包括处理系统），有关部门向排放者收取污水接纳费及处理费］和污染费（指直接向自然水体排放处理过或未经处理的废水所必须承担的经济义务）统一起来考虑，与有偿使用市政设施、水量、水质及对环境污染、对设施损害等几个方面结合起来。

制定一种较科学合理的收费方法十分重要，这样既能促使企事业单位节约用水和治理污染，又能使城市污水治理和环境的损害得到经济补偿。理想的收费制度应能反映每个污染物质在不同地点、不同时间、不同环境、不同容量和不同浓度下排出时所造成的危害及经济上的损失。

四、水资源保护的工程技术措施

水资源保护的工程技术措施主要包括水利、农林、市政及生物工程等。

1. 强化水体污染的控制和治理，完善城市下水道系统和城市污水处理厂的工程建设

由于工业和生活污水的大量排放，农业面源污染和水土流失等的影响，地面水体和地下水体受到富营养化、有毒有害污染物的污染，严重影响和危害生态环境和人类健康。对污染水体的控制和治理主要是加强水处理的技术措施研究，减少污水的排放量。

地表水体的污染控制和治理主要是富营养化的治理和内源治理。富营养化可通过制定合理的农业发展规划、有效的农业结构调整、有机和绿色农业技术的推广及无污染小城镇的建设，从而实现量大面广的农业面源污染源头的控制。长期污染在地表水体的底泥中富集了大量的营养物及有毒有害的污染物质，在合适的环境和水文条件下，它们可不断地缓慢释放出来，在浓度梯度和水流作用下，在水体中扩散和迁移，造成水体的二次污染。目前，底泥的疏浚、水生生态系统的恢复、现代生化与生物技术的应用是内源治理的重要措施。

地下水因运动通道、介质结构、水岩作用、动力性质等的复杂性，相比地表水体，污染控制和治理的难度要大得多，且地下水一旦遭受污染，水质恢复到原来状态需经历漫长的过程。地下水受污染后的治理包括污染包气带土层和被污染地下水的治理两个方面。包气带是地下水的重要保护层，截流了大量来自地表的污染物质，经过自身净化功能将大部分的污染去除，但在一定条件下所截流的未被降解的污染物会在淋滤、解吸、溶解等作用下释放出来，从而成为地下水污染的重要来源。污染包气带土层的治理目前大多采用换土法、淋滤冲洗法、化学处理法、微生物处理技术、焚烧法、电动处理法及植物修复等。治理被污染的地下水首先是污染源的控制，然后通过有效的物理、化学、生物方法去除地下水的污染物，达到净化和恢复的目的。其中物化技术包括活性炭吸附法、臭氧分离法、电解法、沉淀法、中和法、氧化还原法等；生物技术是治理大面积污染的有效方法，是在适宜的环境条件下，微生物通过降解有机物获取自身生长繁殖所必需的碳源和能量的同时，将有毒大分子有机物分解为无毒的小分子物质，最终转化为二氧化碳和水。此外，还有可渗透反应墙技术、将被污染的地下水抽出处理后排入地表水体，以及在适当地段用抽出的受污染地下水进行灌溉，利用土壤的天然过滤作用净化污染物，但这要很好地评估土壤的自净能力、污染水体中有害物质的浓度、灌溉方式等，防止产生土壤污染。

减少污染物质的排放量、截断污染物向自然水体排放是水污染控制与治理的基础和根本。完善城市下水道工程系统，加强雨污分流、雨水利用及污水处理能力，充分利用生态工程学的原理和自然界微生物的作用，对污废水实现天然净化。

2. 节约用水，提高水的重复利用率

节约用水、提高水的重复利用率、实行污水回用等，既可以减少污废水的排放量，减少对环境的污染，又可克服水资源短缺的困境，还可减少排污费，有效地保护水资源，这种开源节流的方式可获得一举多得的效果。近些年，随着我国经济的发展和技术的提高，

工业节水和水的重复利用率取得了较大的提高，除间接回用外，城市污水回用于工业大体上有三种主要方式：一是城市污水经适当处理再生后作为工业补充水替代新鲜水，通常作冷却水、各种生产过程用水和锅炉补水等；二是工业企业间的废水回用，或称为“厂际串联用水”，这需要在不同的工业企业间具备逐级串联用水的水质、水量和实施条件，有时也须辅以适当的水处理；三是厂内的回用，因工业生产的复杂性，工业废水的厂内回用与生产工艺、生产系统和运行管理关系密切。农业上通过改变传统的大水漫灌和浸灌方式为现代化的喷灌与滴灌系统，减少了渠道的渗漏损失，提高了灌溉效率，大大减少了农业用水量。

3. 通过引水、调水、蓄水、排水和底泥疏浚等水利工程改善水质状况

通过江河湖库上的调蓄水利工程可改变天然水系丰、枯水量不平衡的状况，控制江河径流量，使河流在枯水期具有一定的水量来稀释净化污染物质，改善水资源质量和环境。湖库底泥疏浚是解决内源磷污染释放的重要措施，能将营养物直接从水体中取出，但弊端是会产生污泥处置和利用的问题，须进行污泥的堆肥和再利用技术处理。

五、污染源控制和水源地保护

1. 污染源控制

污染源的控制主要包括水体的外部污染源和内部污染源两部分控制。外部污染源控制又包括点源和非点源两部分控制，控制的对象包括生活污水、工业废水、畜禽养殖的粪尿与废水、农田施肥、固体废物的倾倒与堆放，以及大气污染物沉降等；内部污染源污染的控制主要指江河湖库水体中污染物转化和底泥积聚与释放的控制。

对排入江河湖库的生活污水，应修建与完善下水道系统，输送到污水处理厂进行集中处理，而当生活污水来自零散分布的建筑物，与市政下水道距离较远，不可能送到城市污水处理厂时，须修建诸如化粪池、地下土壤渗滤处理系统、稳定塘和湿地处理系统等。对工业废水的防治措施必须采取综合治理的对策，通过宏观性、技术性及管理性控制来综合防治，结构调整须以降低单位工业产品或产值排水量及污染物排放负荷为重点；加强对工业企业的技术改造，积极推广清洁生产；加强水资源保护管理，全面推行污染物总量控制和取排水许可证制度，厉行节水减污，提高工业用水效率和重复利用率，加强工业企业内的终端处理。畜禽养殖业废水须经过妥善处理达标后才允许外排；控制农田合理的施肥量，加强水土保持工作；固体废弃物采取妥善处置和处理措施，不得任意向河道和湖库等水体倾倒或堆置。

2. 建立水资源保护带

对水资源保护的关键是合理有效地划分各级保护区的功能，分析和认识不同水源地的污染来源和污染途径，以及水源地自身水文、水动力特征和性质。饮用水水源地保护区一般划分为一级和二级保护区，必要时可增设准保护区；各级保护区应有明确的地理界线和明确的水质标准要求。饮用水水源保护区的设置和污染防治应纳入当地经济社会发展规划和水污染防治规划，跨地区的应纳入有关流域、区域、城市的经济社会发展规划和水污染防治规划，尤其上游地区不得影响下游饮用水水源地对水质的要求。

（1）饮用水地表水源地保护区。保护区包括一定的水域和陆域，其范围应按照不同水域特点进行水质定量预测并考虑当地具体条件加以确定，保证在规划设计的水文条件和污

染负荷下，供应规划水量时，保护区的水质能满足相应的标准。在饮用地表水源取水口附近划定一定的水域和陆域作为饮用水地表水源一级保护区，区内水质标准不得低于国家规定的《地表水环境质量标准》（GB 3838—2002）Ⅱ类标准，并须符合国家规定的《生活饮用水卫生标准》（GB 5749—2006）的要求；在一级区外划定一定的水域和陆域作为饮用水地表水源二级保护区，区内水质标准不得低于《地表水环境质量标准》（GB 3838—2002）的Ⅲ类标准，应保证一级保护区的水质能满足规定的标准；在二级保护区外划定一定的水域及陆域作为饮用水地表水源准保护区，区内水质标准应保证二级保护区的水质能满足规定的标准。

饮用水地表水源各级保护区及准保护区内均须遵守以下规定：禁止一切破坏水环境生态平衡的活动和破坏水源林、护岸林与水源保护相关植被的活动；禁止向水域倾倒工业废渣、城市垃圾、粪便及其他废弃物；运输有毒有害物质、油类、粪便的船舶和车辆一般不准进入保护区，必须进入者应事先申请并经有关部门批准、登记并设置防渗、防溢和防漏设施；禁止使用剧毒和高残留农药，不得滥用化肥，不得使用炸药、毒品捕杀鱼类。此外，各级保护区及准保护区还须遵守下列各自区内的规定。

一级保护区内：禁止新建、扩建与供水设施和保护水源无关的建设项目；禁止向水域排放污水，已设置的排污口必须拆除；不得设置与供水需要无关的码头，禁止停靠船舶；禁止堆置和存放工业废渣、城市垃圾、粪便和其他废弃物；禁止设置油库；禁止从事种植、放养禽畜，严格控制网箱养殖活动；禁止可能污染水源的旅游活动和其他活动。

二级保护区内：不准新建、扩建向水体排放污染物的建设项目，改建项目必须削减污染物排放量；原有排污口必须削减污水排放量，保证保护区内水质满足规定的水质标准；禁止设立装卸垃圾、粪便、油类和有毒物品的码头。

准保护区内：直接或间接向水域排放废水，必须符合国家及地方规定的废水排放标准；当排放总量不能保证保护区内水质满足规定的标准时，必须削减排污负荷。

（2）饮用水地下水源地保护区。保护区应根据饮用水水源地所处的地理位置、水文地质条件、供水的数量、开采方式和污染源的分布划定。保护区的水质均应达到国家规定的《生活饮用水卫生标准》（GB 5749—2006）的要求，各级地下水源保护区的范围应根据当地的水文地质条件确定，并保证开采规划水量时能达到所要求的水质标准。

一级保护区位于开采井的周围，作用是保证集水有一定滞后时间，以防止一般病原菌的污染；直接影响开采井水质的补给区地段，必要时也可划为一级保护区。二级保护区位于一级保护区外，作用是保证集水有足够的滞后时间，以防止病原菌以外的其他污染。准保护区位于二级保护区外的主要补给区，作用是保护水源地的补给水源水量和水质。

饮用水地下水源各级保护区及准保护区内均须遵守下列规定：禁止利用渗坑、渗井、裂隙、溶洞等排放污水和其他有害废弃物；禁止利用透水层孔隙、裂隙、溶洞及废弃矿坑储存石油、天然气、放射性物质、有毒有害化工原料、农药等；实行人工回灌地下水时不得污染当地地下水源。此外，各级保护区及准保护区还须遵守下列各自区内的规定。

一级保护区内：禁止建设与取水设施无关的建筑物；禁止从事农牧业活动；禁止倾倒、堆放工业废渣及城市垃圾、粪便和其他有害废弃物；禁止输送污水的渠道、管道及输油管道通过本区；禁止建设油库；禁止建立墓地。

二级保护区内：对于潜水含水层地下水水源地，禁止建设化工、电镀、皮革、造纸、制浆、冶炼、放射性、印染、染料、炼焦、炼油及其他有严重污染的企业，已建成的要限期治理，转产或搬迁；禁止设置城市垃圾、粪便和易溶、有毒有害废弃物堆放场和转运站，已有的上述场站要限期搬迁；禁止利用未经净化的污水灌溉农田，已有的污灌农田要限期改用清水灌溉；化工原料、矿物油类及有毒有害矿产品的堆放场所必须有防雨、防渗措施。对于承压含水层地下水水源地，禁止承压水和潜水的混合开采，做好潜水的止水措施。

准保护区内：禁止建设城市垃圾、粪便和易溶、有毒有害废弃物的堆放场站，因特殊需要设立转运站的，必须经有关部门批准，并采取防渗漏措施；当补给源为地表水体时，该地表水体水质不应低于《地表水环境质量标准》（GB 3838—2002）Ⅲ类标准；不得使用不符合《农田灌溉水质标准》（GB 5084—2021）的污水进行灌溉，合理使用化肥；保护水源林，禁止毁林开荒，禁止非更新砍伐水源林。

3. 综合开发地下水和地表水资源

地下水和地表水在整个水文循环中相互转化，是一个统一的整体，针对我国水资源“南多北少”、季节性差异大的格局，采用地表水和地下水资源联合调度的综合利用方式，可最大限度发挥各自的能力，降低环境恶化的程度。如早些年我国一些城市盲目超采地下水，造成地面沉降等严重的地质环境问题，后来采取城区封井禁采、引水回灌等措施，取得了较好的效果，充分说明地下水和地表水联合调度的重要性。我国降水量年内变化大，雨季多集中在6—9月，其他月份干旱少雨，将地表水和地下水综合利用，充分利用地下水的调蓄功能，在旱季适当地抽取地下水利用，腾出地下空间，雨季将多余河水及雨水进行地下含水层的补偿性回灌，实现地下水和地表水的相济和循环利用。结合各个地区特点，按照科学的、统一的规划，实行全面的综合调度，更合理地利用现有的水资源和水利工程，缓解水资源紧张的局面，提高水资源利用率，防止因不合理的开采造成水资源枯竭及一系列的生态环境恶化问题。

4. 强化地下水资源的人工补给

由于地下水的超量开采已造成很多地区地面下降、海水入侵等地质问题，目前，华北平原在14万多km^2的区域上，形成了7万km^2的大漏斗。地下水的人工补给（或称人工回灌、人工引渗）是借助某些工程设施将地表水自流或用压力注入地下含水层，以便增加地下水的补给量，达到调控和改造地下水的目的。与地表水库蓄水相比，人工回灌对增加地下淡水资源具有诸多优越性：地下含水层分布广泛、厚度大，储水容量大，储存温度恒定，蒸发损耗小，取用方便，不占用耕地，投资小等。此外，通过人工回灌可抬高地下水位，增加孔隙水压力，增加土层回填量，控制地面沉降，防止或减少海水入侵的危害；向地下输入淡水，与原来的咸水或被污染的地下水混合，发生离子交换等物理化学反应，有利于地下水逐渐淡化和水质改善。

在对地下水进行人工回灌时，可采用地表水、工业废水及自来水等，但无论采用哪种水源都应确保回灌水的水质。一般要求回灌水的水质要比原地下水的水质好，各项控制指标最好达到饮用水水质标准；回灌水不能引起区域性地下水的水质变坏甚至污染；回灌水中不应含有能使井管和过滤器腐蚀的特殊离子或气体。水质较差时必须经过净化和适当处理后才能作为回灌水的水源，同时回灌水的水质要求随目的、用途及所处的水文地质条件等不同而有所不同。

地下水的人工补给方法一般分直接法和间接法。直接法包括地表水入渗补给法和井内灌注渗水补给，前者一般采用坑塘、渠道、凹地、古河道、矿坑等地表工程设施及淹没或灌溉等手段，使地表水自然渗透到含水层，一般要求地表土层有较好的渗透性；如含水层上部覆盖有弱透水层，地表水下渗补给强度受限，为使补给水直接进入地下含水层，常采用管井、大口井、竖井和坑道灌水注入含水层。诱导补给法是一种间接的人工补给地下水方法，是在河流或其他地表水体（如渠道、池塘和湖泊等）附近凿井，抽取地下水，增大地表水和地下水间的水位差，诱导地面水大量渗入。当抽水达到一定量时，形成的降落漏斗面可低于地表水体的底部，地表水由渗透转为渗漏补给地下水。该方法一般在砂、卵石地层效果较好，此外为保证天然净化作用，抽水井和地表水体常保持一定距离，且水源井一般位于区域地下水下游一侧。

水资源保护是一项重要的工作，应加强宣传教育，进一步提高全民对水资源保护工作重要性、紧迫性的认知，坚持把节约用水放在首位，努力建设节水防污型社会，认真做好水功能区划和水资源保护规划工作，继续做好城市集中供水水源地的保护工作，重视地下水资源的保护，做好水质监测工作，完善地表水和地下水的水质联合监控网络，加强对入河排污总量的监测与监督，进一步完善取水许可证制度和排污收费制度的管理工作，加强建设项目的环境保护工作。总之，通过一系列法律法规建设，加强监管，提高技术水平，采取适当的工程技术措施和经济政策实现水资源的有效保护。

思　考　题

1. 水体污染三要素都有哪些分类？
2. 地下水污染的途径都有哪些分类？
3. 水体自净过程和净化机制是怎样的？
4. 我国对水功能区是如何划分的？
5. 水资源保护的措施都有哪些方面？

参 考 文 献

［1］ 曹剑锋，迟宝明，王文科，等．专门水文地质学［M］．3版．北京：科学出版社，2006.

［2］ 陈崇希，唐仲华．地下水流动问题数值方法［M］．武汉：中国地质大学出版社，1990.

［3］ 陈崇希，林敏．地下水动力学［M］．武汉：中国地质大学出版社，1999.

［4］ 陈广娟，谭忠富，乞建勋，等．世界水电资源开发运营分析及其对我国的启示［J］．中国电力，2007，40（9）：29-33.

［5］ 陈元，郑新立，刘克崮．我国水资源开发利用研究［M］．北京：研究出版社，2008.

［6］ 成坚，栗鸿强，薛立波．我国海水淡化工程运行现状［J］．水处理技术，2014，40（6）：43-44，49.

［7］ 董增川．水资源规划与管理［M］．北京：中国水利水电出版社，2008.

［8］ 房佩贤，卫中鼎，廖资生．专门水文地质学（修订版）［M］．北京：地质出版社，1996.

［9］ 高桂霞．水资源评价与管理［M］．北京：中国水利水电出版社，2000.

［10］ 高前兆，李小雁，苏德荣．水资源危机［M］．北京：化学工业出版社，2002.

［11］ 高前兆，李小雁，俎瑞平．干旱区供水集水保水技术［M］．北京：化学工业出版社，2004.

［12］ Gleick P H. Global freshwater resources：soft-path solutions for the 21st century［J］．Science，2003，302：1524-1528.

［13］ 顾浩．跨流域调水与可持续发展［J］．北京师范大学学报（自然科学版），2009，45（5/6）：473-477.

［14］ 管华．水文学［M］．3版．北京：科学出版社，2020.

［15］ 国家发展和改革委员会．矿井水利用专项规划［R］．2006.

［16］ 郭淑华，徐晓毅．水文与水资源学概论［M］．北京：中国环境科学出版社，2011.

［17］ 郭玮．国外水资源开发利用战略综述［J］．农业经济问题，2001（1）：58-62.

［18］ 河北省地质局水文地质四大队．水文地质书册［M］．北京：地质出版社，1978.

［19］ 何书会，李永根，马贺明，等．水资源评价方法与实例［M］．北京：中国水利水电出版社，2008.

［20］ 蒋辉．环境水文地质学［M］．北京：中国环境科学出版社，1993.

［21］ 姜文来．水资源价值论［M］．北京：科学出版社，1999.

［22］ 姜文来．21世纪中国水资源安全战略研究［J］．中国水利，2000（8）：41-44.

［23］ 姜文来．应对我国水资源问题适应性战略研究［J］．科学对社会的影响，2010（2）：24-29.

［24］ 姜训宇，段生梅，母利．节水灌溉自动化技术的发展及前景分析［J］．安徽农学通报，2011，17（15）：207-208.

［25］ 李广贺，刘兆昌，张旭．水资源利用工程与管理［M］．北京：清华大学出版社，1998.

［26］ 李广贺．水资源利用与保护［M］．4版．北京：中国建筑工业出版社，2020.

［27］ 李俊亭．地下水流数值模拟［M］．北京：地质出版社，1989.

［28］ 李瑞霞，梁卫理．农业节水技术研究现状及其对河北平原作物高产节水的借鉴意义［J］．中国农学通报，2010，26（15）：383-386.

［29］ 李文明，吕建国．苦咸水淡化技术现状及展望［J］．甘肃科技，2012，28（17）：76-80.

［30］ 梁秀娟，迟宝明，王文科，等．专门水文地质学［M］．4版．北京：科学出版社，2021.

［31］ 林洪孝，管恩宏，王国新，等．水资源管理理论与实践［M］．北京：中国水利水电出版社，2003.

[32] 林年丰，李昌静，钟佐燊，等. 环境水文地质学 [M]. 北京：地质出版社，1990.
[33] 刘昌明，赵彦琦. 中国实现水需求零增长的可能性探讨 [J]. 中国科学院院刊，2012，27 (4)：439-446.
[34] 刘福臣，张桂芹，杜守建，等. 水资源开发利用工程 [M]. 北京：化学工业出版社，2006.
[35] 刘俊民，余新晓. 水文与水资源学 [M]. 北京：中国林业出版社，1999.
[36] 刘满平. 水资源利用与水环境保护工程 [M]. 北京：中国建材工业出版社，2005.
[37] 刘美南，陈晓宏，陈俊合，等. 区域水资源原理与方法 [M]. 福州：福建省地图出版社，2001.
[38] 刘自放，张廉均，邵丕红. 水资源与取水工程 [M]. 北京：中国建筑工业出版社，2000.
[39] 鲁欣，秦大庸，胡晓寒. 国内外工业用水状况比较分析 [J]. 水利水电技术，2009，40 (1)：102-105.
[40] 孟红军. 水资源开发利用的七大原则 [N]. 河南法制报豫北新闻，2013-9-16.
[41] 宁立波，董少刚，马传明. 地下水数值模拟的理论与实践 [M]. 北京：中国地质大学出版社，2010.
[42] 彭世彰，刘笑吟，杨士红，等. 灌区水综合管理的研究动态与发展方向 [J]. 水利水电科技进展，2013，33 (6)：1-9.
[43] 任伯帜，熊正为. 水资源利用与保护 [M]. 北京：机械工业出版社，2007.
[44] 芮孝芳. 水文学原理 [M]. 北京：中国水利水电出版社，2004.
[45] 沈照理，刘光亚，杨成田，等. 水文地质学 [M]. 北京：科学出版社，1985.
[46] 束龙仓，杨建青，王爱平，等. 地下水动态预测方法及其应用 [M]. 北京：中国水利水电出版社，2010.
[47] 孙峰根，王心义，王晓明. 水文地质计算的数值方法 [M]. 徐州：中国矿业大学出版社，1995.
[48] Thompson T L，Doerge T A. Subsurface drip irrigation and fertigation of broccoli [J]. Soil Science Society of America Journal，2002，66 (1)：186-192.
[49] 王开章. 现代水资源分析与评价 [M]. 北京：化学工业出版社，2006.
[50] 王红亚，吕明辉. 水文学概论 [M]. 北京：北京大学出版社，2007.
[51] 王双银，宋孝玉. 水资源评价 [M]. 2版. 郑州：黄河水利出版社，2014.
[52] 王心义，李世峰，许光泉，等. 专门水文地质学 [M]. 徐州：中国矿业大学出版社，2011.
[53] 徐恒力. 水资源开发与保护 [M]. 北京：地质出版社，2001.
[54] 许武成. 水资源计算与管理 [M]. 北京：科学出版社，2011.
[55] 徐元明. 国外跨流域调水工程建设与管理综述 [J]. 人民长江，1997，28 (3)：11-13.
[56] 许拯民，赵可锋，梅宝澜，等. 水资源利用与可持续发展 [M]. 北京：中国水利水电出版社，2012.
[57] 薛禹群. 地下水动力学 [M]. 2版. 北京：地质出版社，1997.
[58] 易立新，徐鹤. 地下水数值模拟：GMS应用基础与实例 [M]. 北京：化学工业出版社，2009.
[59] 余新晓. 水文与水资源学 [M]. 3版. 北京：中国林业出版社，2016.
[60] 张超. 水电能资源开发利用 [M]. 北京：化学工业出版社，2005.
[61] 张明泉，曾正中. 水资源评价 [M]. 兰州：兰州大学出版社，2006.
[62] 张瑞，吴林高. 地下水资源评价与管理 [M]. 上海：同济大学出版社，1997.
[63] 张善余，陈暄. 20世纪：世界人口与经济发展回眸 [J]. 世界地理研究，2001，10 (4)：1-7.
[64] 张蔚榛. 地下水与土壤水动力学 [M]. 北京：中国水利水电出版社，1996.
[65] 赵记微，卢国斌. 煤矿矿井水的处理与综合利用 [J]. 煤炭技术，2008，27 (2)：145-147.
[66] 中华人民共和国水利部. 中国水资源公报 [R]. 北京：中国水利水电出版社，2019.
[67] 中华人民共和国水利部，中华人民共和国国家统计局. 第一次全国水利普查公报 [R]. 北京：中国水利水电出版社，2013.

[68] 钟和平，张淑谦，童忠东. 水资源利用与技术［M]. 北京：化学工业出版社，2012.
[69] 周维博. 水资源综合利用［M]. 北京：中国水利水电出版社，2013.
[70] 朱岐武. 水资源评价与管理［M]. 郑州：黄河水利出版社，2011.
[71] 朱学愚，钱孝星. 地下水水文学［M]. 北京：中国环境科学出版社，2005.
[72] 左其亭，王树谦，马龙. 水资源利用与管理［M]. 2 版. 郑州：黄河水利出版社，2016.
[73] 钱学森. 论宏观建筑与微观建筑［M]. 杭州：杭州出版社，2001.